职业资格技能鉴定系列教程

制冷空调系统安装维修工

苏州市制冷协会　组织编写

成恒生　主　编

中国建筑工业出版社

图书在版编目（CIP）数据

制冷空调系统安装维修工 / 苏州市制冷协会组织编写 ; 成恒生主编. --北京 : 中国建筑工业出版社，2024.7. -- (职业资格技能鉴定系列教程). -- ISBN 978-7-112-30110-2

Ⅰ. TB657.2

中国国家版本馆CIP数据核字第2024P5B163号

责任编辑：张文胜
责任校对：赵　力

职业资格技能鉴定系列教程

制冷空调系统安装维修工

苏州市制冷协会　组织编写

成恒生　主　编

*

中国建筑工业出版社出版、发行（北京海淀三里河路9号）

各地新华书店、建筑书店经销

北京点击世代文化传媒有限公司制版

建工社（河北）印刷有限公司印刷

*

开本：787毫米×1092毫米　1/16　印张：24　字数：496千字
2024年5月第一版　2024年5月第一次印刷
定价：**92.00**元
ISBN 978-7-112-30110-2
（42191）

本书编委会

主　　　任：王雪元

主　　　审：龚伟申

主　　　编：成恒生

编委会委员：成恒生　龚伟申　张　敏　王凌杰　刘光平　徐　仁

　　　　　　吴　明　曹建庭　顾　浩　柳燕明　孙兴东

主 编 单 位：苏州市制冷协会

　　　　　　苏州大学

参 编 单 位：苏州百年冷气设备有限公司

　　　　　　麦克维尔中央空调苏州分公司

　　　　　　青岛海信日立空调营销股份有限公司

　　　　　　南京天加环境科技有限公司

　　　　　　苏州新日升环境科技有限公司

　　　　　　苏州格瑞普泰环境科技有限公司

　　　　　　苏州能旭暖通工程有限公司

　　　　　　苏州市相城区元融职业技术培训学校

前　言

为落实科教兴国战略，充分开发和利用我国丰富的人力资源，全面提高劳动者素质，促进就业和社会经济发展，加强职业技能鉴定是增强劳动者技能素养的重要措施；进行职业技能考核鉴定，并通过职业资格证书制度予以确认，为企事业单位合理使用劳动力以及劳动者自主择业提供了依据和凭证。

实施职业技能鉴定，教材建设是不可缺少的环节，为适应社会职业技能鉴定的迫切需要，推动职业技能教学与培训改革，提高职业技能教学质量，统一职业技能鉴定水平，苏州市制冷协会组织相关专家，依据国家职业技能标准《制冷空调系统安装维修工（2018年版）》编写了制冷空调系统安装维修工（中级）教材，教材内容以满足制冷空调系统安装维修人员中级要求为原则，由基础知识、专业知识、专业技能等构成，突出针对性、典型性、实用性。

本书由苏州市相城区元融职业技术培训学校曹建庭，苏州新日升环境科技有限公司柳燕明，苏州能旭暖通工程有限公司孙兴东，苏州格瑞普泰环境科技有限公司顾浩，苏州经贸职业技术学院张敏、王凌杰，苏州城市学院刘光平，苏州大学成恒生、徐仁、吴明、龚伟申等老师编写，苏州大学成恒生主编，苏州大学龚伟申主审，同时也得到了苏州市制冷空调行业部分企业的大力支持。

制冷空调系统安装维修工教材内容及低碳节能技术随着经济发展与社会需求而变化，若使教材技术内容适用长期需求，在编写上有一定的难度。由于时间仓促，缺乏经验，不足之处在所难免，恳切欢迎各使用单位和个人提出宝贵意见和建议。

目 录

第一章

基础知识

第一节　工程热力学基础知识

一、热力学能、焓、熵

1. 热力学定律的实质

"自然界中一切物质都具有能量。能量既不可能被创造，也不可能被消灭，而只能从一种形式转换为另一种形式，在转换过程中，能量的总量保持不变。"这就是能量守恒与转换定律，它是自然界的一个基本规律。热力学第一定律是工程热力学的基本理论之一，确立了能量传递和转换的数量，是热功分析和热功计算的主要理论依据。

2. 系统储存能

能量是物质运动的度量，物质处于不同的运动形态，便有不同的能量形式。储存于热力系统的能量称为热力系统储存能，包括两部分：一是取决于热力系本身的热力状态的能量，称为热力学能，又称为内部储存能，简称为内能；二是与热力系宏观运动速度有关的宏观动能和热力系在重力场中所处位置有关的重力位能，它们又称为外部储存能。

（1）热力学能

热力学能是指组成热力系的大量微观粒子本身所具有的能量，它包括两部分：一是分子热运动的动能，称为内动能；二是分子间由于相互作用力所形成的位能（又称为势能），称为内位能。

通常用 U 表示工质的热力学能，单位是 J 或 kJ。用 u 表示 1kg 工质的热力学能，称比热力学能，单位是 J/kg 或 kJ/kg。根据分子运动论，分子的内动能与工质的温度有关；分子的内位能主要与分子间的距离即工质的比体积有关。因此，工质的热力学能是温度和比体积的函数：

$$u=f(T,\ v) \tag{1-1}$$

由于工质的热力学能取决于工质的温度和比体积，即取决于工质所处的状态，因此热力学能也是工质的状态参数。在确定的热力状态下，系统内工质具有确定的热力学能；在状态变化过程中，工质热力学能的变化量完全取决于工质的初态和终态，与过程的途径无关。

（2）外储存能

外储存能包括宏观动能与重力位能，质量为 m 的物体以速度 c 运动时，该物体具有的宏观运动动能为：

$$E_K=\frac{1}{2}mc^2 \tag{1-2}$$

在重力场中，质量为 m 的物体相对于系统外的参考坐标系的高度为 Z 时，具有重力位能为：

$$E_P=mgZ \tag{1-3}$$

式（1-2）、式（1-3）中，c、Z 是力学参数，处于同一热力状态的物体可以有不同的 c、Z，因此，相对于储存系统内部的热力学能，系统的宏观动能和重力位能又称为外储存能。

（3）系统的总储存能

系统的总储存能 E 为热力学能与外储存能之和，即：

$$E=U+E_K+E_P=U+\frac{1}{2}mc^2+mgZ \tag{1-4}$$

单位质量工质的储存能（比储存能）为：

$$e=u+\frac{1}{2}c^2+gZ \tag{1-5}$$

显然，比储存能是取决于热力状态和力学状态的状态参数。

3. 热力系与外界传递的能量

在热力过程中，热力系与外界交换的能量包括功量、热量以及随工质流动传递的能量。

（1）功量

在力差作用下，热力系与外界发生的能量交换就是功量。功量也是一个过程量，只有伴随过程的进行才能发生。过程停止，热力系与外界的功量传递也相应停止。外界功源有不同的形式，如电、磁、机械装置等，相应地，功也有不同的形式，如电功、磁功、膨胀功、轴功等。工程热力学主要研究的是热能与机械能的转换，而体积变化功是热转换为功的必要途径。另外，热工设备的机械功往往是通过机械轴来传递的。因此，体积变化功与轴功是工程热力学主要研究的两种功量形式。

体积变化功：由于热力系体积发生变化（增大或缩小）而通过边界向外界传递的机械功称为体积变化功（膨胀功或压缩功），用符号 W 表示，单位为 J 或 kJ。1kg 工质传递的体积变化功用符号 w 表示，单位为 J/kg 或 kJ/kg。热力学中一般规定：热力系体积增大，热力系对外做膨胀功，功量为正值；热力系体积减小，外界对热力系做压缩功，功量为负值。

轴功：热力系通过机械轴与外界交换的功量称为轴功。轴功用符号 W_s 表示，单位为 J 或 kJ，1kg 工质传递的轴功用符号 w_s 表示，单位为 J/kg 或 kJ/kg。热力学中一般规定：热力系向外输出的轴功为正值；外界输入热力系的轴功为负值。轴功在不同的热力系中其特点不同。如图 1-1（a）所示，外界功源向刚性绝热封闭热力系输入轴功，通过摩擦，该轴功转换成热量而被热力系工质吸收，使热力系的热力学能增加。由于刚性容器中的工质不能膨胀，热量不可能自动地转换成机械功，所以刚性绝热封闭热力系不可能向外界输出轴功。

开口热力系与外界可以任意地交换轴功，即热力系既可接受输入的轴功，也能向外输出轴功，如图 1-1（b）所示。常见的叶轮式机械，例如，燃气轮机、蒸汽轮机向外界输出轴功，而风机、压缩机则接受外界输入的轴功。

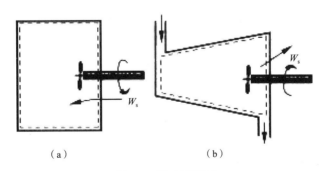

（a）　　　　　　　　（b）

图 1-1　轴功示意图

（a）闭口热力系的轴功特点；（b）开口热力系的轴功特点

在工程上，为了比较热机的做功能力，常用单位时间所做的功，这就是功率。功率的单位是 W 或 kW，1W=1J/s。

（2）热量

热量是热力系和外界之间仅仅由于温度不同而通过边界所传递的能量。热量和功一样，都不是状态参数，而是过程量，其大小都与所经历的过程有关，且过程一旦结束，热力系与外界之间就不再传递热量了。热量的符号用 Q 表示。国际单位制中，热量的单位采用 J（焦耳）或 kJ（千焦）。1kg 质量的工质与外界交换的热量用 q 表示，单位为 J/kg。热力学中规定，系统吸热时，热量值取为正，系统放热时其值为负。

（3）随工质流动传递的能量

开口热力系在运行时，存在工质的流入、流出，它们在经过边界时携带一部分能量同时流过边界，这类能量包括两部分：流动工质本身具有的储存能和流动功（推动功）。流动工质本身具有的储存能：包括工质的热力学能、宏观动能和重力位能，见式（1-4）与式（1-5）。

流动功（推动功）：工质在流动过程中必然会对其前面的流体产生一定的推力，从而对其做功。这样工质在通过控制体界面时，热力系与外界就会有功量交换，这部分功就称为流动功或推动功。因此，流动功是为推动工质通过控制体界面而传递的机械功，它是维持工质正常流动所必须传递的能量。流动功用符号 W 表示，单位为 J或 kJ，1kg 单位质量工质所做的流动功用 w，表示，单位为 J/kg 或 kJ/kg。流动功是一种特殊的功，其数值取决于控制体进出口界面上工质的热力状态。

4. 焓及其物理意义

流动工质传递的总能量应包括工质本身储存能和流动功两部分，即：

$$E = u + \frac{1}{2} c_f^2 + gZ + pv \qquad (1-6)$$

式中，u 和 pv 取决于工质的热力状态，为了简化计算，热力学中引入一个新的物理量——焓。

单位质量的焓称为比，以符号 h 表示：

$$h = u + pv \qquad (1-7)$$

由于 u，p，v 都是状态参数，因此 h 也是状态参数。

焓在热力学中是一个非常重要而常用的状态参数。在开口热力系中，流动工质的是热力学能和流动功之和，表示工质在流动过程中携带的由其热力状态决定的那部分能量；在封闭热力系中，由于没有工质的流进和流出，pv 不代表流动功。所以，只表示由热力学能、压力和比体积组成的一个复合状态参数。引入状态参数焓后，流动工

质传递的能量可表示为：$h + \dfrac{1}{2}c_f^2 + gz_0$

从焓的定义式可以看出，工质在流动过程中，携带着热力学能、推动功、动能和位能四部分能量，其中只有热力学能和推动功取决于工质的热力状态。因此可以说，是工质流经开口系时所携带的总能量中取决于热力状态的那部分能量。如果工质的动能和位能可以忽略不计，就表示随工质流动而转移的总能量。与热力学能一样，焓值无法用仪表测定，但在实际分析和计算中通常只需要计算热力过程中工质焓的变化量。

5. 熵及其物理意义

既然热量是系统与外界间由于存在温差而传递的能量，则温度 T 就可以看作是传热的推动力，只要系统与外界存在温差，就有热量的传递；比体积 U 也必然存在某一状态参数，它的变化量可以看作系统与外界有无热量传递的标志，定义这个状态参数为熵，用符号 S 表示。单位质量物质的熵称为比熵，用符号 s 表示。比熵增大标志着系统从外界吸热，比熵减小标志着系统向外界传热，比熵不变则标志着热力系统与外界无热交换。在孤立热力系中，一个可逆过程，又是绝热的，其 $\delta Q=0$，则：

$$dS = \frac{\delta Q}{T} = 0 \tag{1-8}$$

这说明绝热可逆过程就是定熵过程。那么实际的不可逆过程是什么呢？当热力系由初态 1 经过任一不可逆过程，到达终态 2 时，其熵的增量为：

$$dS = S_2 - S_1 > \frac{\delta Q}{T} \tag{1-9}$$

这就是不可逆过程的热力学第二定律的数学表达式。它说明，对于从初态到终态的任何一个不可逆过程，热温比的积分值恒小于热力系终态和初态的值之差。

对于绝热过程来说，由于 $\delta Q=0$，则有：

$$S_2 - S_1 \geq 0 \tag{1-10}$$

这就是说，热力系从一个平衡态经绝热过程到达另一个平衡态，它的熵永不减少。若过程是可逆的，则熵不变；如果过程是不可逆的，则熵值增加，这就是熵增原理，也是用熵概念表述的热力学第二定律。

根据熵增原理可以作出判断：不可逆绝热过程总是向着熵增加的方向进行的，可逆绝热过程则是沿着等熵路径进行的。因此，可以利用熵的变化来判断自发过程的方向（沿着熵增加的方向）和限度（熵增加到极大值）。

二、理想气体与水蒸气表和图

1. 实际气体与理想气体

自然界中存在的气体称为实际气体，其分子具有一定的体积，相互之间具有作用力。实际气体的性质复杂，很难找出其分子运动的规律。在热力学中，为简化分析计算，提出了理想气体这一概念。

理想气体是一种实际上不存在的假想气体，它的分子是弹性的，不占体积的质点，分子之间没有相互作用力。这种气体性质简单，便于用简单的数学关系式进行分析计算。

当实际气体的温度较高，压力较低，远离液态时，气体的比体积较大。此时气体分子本身的体积比气体所占的体积小得多，气体分子之间的作用力也比较小，可以忽略分子本身的体积和分子之间的相互作用力，将其当作理想气体来处理。如燃气、烟气及常温常压下的空气等一般都可以按理想气体进行分析和计算，并能保证满意的精确度。而当实际气体的比体积较小，离液态较近时，则不能当作理想气体来处理。如蒸汽动力装置中使用的工质水蒸气，其性质就十分复杂。

2. 理想气体状态方程式

当理想气体处于任一平衡状态时，三个基本状态参数 p、v、T 之间的数学关系式为：

$$pv=RT \tag{1-11}$$

式中　p——气体的绝对压力，Pa；

　　　v——气体的比体积，m/kg；

　　　T——气体的热力学温度，K；

　　　R——气体常数，J/（kg·K）。

式（1-12）称为理想气体状态方程式，它简单明了地反映了平衡状态下理想气体基本状态参数之间的具体函数关系，该式是对 1kg 气体而言的。气体常数 R 是仅取决于气体种类的恒量，与气体所处的状态无关。也就是说，对于同一种气体，无论在什么状态下，气体常数 R 的值恒为常量，而不同种类的气体 R 值则不同。

由式（1-12）可知，对指定的气体，在某一状态时，若气体的 p、v、T 中任意两个参数为已知，则第三个参数就可由状态方程解得。这就是说，一定状态下的气体，只要知道三个基本状态参数中的任意两个，气体的状态就确定了。即已知两个独立的状态参数就可以确定为一个状态。

在利用式（1-12）确定理想气体的状态参数时，因气体常数 R 的值随气体种类的不同而不同，使公式应用起来极不方便，故希望找到一个与气体状态和气体种类都无关的常数，以方便使用。

式（1-2）两边若同乘以千摩尔质量 M（kg/kmol），则得到 1kmol 物质的量表示的状态方程为：

$$pV_m = R_m T \tag{1-12}$$

式中　V_m——气体的千摩尔体积，$V_m = MV$，$m^3/kmol$；

　　　R_m——通用气体常数，$R_m = MR$，J/（kmol·K）。

根据阿伏伽德罗定律：在同温同压下，任何气体的千摩尔体积都相等，故 R_m 是与气体种类和气体状态都无关的常数，称其为通用气体常数。通用气体常数 R_m 的值可以通过任何一种气体在任一状态下的方程式来确定，通常取理想气体在标准状态下来计算其值。在标准状态（压力为 1.013525×10^5 Pa，温度为 0℃）下，1kmol 任何气体所占有的容积均为 22.4 m^3。

3. 理想气体的比热容

气体的比热容是气体的重要物性参数。在分析热力过程时，气体与外界交换的热量的计算常涉及气体的比热容，而且气体的热力学能和熵的有关分析计算也与气体的比热容有密切的关系。

物体温度升高（或降低）1K 所吸收（或放出）的热量，称为该物体的热容量，单位为 kJ/K。单位物量的物质温度升高（或降低）1K，所加入（或放出）的热量称为该物体的比热容，其定义式为：

$$c = \frac{\delta q}{dt} \tag{1-13}$$

根据物量单位的不同，比热容常有下列三种：

（1）质量热容：以千克作为气体计量物量的单位。使 1kg 气体温度变化 1K 时所吸收（或放出）的热量称为质量热容，用符号 c 表示，单位为 kJ/（kg·K）。

（2）容积热容：以标准状态下 1m^3 气体的体积作为计量物量的单位。使 1 标准 m^3

气体温度变化 1K 时所吸收（或放出）的热量称为容积热容。用符号 c' 表示，单位为 kJ/（标准 $m^3 \cdot K$）。

（3）千摩尔热容：以千摩尔作为气体计量物量的单位。使 1kmol 气体温度变化 1K 时所吸收（或放出）的热量称为千摩尔热容。用符号 C_m 表示，单位为 kJ/（kmol·K）。

三者之间的换算关系如下：

$$C_m = Mc = 22.4c' \tag{1-14}$$

4. 水蒸气的定压产生过程

世界上任何物质都具有气、液、固三种形式，且在一定条件下能相互转化。

（1）汽化

物质从液态转变成气态的过程叫汽化，汽化有蒸发和沸腾两种方式。

蒸发：在液体表面缓慢进行的汽化现象称为蒸发，它是液面上某种动能大的分子克服周围液体分子的引力而逸出液面的现象。蒸发可在任意温度下发生，液体的温度越高，蒸发面积就越大，液面上气流的流速越快时，蒸发就越快。火电厂的冷却水塔，就可以通过增大蒸发表面积、利用风机的强迫通风提高蒸发气流的流速等措施来提高蒸发速度，提高冷却水塔的工作效率。

沸腾：靠蒸发产生蒸汽的速度比较缓慢，工业上一般都是靠液体的沸腾来产生蒸汽。沸腾是在液体的内部和表面同时发生的剧烈汽化现象。

在给定压力下，沸腾只能在一个相应确定的温度下发生，这一温度称为给定压力所对应的饱和温度。

（2）液化

物质从气态转成液态的过程称为液化，也可称为凝结。从微观上讲，它是气态分子重新返回液面而成为液体分子的过程。

液化与汽化是物质相态变化的两种相反过程。实际上，在密闭的容器内进行的汽化过程总是伴随着液化过程同时进行。

（3）饱和状态

若将一定量的水置于密闭容器中，并设法将水面上方的空气抽出，此时容器内的液体开始汽化，液面上方将充满蒸汽分子。并且，汽化过程进行的同时，液化过程也在进行。这是由于液面上的蒸汽分子处于紊乱的热运动中，它们在和水面碰撞时，有的仍然返回蒸汽空间来，有的就进入水面变成水分子。总有这样一个时刻，从水中逸出的分子数等于返回水中的分子数而处于动态平衡状态。这种气液两相动态平衡的状态称为饱和状态。

饱和状态下的蒸汽称为饱和蒸汽，饱和状态下的水称为饱和水。处于饱和状态时，蒸汽和水的压力相同，温度相等。饱和状态下的压力称为饱和压力，用符号 P 表示；该温度称为饱和温度，用符号 T 表示。饱和温度和饱和压力一一对应，改变饱和温度，饱和压力也会起相应的变化，饱和温度越高，饱和压力也越高。

（4）干度

饱和液体和饱和蒸汽的混合物称为湿饱和蒸汽，简称为湿蒸汽。相应地，不含有饱和液体的饱和蒸汽称为干饱和蒸汽，简称干蒸汽。为了确定湿蒸汽中所含饱和液体和饱和蒸汽的量，或确定湿蒸汽的状态，必须引入湿蒸汽特有的重要参数，即干度 χ。单位质量湿蒸汽中所含饱和蒸汽的质量称为湿蒸汽的干度，其表达式为：

$$\chi=\frac{m_{\mathrm{v}}}{m_{\mathrm{v}}+m_{\mathrm{w}}} \qquad (1\text{-}15)$$

式中 m_{v}——湿蒸汽中干饱和蒸汽的质量，kg；

m_{w}——湿蒸汽中饱和水的质量，kg；

$m_{\mathrm{v}}+m_{\mathrm{w}}$——湿蒸汽的质量，kg。

（5）水蒸气定压产生过程的三个阶段和五个状态

工程上所用的水蒸气大多是在锅炉中定压加热产生的，为了分析问题方便，假设容器中有一定量的水，在容器的活塞上加载重物，然后通过容器壁在底部对水进行加热，使水在定压下汽化，如图 1-2 所示。水在相应的压力下呈现了三个阶段、五种状态的变化。

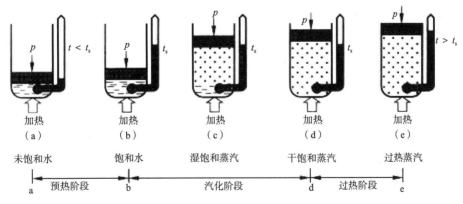

图 1-2　水蒸气的定压汽化过程

三个阶段分别为：

预热阶段：低于饱和温度的水称为未饱和水或过冷水。

汽化阶段：当水定压预热到饱和温度以后，继续定压加热，饱和水便开始沸腾，产生蒸汽。沸腾时温度保持不变。在水的液—气相变过程中，所经历的液、气两相共存的状态，称为湿饱和蒸汽状态，常简称为湿蒸汽状态，如图1-2所示。随着加热过程的继续，湿蒸汽中水的含量逐渐减少，蒸汽的含量逐渐增加，直至水全部变成蒸汽，此状态称为干饱和蒸汽状态，常简称为干蒸汽状态。

过热阶段：将干饱和蒸汽继续定压加热，蒸汽温度升高，比体积增加，熵增加。因为此阶段的蒸汽温度高于同压下的饱和温度，故称为过热蒸汽。

5. 水蒸气定压产生过程的 *p-v* 图和 *T-s* 图

如果改变压力 p，例如将压力提高，再次考察水在定压下的蒸汽形成过程，同样也将经历上述五个状态和三个阶段。将若干压力下的水蒸气定压形成过程表示在 *p-v* 图和 *T-s* 图上，如图1-3所示。

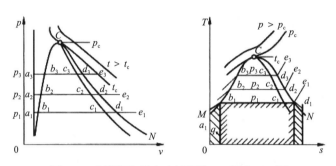

图 1-3　水蒸气定压产生过程的 *p-v* 图和 *T-s* 图

从图1-3中可以看出，虽然三个阶段类似，但随着压力的升高，除水蒸气的饱和温度随之升高外，汽化潜热值减少。当压力升高到22.064MPa时，$t=374℃$，此时饱和水和干蒸汽不再有区别，成为同一状态点，此点称为临界状态点，如图1-3中 C 点所示。临界状态的参数称为临界参数。水蒸气的临界参数值为：$P=22.064MPa$、$t=374℃$、$V=0.003106m^3/kg$。临界状态的出现说明，若在临界压力22.064MPa下对0℃的未饱和水定压加热，当温度升高到饱和温度374℃时，液体将连续地由液态变为气态，汽化在瞬间完成。汽化过程不再存在两相共存的湿蒸汽状态，水与汽的状态参数完全相同，水与汽的差别完全消失，汽化潜热 $r=0$。如果在更高的压力下对水定压加热，只要压力大于临界压力，汽化过程均和临界压力下的一样，都在温度达到临界温度时，瞬间完成汽化过程。由此可知，只要温度大于临界温度，不论压力多大，其状态均为气态。因此，在 *p-v* 图和 *T-s* 图上，干蒸汽的状态点均随压力的升高而向左移动。将 *p-v* 图和 *T-s* 图中不同压力下的干蒸汽状态点连接起来，得曲线 CN，该曲线称为干蒸汽线，又称为上界限线。

上述两曲线 CM、CN 的交点为临界点 C，两线合在一起称为饱和线。饱和线将水蒸气的 *p-v* 图和 *T-s* 图分为三个区域：饱和水线左侧为饱和水区域；干饱和蒸汽线

CN 右侧为过热蒸汽区域；下界限线和上界限线之间的区域为湿饱和蒸汽区域。

综上所述，水的相变过程在水蒸气的 p-v 图和 T-s 图上所表示的规律可归纳为一点、两线、三区和五态：临界点 C；下界限线 CM 和上界限线 CN；未饱和水区域、湿饱和蒸汽区域和过热蒸汽区域；未饱和水状态、饱和水状态、湿饱和蒸汽状态、干饱和蒸汽状态和过热蒸汽状态。

第二节　传热学基础知识

热力学第二定律指出，只要存在温度差就会发生热量传递，热量总是自发地由高温处传向低温处。这种靠温度差推动的能量传递过程称为热传递。由于温度差在自然界和生产领域中广泛存在，故热量传递就成为自然界和生产领域中一种普遍现象。传热学就是研究热量传递规律的学科。

热量传递有三种基本方式：导热、对流和热辐射。工程中诸多传热过程往往是三种基本传热方式的综合结果。热力设备运行中可以分为两种类型：一是增强传热，即提高换热设备的传热能力，或在满足传热量的前提下尽量缩小设备尺寸；二是削弱传热，即减少热损失或保持系统内要求的工作温度。学习传热学的目的主要在于分析和认识传热规律，从而掌握增强或削弱传热过程的方法，实现能源的合理使用，提高设备的生产能力。

一、导热的基本概念

导热是热量传递的基本方式之一。导热又称热传导，是指物体各部分无相对位移或不同物体直接接触时依靠分子、原子及自由电子等微观粒子的热运动而进行的热量传递现象。例如，物体内部热量从温度较高的部分传递到温度较低的部分，以及温度较高的物体把热量传递给与之接触的温度较低的另一物体的现象称为导热。

导热是物质的属性，其在固体、液体和气体中均可进行，但微观机理有所不同。在气体中，导热是气体分子不规则热运动时碰撞的结果，气体的温度越高，其分子的运动动能越大，能量较高的分子与能量较低的分子相互碰撞，热量就由高温处传向低温处；对于固体，导电体的导热主要靠自由电子的运动来完成，而非导电体则通过原子、分子在其平衡位置附近的振动来传导热量；至于液体中的导热机理，还存在着不同观点，可以认为介于气体和固体之间。

单纯的导热一般只发生在密实的固体中，因为气体与液体具有流动特性，在产生导热的同时往往伴随宏观相对位移（即对流）而使热量转移。导热发生在固体中的现象最为普遍，也最具有应用价值。如：手持铁棒一端，将另一端置于火炉中，一会儿手就感到发烫。这是铁棒导热，将火焰的热量传递到了另一端，使其温度迅速升高的缘故。又如：制冷装置中的冷凝器，当温度较高的制冷工质蒸气在铜管内流过时，将热量传递给铜管并逐渐凝结为液体，而铜管将所得的热量又传递给管外温度较低的空气或冷却水。热量自铜管内壁传递到外壁的过程纯属导热过程。导热的应用相当普遍。在工程应用中，一般把发生在换热器管壁、管道保温层、墙壁等固态材料中的热量传递均可看作导热过程。

1. 导热的基本定律

导热的基本定律是傅里叶定律，是法国数学家傅立叶（J·Fourier）在 1822 年研究固体导热实验的基础上总结得出的。该定律说明，单位时间内通过单位面积的热量（即热流密度 q）正比于该处的温度梯度，其数学表达式为：

$$q = -\lambda \frac{\delta t}{\delta n} \tag{1-16}$$

对于一维稳定导热，傅立叶表达式为：

$$q = -\lambda \frac{\mathrm{d}t}{\mathrm{d}x}$$

式中，λ 为导热系数，也称为热导率，单位为 W/（m·K）；负号表示热流方向与温度梯度的方向相反，永远指向温度降低的方向。若表面积为 A，则导热热流量为：

$$Q = -\lambda A \frac{\partial t}{\partial n} \tag{1-17}$$

2. 热导率

由傅立叶定律的表达式可得：

$$\lambda = -\frac{q}{\dfrac{\mathrm{d}t}{\mathrm{d}x}} \tag{1-18}$$

热导率在数值上等于单位温度梯度作用下的热流密度，是工程设计中合理选用材料的重要依据。热导率是物质粒子微观运动特性的表现，它表示了物质导热能力的大小，是物质的物理性质之一。影响热导率的因素主要有物质种类、温度、结构、密度、湿度等。工程上常见物质的热导率可从有关手册中查得。

二、对流传热知识

1. 热对流

热对流发生在流体之中，主要是由于流体的宏观运动，使流体各部分之间发生相对位移，致使冷、热流体相互掺混而引起的热量传递现象。热对流总是与流体运动密切相关，并受到流体运动的影响，这是热对流的显著特征。就引起的流动原因而论，对流可以分为自然对流与强制对流两大类。

（1）自然对流

自然对流是由于流体中各部分的密度不同而引起的。当流体中各部分之间存在温差时，其密度也不尽相同，于是轻浮重沉，导致各部分之间的相对移动。电冰箱冷凝器和房间散热器等换热设备，其表面冷、热空气的流动就是自然对流。

（2）强制对流

如果流体的流动是由于动力机械的作用造成的，则称为强制对流。如空调装置中的冷媒水、冷却水、制冷剂以及空气的强制流动，就是由水泵、压缩机或风机所驱动的。

常见的流体内部传热往往并非单纯是热对流，当流体内部存在温差时，必然发生导热，因此流体的热对流总是伴随着导热。

2. 对流换热

热对流可以在流体中温度不同的各部分之间发生，也可以在存在温度差异的流体与固体壁之间发生，而后者在工程实际中应用更普遍。流体与固体壁面之间既直接接触又相对运动时的热量传递过程称为对流换热。在这一过程中，不仅有离壁较远处流体的对流作用，同时还有紧贴壁面间薄层流体的导热作用。

因此，对流换热实际上是一种由热对流和导热共同作用的复合换热形式。对流换热按流体流动原因分为强制对流换热和自然对流换热；按流体是否有相变分为有相变对流换热和无相变对流换热；有相变对流换热又分为凝结换热和沸腾换热。

3. 牛顿冷却公式

对流换热是流体流过壁面时二者之间的热量传递，它是一个受许多因素影响的复杂的热量传递过程。目前无论哪一种形式的对流换热均采用牛顿冷却公式为基本计算公式，即：

$$q = k \Delta t \qquad\qquad (1\text{-}19)$$

式中　　q——单位面积上的对流放热量，W/m^2；

　　　　k——对流换热系数，W/（$m^2 \cdot$℃）；

　　　　Δt——壁面温度与流体温度之差，℃。

q 是对流换热的热流密度，即单位面积的对流换热量，对流换热系数 α 越大，则对流换热热阻 r 越小，对流换热越强烈。对流换热面积和流体与固体壁面之间的温差都比较容易确定，而反映换热强弱的对流换热系数，因受许多因素的影响，诸如流速、流体的物性参数、固体壁面的形状和位置等，则难以确定。式（1-19）只能作为对流换热系数的定义式，它并没有揭示对流换热系数与诸影响因数之间的内在联系，只不过把对流换热过程的一切复杂性和计算上的困难都集中在对流换热系数上。因此，求取对流换热系数成为对流换热过程研究的主要任务。

4. 影响对流换热系数的因素

对流换热系数的大小与换热过程中的许多因素有关，归纳起来大致有以下几个方面。

（1）流体流动的起因

流体流动的原因有两种，一种是自然对流，另一种是强制对流。一般来说，强制对流的流速比自然对流高，因而对流换热系数也高。例如，空气自然对流的对流换热系数为 5 ~ 12W/（$m^2 \cdot$ K），而强制对流的对流换热系数可达到 12 ~ 100W/（$m^2 \cdot$ K）；再如受风力的影响，房屋墙壁外表面的对流换热系数比内表面高出一倍以上。

（2）流体的流动状态及流速

流体流动有层流与湍流之分。层流时流速较慢，流体各部分均沿着流道壁面作平行流动，各层流体之间互不掺混，热量传递主要依靠垂直于流动方向的导热实现，故对流换热系数的大小取决于流体的热导率。湍流时，除靠近壁面处流体的层流内层是以导热方式进行传热外，在湍流主体仍是以热对流传热为主，流体质点间有着剧烈的混合和位移，对流换热系数增强。显然湍流流动的对流换热要比层流流动的效果好。

对于同一种流动状态，当流体的流速增加时，流体的雷诺数增大，流体内部的相对运动加剧，由此将使得传热速率加快。

（3）流体的物理性质

流体的物理性质，如密度 ρ、动力黏度 μ、热导率 λ 以及定压比热容 c 等，对对流换热系数有很大的影响。流体的热导率越大，流体与壁面之间的热阻就越小，换热就越强烈；流体的定压比热容和密度越大，单位质量流体携带的热量越多，传递热量的能力就越大；流体的黏度越大，黏滞力就越大，阻碍了流体的流动，加大了层流内层的厚度，不利于对流换热。总的来说，c 和 ρ 值增大，对流换热系数增大；μ 值增大，对流换热系数减小。

（4）流体有无相变

流体是否发生了相变，对对流换热的影响很大。流体不发生相变的对流换热，是由流体显热的变化来实现的。而对流换热有相变时，流体吸收或放出汽化潜热。对于同种流体，潜热换热要比显热换热剧烈得多。因此，有相变时的对流换热系数要比无相变时大。另外，沸腾时液体中气泡的产生和运动增加了液体内部的扰动，从而强化了对流换热。

（5）换热表面的几何因素

几何因素是指换热表面的形状、大小、状况（光滑或粗糙程度）以及相对位置等。几何因素影响了流体的流态、流速分布和温度分布，从而影响了对流换热的效果。如图 1-4（a）（b）所示，流体在管内强制流动与管外强制流动，由于换热表面不同，其换热规律和对流换热系数也不相同。在自然对流中，流体的流动与换热表面之间的相对位置，对对流换热的影响较大。图 1-4（c）（d）所示的平板表面加热空气自然对流时，热面朝上时气流扰动比较剧烈，换热强度大；热面朝下时流动比较平静，换热强度较小。

综上所述，影响对流换热系数 k 的主要因素，可定性地用函数形式表示为：

$$k=f(\mu,\ l,\ \lambda,\ \rho,\ c) \tag{1-20}$$

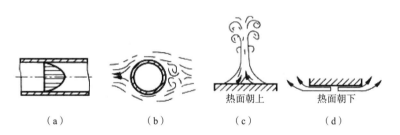

| （a） | （b） | （c） | （d） |

图 1-4　换热表面几何因素的影响

三、辐射换热的知识

热辐射依靠物体表面发射可见和不可见的射线（电磁波）传递能量，辐射换热与导热、对流换热不同，它不依靠物质的接触而进行热量传递。另外，辐射换热过程还伴随着能量的二次转化，即物体的部分内能转化为电磁波发射出去，电磁波发射到另一物体表面而被吸收时，电磁波能又转化为内能。

辐射并不只有高温物体才产生，一切物体只要其温度大于0K，都会不断地发射热射线。

在制冷装置中，由于温度较低，温差也较小，在传热计算中将辐射换热忽略不计。在较大型冷库与空调的围护结构设计中，计算热负荷时才把太阳的辐射热考虑进去。

第三节　流体力学基础知识

流体力学主要研究在各种力的作用下，流体本身的静止状态和运动状态特性，以及流体和相邻固体界面间有相对运动时的流动和相互作用规律。

流体静力学着重研究流体在外力作用下静止平衡的规律以及这些规律在工程实际中的应用。所谓静止是指流体内部宏观质点之间或流体层之间没有相对运动，达到了相对平衡。通常按流体整体相对于地球有无运动，将流体的静止分为相对静止和绝对静止。处于静止状态的流体，流体内不存在剪应力，其内部不呈现黏性。因此，由流体静力学所得到的结论对理想流体和黏性流体都适用。

一、液体静压力及其特性

液体的静压力是指作用在单位面积上的力，其单位为 Pa。平均静压力是指作用在某个面积上的总压力与该面积之比。点静压力是指在该面积某点附近取一个小面积 ΔF，当 ΔF 逐渐趋近于零时作用在 ΔF 面积上的平均静压力的极限称为该面积某点的液体静压力。

平均静压力值可能大于该面积上某些点的液体静压力值，也可能小于另一些点的液体静压力值，因而它与该面积上某点的实际静压力是不相符的，为了表示某点的实际液体静压力就需要引出点静压力的概念。

液体静压力有两个特性：

（1）液体静压力的方向和其作用面相垂直，并指向作用面。

（2）液体内任一点的各个方向的液体静压力均相等。

1. 液体静力学基本方程

$$p = p_0 + \gamma h \tag{1-21}$$

式（1-21）称为液体静力学基本方程式，它表明液体内任一点的静压力等于自由

液面上的压力 P_0 加上该点距自由液面的深度 h 与液体重度 r 的乘积。由液体静力学基本方程式可知,静压力是随着深度按线性规律变化的,即点的位置越深,则压力就越大。

2. 绝对压力、表压力和真空

当某一点的液体静压力是以绝对真空为零算起时,这个压力称为绝对压力。

以大气压力为零算起的压力,称为表压力或相对压力。表压力可用绝对压力减去当地大气压力进行计算。

如果液体中某点的绝对压力小于大气压力,即表压力为负值,则称该处处于真空状态,真空的大小一般用真空值或真空度表示。真空值是指大气压力与绝对压力的差值。由于真空值就是表压力(负值),因此真空值也称负压。真空度是指真空值与当地大气压力的比值(百分数)。

液体静压力的计量单位有许多,为了便于对照使用,将常见的压力单位及其换算列于表 1-1 中。

常见的压力单位及其换算 表 1-1

帕斯卡(Pa,N/m²)	工程大气压(kgf/cm²)	标准大气压(atm)	米水柱(mH₂O)	毫米汞柱(mmHg)
1	0.102×10^{-4}	0.0987×10^{-4}	1.02×10^{-4}	75.03×10^{-4}
9.8×10^{4}	1	0.968	10	735.6
10.13×10^{4}	1.033	1	10.33	760
10.00×10^{4}	1.02	0.987	10.2	750.2
133.225	0.00136	0.001316	0.0136	1

3. 连通器

所谓连通器就是液面以下互相连通的两个容器。连通器液体平衡可以分为三种情况:

第一种情况,在两个相连的容器中注入同一种液体,且液面上的压力也相等,所以其液面高度相等。可以利用此原理制成锅炉汽包和各种容器上的水位计。

第二种情况,在连通器中注入相同的液体,但液面上的压力不等,其液面上的压力差,等于连通器液面差所产生的压力。利用此原理可以制成各种液体压力计,如锅炉的 U 形管风压表等。

第三种情况,在连通器两容器中注入两种不同的液体,但液面上的压力相同,由于两种液体互不相混,自分界面起,液面高度与液体重度成反比。利用这一原理可以测定液体重度或进行液柱高度换算。

二、流体能量方程

1. 流量、流速

流量是指液体在单位时间内通过过流断面（即液流中与流线垂直的截面）的体积，液体流量用 C 表示，单位为 m^3/s。

平均流速是指过流断面上各点流速的算术平均值，即假定过流断面上各点都以相同的平均流速流动时所得到的流量与各点以实际流速流动时所得到的流量相等。实际流速是指液体某一质点在空间中的移动速度。

2. 液体连续性方程式

液体连续性方程式为：$v_1 F_1 = v_2 F_2 = $ 常数，此方程式表示管道中各个过流断面上，其面积与平均流速的乘积均相等，且等于常数。

由液体连续性方程式可得：

$$\frac{v_1}{v_2} = \frac{F_2}{F_1} \tag{1-22}$$

式中　v_1、v_2——平均流速，m/s；

　　　F_1、F_2——过流断面面积，m^2。

式（1-22）表明，液体的平均流速与相应的过流断面面积成反比。即在管道断面缩小处，液体流速就快；而在管道断面增大处，液体流速就慢。

3. 伯努利方程式

连续性方程式表明，当空气在管道内作稳态流动时，其速度将随着截面积的变化而变化。通过实验还可以观察到，其静压力也将随着截面积的变化而变化。

实际液体的伯努利方程式为：

$$\frac{v_1^2}{2g} + \frac{p_1}{\gamma} + Z_1 = \frac{v_2^2}{2g} + \frac{p_2}{\gamma} + Z_2 + h_s' \tag{1-23}$$

式中　v_1、v_2——断面 1、2 处液体流速；

　　　p_1、p_2——断面 1、2 处的压力；

　　　Z_1、Z_2——断面处液体相对于某一基准面的位置高度；

　　　　g——重力加速度；

　　　　γ——液体的重度；

h'_s——断面间单位重量液体的能量损失。

式（1-23）表明了一个重要的结论：理想流体在稳态流动过程中，其动能、位能、静压力之和为一常数，也就是说三者之间只会相互转换，而总能量保持不变。该方程通常称为理想流体在稳态流动时的能量守恒定律或能量方程。当空气作为不可压缩理想流体处理时，则也服从这个规律。由于空气的密度很小，位能项与其他两项相比可忽略不计。

应用伯努利方程时，必须满足以下条件：

（1）不可压缩理想流体在管道内作稳态流动；

（2）流动系统中，在所讨论的两个截面间没有能量加入或输出；

（3）两截面间沿程流量不变，即没有支管。

截面上速度均匀，流体处于均匀流段。在速度发生急变的截面上，不能应用该方程。

以上所讨论的伯努利方程，表明的是理想流体作稳态流动时的规律，即认为是没有能量损耗的。但是实际上空气是有黏性的，空气流动时受到流体的内摩擦作用而产生能量损失。

三、流态与雷诺数

当流速较小时，各流层质点互不混杂，这种形态的流动叫层流。当流速较大时，各流层质点形成涡体互相混杂，这种形态的流动称为紊流。

1. 流动阻力的类型

实际液体在管道中流动时的阻力可分为两种类型：一种是沿程阻力，它是由于液体在直管内运动，因液体层间以及液体与壁面之间的摩擦而造成的阻力，沿程阻力所引起的液体能量损失称为沿程阻力损失。另一种是局部阻力，因局部障碍（如阀门、弯头、扩散管等）引起液体显著变形以及液体质点间的相互碰撞而产生的阻力，局部阻力引起的液体能量损失，称为局部阻力损失。

层流状态是指液体运动过程中，各质点的流线互不混杂、互不干扰的流动状态。

紊流状态是指液体运动过程中，各质点的流线互相混杂、互相干扰的流动状态。

液体的流动是层流还是紊流可用雷诺数 Re 进行判别。由层流转变到紊流的雷诺数称为临界雷诺数，以 Re_{ej} 表示。实验表明，液体在圆管内流动时的临界雷诺数为 $Re_{ej}=2300$。因此，当 $Re \leqslant 2300$ 时，流动为层流；当 $Re > 2300$ 时，流动为紊流。

2. 沿程阻力损失、局部阻力损失和管道系统的总阻力损失

管道流动中单位重量液体的沿程阻力损失 h_y 可用下式计算：

$$h_y = \lambda \frac{L}{d_d} \frac{v^2}{2g} \qquad (1\text{-}24)$$

式中　λ——沿程阻力系数，它与雷诺数 Re 以及管壁粗糙度有关；

　　　L——管道长度，m；

　　　d_d——管道的当量直径，对于圆管即为内径，m；

　　　v——平均流速，m/s；

　　　g——重力加速度，m/s²。

管道流动中单位重量液体的沿程阻力损失 h_j 可用下式计算：

$$h_j = \zeta \frac{v^2}{2g} \qquad (1\text{-}25)$$

式中　ζ——局部阻力系数。

工程上的管道系统通常由许多直管段和管件组成，这时整个管道的流动阻力损失用下式计算：

$$h_w = \sum h_y + \sum h_j \qquad (1\text{-}26)$$

3. 压力管路中的水锤

在压力管路中，由于液体流速的急剧变化，从而造成管道中液体的压力显著、反复、迅速变化的现象，称为水锤（或叫水击）。

水锤可以发生在压力管路上的阀门迅速关闭或水泵等设备突然停止运转时。在这种情况下，由于管中的流速迅速降低，使压力发生显著升高，这种以压力升高为特征的水锤，称为正水锤。正水锤的压力升高可以超过管中正常压力的几十倍至几百倍，以致使管壁材料产生很大的应力，而压力的反复变化将引起管道和设备的振动，造成管道、管件和设备的损坏。

水锤也可以发生在压力管路上的阀门迅速开启或水泵等设备突然启动时。在这种情况下，由于流速急剧增加，使压力发生显著降低，这种以压力降低为特征的水锤，称为负水锤。负水锤也会引起管道和设备的振动，同时负水锤时的压力降低，可能使管中产生真空，由于外面大气压的作用，将管道挤扁。

为了预防水锤的危害，可采取增加阀门启闭时间、尽量缩短管道长度以及在管道

上装设安全阀或空气室等措施。

第四节　空调技术基础知识

空气调节的主要任务是在所处自然环境下，使被调节空间的空气保持一定的温度、湿度、洁净度、新鲜度以及流动速度。因此，对于空调技术人员来说，首先要全面了解空气的性质。

一、空气计算参数与热湿负荷概念

舒适性空调的基本目的在于创造一种绝大多数居住者感到舒适的环境，而工艺性空调的目的则是为了保证顺利地完成特定的工艺或科研过程。各种工艺过程或科研过程所要求的环境条件可能有很大的差异，致使空调的室内设计条件不尽完全相同。尽管如此，人体的舒适感仍是确定室内设计条件的最基本要求，这是因为不仅舒适性空调（民用建筑或公共建筑空调）主要从人体的舒适感出发确定室内设计条件，而且工艺性空调的室内设计条件也要兼顾人体卫生的要求。

1. 室内设计条件的确定

空调房间或建筑物室内空气参数，通常根据人体舒适性的要求及工艺生产的要求确定。此外，还应考虑经济方面的因素，即设计者同时还要分析室外设计条件、居住者的生活习惯、所穿的衣着、活动量及停留时间等。例如，对于停留时间比较短的建筑物中（如商店或剧院休息室）设置空调时，夏季采用较高的温度而冬季采用较低的温度（与长期停留的空间如住宅、办公室等相比），既可满足生理卫生要求，又具有经济方面的意义。由此可见，室内设计条件的合理确定是比较复杂的。

按照我国居民的生活习惯，并考虑经济因素，对民用和公共建筑的舒适性空调，一般选取室内空气温度夏季为 26～28℃、冬季为 18～22℃；相对湿度夏季为 40%～60%，冬季不作规定。在特殊情况下，夏季温度可采用 25～29℃，相对湿度则为 30%～70%。室内风速一般夏季为 0.2～0.5m/s，冬季为 0.15～0.3m/s。

对工艺性空调室内设计参数主要取决于工艺要求，应按现行国家标准《工业企业设计卫生标准》GBZ1 及《工业建筑供暖通风与空气调节设计规范》GB 50019 的规定选用。由于在夏季，大多数工艺性空调房间的温度对人体舒适感来说是偏低的，因此要求室内气流速度尽量小些，一般在 0.25m/s 左右。

2. 得热量与冷负荷

得热量与冷负荷是两个含义不同而又相互有关联的概念，在理论上和计算方法上应予以区分。

得热量是指在某一瞬时由外界进入或室内热源散入室内热量的总和，这些热量中有显热或潜热，或二者兼有。通过围护结构的传热及灯具的散热等均属显热得热。室内人体或设备的散热中含有潜热（由散发水蒸气带入空气的热量）。

显热得热可以通过对流方式获得，也可以通过辐射方式传递。例如，由通风、渗透等作用带来的显热得热，属于对流得热。而直接透过玻璃进入室内的太阳辐射热，则纯属辐射得热。通过围护结构的传热及灯具的散热是经由对流和辐射两种方式将热量传入室内的。

若按是否随时间变化来分类，有稳定得热和瞬变得热之分。如照明灯具、人体和耗电量不变的室内用电设备的发热量都属稳定得热；而如透过玻璃进入室内的日射得热量和围护结构的不稳定导热等则属瞬变得热。

冷负荷是指为维持室温恒定，在某一时刻为了消除室内空气得到的热量所需供应的冷量。

得热量与冷负荷不一定相等，因为只有得热中的对流部分才能被室内空气立即吸收，而得热中的辐射部分却不能直接被空气吸收。进入室内的辐射热（长波的或短波的）被围护结构和室内各种物体的表面吸收，这些表面吸收了辐射热之后，温度上升而高于物体内部的温度，使热流传入物体内部被储存起来。一旦围护结构和室内物体表面温度高于室内空气温度，它们又以对流的方式将储存的热量传给室内空气。只有此时，这些放出的对流热才成为瞬时冷负荷。

3. 室内湿负荷

人体在散发热量的同时也不断地向环境散湿。由于人体的散湿因性别和年龄而不同，所以对人员群集的场所，人体的总散湿量应等于相应的数据乘以总人数和群集系数。单位时间内需要从室内排除的水分称为湿负荷。

二、湿空气的组成

环绕地球的空气层称为大气。大气中含有干空气、水蒸气和污染物质。污染物质（如尘埃、细菌、病毒以及烟雾等）因地点不同而有很大变化。干空气和水蒸气的混合物称为湿空气。空气中总是或多或少地含有水蒸气，可见，所谓湿空气就是不含污染物的空气。湿空气也简称为空气。

干空气又是多种气体的混合物，主要成分有氮、氧、氩、二氧化碳等。各种成分的含量比较稳定，随时间、地点和海拔高度的改变而稍有变化。虽然干空气是多种气体的混合物，但工程上通常把它作为纯物质气体（即只含有一种化学成分的气体）来处理。

在空气中，水蒸气的含量是不稳定的，常常随着季节、气候、湿源等各种条件的变化而改变。虽然空气中水蒸气的含量很少，但其变化会引起空气物理性质的改变，进而对人体感觉、产品质量、工艺过程和设备维护等产生不容忽视的影响。

干空气和水蒸气有着完全不同的物理性质。干空气的临界温度约为 -141℃，远低于空气调节温度范围。因此在空调过程中，干空气始终处于过热区，不会凝结成液体。水蒸气的临界温度约为 374℃，在正常室内温度下，能够凝结和蒸发。而且，在温度不变的情况下，仅改变压力就可以做到这一点。高压除水装置正是利用了水蒸气的这一特性。

三、状态方程和基本状态参数

对于常温、常压下的空气，把它作为理想气体处理所造成的误差，在工程上是允许的。因此，在空气调节领域，一般把空气视为理想气体，即认为湿空气中的干空气和水蒸气均为理想气体。这样做的目的是为了在满足工程精确度要求的前提下，大大简化分析计算。也就是说，能用简单的方程式表达湿空气的物理特性，这些方程式能够求解，并且利用这些解能够制成湿参数表和焓湿图。

所谓理想气体，就是假定组成该气体的气体分子是不占有空间的质点，分子间没有相互作用力。实际上，气体分子尽管很小，但仍有体积，气体分子之间也存在着相互作用力。

温度是物体冷热程度的标志，温度高低的度量称为温标。开氏温标用符号 T 表示，单位为 K。它以气体分子热运动平均动能趋于零的温度为 0K，以水的三相点温度为 273.16K，1K 即为水三相点热力学温度的 1/273.16。摄氏温度用符号 t 表示，单位为℃。1℃和1K 的分度是相符的，两者的关系为：

$$T = t + 273.15\text{K} \tag{1-27}$$

式中，273.15 是水冰点的热力学温标。

气体的压力是指单位面积上所受到的气体的作用力，单位为帕（Pa）或千帕（kPa），$1\text{Pa} = 1\text{N/m}^2$。地球表面单位面积所受到的大气的压力称为大气压力或大气压。除了上面的压力单位外，大气压还有多种使用单位，如气象上习惯用巴（bar）或毫巴（mbar），物理上习惯用标准大气压或物理大气压（atm）。它们之间的关系如下：1bar=1×155Pa=0.986923atm。

大气压力不是一个定值。不同的海拔高度大气压力不同；同一海拔高度在不同的季节、不同的天气状况，大气压力也有变化。标准状态下，海平面上的大气压力为101325Pa，所以我国常把这个压力值称为标准大气压，即 latm=101325Pa=1.01325bar。

在空调系统中，空气的压力是用仪表测出的。仪表指示的是所测空气的绝对压力与当地大气压力的差值，称之为工作压力（过去叫表压力），因此它不能代表空气压力的真正大小。工作压力与绝对压力的关系为：压力 = 当地大气压力 + 工作压力。

通常所讲的压力，如未指明是工作压力，均应理解为绝对压力。工作压力不是状态参数，只有空气的绝对压力才是空气的一个基本状态参数。单位质量气体所占的容积称为气体的比容，用 v 表示，即：

$$v = \frac{V}{m} \ (\text{m}^3/\text{kg})\ \ \ \ \ \ \ (1\text{-}28)$$

单位容积气体所具有的质量称为气体的密度，用 ρ 表示，单位 kg/m^3。显然，比容和密度之间存在下述关系：

$$\rho = \frac{1}{v}\ \ \ \ \ \ \ (1\text{-}29)$$

温度、压力、比容（或密度）是空气的基本状态参数。

四、水蒸气分压力、含湿量、相对湿度和露点温度

空气的主要状态参数，除了温度、压力、比容（或密度）之外，在空调工程中还用到水蒸气分压力、含湿量、相对湿度、焓、露点温度和热力学湿球温度等。下面介绍水蒸气分压力、含湿量、相对湿度和露点温度。

1. 水蒸气分压力

湿空气中水蒸气的分压力，就是当湿空气中的水蒸气单独占有湿空气的容积且具有与湿空气相同温度时所产生的压力。根据道尔顿分压力定律，混合气体的总压力等于各组成气体的分压力之和。所以，湿空气的总压力等于水蒸气分压力与干空气分压力之和，即

$$P = P_{da} + P_q \tag{1-30}$$

式中　P——湿空气的总压力，即大气压，习惯上记作 B，Pa；

　　P_{da}——干空气的分压力，Pa；

　　P_q——水蒸气的分压力，Pa。

从气体分子运动论的观点来看，气体分子越多，撞击容器的机会就越多，表现出来的压力就越高。因此，水蒸气分压力的大小反映了水蒸气含量的多少。

2. 含湿量

含湿量 d 表示与单位质量干空气共存的水蒸气的质量，即：

$$d = \frac{m_q}{m_{da}} \tag{1-31}$$

式中　m_q——湿空气中水蒸气质量，kg；

　　m_{da}——湿空气中干空气质量，kg。

在空调领域，湿空气中的干空气和水蒸气可以分别作为理想气体看待。根据理想气体的状态方程，对于水蒸气，有：

$$PV = mRT \tag{1-32}$$

对于干空气，有：

$$PV = mRT_a \tag{1-33}$$

通过理论换算，有：

$$d = 622 \frac{P_q}{P_{da}} \text{ 或 } d = 622 \frac{P_q}{B - P_q} \tag{1-34}$$

式（1-34）表明，当大气压力一定时，水蒸气分压力和含湿量近似为直线关系，水蒸气分压力越大，含湿量也就越大。如果含湿量不变，水蒸气分压力将随着大气压力的增加而上升，随着大气压力的减小而下降。

在空气系统中，含湿量和温度一样，也是一个重要参数。在空气的加湿、除湿处理过程中，都用含湿量来衡量空气中水蒸气量的变化。表示空气中水蒸气含量的多少，除了用含湿量外，还可以用绝对湿度。绝对湿度指的是单位容积湿空气中含有的水蒸气量。但绝对湿度使用起来不太方便，因为湿空气的容积随着温度的变化而改变。也就是说，即使水蒸气质量不变，由于湿空气容积的改变，绝对湿度亦发生变化，因而绝对湿度不能确切地反映湿空气中水蒸气量的多少。

3. 相对湿度

相对湿度定义为：在某一温度下，湿空气的水蒸气分压力与同一温度下饱和水蒸气分压力的比值，即：

$$\varphi = \frac{P_q}{P_{qb}} \times 100\% \qquad (1\text{-}35)$$

式中　P_q——空气的水蒸气分压力，Pa；

　　　P_{qd}——同温度下空气的饱和水蒸气分压力，Pa。

湿空气的饱和水蒸气分压力，就是与所讨论的湿空气的温度和压力相同的饱和空气的水蒸气分压力。在一定温度下，湿空气所含的水蒸气量有一个最大限度，超过这一限度，多余的水蒸气就会从湿空气中凝结出来。这种含有最大限度水蒸气量的湿空气称为饱和空气。同理，饱和空气密度、饱和空气含湿量、饱和空气焓分别称为该温度下湿空气的饱和密度、饱和含湿量和饱和焓。在大气压力不变的情况下，饱和空气密度、饱和水蒸气分压力、饱和空气含湿量和饱和空气焓仅是温度的函数。

根据定义可知，相对湿度表示了空气接近饱和的程度。φ 值小，说明空气的饱和程度小；φ 值大，则说明空气的饱和程度大。φ 为零，指的是干空气；而 φ 为 100%，指的是饱和空气。

相对湿度和含湿量都是表示空气湿度的参数，但二者的意义不同。相对湿度表示空气接近饱和状态的程度，但不能表示空气中水蒸气的含量。含湿量表示空气中水蒸气的含量，但不能说明空气的饱和程度。

4. 露点温度

空气的饱和含湿量随着空气温度的下降而减少。设对未饱和的湿空气在压力和含湿量不变的情况下冷却，当其冷却到某一温度 t 时，相对湿度达到 100%，含湿量达到饱和，如果再继续冷却，则会有凝结水发生。显而易见，t 为空气结露与否的临界温度，称之为露点温度。也就是说，露点温度是与所讨论的湿空气具有相同压力和含湿量的饱和湿空气的温度。

五、焓湿图

前文介绍了温度 t、大气压力 B、比容 v、含湿量 d、相对湿度 φ、水蒸气分压力 P_q 以及露点温度 t，要真正计算这些参数，还是比较繁杂的。且只通过参数计算，不能反映出湿空气状态的变化过程。为了既避免繁杂的计算，又能直观地表示出状态变化过程，空气调节分析中常采用一种线算图。

我国现在使用的是以焓为纵坐标、以含湿量为斜坐标的湿空气焓湿图，如图 1-5 所示。

图 1-5 中，除了坐标轴以外，还有 t、φ 两组等值线、P 线以及 ε 过程线。为了更好地掌握和运用焓湿图，有必要了解它的绘制过程。

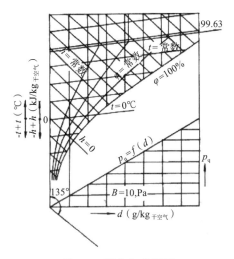

图 1-5 湿空气焓湿图

1. 坐标的选定

根据理想气体状态方程可知，在气体常数已知的情况下，由两个状态参数便可确定理想气体的状态。但是，对于湿空气来说，气体常数随着含湿量的变化而变化，因此，在 B、t 已知的情况下，还需要一个状态参数才能确定湿空气的状态。也就是说，要确定它的状态，必须有三个互相独立的坐标。但是，一般平面图形仅能有两个独立的坐标。为了能在平面图形上确定空气的状态，就必须固定一个基本状态参数。在空调过程中，t、d、B 三个参数中，B 的变化最小，所以通常选定大气压力 B 为已知。这样，只剩下 t、d 两个坐标参数，就可以进行图形的绘制了。因为温度 t 与焓 h 关，所以可用 h 代替温度 t，即选定 h、d 为坐标轴。

焓湿图的横坐标为含湿量 d，纵坐标为焓 h。为使图面开阔、线条清晰，取两坐标轴之间的夹角大于或等于 135°，这样，含湿量即成了斜坐标。实用中，为避免图面过长，常取一辅助水平线代替实际的 d 轴。

2. 等焓线与等含湿量线

将含湿量坐标的辅助水平线以一定的比例尺（尺寸任意）分成等距离分度点，由各点引一系列的垂直线平行于纵轴，这些垂直线即为等含湿量线。把纵轴按选定的比例尺分成等距离分度点，由各点引出平行于斜轴（横轴）的直线，即为等焓线。

3. 等温线

等温线根据公式 $h=1.01t+（2500+1.84t）d$ 绘制。由该式可知，当 t 为常数时，h 与 d 呈直线关系，因此已知两个点即可绘制出一条等温线。若温度常数值分别取 $-10℃$、$-5℃$、0、$10℃$、$15℃$……，则可得到一系列对应的等温线。因为等温线的斜率为（$2500+1.84t$），所以温度不同的两条等温线，其斜率是不同的，即等温线不是一组平行的直线。但因 $1.84t$ 远小于 2500，温度对斜率的影响不显著，所以等温线又近似平行。

4. 等相对湿度线

将相对湿度的定义式代入含湿量计算式，可得：

$$d=622\frac{\varphi P_{qb}}{B-\varphi P_{qb}} \tag{1-36}$$

根据式（1-36）可以绘制出等相对湿度线。从式（1-36）中可以看出，在一定大气压下，当相对湿度为常数时，含湿量 d 仅取决于饱和水蒸气分压力 P_{qb}。而在一定大气压力下，P_{qb} 又仅是温度 t 的函数，其值可由相关水蒸气性质表查出。因在 φ、B 一定的情况下，d 与 t 不是直线关系，所以等相对湿度线不是直线而是曲线。

当空气为干空气时，$d=0$，由式（1-39）可知 $\varphi=0$。所以，$\varphi=0$ 的线即为纵轴线，是一条直线。当 $\varphi=100\%$ 时，$P=P_{qb}$，即湿空气处于饱和状态，所以 $\varphi=100\%$ 的相对湿度线是饱和湿度线。以饱和湿度线为界，曲线以下为过饱和区，曲线以上为湿空气区（又称为未饱和区）。由于饱和状态是不稳定的，通常都有凝结现象，所以此区又称为有雾区，在焓湿图中一般不表示出来。在湿空气区，水蒸气处于过热状态。

5. 水蒸气分压力线

由式（1-34）可得：

$$P_q=\frac{Bd}{622-d} \tag{1-37}$$

根据式（1-37）可绘制等水蒸气分压力线。从式中可见，在大气压力 B 一定的情况下，水蒸气分压力 P_q 只是含湿量 d 的单值函数，即对于给定的一个 d 值，对应于一个 P_q 值。因此，可在 d 轴的上方设一水平线，标出 d 值所对应的 P_q 值，而以等含湿量线作为等水蒸气分压力线，不必再另外绘制。

6. 热湿比线

热湿比 ε 定义为空气状态变化前后的差与含湿量差之比，即：

$$\varepsilon = \frac{h_b - h_a}{d_b - d_a} \times 1000 = \frac{\Delta h}{\Delta d} \times 1000 \tag{1-38}$$

式中　h_a、h_b——空气初、终状态的焓，kJ/kg；

d_a、d_b——空气初、终状态的含湿量，g/kg$_{干空气}$。

设含 Gkg 干空气的湿空气从状态 A 变化到状态 B，变化过程中的加湿量为 W，加热量为 Q，根据含湿量的定义，有：

$$W = G(d_b - d_a)/1000 \tag{1-39}$$

根据能量方程，有：

$$Q = G(h_b - h_a) - Wh_a \tag{1-40}$$

忽略加温而引起的焓变化，式（1-40）可近似表示为：

$$Q = G(h_b - h_a) \tag{1-41}$$

于是，热湿比 ε 又可表示为：

$$\varepsilon = \frac{Q}{W} \tag{1-42}$$

热湿比反映了空气状态变化的方向和特征，如图 1-6 所示，空气从状态 A 变化到状态 B，其过程线 AB 的斜率就是热湿比 ε。

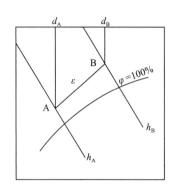

图 1-6　热湿比与状态变化过程线

六、绝热饱和与湿球温度

对于湿空气来说，在给定的压力和温度下，还需要一个状态参数才能确定它的状态。也就是说，湿空气的状态需要用三个相互独立的参数才能确定。

从理论上讲，给定温度和压力之后，在前文所讲的状态参数中，除了空气的饱和状态参数外，其他任何一个都可以选作确定湿空气状态的第三个参数。问题是在实际中怎样确定这个参数。绝热饱和的概念为解决这一问题提供了理论依据，而湿球温度的概念又为解决这一问题提供了实用的方法。

1. 绝热饱和

设有一个理想的绝热加湿装置（图 1-7）。该装置的器壁是完全绝热的。加湿器内盛有温度恒定为 t 的水。空气进口状态参数为 P、t、d、φ、h，进入加湿器后进行充分的热湿交换。由于热交换充分，所以离开加湿器时空气的温度等于水温 t，又由于湿交换充分，所以空气出口达到饱和状态。加湿器内不断补充温度为 t 的水，以维持加湿器内水量不变，同时，空气流动处于稳定状态。

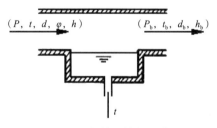

图 1-7　理想的绝热加温装置

上述加湿器出口空气的温度 t_b 被称湿空气的热力学湿球温度，也称为绝热饱和温度。

2.湿球温度

（1）干湿球温度计

干湿球温度计是用以代替绝热饱和器的实用装置。这种装置是由两个相同的温度计或其他温度敏感元件组成的，其中一个的感温部位包裹上纱布，纱布的下端浸入盛有水的玻璃器皿中（图1-8）。由于毛细作用，纱布保持在潮湿状态。这支包裹纱布的温度计称为湿球温度计，在稳定状态下，由它测出的温度 t 称为湿球温度。另一支未包纱布的温度计相应地称作干球温度计，由它测得的温度称为干球温度。显而易见，干球温度就是空气的实际温度。

（2）湿球温度的物理概念

湿球温度计的水银球包裹上湿纱布，根据本节开头所分析的空气与水直接接触时的热湿交换原理，在含水纱布表面必然形成一个浓度边界层。在浓度边界层中紧贴纱布表面的地方，空气达到饱和（图1-9）。湿球温度计的读数就是湿纱布所含水的温度，也可看作是湿纱布表面那层饱和空气的温度。

将湿球温度计放在 $\varphi<100\%$ 的空气中，纱布中水分就可能向空气中蒸发。湿球温度指的是当水蒸发所需的汽化潜热量与空气传给水的显热量达到平衡时，湿球温度计测得的温度。

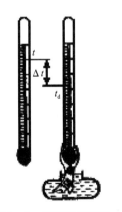

图1-8 干湿球温度计

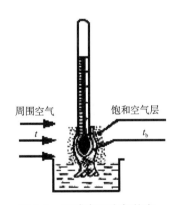

图1-9 湿球表面空气状态

七、送风状态和送风量的确定

1.送入房间空气的状态变化过程

空调房间的热（冷）、湿负荷依靠空调系统向室内送风来承担。一定量具有状态 O 的空气送入室内，吸收室内的热（冷）负荷 Q 和湿负荷 W 变化到室内空气状态 N，然后排到室外，以维持室内所需的空气状态 N（图1-10）。

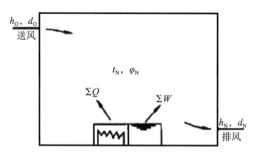

图 1-10　空调房间的空气状态

根据能量守恒方程式，要消除热（冷）负荷 Q，送风量 G 和送入空气的 h 必须满足下式：

$$Q = G(h_a - h_b)$$

根据质量守恒原理，要消除室内余湿 W，送风量 Q 和送入空气的含湿量 d 必须满足下式：

$$W = G(d_a - d_b)/1000$$

由以上两式得送风量的计算式为：

$$G = \frac{Q}{h_a - h_b} \text{ 和 } G = \frac{W}{d_a - d_b} \times 1000\% \qquad （1-43）$$

在以上各式中，焓 h 的单位为 kJ/kg，含湿量 d 的单位为 g/kg$_{干空气}$。一般说来，不论是夏季还是冬季，空调房间总有一定量的湿产生，即室内湿负荷总是正值，且冬、夏季变化不大。至于热（冷）负荷，则随季节的变化有很大不同。

在夏季，室外温度高于室内温度，环境通过空调房间围护结构向室内传递显热，加之室内热源产生的显热和潜热，室内总有一定量的余热需要排除。这些余热中，既有显热又有潜热。所以，夏季的热湿比总是大于零。

在冬季，空调房间的温度高于室外温度，室内的一部分显热通过围护结构散失到室外。另一方面，室内热源有一定量的热量产生。在室内热源产生的热量中，有显热，也可能有潜热。如果室内热源的产热小于围护结构的散热，则热湿比小于零。如果室内热源的产热大于围护结构的散热，但热源所产的显热小于围护结构的散热，则热湿比虽然大于零，但热湿比线在 h-d 图上介于等温线和等焓线之间。一般说来，在冬季，送入房间空气的过程线总是向右倾斜的，即冬季空调房间的显热得热一般小于零。对于舒适性空调，冬季空调房间的总得热一般小于零，所以热湿比一般小于零。

2. 送风状态和送风量的确定

从理论上讲，在夏季，凡是位于室内热湿比线上且在 N 点以下的点均可作为送风状态点 O；在冬季，凡是位于室内热湿比线上且在 N 点以上的点均可作为送风状态点。O 点距离 N 点越近，送风量越大，O 点距离 N 点越远，送风量越小。

在热（冷）、湿负荷一定的情况下，送风温差的大小直接反映了送风量的大小。选择的送风温差大，送风量就小，空气调节设备和输送设备可相应地小一些，于是初投资和运行费均可小些。但是送风量过小，室内温度和湿度分布的均匀性和稳定性将得不到保证。同时，夏季送风温度过低，可使人感受到冷气流的作用而产生不舒适感；冬季送风温度过高，亦可使人感受到热气流的作用而产生不舒适感。从另一个方面看，选择的送风温差小虽然室内温湿度分布的均匀性和稳定性好，不会使人感到过冷或过热气流造成的不舒适感，但需要大的送风量，从而需要的初投资和运行费用高，不够经济。送风温差的选定必须权衡以上两个方面的矛盾因素，既不能过大，也不宜过小。

相关规范规定了夏季送风温差的建议值，也可以查找相关手册，送风温差的大小与恒温精度有关。规范中还推荐了换气次数。换气次数 n 是空调工程中常用的衡量送风量大小的指标，其定义是：

$$n = \frac{L}{V} \tag{1-44}$$

式中　L——房间换气量，m^3/h；

　　　V——房间体积，m^3。

送风温差范围内选定某一送风温度值，以此为依据计算出送风量。如果该送风量折合的换气次数 n 值满足相关手册中所推荐的换气次数，则所选的送风温差符合要求。

冬季一般送热风。送热风时的送风温差值可比送冷风时的送风温差大。即冬季送风温差可比夏季送风温差大，从而冬季送风量可比夏季送风量小。所以，关于空调系统送风量，一般先确定夏季送风量，冬季的送风量参考夏季而定。对于全年采用固定风量的空调系统，冬季的送风量与夏季相同。对于风量可调的系统，冬季可采取较大的送风温差，以减小送风量，从而节约空调用能，提高空调系统的经济性。空调系统越大，减小风量的经济意义越突出。当然，送风温差的增大是有限制的，它应使送风量满足最小换气次数的要求，同时不应使送风温度高于 45℃。

八、新风量的确定和空气平衡

送风一般来源于两个方面：室外的空气（称新风）和来自空调房间的空气（称

回风）。从空气热湿调节的角度看，处理回风要比处理新风容易。因此，从经济上和节约能源方面考虑，将空调设备所处理的新风量保持为最小，是最为理想的。新风量的确定一般依据两个方面的因素：卫生要求和正压（即室内大气压力高于外界环境压力）要求。当按这两个要求确定的新风量占送风量的百分数不足 10% 时，新风量应按 10% 计算，以确保卫生和安全。

1. 按卫生要求确立的新风量

从卫生角度考虑，空调系统必须供给足够的新风量，用以减少人体的气味、其他臭味以及相关污染物等。另外，要使二氧化碳的浓度降低到最大允许值。空气中离子含量是否要加以限制这一问题，曾经引起过人们的讨论。新近的研究表明，空气中离子的多少对建筑物中的人们没有显著影响。

为了维持人体的新陈代谢，人们总要不断地吸进氧气，呼出二氧化碳。在一般农村和城市，室外空气中二氧化碳含量为 $0.5 \sim 0.75g/kg$。为了计算卫生要求的新风量，送进的新鲜空气含有某些有害物，室内人员或生产过程使有害物浓度升高，排出空气将一部分有害物带出房间。

在实际工作中，一般可按规范确定：不论每人占房间体积多少，新风量按大于等于 $30m^3/$（h·人）计算；对于人员密集的空调房间，如体育馆、会场，每人所占的空间较少（不到 $10m^3$），但停留时间很短，可分别按吸烟和不吸烟的情况，新风量以 $7 \sim 15m^3/$（h·人）计算。此类建筑物按这一规范确定的新风量百分比可能高达 30% ~ 40%，从而对冷（热）量影响很大，所以在确定新风量时应十分慎重。

2. 按空调房间正压要求确定的新风量

当风遇到建筑物的阻碍时，一部分动压力转变成静压力，使建筑物迎风面上产生高于室内的大气压力。当室内外温度不同时，室内外空气存在密度差，由密度差导致室内外存在压力差。在风引起的压力差（风压）和温度不同引起的压力差（热压）的作用下，外界空气会从门窗缝以及其他缝隙渗入室内，干扰室内的温湿度或破坏室内的洁净度。因此，需要使空调房间的大气压力高于环境的大气压力，即使室内保持正压，以阻止室外空气向室内的渗透。一般情况下，室内正压在 $5 \sim 10Pa$ 即可满足要求，过大的正压不但没有必要，而且会降低系统运行的经济性。在正压作用下，空调房间内的空气会通过门窗缝以及其他空隙渗漏到室外，这部分渗漏的空气需要用室外新风来补充。

当空调房间内设有局部排风装置时，要保持室内正压，在空调系统中就必须有相应的新风量来补偿局部机械排风量。

九、空气调节系统

空气调节系统一般由空气处理设备、介质输送管道以及空气分配装置等组成。按照负担室内负荷所用的介质种类，空气调节系统可分为全空气系统、空气 - 水系统、制冷剂系统和全水系统。

在全空气空调系统中，空调房间的负荷全部由来自集中空气处理设备的空气来负担。低速集中式空调系统是运用最早的一种全空气系统。空气经集中设备处理后，通过风管送入空调房间。由于空气的密度和比热都很小，因而不得不采用很大的送风管道截面，以满足很大的送风量需求。这不但要占据较多的建筑空间，同时需要较多的材料。所以，在不引起特别大的噪声或增加运行费用的条件下，应尽可能提高输送空气的速度。基于这一考虑，研究出了高速系统，例如高速双风道系统。为了节约能源，有时也采用变风量系统。这是全空气系统的一大进步。近年来，变风量系统得到了大力推广，预计将来会成为全空气系统的主要形式。

空气—水系统中，空气和水两者都被送至空调房间，借以共同承担空调房间的负荷。由于水的密度和比热都较大，从而大大降低了空调房间对空气介质的需求量，使大部分的大截面风道被水管代替。这样，既节省了风道所占建筑物的空间，又节约了金属材料，减少了空调系统投资。大约在 1935 年，美国第一次引用了诱导器装置的空气—水系统。诱导器装置噪声大，耗能较多，且调节不太容易，因而逐步被风机盘管所代替。风机盘管的出现使空气—水系统更具有优越性，使之在世界各国比较盛行。

制冷剂系统通过制冷剂的蒸发或凝结负担空调房间的负荷，用于局部场合的空调机组一般属于这一类。

全水系统全靠水负担空调房间的负荷。这种系统能适应许多建筑物结构灵活性需要，初投资较低，但因卫生条件差而较少被采用。全水系统常用的末端装置是风机盘管机组。按照空气处理设备的设置情况，空调系统可分为集中系统、半集中系统和全分散系统。

集中系统的所有空气处理设备（包括风机、冷却器、加热器、加湿器、过滤器等）都设在一个集中的空调机房内（图 1-11）。全空气系统中的普通集中式空调系统即属于这一类。在半集中系统中，除了集中空调机房外，还设有分散在被调节房间内的二次设备（又称末端装置）。变风量系统、诱导器系统以及风机盘管系统均属于半集中系统。全分散系统也称局部空调机组，这种机组通常把冷、热源和空气处理、输送设备（风机）集中设置在一个箱体内，形成一个紧凑的空调系统，它不需要集中的机房，安装方便，使用灵活，制冷剂系统一般属于这一类。

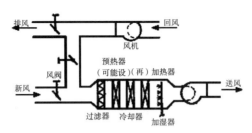

图 1-11　典型的集中式全空气处理系统

十、普通集中式空调系统

普通集中式空调系统是一种全空气、单区域系统，它包括集中设置的空气调节设备和将经集中设备处理的空气输送到各被调房间的风道。风道内的风速较低，一般不超过 10m/s。

按照所处理空气的来源，集中式空调系统可分为封闭式系统、直流式系统和混合式系统。封闭式系统的新风量为零，全部使用回风，其冷、热消耗量最少，但卫生效果差。直流式系统的回风量为零，全部采用新风，其冷、热消耗量大，但卫生效果好。由于封闭式系统和直流式系统的上述特点，两者都只在特定情况下使用。对于绝大多数场合，采用适当比例的新风和回风相混合。这种混合系统既能满足卫生要求，经济上又比较合理，因此是应用最广的一类集中式空调系统。

根据新风、回风混合过程的不同，工程上常见的有两种形式：一种是新风与回风在喷水室（或表面式换热器）前混合，称为一次回风式；另一种是新风与回风在热湿处理设备前混合，并经热湿处理设备处理后，再次与回风混合，称为二次回风式。下面着重对这两种系统的气调节过程进行分析。

1. 一次回风系统

一次回风系统的原理如图 1-12 所示。图中 W 表示新风状态，N 表示室内状态，C 表示混合状态，O 表示送风状态。状态为 W 的新风与状态为 N 的回风在空气处理设备前混合，达到混合状态 C。状态为 C 的空气进入空气处理设备进行热湿处理后达到送风状态 O。具有状态 O 的空气送入房间，吸收房间的热湿负荷后沿热湿比线变为室内状态 N。然后，一部分直接排出到室外，另一部分再送回到空调机房和新风混合处理。

应该指出，从状态 C 到状态 O 一般需要经过两次或更多次的空气处理过程。在下面的分析中可明显地看出这一点。

（1）一次回风系统的夏季处理过程

在夏季，可以将混合后的空气先经过喷水室或表面冷却器冷却减湿处理到状态 L

（L 点的相对湿度一般为 90% ~ 95%），再从 L 点等湿加热到 O 点（图 1-12）。

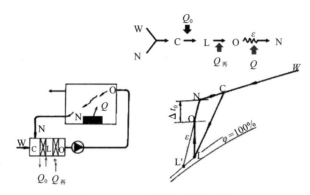

图 1-12　一次回风系统原理图

（2）一次回风的冬季处理过程

在冬季，可以将混合后的空气经喷水室等焓加湿到状态点 L，再用加热器加热到送风状态 [图 1-13（a）]，其流程是：

$$W \bigg\backslash \underset{\text{加湿}}{\overset{\text{混合}}{\longrightarrow}} C \overset{\text{绝热}}{\longrightarrow} L \overset{\text{等湿 加热}}{\longrightarrow} O \overset{\varepsilon}{\sim\!\sim} N$$

对于要求新风量比较大的情况，或是按最小新风比而室外设计参数很低的场合，都有可能使一次混合点的焓值的低于 h_C，这时应采取预热措施。可以将混合后的空气从 C 状态预热到 E 状态 [图 1-13（b）]，然后绝热加湿到 L，其空气处理流程为：

$$W \bigg\backslash \overset{\text{混合}}{\longrightarrow} C \overset{\text{预热}}{\longrightarrow} E \underset{\text{加湿}}{\overset{\text{绝热}}{\longrightarrow}} L \overset{\text{再热}}{\longrightarrow} O \overset{\varepsilon}{\sim\!\sim} N$$

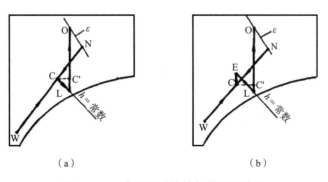

（a）　　　　　　　　　　　（b）

图 1-13　一次回风系统的冬季处理过程

（a）喷水室、加热器处理；（b）预热器、喷水室、再热器处理除了对混合风预热的方案外，也可以对新风预热，使预热后的新风与回风混合后，混合点能够落在等焓线上，这样就可采用绝热加湿的方法。设新风从状态 W 预热到所需要的状态 W。空调系统所需的冷量 Q，用以负担三个方面的负荷：室内冷负荷 Q_1、新风冷负荷 Q_2 和再热负荷 Q_0。Q_0 应该由空调系统中的空气处理设备所提供。所以，配置的制冷设备的冷却能力应不低于这个设备夏季处理空气所需的冷量。

2. 二次回风系统

在夏季，一次回风系统用再热器来解决送风温差受限制的问题。为了加热送风，必须通过再热器向送风气流提供热量，而再热器所提供的热量又抵消了制冷设备所提供的一部分冷量。显然，这样做在能量的利用上不够合理。如果使离开冷却设备的空气再一次与回风混合来代替再热器再热，则可以节约热量和冷量。二次回风系统正是基于这一考虑，其空气处理原理如图 1-14、图 1-15 所示。

由于这种系统在空气处理过程中，回风混合了两次，所以称之为二次回风系统。在夏季，二次回风系统处理空气的过程在 *h-d* 图上的表示见图 1-14。第一次混合的空气经过冷却减湿处理到状态 L 后，再与具有 N 状态的二次回风相混合，达到送风状态 O。

在冬季，经过喷水室的空气经绝热加湿到状态 L 后，与二次回风混合到 O，然后由 O 再热到送风状态 O。

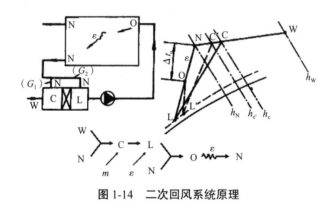

图 1-14 二次回风系统原理

3. 一次回风系统与二次回风系统的比较

一次回风系统的空气处理流程较为简单，因此操作管理比较方便。在夏季允许直接用冷却除湿后的空气送风的场合，应采用这种系统。当送风温差有限制时，采用二次回风系统在夏季可以节约冷、热量。因此，在室内温度场要求均匀、送风温差较小、风量较大的场合（如恒温恒湿车间），应采用二次回风系统。此外，在洁净度要求极高的净化车间，也都采用二次回风方式。

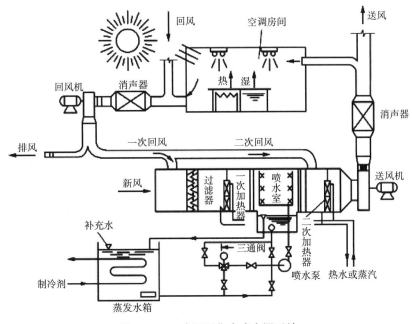

图 1-15 二次回风集中式空调系统

第五节 制冷技术基础知识

蒸气压缩式制冷机（简称蒸气制冷机）是目前应用最广泛的一种制冷机。这类制冷机结构比较紧凑，可以制成大、中、小型，以适应不同场合的需要，能达到的制冷温度范围比较宽广（从稍低于环境温度至 −150℃），在普通制冷温度范围内具有较高的循环效率，被广泛应用于国民经济的各个领域中。

蒸气压缩式制冷循环，根据实际应用有单级、多级、复叠式之分，本章将依次介绍。在各种蒸气压缩式制冷机中，单级压缩制冷机应用最广，是构成其他蒸气压缩式制冷机的基础，据不完全统计，全世界单级蒸气压缩式制冷机的数量是制冷机总数的 75% 以上，将重点予以介绍。

一、单级蒸气压缩式制冷循环的基本工作原理

在日常生活中我们都有这样的体会，如果给皮肤上涂抹酒精液体时，就会发现皮肤上的酒精很快干掉，并给皮肤带来凉快的感觉。这是因为酒精由液体变为气体时吸收了皮肤上热量的缘故。由此可见，液体汽化时要从周围物体吸收热量。单级蒸气压缩式制冷，就是利用制冷剂由液体状态汽化为蒸气状态过程中吸收热量，被冷却介质

因失去热量而降低温度,达到制冷的目的。制冷剂在变为蒸气之后,需要对它进行压缩、冷凝,继而进行再次汽化吸热。对制冷剂蒸气只进行一次压缩,称为蒸气单级压缩。

1. 制冷循环系统的基本组成

根据蒸气压缩式制冷原理构成的单级蒸气压缩式制冷循环系统,是由不同直径的管道和在其中制冷剂会发生不同状态变化的部件,串接成一个封闭的循环回路,在系统回路中装入制冷剂,制冷剂在这个循环回路中能够不停地循环流动,即称为制冷循环系统。

制冷剂在流经制冷循环系统的各相关部位,将发生由液态变为气态,再由气态变为液态的重复性的不断变化。利用制冷剂气化时吸收其他介质的热量,冷凝时向其他介质放出热量的性质,当制冷剂气化吸热时,某物质必然放出热量而使其温度下降,这样就达到了制冷的目的。单级蒸气压缩式制冷循环系统如图 1-16 所示。

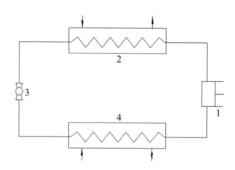

图 1-16　单级蒸气压缩式制冷循环系统
1—制冷压缩机;2—冷凝器;3—节流元件;4—蒸发器

单级蒸气压缩式制冷循环系统主要由四大部件组成,即压缩机、冷凝器、节流元件和蒸发器,用不同直径的管道把它们串接起来,就形成了一个能使制冷剂循环流动的封闭系统。

2. 制冷循环过程

制冷压缩机由原动机（如电机）拖动而工作,不断地抽吸蒸发器中的制冷剂蒸气,压缩成高压（p_k）、过热的蒸气而排出并送入冷凝器,正是由于这一高压存在,使制冷剂蒸气在冷凝器中放出热量,把热量传递给周围的环境介质——水或空气,从而使制冷剂蒸气冷凝成液体,当然,制冷剂蒸气冷凝时的温度一定要高于周围介质的温度。

冷凝后的液体仍处于高压状态,流经节流元件进入蒸发器。制冷剂在节流元件中,从入口端的高压 p_k 降低到低压 p_0,从高温 t_k 降低到常温 t_0,并出现少量液体汽化变为蒸气。

制冷剂液体流入蒸发器后，在蒸发器中吸收热量而沸腾，逐渐变为蒸气，在汽化过程中，制冷剂从被冷却介质中吸收所需要的汽化潜热，被冷却介质由于失去热量而温度降低，实现了制冷的目的。当然，制冷剂液体气化时的温度（按习惯称为蒸发温度）t_0 一定要低于被冷却介质的温度。由于压缩机不断地抽吸制冷剂蒸气，蒸发器中的低温、低压制冷剂蒸气能够不断地向前流动，不断地供给压缩机进行抽吸、压缩并排出，制冷剂在流动和变化中完成了一个循环后，进入下一次循环。只要压缩机不停止运转，制冷剂的循环就不会停止。

3. 制冷系统各部件的主要用途

（1）制冷压缩机　制冷压缩机是制冷循环的动力，它除了及时抽出蒸发器内制冷剂蒸气，维持低温低压外，另外的作用是通过压缩作用提高制冷剂蒸气的压力和温度，创造将制冷剂蒸气的热量向外界环境介质转移的条件。即将低温低压制冷剂蒸气压缩至高温高压状态，以便能用常温的空气或水作冷却介质来冷凝制冷剂蒸气。

（2）冷凝器　冷凝器是一个热交换设备，作用是利用环境冷却介质——空气或水，将来自制冷压缩机的高温高压制冷剂蒸气的热量带走，使高温高压制冷剂蒸气冷却、冷凝成高压常温的制冷剂液体。冷凝器向冷却介质散发热量的多少，与冷凝器的面积以及制冷剂蒸气温度和冷却介质温度之间的温度差成正比。所以，要散发一定的热量，就需要足够的冷凝器面积，也需要一定的换热温度差。

（3）节流元件　高压常温的制冷剂液体不能直接送入低温低压的蒸发器。根据饱和压力与饱和温度一一对应的原理，降低制冷剂液体的压力，从而降低制冷剂液体的温度。将高压常温的制冷剂液体通过降压装置——节流元件，得到低温低压制冷剂，再送入蒸发器吸热气化。目前，蒸气压缩式制冷系统中常用的节流元件有膨胀阀和毛细管。

（4）蒸发器　蒸发器也是一个热交换设备。节流后的低温低压制冷剂液体在其内蒸发（沸腾）变为蒸气，吸收被冷却介质的热量，使被冷却介质温度下降，达到制冷的目的。蒸发器吸收热量的多少与蒸发器的面积以及制冷剂的蒸发温度和被冷却介质温度之间的温度差成正比。当然，也与蒸发器内液体制冷剂的多少有关。所以，蒸发器要吸收一定的热量，就需要与之相匹配的蒸发器面积，也需要一定的换热温度差，还需要供给蒸发器适量的液体制冷剂。

4. 制冷剂的变化过程

制冷剂在循环系统中不停地流动，其状态也不断地变化，它在循环系统的每一个部位的状态都是各不相同的。

（1）制冷剂在制冷压缩机中的变化　按压缩机工作原理的要求，制冷剂蒸气由蒸发器的末端进入压缩机吸气口时，应该处于饱和蒸气状态，但这是很难实现的。制冷剂的饱和压力和饱和温度存在着一一对应关系，即压力越高温度越高，压力越低温度越低。其饱和压力值和饱和温度值的对应关系，可从各种制冷剂的热力性质表中查阅。

制冷剂蒸气在压缩机中被压缩成过热蒸气，压力由蒸发压力 p_0 升高到冷凝压力 p_k。由于压缩过程是在瞬间完成的，制冷剂蒸气与外界几乎来不及发生热量交换压缩就已完成，所以称为绝热压缩过程。蒸气的被压缩是由于外界施给能量而实现的，即外界的能量对制冷剂做功，这就使得制冷剂蒸气的温度进一步升高，使蒸气进一步过热。即压缩机排出的蒸气温度高于冷凝温度。

（2）制冷剂在冷凝器中的变化　过热蒸气进入冷凝器后，在压力不变的条件下，先是散发出一部分热量，使制冷剂过热蒸气冷却成饱和蒸气。然后饱和蒸气在等温条件下，放出热量而冷凝产生了饱和液体。继续不断地冷凝，饱和液体会越来越多，饱和蒸气越来越少，最终会把制冷剂蒸气全部冷凝为饱和液体，这时饱和液体仍维持冷凝压力 p_k 和冷凝温度 t_k。冷凝温度 t_k 由设备的工况条件确定，对应的冷凝压力可从该制冷剂的热力性质表中查阅。

（3）制冷剂在节流元件中的变化　饱和液体制冷剂经过节流元件，由冷凝压力 p_k 降至蒸发压力 p_0，温度由 t_k 降至 t_0。由节流元件出口流出液体约占80%、气体约占20% 的两相混合制冷剂。这其中少量蒸气的产生，是由于压力下降液体膨胀而出现的闪发气体，汽化时吸收的热量来源于制冷剂本身，与外界几乎不存在热量的交换，故称为绝热膨胀过程。

（4）制冷剂在蒸发器中的变化　以液体为主的两相状态的制冷剂，流入蒸发器内吸收被冷却介质的热量而不断汽化，制冷剂在等压等温条件下的不断汽化，使得液体越来越少，蒸气越来越多，直到制冷剂液体全部汽化变为饱和蒸气时，又重新流回到压缩机的吸气口，再次被压缩机吸入、压缩、排出，进入下一次循环。

以上是制冷剂一个完整的状态变化过程，也称为一个完整的制冷循环过程。正是由于制冷循环的存在和制冷剂的合理状态变化，通过制冷剂的流动，实现了在蒸发器周围吸收热量，在冷凝器周围放出热量，起到了把热量搬运、转移的作用，达到蒸发器周围温度下降，即制冷的目的。

二、单级蒸气压缩式制冷理论循环

单级蒸气压缩式制冷循环，是指制冷剂在一次循环中只经过一次压缩，最低蒸发温度可达 $-40 \sim -30℃$。单级蒸气压缩式制冷广泛用于制冷、冷藏、工业生产过程的冷却，以及空气调节等对低温要求不太高的制冷工程。

1. 理论循环的假设条件和压焓图

实际的制冷循环极为复杂，难以获得完全真实的全部状态参数。因此，在分析和计算单级蒸气压缩式制冷循环时，通常采用理论制冷循环。理论循环建立在以下假设基础上：

（1）压缩过程为等熵过程，即在压缩过程中不存在任何不可逆损失。

（2）在冷凝器和蒸发器中，制冷剂的冷凝温度等于冷却介质的温度，蒸发温度等于被冷却介质的温度，且冷凝温度和蒸发温度都是定值。

（3）离开蒸发器和进入制冷压缩机的制冷剂蒸气为蒸发压力下的饱和蒸气；离开冷凝器和进入节流元件的液体为冷凝压力下的饱和液体。

（4）除节流元件产生节流降压外，制冷剂在设备、管道内的流动没有阻力损失（压力降），与外界环境没有热交换。

（5）节流过程为绝热过程，即与外界不发生热交换。

为了对蒸气压缩式制冷循环有一个全面的认识，不仅要知道循环中的每一个过程，而且要了解各个过程之间的关系以及某一过程发生变化时对其他过程的影响。在制冷循环的分析和计算中，借助于压焓图可使整个循环问题简化，并可以看到循环中各状态的变化以及这些变化对循环的影响。

如图 1-17 所示，压焓图以绝对压力为纵坐标（为了缩小图的尺寸，提高低压区域的精度，通常纵坐标取对数坐标），以焓值为横坐标。其中有：

一点：临界点 C。

三区：液相区、两相区、气相区。

五态：过冷液状态、饱和液状态、湿蒸气状态、饱和蒸气状态、过热蒸气状态。

八线：等压线 p（水平线），等焓线 h（垂直线），饱和液线 $x=0$，饱和蒸气线 $x=1$，无数条等干度线 x（只存在于湿蒸气区域内，其方向大致与饱和液体线或饱和蒸气线相近，视干度大小而定），等熵线 s（向右上方倾斜的实线），等比体积线 v（向右上方倾斜的虚线，比等熵线平坦），等温线 t（液体区几乎为垂直线。两相区内，因制冷剂状态的变化是在等压、等温下进行，故等温线与等压线重合，是水平线。过热蒸气区为向右下方弯曲的倾斜线）。

在温度、压力、比体积、比焓、比熵、干度等参数中，只要知道其中任意两个状态参数，就可以在压焓图中确定过热蒸气及过冷液体的状态点，其他状态参数便可直接从图中读出。对于饱和蒸气及饱和液体，只需知道一个状态参数就能确定其状态。

根据理论循环的假设条件，单级蒸气压缩式制冷理论循环工作过程在压焓图上的表示如图 1-18 所示。

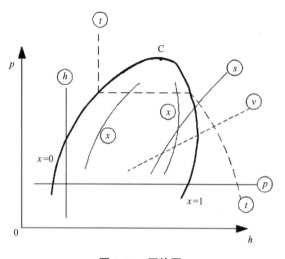

图 1-17 压焓图

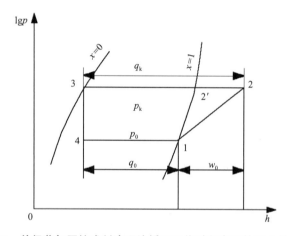

图 1-18 单级蒸气压缩式制冷理论循环工作过程在压焓图上的表示

制冷压缩机从蒸发器吸取蒸发压力为 p_0 的饱和制冷剂蒸气（状态点 1），沿等熵线压缩至冷凝压力 p_k（状态点 2），压缩过程完成。

状态点 2 的高温高压制冷剂蒸气进入冷凝器，经冷凝器与环境介质进行热交换，放出热量 q_k 后，沿等压线 p_k 冷却至饱和蒸气状态点 2′，然后冷凝至饱和液状态点 3，冷凝过程完成。在冷却过程（2-2′）中制冷剂与环境介质有温差，在冷凝过程（2′-3）中制冷剂与环境介质有温差。

状态点 3 的饱和制冷剂液体经节流元件节流降压，沿等焓线（节流过程中焓值保持不变）由冷凝压力 p_k 降至蒸发压力 p_0，到达湿蒸气状态点 4，膨胀过程完成。

状态点 4 的制冷剂湿蒸气进入蒸发器，在蒸发器内吸收被冷却介质的热量沿等压线 p_0 汽化，到达饱和蒸气状态点 1，蒸发过程完成。制冷剂的蒸发温度与被冷却介质间无温差。

2. 理论循环的性能指标及其计算

单级蒸气压缩式制冷理论循环的性能指标有单位质量制冷量、单位容积制冷量、理论比功、单位冷凝热负荷及制冷系数等。

（1）单位质量制冷量 制冷压缩机每输送 1kg 制冷剂经循环从被冷却介质中制取的冷量称为单位质量制冷量，用 q_0 表示。

$$q_0 = h_1 - h_4 = r_0(1 - \chi_4) \tag{1-45}$$

式中 q_0——单位质量制冷量，kJ/kg；

h_1——与吸气状态对应的比焓值，kJ/kg；

h_4——节流后湿蒸气的比焓值，kJ/kg；

r_0——蒸发温度下制冷剂的汽化潜热，kJ/kg；

χ_4——节流后气液两相制冷剂的干度。

单位质量制冷量 q_0 在压焓图上相当于过程线 1-4 在 h 轴上的投影（图 1-18）。由式（1-45）可知，制冷剂的汽化潜热越大，节流后的干度越小，则单位质量制冷量越大。制冷循环的单位质量制冷量的大小与制冷剂的性质和循环的工作温度有关。

（2）单位容积制冷量 制冷压缩机每吸入 1m³ 制冷剂蒸气（按吸气状态计）经循环从被冷却介质中制取的冷量，称为单位容积制冷量，用 q_v 表示。

$$q_v = \frac{q_0}{v_1} = \frac{h_1 - h_4}{v_1} \tag{1-46}$$

式中 q_v——单位容积制冷量，kJ/m³；

v_1——制冷剂在吸气状态时的比体积，m³/kg。

由式（1-46）可知，吸气比体积 v_1 将直接影响单位容积制冷量 q_v 的大小。而且吸气比体积 v_1 的大小随蒸发温度的下降而增大，所以理论循环的 q_v 不仅随制冷剂的种类而改变，而且随蒸发温度的变化而变化。

（3）理论比功 制冷压缩机按等熵压缩时每压缩输送 1kg 制冷剂蒸气所消耗的功，称为理论比功，用 w_0 表示。

$$w_0 = h_2 - h_1 \tag{1-47}$$

式中 w_0——理论比功，kJ/kg；

h_2——压缩机排气状态制冷剂的比熔值，kJ/kg；

h_1——压缩机吸气状态制冷剂的比熔值，kJ/kg。

理论比功 w_0 在压熔图上相当于压缩过程线 1-2 在 h 轴上的投影（图 1-18）。理论比功也与制冷剂的种类和循环的工作条件有关，与制冷压缩机的形式无关。

（4）单位冷凝热负荷　制冷压缩机每输送 1kg 制冷剂在冷凝器中放出的热量，称为单位冷凝热负荷，用 q_k 表示。

$$q_k = (h_2 - h_{2'}) + (h_{2'} - h_3) = h_2 - h_3 \tag{1-48}$$

式中　q_k——单位冷凝热负荷，kJ/kg；

$h_{2'}$——与冷凝压力对应的干饱和蒸气状态所具有的比熔值，kJ/kg；

h_3——与冷凝压力对应的饱和液状态所具有的比熔值，kJ/kg。

在压熔图中，q_k 相当于等压冷却、冷凝过程线 2-2'-3 在 h 轴上的投影（图 1-18）。

比较式（1-46）、式（1-47）、式（1-48）和 $h_4 = h_3$ 可以看出，对于单级蒸气压缩式制冷理论循环，存在着下列关系：

$$q_k = q_0 + w_0 \tag{1-49}$$

（5）制冷系数　单位质量制冷量与理论比功之比，即理论循环的收益和代价之比，称为理论循环制冷系数，用 ε_0 表示。

$$\varepsilon_0 = \frac{q_0}{w_0} = \frac{h_1 - h_4}{h_2 - h_1} \tag{1-50}$$

单级理论循环制冷系数 ε_0 是分析理论制冷循环的一个重要指标。制冷系数不但与循环的高温热源、低温热源有关，还与制冷剂的种类有关。在制冷机工作温度给定的情况下，制冷系数越大，则经济性越高。

根据以上几个性能指标，可进一步求得制冷剂循环量、冷凝器中放出的热量、压缩机所需的理论功率等参数。

上述五个性能指标均是对理论循环而言的，虽然它们与实际情况尚有一定差别，却是理解制冷特性和进行制冷性能计算的基础。

【例 1-1】假定循环为单级蒸气压缩式制冷的理论循环，蒸发温度 $t_0 = -10℃$，冷凝温度 $t_k = 35℃$，工质为 R22，循环的制冷量 $Q_0 = 55kW$，试对该循环进行热力计算。

【解】要进行制冷循环的热力计算，首先需要知道制冷剂在循环各主要状态点的某些热力状态参数，如比熔、比体积等。这些参数可根据给定的制冷剂种类、温度、压力，在相应的热力性质图和表中查到。

该循环在压焓图上的表示如图 1-18 所示。根据 R22 的热力性质表，查出处于饱和线上的有关状态参数值：

点 1：$t_1=t_0=-10℃$，$p_1=p_0=0.3543MPa$，$h_1=401.555kJ/kg$，$v_1=0.0653m^3/kg$；

点 3：$t_3=t_k=35℃$，$p_3=p_k=1.3548MPa$，$h_3=243.114kJ/kg$。

在 R22 的压焓图（见本书附录）上找到 $p_0=0.3543MPa$ 的等压线（或 $t_0=-10℃$ 的等温线）与饱和蒸气线的交点 1，由 1 点作等熵线，此线和 $p_k=1.3548MPa$ 等压线相交于点 2，该点即为压缩机的出口状态。由图可知，$h_2=435.2kJ/kg$，$t_2=57℃$。

（1）单位质量制冷量

$$q_0=h_1-h_4=h_1-h_3=401.555-243.114=158.441（kJ/kg）$$

（2）单位容积制冷量

$$q_v=\frac{q_0}{v_1}=\frac{158.441}{0.0653}=2426（kJ/m^3）$$

（3）制冷剂质量流量

$$q_m=\frac{Q_0}{q_0}=\frac{55}{158.441}=0.3471（kg/s）$$

（4）理论比功

$$w_0=h_2-h_1=435.2-401.555=33.645（kJ/kg）$$

（5）压缩机消耗的理论功率

$$P_0=q_mw_0=0.3471×33.645=11.68（kW）$$

（6）制冷系数

$$\varepsilon_0=\frac{q_0}{w_0}=\frac{158.441}{33.645}=4.71$$

（7）冷凝器单位热负荷

$$q_k=h_2-h_3=435.2-243.114=192.086（kJ/kg）$$

（8）冷凝器热负荷

$$Q_k = q_m q_k = 0.3471 \times 192.086 = 66.67（kW）$$

三、单级蒸气压缩式制冷实际循环

1. 单级蒸气压缩式制冷实际循环与理论循环的区别

单级蒸气压缩式制冷理论循环中的理想化假设在实际制冷循环中是不能实现的。对于单级蒸气压缩式制冷来说，实际制冷循环与理论制冷循环的差异主要表现在以下方面：

（1）制冷压缩机的压缩过程不是等熵过程，且有摩擦损失。

（2）实际制冷循环中压缩机吸入的制冷剂往往是过热蒸气，节流前往往是过冷液体，即存在气体过热、液体过冷现象。

（3）热交换过程中，存在着传热温差，被冷却介质温度高于制冷剂的蒸发温度，环境冷却介质温度低于制冷剂冷凝温度。

（4）制冷剂在设备及管道内流动时，存在着流动阻力损失，且与外界有热量交换。

（5）实际节流过程不完全是绝热的等焓过程，节流后的焓值有所增加。

（6）制冷系统中存在着不凝性气体。

2. 液体过冷、吸气过热及回热循环

（1）液体过冷 将节流前的制冷剂液体冷却到低于冷凝温度的状态，称为液体过冷。带有过冷的循环，称为过冷循环。

液体制冷剂节流后进入湿蒸气区，节流后制冷剂的干度越小，它在蒸发器中汽化时的吸热量越大，循环的制冷系数越高。在一定的冷凝温度和蒸发温度下，采用使节流前制冷剂液体过冷的方法可以达到减小节流后制冷剂干度的目的。

图 1-19 为理论循环与过冷循环的压焓图，1-2-3-4-1 为理论循环，1-2-3'-4'-1 为过冷循环。其中 3-3' 表示液态制冷剂的过冷过程。

从制冷系数变化的角度对比如下：

理论循环 1-2-3-4-1　　　　　　　　过冷循环 1-2-3'-4'-1

$q_0 = h_1 - h_4$　　　　　　　　　　$q_0' = h_1 - h_{4'} = (h_1 - h_4) + (h_4 - h_{4'}) = q_0 + \Delta q_0$

$w_0 = h_2 - h_1$　　　　　　　　　　$w_0' = h_2 - h_1$

$$\varepsilon_0 = \frac{q_0}{w_0}　　　　　　　　\varepsilon_0' = \frac{q_0'}{w_0'} = \frac{(q_0 + \Delta q_0)}{w_0} = \varepsilon_0 + \Delta \varepsilon_0$$

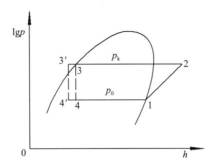

图 1-19 理论循环与过冷循环的压焓图

　　分析表明，两个循环的比功相同，过冷循环中单位制冷量增加，从而使过冷循环的制冷系数增加。且过冷度越大，对制冷循环越有益。同时从图 1-19 中可以看出，过冷循环的节流点 4′ 与理论循环的节流点 4 相比较，更靠近饱和液线，即过冷循环节流后制冷剂的干度减小，闪发性气体减少。这对制冷循环也是有益的。但在实际工程中采用液体过冷，必然要增加设备投资。所以在实际应用中应对各项经济指标作出综合论证后才能确定。

　　（2）吸气过热　制冷压缩机吸入前的制冷剂蒸气温度高于蒸发压力下的饱和温度时，称为吸气过热，两者温度之差称为过热度。具有吸气过热的循环，称为过热循环。

　　实际循环中，为了不将液滴带入压缩机，通常制冷剂液体在蒸发器中完全汽化后仍然要继续吸收一部分热量，这样，在它到达压缩机之前已处于过热状态。如图 1-20 所示，1-2-3-4-1 表示理论循环，1′-2′-3-4-1′ 表示具有吸气过热的循环。

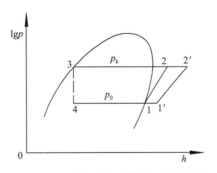

图 1-20 理论循环与过热循环的压焓图

　　过热分为有效过热和有害过热两种。过热吸收的热量来自被冷却介质，产生了有用的制冷效果，这种过热称为有效过热。反之，过热吸收的热量来自被冷却介质之外，没有产生有用的制冷效果，则称为有害过热。

　　实际循环中，形成制冷循环中吸气过热现象的原因很多，主要有：

　　1）蒸发器的蒸发面积的选择大于设计所需的蒸发面积，制冷剂在蒸发器内吸收被冷却介质的热量而过热，属有效过热。

2）制冷剂蒸气在压缩机的吸气管路中吸收外界环境的热量而过热，属有害过热。

3）在半封闭、全封闭制冷压缩机中，低压制冷剂蒸气进入压缩以前，吸收电动机绕组和运转时所产生的热量而过热，属有害过热，但是必须的。

4）制冷系统设置了回热器，制冷剂蒸气在回热器中吸收制冷剂液体的热量而过热，属有害过热，但有过冷过程伴随。

由图 1-20 可以看出，过热循环中压缩机的排气温度比理论循环的排气温度高；过热循环的比功大于理论循环比功；由于过热循环在过热过程中吸收了一部分热量，再加上压缩机功率又稍有增加，因此单位质量制冷剂蒸气在冷凝器中排出的热量较理论循环大；相同压力下，温度升高时，蒸气的比体积要增大，这说明对单位质量制冷剂而言，需要更大的压缩机容积，也就是说，对于给定压缩机，过热循环中压缩机的制冷剂质量流量始终小于理论循环的质量流量。

吸入过热蒸气对制冷量和制冷系数的影响取决于蒸气过热时吸收的热量是否产生有用的制冷效果以及过热度的大小。下面从制冷量和制冷系数变化角度对比来说明：

理论循环 1-2-3-4-1　　　　　过热循环 1'-2'-3-4-1'

$q_0 = h_1 - h_4$　　　　　　有效过热 $q_0' = h_1' - h_4 = (h_1 - h_4) + (h_1' - h_1) = q_0 + \Delta q_0$

有害过热 $q_0'' = h_1 - h_4 = q_0$

$w_0 = h_2 - h_1$　　　　　　有效过热 $w_0' = h_{2'} - h_{1'} = w_0 + \Delta w_0$

　　　　　　　　　　　　有害过热 $w_0'' = h_{2'} - h_{1'} = w_0 + \Delta w_0$

$$\varepsilon_0 = \frac{q_0}{w_0}$$

有效过热 $\varepsilon_0' = \dfrac{q_0'}{w_0'} = \dfrac{q_0 + \Delta q_0}{w_0 + \Delta w_0}$

有害过热 $\varepsilon_0'' = \dfrac{q_0''}{w_0''} = \dfrac{q_0}{w_0 + \Delta w_0} = \varepsilon_0 - \Delta \varepsilon_0$

分析表明，有害过热对循环是不利的，这种过热通常是由于制冷剂蒸气在压缩机吸气管路中吸收外界环境的热量而过热，它并没有对被冷却介质产生任何制冷效应，而且蒸发温度越低，与环境温差越大，循环经济性越差。因此，制冷设备通常在吸气管路上敷设保温材料，尽量避免产生有害过热。有效过热使循环的单位质量制冷量有所增加，但由于比功也增加，因此，有效过热对循环是否有益与制冷剂本身的特性有关。

由计算可知，蒸气有效过热对制冷剂 R134a、R290、R600a、R502 有益，使它们的制冷系数增加，且制冷系数的增加值与过热度成正比；蒸气过热对制冷剂 R22、R717 无益，使它们的制冷系数降低，且制冷系数的降低值与过热度成正比，制冷剂 R717 表现更为突出。

虽然蒸气过热对循环性能不利，但实际运行的压缩机，希望吸入的蒸气带有一定的过热度，否则压缩机就有可能吸入在蒸发器中未完全汽化的制冷剂液滴，给运行带来危害，并使压缩机的输气量下降。对于 R717，通常希望 5 ~ 10℃的过热度。对于 R22，由于等熵指数较小，允许有较大的过热度，但仍受到最高排气温度这一条件的限制。

（3）回热循环　参照液体过冷和吸气过热在单级压缩制冷循环中所起的作用，可在普通的制冷循环系统中增加一个回热器。回热器又称气 - 液热交换器，是一个热交换设备。它使节流前常温下的制冷剂液体与制冷压缩机吸入前低温的制冷剂蒸气进行热交换，同时达到实现液体过冷和吸气过热的目的。这样便组成了回热循环，其系统图如图 1-21 所示，图中 3-3′ 和 1-1′ 表示回热过程。前文已分析，制冷剂液体过冷对制冷循环有益，而且一般情况下过热对氟制冷循环有益，因此，回热循环适合在氟制冷系统中使用。

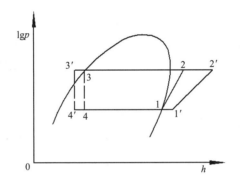

图 1-21　单级蒸气压缩式制冷回热循环压焓图

由图 1-21 可知，回热循环 1′-2′-3′-4′-1′ 与理论循环 1-2-3-4-1 相比较，制冷系数的变化情况如下：

理论循环 1-2-3-4-1　　　　　　回热循环 1′-2′-3′-4′-1′

$q_0 = h_1 - h_4$　　　　　　　　　　$q_0' = h_1 - h_4' = q_0 + \Delta q_0$

$w_0 = h_2 - h_1$　　　　　　　　　　$w_0' = h_2' - h_1' = w_0 + \Delta w_0$

$$\varepsilon_0 = \frac{q_0}{w_0} \qquad\qquad\qquad \varepsilon_0' = \frac{q_0'}{w_0'} = \frac{q_0 + \Delta q_0}{w_0 + \Delta w_0}$$

分析表明，回热循环的单位质量制冷量和理论比功均有增加，故回热循环的制冷系数是增大还是减小与制冷剂的种类有关，这与吸气过热的循环是一样的。大体情况是：R717 采用回热循环时制冷系数降低，R134a、R290、R502 采用回热循环时制冷系数提高，而 R22 采用回热循环时制冷系数无明显变化。

在实际应用中，氟制冷循环适合使用回热器。因为氟制冷系统一般采用直接膨胀供液方式给蒸发器供液，为简化系统，一般不设气液分离装置。回热循环的过冷可使节流降压后的闪发性气体减少，从而使节流机构工作稳定、蒸发器的供液均匀。同时，回热循环的过热又可使制冷压缩机避免"湿冲程"，保护制冷压缩机。但氨制冷系统是不采用回热循环的，不仅是由于循环的制冷系数降低，同时还因为采用回热循环后将使压缩机的排气温度过高。

3. 热交换及压力损失对制冷循环的影响

制冷剂在制冷设备和连接管道中连续不断地流动，使制冷循环得以实现，形成制冷效应。制冷剂沿制冷设备和连接管道流动，将产生摩擦阻力和局部阻力损失，同时制冷剂还将或多或少地与外部环境进行热交换。下面将讨论这些因素对循环性能的影响。

（1）吸气管道　从蒸发器出口到压缩机吸气入口之间的管道称为吸气管道。吸气管道中的换热和压力降，直接影响到压缩机的吸气状态。通常认为吸气管道中的换热是无效的，它对循环性能的影响前文已作过详细分析。压力降使得吸气比体积增大、压缩机的压力比增大，单位容积制冷量减小、压缩机容积效率降低、比功增大，制冷系数下降。

在实际工程中，可以通过降低流速的办法来降低阻力，即通过增大管径来降低压力降。但考虑到有些场合为了确保润滑油能顺利地从蒸发器返回压缩机，这一流速又不能太低。此外，应尽量减少设置在吸气管道上的阀门、弯头等阻力部件，以减少吸气管道的阻力。

（2）排气管道　从压缩机出口到冷凝器入口之间的管道称为排气管道。压缩机的排气温度一般均高于环境温度，向环境空气传热不会引起性能的改变，仅仅是减少了冷凝器中的热负荷。排气管道中的压力降增加了压缩机的排气压力及比功，使得容积效率降低，制冷系数下降。在实际中，由于这一阻力降相对于压缩机的吸、排气压力差要小得多，因此，它对系统性能的影响要比吸气管道阻力的影响要小。

（3）液体管道　从冷凝器出口到节流元件入口之间的管道称为液体管道。热量通常由液体制冷剂传给周围空气，产生过冷效应，使制冷量增大。由于液体流速较气体要小得多，因而阻力相对较小。但在许多场合下，冷凝器出口与节流元件入口不在同一高度上，若前者的位置比后者低，由于静液柱的存在，高度差要导致压力降。该压力降对于具有足够过冷度的制冷系统，则系统性能不会受其影响。但如果从冷凝器里出来的制冷剂为饱和状态或过冷度不大，则液体管道的压力降将导致部分液体制冷剂汽化，从而使进入节流元件的制冷剂处于两相状态，这将增加节流过程的压力降，对系统性能产生不利的影响，同时，对系统的稳定运行也产生不利影响。为了避免这些影响，设计制冷系统时，要注意冷凝器与节流元件的相对位置，同时，要降低节流前管路的阻力损失。

（4）两相管道 从节流元件到蒸发器之间的管道中流动着两相制冷剂，称之为两相管道。通常节流元件是紧靠蒸发器安装的。倘若将它安装在被冷却空间内，那么传给管道的热量是有效的；若安装在室外，热量的传递将使制冷量减少。管道中的压力降对系统性能几乎没有影响，因为对于给定的蒸发温度而言，制冷剂进入蒸发器之前的压力必须降到蒸发压力，这一压力的降低不管是发生在节流元件内还是发生在两相管道上都是无关紧要的。但是，如果系统中有多个蒸发器共用一个节流元件，则要尽量保证从液体分配器到各个蒸发器之间的阻力降相等，否则将出现分液不均匀现象，影响制冷效果。

（5）蒸发器 在讨论蒸发器中的压力降对循环性能的影响时，必须注意到它的比较条件。如果假定不改变制冷剂出蒸发器时的状态，为了克服蒸发器中的流动阻力，必须提高制冷剂进蒸发器时的压力，即提高开始蒸发时的温度。由于节流前后焓值相等，又因为压缩机的吸气状态没有变化，故制冷系统的性能没受到影响。它仅使蒸发器中的传热温差减小，要求传热面积增大而已。如果假定不改变蒸发过程中的平均传热温差，那么出蒸发器时的制冷剂压力稍有降低，其结果与吸气管道阻力引起的结果一样。

（6）冷凝器 假定出冷凝器时制冷剂的压力不变，为克服冷凝器中的流动阻力，必须提高进冷凝器时制冷剂的压力，必然导致压缩机排气压力升高，压力比增大，压缩机耗功增大，制冷系数下降。

（7）压缩机 在理论循环中，曾假定压缩过程为等熵过程。实际上，在压缩的开始阶段，由于气缸壁温度高于吸入的蒸气温度，因而存在着由气缸壁向蒸气传递热量的过程；到了压缩终了阶段，由于气体被压缩后温度高于气缸壁温度，热量又由蒸气传向气缸壁，因此整个压缩过程是一个过程指数在不断变化的多变过程。另外，由于压缩机气缸中有余隙容积存在，气体经过吸、排气阀及通道处，有热量交换及流动阻力，活塞与气缸间隙处会产生制冷剂泄漏等，这些因素都会使压缩机的输气量下降，功率消耗增大。压缩机的实际工作性能将在后文的制冷压缩机中具体介绍。

4. 不凝性气体对制冷循环的影响

不凝性气体是指在冷凝压力下不能冷凝为液体的气体。不凝性气体一般积存于冷凝器和贮液器上部，因为它不能通过冷凝器或贮液器内的液体部分的液封往下传递。不凝性气体的存在将使冷凝器内冷凝面积减少，冷凝压力升高，导致制冷压缩机排气压力、温度升高；压缩比功增加；制冷系数下降，制冷量减少。在热力计算中由于无法统计且数量少，通常忽略不计。

制冷系统中不凝性气体来源于：系统检修时带入的空气；部分润滑油、制冷剂发生的分解；制冷压缩机负压时低压部分渗透进来的空气。实际应用中可采取一些相应的措施减少不凝性气体的影响，如：小型家用分体式空调在安装时，靠室外机内原有的制冷剂压力排出连接管路中的不凝性气体；制冷系统充灌制冷剂之前需进行抽真空处理；中、大型冷库制冷系统中加装空气分离器，定期由空气分离器排出不凝性气体；在一些集中空调系统中，由于使用的制冷机是在高真空度下工作，如溴化锂吸收式制冷机、使用 R123 的离心式制冷机等，因此，在系统中加装抽气装置，及时抽出制冷机中的不凝性气体，维持制冷系统的高真空度。

5. 冷凝、蒸发过程传热温差对循环性能的影响

现实生活中，没有温差的传热是不可能实现的。故实际制冷循环中，制冷剂与热源之间必须存在一个传热温差。被冷却介质温度 t_C 必须大于制冷剂的蒸发温度 t_0，被冷却介质的热量 Q_0 才能通过蒸发器传递给温度为蒸发温度的制冷剂，才能符合热量从高温物体传向低温物体的热传递规律；同理，环境介质温度 t_H 必须小于制冷剂的冷凝温度 t_k，环境介质才能带走冷凝器内制冷剂蒸气放出的热量 Q_k，也才能符合热传递规律。

由于冷凝器与蒸发器中传热温差的存在，会使实际的冷凝温度比理论循环的冷凝温度高，蒸发温度则比理论循环的蒸发温度低，从而使循环的制冷系数下降。制冷循环中制冷剂与热源之间的传热温差越大，制冷循环的效率越低。但传热温差的存在并不影响理论制冷循环的热力计算用于实际制冷循环。因为在理论制冷循环的热力计算中所采用的计算温度已经是蒸发温度 t_0 和冷凝温度 t_k，并未考虑被冷却介质的温度 t_C 和环境介质温度 t_H。因此，在这一温差传热方面，前述理论制冷循环的热力计算不用再修正，可以直接用于实际制冷循环的热力计算。

在实际制冷循环中，制冷剂与热源之间的传热温差须取一个适当的值。因为传热温差太大，制冷循环的效率就会降低；而传热温差太小，制冷循环的效率虽会相应提高，但传递热量所需要的传热面积（蒸发器面积、冷凝器面积）将大大增加，导致制冷设备庞大且一次性投资增大。

6. 实际制冷循环在压焓图上的表示及性能指标

如果将实际循环偏离理论循环的各种因素综合在一起考虑，可得到实际制冷循环，如图 1-22 所示。图中，4′-1 表示制冷剂在蒸发器汽化和压降过程；1-1′ 表示制冷剂蒸气的过热（有益或有害）和压降过程；1′-2s′ 表示制冷剂蒸气在制冷压缩机内实际的非等熵压缩过程；2s′-2s 表示制冷压缩机压缩后的制冷剂蒸气经过排气阀的压降过程；2s-3 表示制冷剂蒸气经排气管进入冷凝器的冷却、冷凝和压降过程；3-3′ 表示制冷剂液体的过冷和压降过程；3′-4′ 表示制冷剂液体的非绝热节流过程。1-2-3-4-1 为单级蒸

气压缩式制冷理论循环过程。

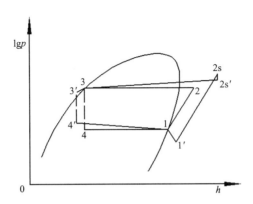

图1-22 单级蒸气压缩式制冷实际循环的压焓图

图1-22只是对实际循环的简单表示。由于实际循环的复杂性，很难直接利用理论循环模型来进行热力分析，也难以用数学表达式加以描述。因此，在工程应用中常常对它作一些简化，以达到对实际循环进行较为准确的热力分析的目的。简化的途径是：

（1）忽略管道和换热设备中的压力降，以及管道的传热和管道内制冷剂的状态变化，同时认为冷凝温度和蒸发温度均为定值。

（2）认为压缩机的压缩过程为不可逆增熵压缩过程。

（3）节流过程近似地看作是不可逆的绝热等焓节流过程。

经过上述简化，则实际制冷循环可表示为图1-23中的1-1′-2′-3-4-5-6-1。图中，1-1′表示蒸气的过热过程，1′点是压缩机的吸气状态点；1′-2′表示实际增熵压缩过程，2′是实际压缩过程排气状态点，也是进入冷凝器的蒸气状态点；1′-2是在相同p_0和p_k间讨论时用作比较的等熵压缩过程；2′-3-4表示制冷剂在冷凝压力p_k下的等压冷却、冷凝过程；4-5表示制冷剂在冷凝压力下的过冷过程；5-6表示制冷剂在等焓下的节流过程；6-1表示制冷剂在蒸发压力p_0下的等压气化过程。经过这样的简化之后，即可直接利用压焓图进行循环的性能指标的计算，且事实证明，通过如此简化归纳之后的实际循环热力分析计算产生的误差也不会很大。

下面是按照这样简化后的实际制冷循环性能指标的表达式，各下标对应于图1-23所示的状态点。

单位质量制冷量q_0和单位容积制冷量q_v分别为：

$$q_0 = h_1 - h_6 \qquad\qquad (1-51)$$

$$q_{\mathrm{v}} = \frac{q_0}{v_{1'}} \qquad (1\text{-}52)$$

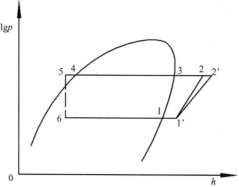

图 1-23　简化后的实际制冷循环在压焓图上的表示

需要说明的是：① $v_{1'}$ 是实际制冷循环的吸气比体积；②在此假定制冷剂在蒸发器内无过热，若蒸发器内有过热，h_1 是制冷剂出蒸发器时处于过热蒸气下的焓值。

理论比功 w_0、指示比功 w_i 和指示效率 h_i 制冷压缩机按等熵压缩时每输送 1kg 制冷剂蒸气所消耗的功，称为理论比功。在实际制冷循环中，制冷压缩机的压缩过程不是等熵过程。由于偏离等熵过程，输送 1kg 制冷剂蒸气实际消耗的功，称为指示比功。理论比功 w_0 和指示比功 w_i 表达式为：

$$w_0 = h_2 - h_{1'} \qquad (1\text{-}53)$$

$$w_{\mathrm{i}} = h_{2'} - h_{1'} \qquad (1\text{-}54)$$

把理论比功 w_0 与指示比功 w_i 之比，称为制冷压缩机的指示效率 η_i，它表示压缩机在实际压缩过程中偏离等熵过程的程度。

$$\eta_{\mathrm{i}} = \frac{w_0}{w_{\mathrm{i}}} \qquad (1\text{-}55)$$

单位冷凝热负荷 q_k 为：

$$q_{\mathrm{k}} = h_{2'} - h_4 \qquad (1\text{-}56)$$

制冷剂质量流量 q_{m} 为：

$$q_{\mathrm{m}} = \frac{Q_0}{q_0} \qquad (1-57)$$

式中，Q_0 为制冷量，通常由设计任务给出。

压缩机的理论功率 P_0 和指示功率 P_{i} 分别为：

$$P_0 = q_{\mathrm{m}} w_0 \qquad (1-58)$$

$$P_{\mathrm{i}} = \frac{P_0}{\eta_{\mathrm{i}}} \qquad (1-59)$$

式中，指示功率 P_{i} 为制冷压缩机在单位时间内压缩制冷剂蒸气实际消耗的功。

冷凝器的热负荷 Q_{k} 为：

$$Q_{\mathrm{k}} = q_{\mathrm{m}} q_{\mathrm{k}} \qquad (1-60)$$

实际制冷系数 ε 为：

$$\varepsilon = \frac{Q_0}{P_{\mathrm{i}}} \qquad (1-61)$$

热力完善度 η：所谓完善度，就是制冷循环接近理想情况的程度，接近完善的程度。一个实际制冷循环的制冷系数 ε 与工作在相同热源温度条件下，它的理想制冷循环（逆卡诺循环）的制冷系数 ε_{c} 的比值，就是这个实际制冷循环接近完善的程度，因此实际制冷循环的热力完善度为：

$$\eta = \frac{\varepsilon}{\varepsilon_{\mathrm{c}}} \qquad (1-62)$$

η 越大，说明制冷循环经济性越好，热力学的不可逆损失越小；反之，则制冷循环效果差，效率低。η 永远小于 1。

四、单级蒸气压缩式制冷机的性能及工况

制冷机的运行工况不会是一成不变的。不同用途（如空调与冷藏）的工况不一样；环境条件不同（如空气温度或冷却水温度等不同），其工况也不一样；同一系统随时间的变化其热负荷也在变化，因而运行工况也不一样，变工况运行是绝对的，工况稳定运行是相对的。因此要对变工况运行时制冷机的性能进行分析。

1. 单级蒸气压缩式制冷机的性能

制冷机的性能随蒸发温度和冷凝温度的变化而变化。为了方便表示，仍然以理论制冷循环为分析对象，分析制冷机性能的变化规律。分析所得结论同样适用于实际制冷循环。

（1）冷凝温度对制冷机性能的影响　冷凝温度的变化主要由地区的不同及季节的改变、冷却方式不同等原因引起的。在分析冷凝温度对制冷机性能的影响时，假定蒸发温度保持不变。如图 1-24 所示，当冷凝温度由 t_k 上升到 t_k' 时，制冷循环由 1-2-3-4-1 变为 1-2'-3'-4'-1。比较这两个循环可知，因冷凝温度的上升，其性能发生了下列变化：

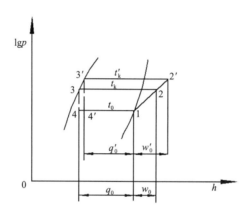

图 1-24　冷凝温度变化时循环性能的改变

1）冷凝压力随冷凝温度的升高而升高，压缩机的排气温度由 t_2 升高到 $t_{2'}$。

2）单位质量制冷量由 q_0 减小到 q_0'，吸气比体积 v_1 不变，单位容积制冷量由 q_v 减小到 q_v'。

3）理论比功由 w_0 增大到 w_0'。

4）忽略压缩机容积效率的变化，则制冷剂质量流量 q_m 不变，所以制冷量 Q_0 必定降低，压缩机的理论功率 P_0 必定增大。

由以上分析可知，当蒸发温度 t_0 不变而冷凝温度 t_k 升高时，对于同一台制冷机来说，它的制冷量将要减小，而消耗的功率将要增大。因此，制冷系数将要降低。当 t_k 降低时，情况正好相反。

（2）蒸发温度对制冷机性能的影响　在分析蒸发温度对制冷机性能的影响时，假定冷凝温度保持不变。冷凝温度保持不变而蒸发温度发生变化的情况是经常出现的，一方面是由于制冷机用于不同的目的而需要保持不同的蒸发温度；另一方面，制冷机在启动运行后，在对冷间的降温过程中，蒸发温度也是不断变化的，由环境温度逐渐降到工作温度。如图 1-25 所示，当蒸发温度由 t_0 下降到 t_0' 时，制冷循环由 1-2-3-4-1

变为 1'-2'-3-4'-1'。比较这两个循环可知，因蒸发温度的下降，其性能发生了下列变化：

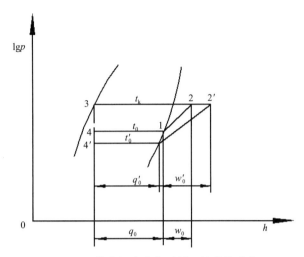

图 1-25　蒸发温度变化时循环性能的改变

1）蒸发压力随蒸发温度的降低而降低，压缩机的排气温度由 t_2 升高到 t_2'。

2）单位质量制冷量由 q_0 减小到 q_0'，吸气比体积由 v_1 增大到 v_1'，单位容积制冷量由 q_v 减小到 q_v'。

3）由于吸气比体积增大，造成制冷剂质量流量 q_m 减小，因此制冷量 Q_0 明显减小。

4）理论比功由 w_0 增大到 w_0'，但由于制冷剂质量流量 q_m 的减小，因此不能直接看出制冷压缩机的功率是增大还是减小。实际吸气压力 p_0 从理论最大值（$p_0=p_k$）逐渐下降时，压缩机的功率将先是增大，达到某一最大值后再开始下降。通过对不同的制冷剂进行热力学分析和计算后发现，当其压力比 p_k/p_0 约等于 3 时，压缩机消耗功率最大。

5）由于制冷系数是单位质量制冷量 q_0 与理论比功 w_0 之比，很明显，蒸发温度降低时，制冷系数是下降的。

由以上分析可知，蒸发温度 t_0 降低，制冷循环性能变差，制冷量 Q_0 减小，制冷系数降低。反之，则制冷循环性能将得到改善；当 p_k/p_0 约等于 3 时，功率消耗有一极值，此时制冷循环消耗的功率最大，因此设计、运行时应避开此极值。

一般来讲，蒸发温度的变化对制冷机性能的影响要比冷凝温度变化带来的影响要大，因此在实际运行中更需注意。在满足制冷工艺要求的前提下，应保持尽可能高的蒸发温度。

2. 制冷工况

由于制冷机的制冷量随蒸发温度和冷凝温度而变，故在说明一台制冷机的制冷量时，必须同时说明使用什么制冷剂和在怎样的冷凝温度和蒸发温度下工作。

实际上，制冷机或制冷压缩机在试制定型之后，要进行性能测试（称为型式试验），以便能标定名义制冷量和功率，因此需要有一个公共约定的工况条件。另一方面，对制冷机的使用者来说，在比较和评价制冷机或制冷压缩机的容量及其他性能指标时，也需要有一个共同的比较条件。因此，对制冷机规定了几种"工况"，以作为比较制冷机性能指标的基础。

所谓工况，是指制冷机工作状态的工作条件，通常是制冷剂在机内各特定点的温度和机器所处的环境温度。这些工况下具体的温度数值是根据具体情况而确定的，同时也考虑到制冷剂的种类。

五、压缩机工作原理

常用的制冷机包括压缩式制冷机（包括蒸气压缩和空气压缩两种）、吸收式制冷机和蒸汽喷射式制冷机三种类型，其中以蒸气压缩式制冷机应用最为普遍。

为了连续不断地制冷，需用压缩机将已气化的低压蒸气从蒸发器中吸出，并对其做功，压缩成为高压的过热蒸气，再排入冷凝器中（提高压力是为了使制冷剂蒸气容易在常温下放出热量而冷凝成液体）。在冷凝器中利用冷却水或空气将高压的过热蒸气冷凝成为液体并带走热量，制冷剂液体又从冷凝器底部排出。周而复始，实现连续制冷。

这种制冷方法是使制冷剂在低温低压的条件下汽化而吸取周围介质的热量，并在常温高压的条件下冷凝液化而放出热量由冷却水（或空气）带走。欲使制冷剂实现这样的热量转移，必须提供与蒸发温度和液化温度相对应的低压和高压条件，而这一条件正是由压缩机创造的。因此，在蒸气压缩式制冷循环中，只有有了压缩机，制冷机才能将低温物体的热量不断地转移给常温介质，从而达到制冷的目的。

制冷压缩机根据其工作原理可以分为容积型和速度型两大类，如图 1-26 所示。

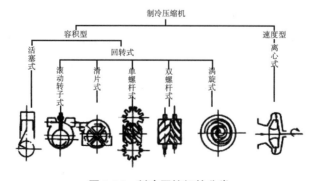

图 1-26　制冷压缩机的分类

1. 活塞式压缩机的理论输气量

单级活塞式压缩机理论循环（图 1-27）的假设条件：压缩机没有余隙容积、吸气与排气过程中没有压力损失、吸气与排气过程中无热量传递、无漏气损失、无摩擦损失。

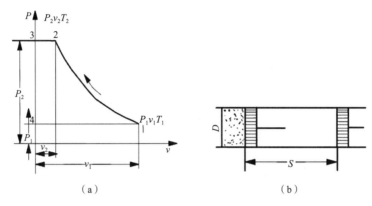

图 1-27　单级活塞式压缩机理论循环

（a）理论工作过程；（b）活塞气缸基本结构原理

（1）气缸工作容积 V_p，计算公式为：

$$V_p = \frac{\pi}{4} D^2 S \tag{1-63}$$

（2）理论容积输气量 q_{vt}（或称理论排量），是指压缩机按理论循环工作时，在单位时间内所能供给按进口处吸气状态换算的气体容积。

$$q_{vt} = 60i \cdot n \cdot V_p = 47.12i \cdot n \cdot S \cdot D^2 \tag{1-64}$$

（3）压缩机的理论质量输气量 q_{mt}，计算公式为：

$$q_{mt} = \frac{q_{vt}}{v_1} \tag{1-65}$$

2. 压缩机消耗的理论功率

（1）理论循环所消耗的理论功 W_{ts}，计算公式为：

$$W_{ts} = \int_1^2 V \mathrm{d}p \tag{1-66}$$

（2）单位绝热理论功 W_{ts}，计算公式为：

$$W_{ts} = h_2 - h_1 \qquad (1\text{-}67)$$

（3）压缩机所消耗的理论功率 P_{ts}，计算公式为：

$$p_{ts} = \frac{i \cdot n \cdot W_{ts}}{60 \times 1000} \qquad (1\text{-}68)$$

3. 容积型压缩机的实际性能

影响压缩机工作性能的因素有：压缩机中的压力降、制冷剂的受热、气阀运动规律不完善带来的效率下降、制冷剂泄漏的影响、再膨胀的影响、压缩过程偏离等熵过程、压缩过程的过压缩和欠压缩、润滑油循环量的影响、压缩机的机械摩擦损失和内置电动机（封闭式压缩机）的电动机损失。

在具有固定内容积比的容积型压缩机中，在工作中会发生过压缩和欠压缩的压缩过程。

（1）内容积比 ε_v：是指这类压缩机吸气终了的最大容积 V_1 与压缩终了的容积 V_2 的比值：

$$\varepsilon_v = \frac{V_1}{V_2} \qquad (1\text{-}69)$$

（2）内压力比：工作容积内压缩终了压力 P_2 与吸气压力 P_1 的比值：

$$\varepsilon_p = \frac{P_2}{P_1} = \left(\frac{V_1}{V_2} \right)^n \qquad (1\text{-}70)$$

（3）附加功损失：内压力比与外压力比不相等时，会产生附加功损失。讨论三种情况（图 1-28）：$P_d > P_2$；$P_d = P_2$；$P_d < P_2$。

由此，当压缩机内压缩终了压力与排气管内气体的压力不相等，即内压力比与外压力比不等时，将产生附加功损失，从而降低压缩机的指示效率。所以，应力求压缩机的实际运行工况与设计工况相等或接近，以使压缩机获得运行的高效率。

4. 制冷压缩机的基本性能参数

（1）实际输气量

在一定工况下，单位时间内由吸气端输送到排气端的气体质量称为在该工况下的压缩机质量输气量 q_{ma}。

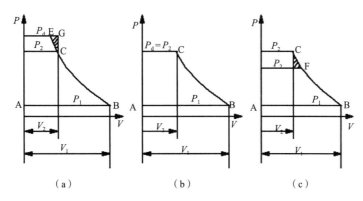

图 1-28 内外压力比不相等时的附加损失

（a）$P_d > P_2$；（b）$P_d = P_2$；（c）$P_d < P_2$

$$q_{ma} = \frac{q_{va}}{V_1} \tag{1-71}$$

（2）输气系数

压缩机的实际输气量与理论输气量之比称为输气系数。它用于衡量容积型压缩机气缸工作容积的有效利用程度。

$$\lambda = \frac{q_{ma}}{q_{mt}} = \frac{q_{va}}{q_{vt}} \tag{1-72}$$

（3）制冷量

所谓压缩机的制冷量，就是压缩机在一定的运行工况下，在单位时间内被它抽吸和压缩输送的制冷工质在蒸发制冷过程中从低温热源（被冷却的物体）中所吸取的热量。在给定工况下，压缩机的制冷量 Q_0 可用下式计算：

$$Q_0 = q_{ma} q_0 = q_{vt} \lambda q_v \tag{1-73}$$

为了便于比较和选用，有必要根据其不同的使用条件规定统一的工况来表示压缩机的制冷量，表 1-2 和表 1-3 列出了我国有关国家标准规定的使用有机和无机制冷剂的制冷压缩机工作温度。

有机制冷剂压缩机的工作温度 表 1-2

类型	吸入压力饱和温度（℃）	排出压力饱和温度（℃）	吸入温度（℃）	环境温度（℃）
高温	7.2	54.1[1]	18.3	35
	7.2	18.9[2]	18.3	35
中温	−6.7	48.9	18.3	35
低温	−31.7	10.6	18.3	35

注：①为高冷凝压力工况；②为低冷凝压力工况。表中工况制冷剂液体的过冷度为 0℃。

<table>
<tr><td colspan="6" align="center">无机制冷剂压缩机的工作温度</td><td>表 1-3</td></tr>
</table>

类型	吸入压力饱和温度（℃）	排出压力饱和温度（℃）	吸入温度（℃）	制冷剂液体温度（℃）	环境温度（℃）
低温	−13	30	−10	25	32

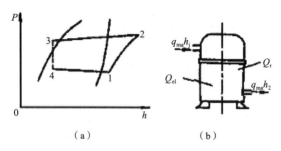

图 1-29 压缩机的排热量和能量平衡

（a）压焓图；（b）能量平衡关系

（4）制（排）热量

制（排）热量是压缩机的制冷量和部分压缩机输入功率的当量热量之和，由图 1-29（a）可知，在一定工况下的排热量 Q_h 为：

$$Q_h = q_{ma}(h_2 - h_3) = q_{ma}[(h_1 - h_4) + (h_2 - h_1)] = q_{ma}q_0 + q_{ma}(h_2 - h_1)$$
$$= Q_0 + q_{ma}(h_2 - h_1)$$

从图 1-29（b）中压缩机的能量平衡关系不难发现：

$$q_{ma}(h_2 - h_1) = P_{el} - Q_r$$

于是可得：

$$Q_h = Q_0 + P_{el} - Q_r = Q_0 + fP_{el} \tag{1-74}$$

$$f = 1 - \frac{Q_r}{P_{el}}$$

（5）指示功率和指示效率

单位时间内实际循环所消耗的指示功就是压缩机的指示功率 P_i，计算公式为：

$$p_i = \frac{i \cdot n \cdot W_i}{60 \times 1000} \tag{1-75}$$

制冷压缩机的指示效率 η_i 是指压缩 1kg 工质所需的等熵循环理论功 w 与实际循环指示功 w_i 之比。

$$\eta_i = \frac{w_{ts}}{w_i} = \frac{q_{me}w_{ts}}{q_{me}w_i} = \frac{P_{ts}}{P_i} \qquad (1\text{-}76)$$

η_i 用以评价压缩机气缸或工作容积内部热力过程的完善程度。

（6）轴功率、摩擦功率和轴效率、机械效率

由原动机传到压缩机主轴上的功率称为轴功率 P_e，它的一部分，即指示功率 P_i 直接用于完成压缩机的工作循环；另一部分，即摩擦功率 P_m 用于克服压缩机中各运动部件的摩擦阻力和驱动附属的设备。

$$P_e = P_i + P_m \qquad (1\text{-}77)$$

轴效率 η_e 是等熵压缩理论功率与轴功率之比，用它可以评价利用主轴输入功率的完善程度，较适用于开启式压缩机。

$$\eta_e = \frac{P_{ts}}{P_e} \qquad (1\text{-}78)$$

机械效率 η_m 是指示功率和轴功率之比，用它可以评价压缩机的摩擦损耗程度。

$$\eta_m = \frac{P_i}{P_e} \qquad (1\text{-}79)$$

$$\eta_e = \eta_i \cdot \eta_m \qquad (1\text{-}80)$$

（7）电功率和电效率

输入电动机的功率就是压缩机所消耗的电功率 P_{el}，电效率 η_{el} 是等熵压缩理论功率与电功率之比，它用以评价利用电动机输入功率的完善程度。

$$\eta_{el} = \frac{P_{ts}}{P_{el}} \qquad (1\text{-}81)$$

对封闭式制冷压缩机，电动机转子直接装在压缩机的主轴上，所以电效率对它较为适用。

$$\eta_{el} = \eta_i \cdot \eta_m \cdot \eta_{m0} \qquad (1\text{-}82)$$

（8）性能系数

为了最终衡量制冷压缩机的动力经济性，可采用性能系数 COP 进行评价，它是在一定工况下制冷压缩机的制冷量与所消耗功率之比。对于开启式压缩机，其性能系数 COP_e 为：

$$COP_e = \frac{Q_0}{P_e} \qquad (1\text{-}83)$$

对于封闭式压缩机，其性能系数 COP_{el} 为：

$$COP_{el} = \frac{Q_0}{P_{el}} \qquad (1\text{-}84)$$

性能系数还有另一种名称——单位输入功率制冷量，其定义相同。对于封闭式制冷压缩机，性能系数还有另一种表达形式——能效比 EER，其单位为 W/W 或 Btu/Wh，使用时要注意其单位。

第六节　电气控制基础知识

一、常用低压电器知识

电器是对电能的生产、输送、分配和应用进行切换、调节、检测及保护等控制作用的电工器具的总称，如开关、熔断器、接触器、继电器等。工作在额定电压交流1000V、直流1500V 及以下的各种电器，称为低压电器。

1. 低压电器的分类

低压电器的种类繁多，功能多样，用途广泛，结构及工作原理各不相同，因而电器的分类方法很多，常用的分类方法主要有：

（1）按用途和控制对象可分为控制电器和配电电器。控制电器如接触器、继电器、主令电器、低压断路器等；配电电器如低压断路器、熔断器、刀开关、转换开关等。

（2）按操作方式可分为自动电器和手动电器。自动电器如继电器、接触器等；手动电器如刀开关、按钮等。

2. 接触器

接触器是一种用来频繁地接通或切断带有负载的交、直流电路或大容量控制电路的低压电器。控制对象主要是电动机，也可用于其他电力负载，如电热设备、电焊机及电容器组等。接触器不仅能接通和切断电路，还能实现远距离控制，并具有欠（零）电压保护。

接触器主要由电磁系统、触头系统、灭弧装置及辅助装置组成。

（1）电磁系统：接触器电磁系统主要由线圈、铁心（静铁心）和衔铁（动铁心）三部分组成。其作用是将电磁能转化成机械能，产生电磁吸力带动触头动作。

（2）触头系统：触头系统包括主触头和辅助触头，主触头用以控制电流较大的主电路，一般由三对接触面较大的常开触头组成。辅助触头用于控制电流较小的控制电路，一般由2对常开和2对常闭触头组成。触头的常开和常闭，是指电磁系统没有通电动作时触头的状态。因此常闭触头和常开触头有时又分别被称为动断触头和动合触头。

（3）灭弧装置：灭弧装置的主要作用是切断动、静触头之间产生的电弧，以防发生电弧短路或起火等安全事故，以及保护触头不被烧坏。当接触器在断开大电流或高电压电路时，在动、静触头之间会产生很强的电弧，并且触头开合过程中的电压越高、电流越大、弧区温度越高，则电弧越强，影响越大，一方面会灼伤触头，降低触头的寿命，另一方面会使电路切断时间延长，甚至造成电弧短路或引起火灾事故。交流接触器常用的灭弧方法主要有：电动力灭弧、栅片灭弧和纵缝灭弧。

（4）辅助部件：辅助部件包括反作用弹簧、缓冲弹簧、触头压力弹簧、传动机械及底座、接线柱等。接触器图形符号如图1-30所示。

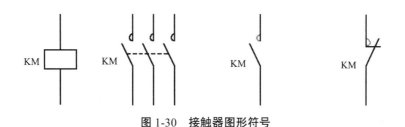

图1-30　接触器图形符号

（5）工作原理：当接触器的电磁线圈通电后，线圈电流产生磁场，使静铁心产生电磁吸力吸引衔铁，并带动主触头、辅助触头同时动作；常闭触头断开，常开触头闭合。当线圈断电时，电磁吸力消失，衔铁在释放弹簧的作用下释放，使主触头、辅助触头复原：常开触头断开，常闭触头闭合。

3.继电器

继电器是一类根据输入信号（电量或非电量）的变化，接通或断开小电流控制电路的电器。一般情况下继电器不直接控制电流较大的主电路，而是通过接触器或其他电器对主电路进行控制，与接触器相比，继电器具有触头分断能力小、结构简单、体积小、重量轻、反应灵敏、动作准确、工作可靠等优点。

一般来说，继电器主要由测量环节、中间机构和执行机构三部分组成。继电器通过测量环节输入外部信号（比如电压、电流等电量或温度、压力、速度等非电量）并传递给中间机构，将它与设定值（即整定值）进行比较，当达到整定值时（过量或欠量），中间机构则使执行机构产生输出动作，从而闭合或分断电路，达到控制电路的目的。

继电器的分类方法有多种，按输入信号的性质可分为：电压继电器、电流继电器、时间继电器、速度继电器、压力继电器等；按工作原理可分为：电磁式、电动式、感应式、晶体管式和热继电器；按输出方式分为：有触点式和无触点式。常用的继电器有电压继电器、电流继电器、时间继电器、速度继电器、压力继电器、热继电器和温度继电器等。

（1）电磁式继电器

在控制电路中用的继电器大多数是电磁式继电器。电磁式继电器具有结构简单、价格低廉、使用维护方便、触点容量小（一般在 5A 以下）、触点数量多且无主、辅之分、无灭弧装置、体积小、动作迅速、准确、控制灵敏、可靠等特点。

电磁式继电器的结构和工作原理与接触器相似，主要由电磁系统、触头系统和释放弹簧等组成。由于继电器主要用于控制电路，流过触头的工作电流较小，所以不需要灭弧装置。另外，继电器可以对各种输入量做出反应，而接触器只有在一定的电压信号下动作。但继电器为满足控制要求，需要调节动作参数，因此具有调节装置。

常用的电磁式继电器有电压继电器和中间继电器。

电压继电器反映的是电压信号。使用时，电压继电器的线圈与负载并联，其线圈匝数多而线径细。

电压继电器分为过电压继电器、欠电压继电器和零电压继电器。过电压继电器在额定电压下不吸合，当线圈电压达到额定电压的 105%～120% 及以上时动作。欠电压继电器在额定电压下吸合，当线圈电压降低到额定电压的 40%～70% 时释放。零电压继电器在额定电压下也吸合。当线圈电压达到额定电压的 5%～25% 时释放。常用来构成过电压、欠电压和零电压保护。

中间继电器实际上是一种电压继电器，其结构及工作原理与接触器相同，但中间继电器的触头对数多，且没有主辅之分，因此，主要用来对外部开关量的接通能力和触头数量进行放大。

（2）热继电器

热继电器是一种常用继电器，它是利用电流流过热元件时产生的热量，使双金属片发生弯曲而推动执行机构动作的一种保护电器。热继电器在电路中主要与接触器配合使用，主要用于交流电动机的过载保护、断相及电流不平衡运动的保护及其他电器设备发热状态的控制，不能用于瞬时过载保护及短路保护。在实际运行中，常会遇到因电气或机械原因等引起的过电流（过载和断相）现象。只要过电流不严重，持续时间短，绕组不超过允许的温升，这种过电流是允许的。但如果过电流情况严重，持续时间较长，则会加快电动机绝缘老化，甚至烧毁电动机，因此，在电动机回路中必须设置电动机保护装置。

热继电器的形式有多种，其双金属片式应用最多，按极数多少可分为单极、两极和三极热继电器三种，其中三极又包括带断相保护装置和不带断相保护装置两种；按复位方式分，有自动复位式和手动复位式。

热继电器主要由热元件、双金属片和复位机构等组成，如图 1-31 所示。

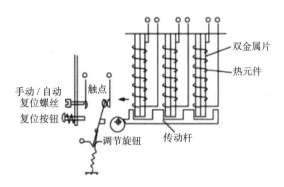

图 1-31　热继电器结构

热元件由发热电阻制成。双金属片由两种膨胀系数不同的金属碾压而成，当双金属片受热时，会出现弯曲变形。使用时，把热元件串接于电动机的主电路中，而常闭触头串接于电动机的控制回路，常开触头可接入信号回路。当电动机正常运行时，热元件产生的热量虽能使双金属片弯曲，但还不足以使热继电器的触点动作。当电动机过载时，双金属片弯曲位移增大，推动导板使常闭触头断开，通过控制电路切断电动机的工作电源，以起到保护作用。同时，热元件也因失电而逐渐降温，经过一段时间的冷却，双金属片恢复到原来的状态，复位机构使触头自动或手动复位。

在三相异步电动机电路中，一般采用两相结构的热继电器，即在两相主电路中串接热元件。如果发生三相电源严重不平衡、电动机绕组内部短路或绝缘不良等故障，使电动机某一相的线电流比其他两相要高，而这一相没有串接热元件，热继电器也不能起保护作用，这时需采用三相结构的热继电器。

当三相电动机的一相接线松开或一相熔丝熔断时，造成电动机的缺相运行，这是三相异步电动机烧坏的主要原因之一。断相后，若外加负载不变，绕组中的电流就会增大，将使电动机烧毁。如果需要缺相保护可选用带断相保护的热继电器。

（3）时间继电器

时间继电器是一种利用电磁原理或机械动作原理实现触头延时接通或断开的自动控制电器。它广泛用于需要按时间顺序进行控制的电气控制线路中。

时间继电器的延时方式有通电延时和断电延时两种。

通电延时：接收输入信号后延迟一定的时间，输出信号才发生变化。当输入信号消失后，输出瞬时复原。

断电延时：接收输入信号时，瞬时产生相应的输出信号。当输入信号消失后，延迟一定的时间，输出才复原。

时间继电器的种类很多，常用的有空气阻尼式、电动式、电磁式等。

（4）速度继电器

速度继电器是反映转速和转向的继电器，主要用作笼型异步电动机的反接制动控制，所以也称反接制动继电器。它主要由转子、定子和触头三部分组成，转子是一个圆柱形永久磁铁；定子是一个笼形空心圆环，由硅钢片叠成，并装有笼型绕组。

4. 熔断器

熔断器是在控制系统中主要用作短路和过载保护的电器，使用时串联在被保护的电路中，当电路发生短路故障，通过熔断器的电流达到或超过某一规定值时，以其自身产生的热量使熔体熔断，从而自动分断电路，起到保护作用。

（1）熔断器的结构

熔断器主要由熔体（俗称熔丝）和安装熔体的熔管（或熔座）组成。熔体由铅、锡、锌、银、铜及其合金制成，常做成丝状、片状或栅状。熔管是装熔体的外壳，由陶瓷、绝缘钢纸制成，在熔体熔断时兼有灭弧作用。

（2）熔断器的种类

熔断器按结构形式分为半封闭瓷插式、无填料封闭管式熔断器、有填料封闭管式熔断器、螺旋式熔断器、自复式熔断器等。其中有填料封闭管式熔断器又分为：刀形触头熔断器、螺栓连接熔断器和圆筒形帽熔断器。

（3）熔断器的主要技术参数

额定电压：指能保证熔断器长期正常工作的电压。若熔断器的实际工作电压大于其额定电压，熔体熔断就可能发生电弧不能熄灭的危险。

额定电流：指保证熔断器在长期工作下，各部件温升不超过极限允许温升所能承载的电流值。它与熔体的额定电流是两个不同的概念，熔体的额定电流是指在规定工作条件下，长时间通过熔体而熔体不熔断的最大电流值。通常一个额定电流等级的熔断器可以配用若干个额定电流等级的熔体，但熔体的额定电流不能大于熔断器的额定电流值。

分断能力：指熔断器在规定的使用条件下，能可靠分断的最大短路电流值。通常用极限分断电流值来表示。

时间—电流特性：又称保护特性或安秒特性，表示熔断器的熔断时间与流过熔体电流的关系，它是一反时限特性曲线，如图 1-32 所示。因为电流通过熔体时产生的热量与电流的二次方和电流通过的时间成正比，因此电流越大，熔体熔断时间越短。在特性曲线中，有一个熔断电流与不熔断电流的分界线，与此相应的电流称为最小熔断电流 I_N。熔体在额定电流下，绝对不应熔断，所以最小熔断电流必须大于额定电流。

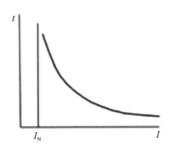

图 1-32　熔断器的时间—电流特性曲线

5. 开关电器

（1）刀开关

刀开关也称低压隔离器，它是低压电器中结构最简单、应用十分广泛的一类手动操作电器。刀开关的主要作用是在切断电源后，将线路与电源明显地隔开，以保障检修人员的安全。

刀开关的种类很多，最常用的是由刀开关和熔断器组合而成的负荷开关，这类开关具有电源隔离和电路保护两种功能。负荷开关分开启式（HK 系列）和封闭式（HH 系列）两种。

开启式负荷开关又称闸刀开关，其底座为瓷板或绝缘底板，盒盖为绝缘胶木，它主要由闸刀、开关盒、熔丝组成，主要用于接通和分断电源，也可用于照明电路和不频繁启动的小容量（5.5kW 以下）电动机的控制开关。

瓷底胶壳刀开关根据通路的数量可分单极、双极和三极。其结构主要由操作手柄、熔丝、触刀、触刀座和底座组成。胶壳使电弧不致飞出而灼伤人员，防止极间电弧造成电源短路；熔丝起到短路保护作用。

（2）低压断路器

低压断路器又称自动开关或空气开关，它相当于刀开关、熔断器、热继电器和欠电压继电器的组合，是一种既有手动开关作用又能自动进行欠压、失压、过载和短路保护的电器。它是低压配电系统中的主要配电电器元件，主要用于保护交、直流低压电网内用电设备和线路，使之免受过电流、短路、欠电压等不正常情况的危害，也可用于不频繁地接通和分断电路及频繁地启动电动机。有些低压断路器还带有漏电保护功能。

低压断路器一般由主触头、灭弧装置、各种脱扣器、自由脱扣机构和操作机构等部分组成。低压断路器工作原理示意图如图 1-33 所示，其图形符号如图 1-34 所示。

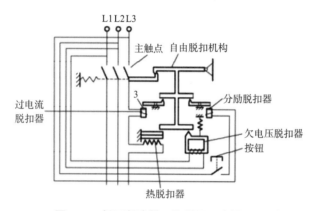 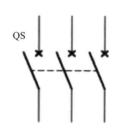

图 1-33　低压断路器工作原理示意图　　　　图 1-34　低压断路器图形符号

低压断路器的主触头串联在被保护的三相主电路中，靠手动扳动按钮操作或电动合闸。主触头闭合后，自由脱扣机构将主触头锁在合闸位置上。过电流脱扣器的线圈和热脱扣器的热元件与主电路串联，欠电压脱扣器的线圈和电源并联。当电路发生短路或严重过载时，过电流脱扣器的衔铁吸合，使自由脱扣机构动作，主触头断开主电路。当电路过载时，热脱扣器的热元件发热使双金属片向上弯曲，推动自由脱扣机构动作。当电路欠电压时，欠电压脱扣器的衔铁释放，也使自由脱扣机构动作。分励脱扣器用于远距离控制，正常情况下其线圈断电，若需要进行远距离控制，则按下启动按钮，使线圈通电，衔铁带动自由脱扣机构动作，使主触头断开。

低压断路器有多种分类方法，按极数可分为单极、双极、三极和四极；按灭弧介质可分为空气式和真空式，目前应用最广泛的是空气断路器；按动作速度可分为快速型和一般型；按结构形式分为塑料型外壳式和万能式（也叫框架式）。

6. 主令电器

主令电器是在自动控制系统中发出指令或信号的电器，用来控制接触器、继电器或其他电器线圈，使电路接通或分断，从而控制电动机的启动、停止、制动以及调速等。主令电器应用十分广泛，种类繁多，常用的有控制按钮、万能转换开关等。

（1）控制按钮

控制按钮在低压控制电路中用于手动发出控制信号。

控制按钮由按钮帽、复位弹簧、桥式触头和外壳等组成。按用途和结构的不同，分为启动按钮、停止按钮和复位按钮等。

启动按钮带有常开触头，手指按下按钮帽，常开触头闭合；手指松开，常开触头复位。启动按钮的按钮帽采用绿色。停止按钮带有常闭触头，手指按下按钮帽，常闭触头断开；手指松开，常闭触头复位。停止按钮的按钮帽采用红色。复合按钮带有常开触头和常闭触头，手指按下按钮帽，先断开常闭触头再闭合常开触头；手指松开，常开触头和常闭触头先后复位。

（2）万能转换开关

万能转换开关简称转换开关，它是一种多挡位、多触点、能够控制多回路的主令电器，主要用于两种以上电源和负载的转换及接通、分断电路。由于它触头挡位多、换接的电路多且用途广泛，故称为万能转换开关。

万能转换开关的结构和工作原理：万能转换开关由多组相同结构的触头组件叠装而成，它由操作机构、定位装置和触头系统三部分组成。在每层触头底座上均可装三对触头，并由触头底座中的凸轮经转轴来控制这三对触头的通断。由于各层凸轮可做成不同的形状，这样用手柄开关转至不同位置时，经凸轮的作用，可实现各层中各触头所规定的规律接通或断开，以适应不同的控制要求。

图 1-35 为转换开关实物图，其图形符号如图 1-36 所示。

图 1-35 转换开关实物图

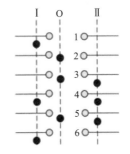

图 1-36 转换开关图形符号

二、电气控制电路的原理图和接线图

利用前面所学的常用低压电器，可以构成各种不同的控制线路，称为电气控制线路。电气控制线路的表示方法有：电气原理图、电气元器件布置图和电气安装接线图。

1. 电气原理图

电气原理图是根据控制线路工作原理绘制的，它用国家标准规定的图形符号和文字符号代表各种元件，依据控制要求和各电器的动作原理，用线条代表连接关系。

绘制电气原理图应遵循以下原则：

（1）电气控制电路根据电路通过的电流大小一般可分为主电路和辅助电路。主电路包括从电源到电动机的电路，是强电流通过的部分，用粗线条画在原理图的左边。辅助电路是通过弱电流的电路，一般由按钮、电气元件的线圈、接触器的辅助触头、继电器的触头等组成，用细线条画在原理图的右边。

（2）电气原理图中，所有电气元件的图形、文字符号必须采用国家规定的统一标准。

（3）采用电气元件展开图的画法。统一电气元件的各部分可以不画在一起，但需用同一文字符号标出。若有多个同一种类的电气元件，可在文字符号后加上数字序号，如 KM1、KM2 等。

（4）所有按钮、触头均按没有外力作用和没有通电时的原始状态画出。

（5）无论是主电路还是辅助电路，各电气元件一般按动作顺序从上到下、从左到右依次排列，可水平布置或者垂直布置。两线交叉连接时的电气连接点需用黑点标出。

2. 电气元件布置图

电气元件布置图主要用来表明电气设备上所有电动机、电器元件的实际位置，为电气控制设备的制造、安装、维修提供必要的资料。电气元件布置图根据设备的复杂程度，可以集中绘制在一张图纸上，也可以将控制柜与操作台的电气元件布置图分别绘制。在电气元件布置图中，机械设备的轮廓线用细实线或点画线表示，所有可见的和需要表达清楚的电气元件、设备，用粗实线绘出其简单的外形轮廓，也可以用线框表示，不必画出实际图形或图形符号，但图中各电气元件及设备代号应与有关电路图和清单上的代号一致。

3. 电气安装接线图

电气安装接线图是为安装电气设备和对电气元件进行配线或检修故障服务的，它反映了所有电气装置、元件、仪表及设备之间的实际连接关系。电气安装接线图按照电气元件的实际位置和实际接线绘制，根据电气元件布置最合理、连接导线最经济等原则来安排。它为电气设备、电气元件之间的配线及检修电气故障等提供了必要的依据。图 1-37 为某机床电气安装接线图，它表示机床电气设备各个单元之间的接线关系，并标注出外部接线所需的数据。

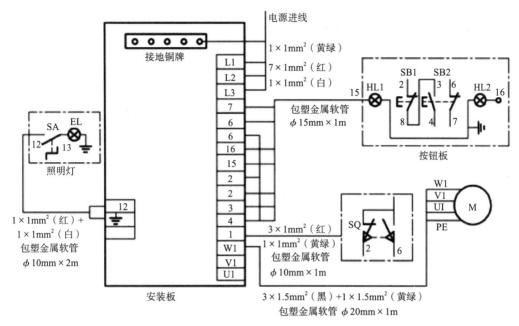

图 1-37　某机床电气安装接线图

单元接线图是用于表示电气单元内各项连接关系的一种接线图，它通常不包括单元之间的外部连接，但可以给出与其相关的互连图的图号。单元接线图一般采用连续线、中断线和单线三种接线方式。

绘制电气安装接线图应遵循以下原则：

（1）各电气元件用规定的图形、文字符号绘制，同一电气元件各部件必须画在一起。各电气元件的位置，应与实际安装位置一致。

（2）不在同一控制柜或配电柜上的电气元件的电气连接必须通过端子板进行。各电气元件的文字符号及端子板的编号应与原理图一致，并按原理图的接线进行连接。

（3）走向相同的多根导线可用单线表示。

（4）画连接线时，应标明导线的规格、型号、根数和穿线管的尺寸。

三、三相异步电机直接启动控制电路

电动机接通电源后由静止状态逐渐加速到稳定运行状态的过程称为电动机的启动。三相异步电动机的启动控制环节是应用最广，也是最基本的控制之一，其启动分为直接启动和降压启动两种方法。直接启动是指启动时加在电动机定子绕组上的线电压为额定电压。直接启动的电气设备少，线路简单，安装维护方便。一般规定，在现代电网容量较大的情况下，电动机功率在 10kW 以下的，允许采用直接启动；超过 10kW 的，电动机应采用降压启动。

1. 采用刀开关直接启动控制

图 1-38 所示为刀开关控制电动机启动电路。工作过程为：合上刀开关 QS，电动机 M 接通电源全电压直接启动。断开刀开关 QS，电动机 M 断电停转。这种线路适用于小容量、启动不频繁的电动机，如冷却泵、砂轮机等。熔断器 FU 起短路保护作用。

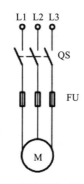

图 1-38　刀开关控制电动机启动电路

2. 采用接触器直接启动控制

（1）点动控制

如图 1-39 所示，点动控制主电路由刀开关 QS、熔断器 FU、交流接触器 KM 主触点和电动机 M 组成；控制电路由启动按钮 SB 和交流接触器 KM 线圈组成。

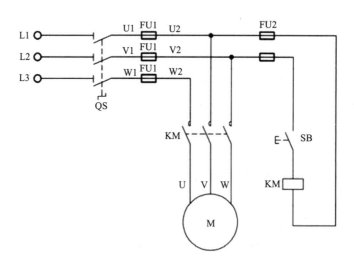

图 1-39　点动控制电路

线路的工作过程如下：

启动：合上刀开关 QS ——► 按下启动按钮 SB ——► 接触器 KM 线圈通电——►KM 主

触点闭合——电动机 M 通电直接启动。

停机：松开启动按钮 SB ——接触器 KM 线圈断电——接触器 KM 主触点断开——电动机 M 断电停转。

按下按钮，电动机转动，松开按钮，电动机停转，这种控制就称为点动控制。它能实现电动机短时转动，常用于机床的对刀调整和电动起重设备等。

（2）连续控制

在实际生产中往往要求电动机实现长时间连续转动，即长动控制。如图 1-40 所示，主电路由刀开关 QS、熔断器 FU、接触器 KM 主触点、热继电器 FR 的发热元件和电动机 M 组成；控制电路由停止按钮 SB2、启动按钮 SB1、接触器 KM 的常开辅助触点和线圈、热继电器 FR 的常闭触点组成。

工作过程如下：

启动：合上刀开关 QS ——按下启动按钮 SB1 ——接触器 KM 线圈通电——KM 主触点闭合和常开辅助触点闭合——电动机 M 接通电源运转；松开启动按钮 SB1 ——利用接通的 KM 常开辅助触点自锁、电动机 M 连续运转。

停机：按下停止按钮 SB2 ——接触器 KM 线圈断电——接触器 KM 主触点和辅助常开触点断开——电动机 M 断电停转。

在连续控制中，当启动按钮 SB1 松开后，接触器 KM 的线圈通过其并联的辅助常开触点的闭合仍继续保持通电，从而保证电动机的连续运行。这种依靠接触器自身辅助常开触点的闭合而使线圈保持通电的控制方式，称为自锁或自保。起到自锁作用的辅助常开触点称为自锁触点。

线路具有以下保护功能：

1）短路保护短路时熔断器 FU 的熔体熔断而切换电路起保护作用。

2）电动机长期过载保护 采用热继电器 FR。由于热继电器的热惯性较大，即使发热元件流过几倍于额定值的电流，热继电器也不会立即动作。因此在电动机启动时间不太长的情况下，热继电器不会动作，只有在电动机长期过载时，热继电器才会动作，用它的常闭触点断开使控制电路断电。

3）欠电压、失电压保护 通过接触器 KM 的自锁环节来实现。当电源电压由于某种原因而严重欠电压或失电压（如停电）时，接触器 KM 断电释放，电动机停止转动。当电源电压恢复正常时，接触器线圈不会自行通电，电动机也不会自行启动，只有在操作人员重新按下启动按钮后，电动机才能启动。

该控制电路具有如下优点：

1）防止电源电压严重下降时电动机欠电压运行。

2）防止电源电压恢复时，电动机自行启动而造成设备和人身事故。

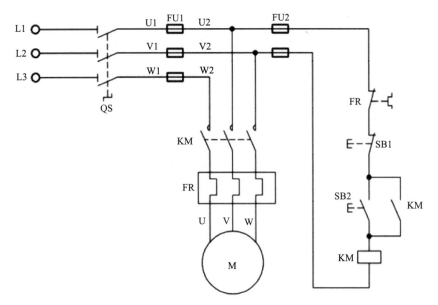

图 1-40　连续运行控制电路

（3）多点控制

有一些大型生产机械和电气设备，如大型机床、起重运输机等，为了操作方便，常要求能在多个地点对同一台电动机进行控制，这种控制方法称为多点控制。多点控制利用多组启动按钮、停止按钮实现。电动机两点控制电路如图 1-41 所示。把一个启动按钮和一个停止按钮组成一组，并把两组启动、停止按钮放在不同的地方，即可实现两地点控制。

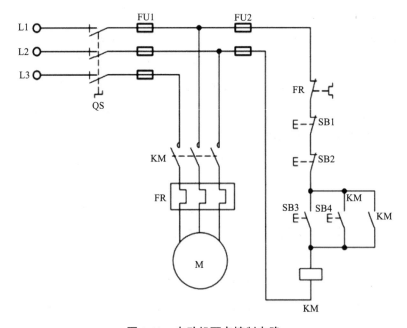

图 1-41　电动机两点控制电路

多点控制的接线原则是：启动按钮应并联连接，停止按钮应串联连接。

工作过程如下：

启动：合上刀开关 QS ——→ 按下启动按钮 SB3 或 SB4 ——→ 接触器 KM 线圈通电——→KM 主触点闭合和常开辅助触点闭合——→ 电动机 M 接通电源运转；松开 SB3 或 SB4 ——→ 利用接通的 KM 常开辅助触点自锁、电动机 M 连续运转。

停机：按下停止按钮 SB1 或 SB2 ——→ 接触器 KM 线圈断电——→ 接触器主触点和辅助常开触点断开——→ 电动机 M 断电停转。

（4）正反转控制

在很多实际应用中，需要生产机械改变运动方向，如电梯的上升与下降，可通过电动机的正、反转来实现。由三相异步电动机转动原理可知，若要电动机逆向转动，只要将接于电动机定子的三相电源线中的任意两相对调一下即可，可通过两个接触器来改变电动机定子绕组的电源相序来实现。电动机正、反转控制电路如图 1-42 所示。

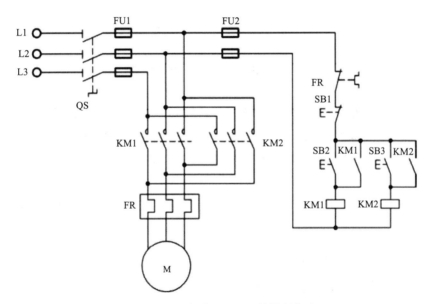

图 1-42　电动机正、反转控制电路

工作过程如下：

正转控制：合上刀开关 QS ——→ 按下正向按钮 SB2 ——→ 正向接触器 KM1 通电——→KM1 主触头和自锁触头闭合——→ 电动机 M 正转。

反转控制：合上刀开关 QS ——→ 按下正向按钮 SB3 ——→ 反向接触器 KM2 通电——→KM2 主触头和自锁触头闭合——→ 电动机 M 反转。

停机：按下停止按钮 SB1 ——→ 接触器 KM1（或 KM2）断电——→ 电动机 M 停转。

该控制电路要求 KM1 与 KM2 不能同时通电，否则会引起主电路电源短路，为此要求线路设置必要的互锁环节，如图 1-43 所示。分别将两个接触器 KM1、KM2 的辅助常闭触点串接在对方的线圈回路里，这样任何一个接触器先通电后，即使按下相反方向的启动按钮，另一个接触器也无法通电，这种利用两个接触器的辅助常闭触头相互制约的控制方法，称为互锁（也称连锁）。起互锁作用的常闭触头称为互锁触头。

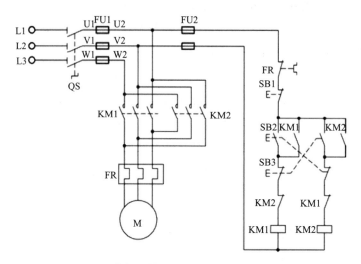

图 1-43　电气互锁的电动机正、反转控制电路

图 1-43 虽然能实现电动机正、反转，但每次必须先按下停止按钮，才能进行正、反转切换，这对需要频繁改变电动机运转方向的设备来说很不方便。为了简化操作，直接实现正、反转切换，常利用复合按钮组成"正—→反—→停"或"反—→正—→停"的双重互锁控制，如图 1-44 所示。复合按钮的常闭触头同样起到互锁作用，这样的互锁称为机械互锁。该控制电路既有接触器常闭触头的电气互锁，又有复合按

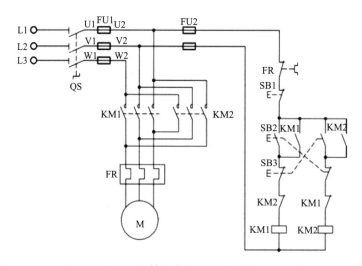

图 1-44　双重互锁的电动机正、反转控制电路

钮常闭触头的机械互锁，即具有双重互锁。

四、三相异步电机降压启动控制电路

电动机直接启动时，启动电流可达到额定电流的 4 ~ 7 倍。过大的启动电流会降低电动机的寿命，使变压器二次电压下降，减小了电动机本身的启动转矩，甚至使电动机无法启动，过大的电流还会引起电源电压波动，影响接在同一电网上的其他用电设备的正常工作。因此，对于容量较大的电动机，必须采用降压启动，以限制启动电流。

降压启动虽然可以减少启动电流，但同时由于电动机转矩与电压的平方成正比，降压启动也降低了电动机的启动转矩，因此降压启动仅适用于空载或轻载启动。

常用的降压启动方法有：定子绕组串电阻（或电抗器）降压启动、Y-△ 降压启动、自耦变压器降压启动等。

1. 定子绕组串电阻降压启动控制

定子绕组串电阻降压启动，是电动机启动时在三相定子电路中串接电阻，通过电阻的分压作用，使电动机定子绕组电压降低，启动后，再将电阻短接，电动机在额定电压下正常运行。定子绕组串电阻降压启动按时间原则实现控制，依靠时间继电器的延时动作来控制各电气元件的先后顺序动作。

图 1-45 所示为三相笼型异步电动机定子绕组串电阻降压启动控制电路。这种启动方式不受电动机定子绕组接线形式的限制，较为方便。但由于串入电阻，启动时在电阻上的电能损耗较大，适用于不频繁启动场合。

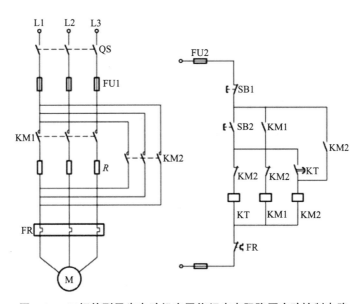

图 1-45　三相笼型异步电动机定子绕组串电阻降压启动控制电路

工作过程如下：

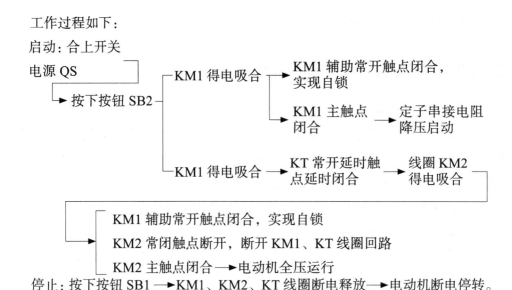

停止：按下按钮 SB1 → KM1、KM2、KT 线圈断电释放 → 电动机断电停转。

2. Y-△ 降压启动控制

Y-△ 降压启动是指电动机启动时，把定子绕组接成星形，相电压下降为正常运行时相电压的 1/3，启动电流降为正常运行时电流的 1/3。待电动机启动后，再把定子绕组改接为三角形，使其全压运行。这种启动方法适合电动机正常工作时定子绕组必须为 △ 接法，轻载启动的场合。其特点是启动转矩小，仅为额定值的 1/3；转矩特性差（启动转矩下降为原来的 1/3）。图 1-46 为 Y-△ 降压启动控制电路，该控制电路也是通过时间继电器，按照时间控制原则实现自动切换。

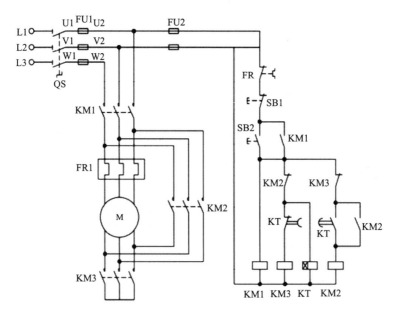

图 1-46　Y-△ 降压启动控制电路

工作过程如下：

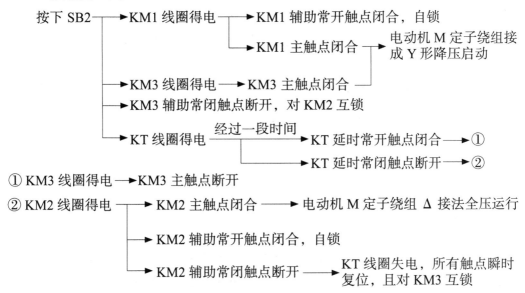

① KM3 线圈得电 ——► KM3 主触点断开

② KM2 线圈得电 ——► KM2 主触点闭合 ——► 电动机 M 定子绕组 Δ 接法全压运行

      ——► KM2 辅助常开触点闭合，自锁

      ——► KM2 辅助常闭触点断开 ——► KT 线圈失电，所有触点瞬时复位，且对 KM3 互锁

3. 自耦变压器降压启动控制

  自耦变压器降压启动是指电动机启动时利用自耦变压器来降低加在电动机定子绕组上的启动电压。待电动机启动后，再使电动机与自耦变压器脱离，在额定电压下正常运行。

  图 1-47 所示为用自耦变压器降压启动控制电路的主电路。启动时，接触器 KM1、

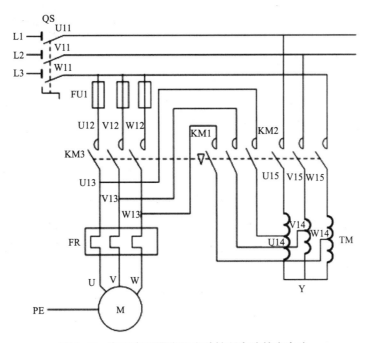

图 1-47　自耦变压器降压启动控制电路的主电路

KM2 主触点闭合，使电动机的定子绕组接到自耦变压器的二次侧。此时加在定子绕组上的电压小于电网电压，从而减小了启动电流。等到电动机的转速升高后，接触器 KM3 主触点闭合，电动机便直接和电网相接，而自耦变压器则与电网断开，电动机全压运行。

自耦变压器降压启动对电网的电流冲击小，损耗功率也小，但是自耦变压器价格较贵，主要用于启动较大容量的电动机。

五、半导体二极管与三极管

1.半导体二极管

（1）二极管的结构

二极管的结构非常简单，在 PN 结的 P 区和 N 区分别引出一个电极导线（即引线），将外壳封装起来就形成二极管，如图 1-48 所示，P 区引出的电极称为正极（＋或阳极），N 区引出的电极称为负极（－或阴极）。二极管的符号如图 1-49 所示，其中箭头方向表示二极管正向电流的方向。

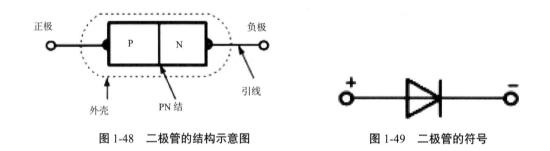

图 1-48　二极管的结构示意图　　　　　　　图 1-49　二极管的符号

二极管的分类有很多种，按材料可分为硅二极管和锗二极管；按构造可分为点接触型和面接触型；按用途可分为整流二极管、开关二极管、稳压二极管等。

（2）二极管的伏安特性

二极管的核心为 PN 结，所以二极管具有 PN 结的单向导电性。二极管的伏安特性指流过二极管的电流 I_D 和二极管两端电压 U_D 之间的关系。

二极管的伏安特性可用图 1-50 所示的电路测得，二极管的伏安特性曲线如图 1-51 所示，由图可知，二极管的伏安特性分为正向特性、反向特性和击穿特性三部分。

1）正向特性

二极管加正向电压，当电压较小时，电流极小，近似为零；当电流超过 U_{th} 时，电流逐渐增大，U_{th} 称为死区电压，通常硅管 $U_{th} \approx 0.5V$，锗管 $U_{th} \approx 0.1V$。当 $u_D >$ U_{th} 后电流开始按指数规律迅速增大，而二极管两端电压近似保持不变，称二极管具有

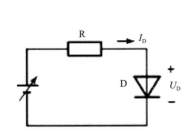

图 1-50　二极管伏安特性测量电路

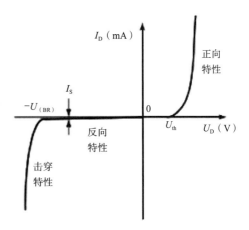

图 1-51　二极管的伏安特性曲线

正向恒压特性。工程上定义该恒压为二极管的导通电压，用 $U_{D(on)}$ 表示，硅管 $U_{D(on)} \approx$ 0.7V，而锗管 $U_{D(on)} \approx 0.2V$。

2）反向特性

当二极管外加反向电压不超过一定范围时，二极管反向电流很小，二极管处于截止状态。这个反向电流称为反向饱和电流或漏电流，用 I_S 表示。室温下，硅管的反向饱和电流小于 $0.1\mu A$，锗管的反向饱和电流为几十微安。

3）击穿特性

当外加方向电压超过某一数值时，反向电流会突然增大，二极管处于击穿状态，击穿时对应的临界电压称为二极管反向击穿电压，用 $U_{(BR)}$ 表示。反向击穿时二极管的单向导电性被破坏，如果二极管没有因反向击穿而引起过热，则单向导电性不一定会被永久破坏，在撤除外加电压后，其性能仍可恢复，否则二极管就会损坏。因而使用二极管时应避免二极管外加的反向电压过高。

由上述分析可知：

当 $U_D > U_{D(on)}$ 时，二极管正向导通，二极管流过较大的正向电流，二极管体现正向恒压特性，二极管两端电压 $U_D = U_{D(on)}$。

当 $-U_{(BR)} < U_D < U_{D(on)}$ 时，二极管截止，二极管流过很小的反向饱和电流。

当 $u_D < -U_{(BR)}$ 时，二极管反向击穿，二极管的反向电流迅速增大。

4）温度对二极管伏安特性的影响

当环境温度升高时，二极管的正向特性曲线将左移，反向特性曲线将下移，如图 1-52 中虚线所示。在室温附近，若正向电流不变，则温度每升高 1℃，正向压降减小 2～2.5mV；温度每升高 10℃，反向电流约增大 1 倍。可见，二极管伏安特性对温度很敏感。

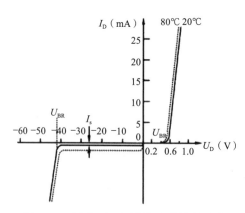

图 1-52　温度对二极管伏安特性的影响

2. 半导体三极管

半导体三极管简称为晶体管，它是组成各电子电路的核心器件。晶体管分为双极型和单极型两种。双极型三极管是由 3 层杂质半导体构成的器件，由于这类三极管内部有电子载流子和空穴载流子同时参与导电，故也称为双极型三极管（BJT）。BJT 的外形如图 1-53 所示。

图 1-53　BJT 外形图

晶体管的种类很多，按照所用的半导体材料可分为硅管和锗管；按照工作频率可分为低频管和高频管；按照用途可分为开关管、功率管、光敏管等；按照结构可分为 NPN 型和 PNP 型。图 1-54 为晶体管的结构与符号。

由图 1-55 可知，两类晶体管都分成基区、发射区、集电区三个区。每个区分别引出的电极称为基极（B）、发射极（E）和集电极（C）。基区和发射区之间的 PN 结称为发射结；基区和集电区之间的 PN 结称为集电结。不论是 NPN 型还是 PNP 型，都具有如下两个共同的特点：①基区的厚度很薄（微米数量级），掺杂浓度很低；②发射区和集电区是同类型的杂质半导体，但发射区比集电区掺杂浓度高很多。

NPN 型和 PNP 型晶体管尽管在结构上有所不同，但其工作原理是相同的，只是各电极的电压极性和电流流向有所不同。

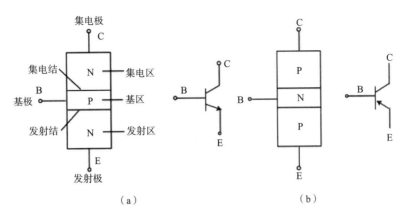

图 1-54　晶体管的结构与符号

（a）NPN 型；（b）PNP 型

（1）晶体管的放大作用

图 1-55 所示为 NPN 型晶体管放大电路，图中发射极是公共端，故为共发射极放大电路。该晶体管放大状态的条件为发射结正偏，集电结反偏，即 $V_C > V_B > V_E$。基极电源 V_{BB} 与基极电阻 R_B 及 NPN 管的发射结构成输入回路，该回路使发射结正偏导通，$U_{BE} \approx 0.7V$（硅管），发射结导通后其电阻很小。集电极电源 V_{CC} 与集电极电阻 R_C 及 NPN 管的发射结、集电结构成输出回路，由于 U_{BE} 很小，故 V_{CC} 主要降落在 R_C 和集电结上，使集电结处于反偏状态。

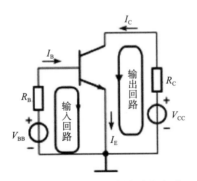

图 1-55　NPN 型晶体管放大电路

NPN 型晶体管的放大作用主要体现在以下几方面：

1）发射极电流 I_E、基极电流 I_B、集电极电流 I_C 的关系是 $I_E = I_B + I_C$；

2）集电极电流 I_C、基极电流 I_B 的关系是 $I_C = \overline{\beta} I_B$，可以认为晶体管能够把数值为 I_B 的电流放大 $\overline{\beta}$ 倍并转化为集电极电流 I_C；

3）晶体管的电流放大作用，可以理解为晶体管的控制作用，即小电流 I_B 控制大电流 I_C，控制系数为 $\overline{\beta}$。

（2）输入特性曲线

晶体管的特性曲线反映了晶体管的性能，最常用的是共发射极放大电路的输入特性曲线和输出特性曲线。

输入特性曲线是指当集—射极电压 U_{CE} 为常数时，输入回路（基极回路）中基极电流 I_B 与基—射极电压 U_{BE} 之间的曲线关系曲线，即 $I_B=f(U_{BE})$，如图 1-56 所示。

晶体管的输入特性和二极管的正向伏安特性一样。当 $U_{BE} < 0.5V$ 时（锗管为 0.1V），$I_B \approx 0$，即此时晶体管处于截止状态，$U_{BE} < 0.5V$ 的区域同样称为死区。当 $U_{BE} \geq 0.5V$ 后，I_B 增长很快。在正常工作情况下，NPN 型硅管的发射结工作电压 $U_{BE}=0.6 \sim 0.7V$（PNP 型锗管的 $U_{BE}=-0.3 \sim -0.2V$）。

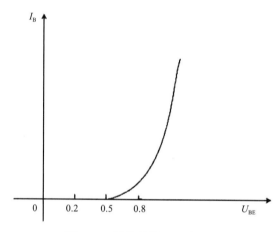

图 1-56　晶体管输入特性曲线

（3）主要参数

1）共射极电流放大系数 $\bar{\beta}$ 和 β

当晶体管接成共射极电路且工作在放大状态时，在静态（无输入信号）时集电极电流与基极电流 I_B 的比值称为共发射极静态（又称直流）电流放大系数，用 $\bar{\beta}$ 表示，即 $\bar{\beta}=I_C/I_B$。

当晶体管工作在动态（有输入信号）时，基极电流的变化量为 ΔI_B，由它引起的集电极电流变化量为 ΔI_C，ΔI_C 和 ΔI_B 的比值称为动态（又称交流）电流放大系数，用 β 表示，即 $\beta=\Delta I_C/\Delta I_B$。

可以看出，两个电流放大系数的含义不同。但在晶体管输出特性曲线比较平坦时，且各条曲线间距离相等的条件下，可认为 $\beta \approx \bar{\beta}$，故可混用。由于制造工艺的分散性，同一种型号的晶体管，β 值也有差异，通常为 $20 \sim 200$。

2）集—基极反向饱和电流 I_{CBO}

I_{CBO} 是发射极开路（$I_E=0$）时，在其集电结上加反向电压，得到反向电流。它实际上就是一个 PN 结的反向电流，其大小与温度有关。温度越高，晶体管的 I_{CBO} 越大。在实际应用中此数值越小越好。硅管的温度稳定性比锗管好，在环境温度较高的情况下应尽量采用硅管。

3）集—射极穿透电流 I_{CEO}

I_{CEO} 是基极开路（$I_B=0$）时，集电极到发射极间的反向截止电流。因为它是从集电极穿透晶体管而到达发射极的，所以又称穿透电流。晶体管的穿透电流越大，电流损耗越大，温度易升高，工作不稳定。因此，晶体管的穿透电流越小越好。在常温下，小功率硅管在几微安以下。由于少数载流子受外界温度影响，温度升高穿透电流迅速增大，晶体管的稳定性越差，功耗也越大。若制作高稳定放大电路，必须选用穿透电流小的晶体管。

六、基本电子电路

信号放大是最基本的模拟信号处理功能，它是通过放大电路实现的。放大电路的本质是能量的控制和转换，电子电路放大的基本特征是功率放大，即负载上总是获得比输入信号大得多的电压或电流。放大的前提是不失真，即只有在不失真的情况下的放大才有意义。

1. 基本共发射极放大电路的组成

基本共发射极放大电路如图 1-57 所示，它由晶体管 T，直流电源 V_{CC}，基极电阻 R_b，集电极电阻 R_c，负载电阻 R_L，耦合电容 C_1 和 C_2 等元件组成。被放大的输入信号 u_i 从晶体管的基极送入，放大后的信号 u_0 从晶体管的集电极送出，u_i 为正弦波电压。发射极是输入回路和输出回路的公共端。

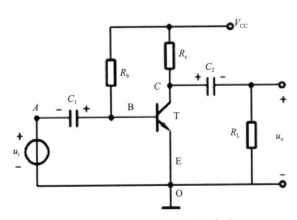

图 1-57　基本共发射极放大电路

晶体管 T 是放大电路的核心部分，作为放大元件它必须工作在放大区，它具有能量转换和电流控制的能力，当微弱的输入信号 u_i 使晶体管基极电流 i_b 产生微小变化时，就会使集电极电流 i_C 产生较大的变化。

V_{CC} 是集电极直流电源，为信号的功率放大提供能量。R_c 是集电极负载电阻，集电极电流 i_C 通过 R_c，将电流的变化转换为集电极电压的变化，然后传送到放大电路的输出端。基极偏置电阻 R_b 的作用是为晶体管的发射结提供正向偏置电压，同时给晶体管提供一个静态基极电流 I_B。输入电容 C_1 保证信号加载到发射结，将信号和直流电压耦合起来，在传送信号的同时保证发射结正偏。输出电容 C_2 可以隔离直流，将交流信号输送给负载。

2. 静态工作点

在放大电路中，当有信号输入时，交流量与直流量共存。当外加输入信号 u_i 为零时，放大电路处于直流工作状态或静止状态，简称静态。晶体管由于没有接收到交流信号，就没有交流信号输出，所以负载 R_L 上的输出信号 $u_0=0$。此时，在直流电源 V_{CC} 的作用下，三极管的各电极都存在直流电流和直流电压，这些直流电流和直流电压在三极管的输入和输出特性曲线上各自对应一点 Q，该点称为静态工作点。静态工作点处的基极电流、基极与发射极之间的电压分别用 I_{BQ}、U_{BEQ} 表示，集电极电流、集电极与发射极之间的电压分别用 I_{CQ}、U_{CEQ} 表示。

（I_{BQ}、U_{BEQ}）和（I_{CQ}、U_{CEQ}）分别对应于输入输出曲线上的一个点，称为静态工作点，其在输入输出特性曲线上的位置如图 1-58 所示。

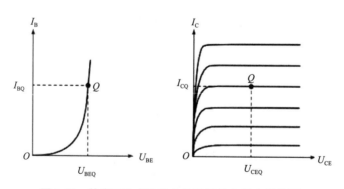

图 1-58 静态工作点在输入输出特性曲线上的位置

静态：$u_i=0$ 时，放大电路的工作状态，也称为直流工作状态。

动态：$u_i \neq 0$ 时，放大电路的工作状态，也称为交流工作状态。

对放大电路建立正确的静态，是动态工作的前提。放大电路中设置合适的静态工作点，使交流信号驮载在直流分量之上，保证晶体管在输入信号的整个周期内始终工作在放大状态，输出电压波形才不会失真。静态工作点的设置，不仅会影响放大电路是否会产生失真，还会影响放大倍数、最大输出电压等动态参数。

3. 放大电路的失真分析

在放大电路中，输出信号应该成比例地放大输入信号（即线性放大）。如果两者不成比例，则输出信号不能反映输入信号的情况，放大电路产生非线性失真。为了得到尽量大的输出信号，要把 Q 设置在交流负载线的中间部分。如果 Q 设置不合适，信号进入截止区或饱和区，造成非线性失真。

（1）截止失真（静态工作点 Q 点过低）

基本概念：因晶体管截止而产生的失真称为截止失真。

当放大电路 Q 点过低时，导致放大电路的动态工作点达到了三极管的截止区而引起的非线性失真。对于 NPN 管，输出电压波形的正半周出现失真，即表现为顶部失真。

消除方法：适当抬高 Q 点，如减小 R_B 可以增大 I_{BQ}。

（2）饱和失真（静态工作点 Q 点过高）

基本概念：因晶体管饱和而产生的失真称为饱和失真。

当放大电路 Q 点过高时，导致放大电路的动态工作点达到了三极管的饱和区而引起的非线性失真。对于 NPN 管，输出电压波形的负半周出现失真，即表现为底部失真。

消除方法：适当降低 Q 点，如增大 R_B 可以减小 I_{BQ}。

上述两种失真都是由于静态工作点选择不当或输入信号幅度过大，使三极管工作在特性曲线的非线性部分所引起的失真，因此统称为非线性失真。一般来说，如果希望输出幅度大而失真小，工作点最好选在交流负载线的中点。

4. 主要性能指标

放大电路的性能如何，可以用许多性能指标进行衡量，主要性能指标有电压放大倍数、电流放大倍数、输入电阻等。

（1）电压放大倍数 A_u

电压放大倍数也称为增益（Gain），用 A_u 表示，放大倍数等于放大电路的交流输出量和交流输入量之比，$A_u = u_0/u_i$，它是衡量放大电路放大能力的重要指标。

当放大电路的输入电压 $u_i \neq 0$ 时，经放大电路放大后，输出电压 u_0 的频率与 u_i 相同，幅度比 u_i 增大了，但 u_0 的相位与 u_i 相反。因此，在某些情况下，电压放大倍数 A_u 可能会带有负号，表示输出电压和输入电压之间呈现反向的关系。

（2）电流放大倍数 A_i

电流放大倍数定义为输出电流与输入电流之比，即：$A_i = I_0/I_i$。

（3）输入电阻

输入电阻 R_i 定义为放大电路输入端的电压 u_i 与输入电流 i_i 的比值，即 $R_i = u_i / i_i$。

对输入为电压信号的放大电路，R_i 越大，放大电路可以从信号源获取更多的电压信号，近似为恒压输入。

对输入为电流信号的放大电路，R_i 越小，放大电路可以从信号源获取更多的电流信号，近似为恒流输入。

因此，输入电阻的大小决定了放大电路从信号源吸取信号幅值的大小，它表征了放大电路对信号源的负载特性，其大小取决于输入信号的类型。

5. 放大电路的三种组态

所谓组态也可以称为电路的接法。晶体管有 3 个电极，在组成放大电路时，有 3 种连接方式：共基极、共发射极和共集电极，即分别把基极、发射极、集电极作为输入与输出信号的公共端，如图 1-59 所示。

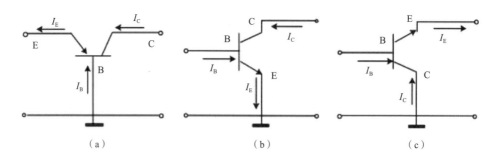

图 1-59　晶体管的三种组态

（a）共基极；（b）共发射极；（c）共集电极

需要说明的是，无论是哪种组态，晶体管放大的条件和电流分配关系都相同。基于不同组态的放大电路具有不同的特点，适用不同的场合。共发射极放大电路常用于低频放大电路，其既能放大电流又能放大电压，放大的对象是电压、电流的变化量；共集电极放大电路只能放大电流不能放大电压，是三种接法中输入电阻最大的电路，并具有电压跟随的特点，常用于电压放大电路的输入级和输出级；共基极放大电路只能放大电压不能放大电流，输入电阻小，电压放大倍数与共发射极电路相当，是三种接法中高频特性最好的电路，常作为宽频带放大电路。

第七节　计算机应用基础知识

一、计算机的组成与分类

计算机俗称电脑，是一种能接收和存储信息，并按照存储在其内部的程序，对输入的信息进行加工、处理，然后把处理结果输出的高度自动化的电子设备。

计算机的应用领域非常广阔，不仅在科学研究和工业自动化领域获得广泛的应用，而且已经深入到商业、办公、管理、娱乐等社会生活的各个方面，应用领域主要包括：科学计算、自动控制、信息处理、人工智能、计算机辅助设计、娱乐与文化教育、计算机通信与网络、电子商务等。

1. 计算机的分类

计算机的种类很多，一般根据不同的标准进行不同的分类，常见的分类方式主要有：

（1）按照计算机的运算速度、存储容量等综合性能指标等可分为巨型机、大型机、小型机和微机。

（2）按工作模式可分为服务器和工作站。

（3）按用途分可为通用计算机和专用计算机，专用计算机通常也可称为嵌入式计算机。

2. 数制转换

计算机是信息处理的工具，信息必须转换成二进制形式的数据后，才能由计算机进行处理、存储和传输。为了书写的方便，也常采用八进制或十六进制。

数制是进位计数制的简称，是关于如何表示数以及计数的方法和规则。每个具体的数都是用某一种数制来表达的，数制有很多种，例如，计算时间是六十进制，最常用的信息表达是十进制等。无论是哪种数制，都包含基数和位权两个要素。

（1）基数

在一个计数制中，表示每个数位上可用字符的个数称为该计数制的基数。例如，十进制数，可使用的数字为 0, 1……9 共 10 个，则十进制的基数为 10，即逢十进一；二进制中用 0 和 1 来计数，则二进制的基数为 2，即逢二进一。一般来说，如果数制只采用 R 个基本符号，则称为 R 数制，R 称为数制"基数"。

（2）位权

数制中每一个同定位置对应的单位值称为"权"，一个数码处在不同位置所代表的值不同，例如，十进制中数字 5 在十位数位置上表示"50"，在百位数上表示"500"，而在小数点后第 1 位则表示"0.5"，可见每个数码所代表的真正数值等于该数码乘以一个与数码所在位置相关的常数．这个常数就叫位权。位权的大小是以基数为底幂的形式，数码所在位置的序号为指数的整数次幂，其中位置序号的排列规则为：在小数点左边，从右向左分别为 0，1……；在小数点右边，从左向右分别为 -1，-2……。以十进制为例，十进制的个位数位置的位权为 10^0，十位数位置的位权为 10^1，小数点后第 1 位的位权为 10^{-1}。十进制数 12345.678 的值等于 $1 \times 10^4 + 2 \times 10^3 + 3 \times 10^2 + 4 \times 10^1 + 5 \times 10^0 + 6 \times 10^{-1} + 7 \times 10^{-2} + 8 \times 10^{-3}$。十进制的基数 R 为 10，十进制数"权"的一般形式为 10^n（$n=$……，1，0，-1，-2，……）。

（3）十进制数转换为二进制数

十进制到二进制的转换，通常要区分数的整数部分和小数部分，分别按除 2 取余数和乘 2 取整数两种不同的方法来完成。

对既有整数又有小数的十进制数，可以先转换其整数部分为二进制数的整数部分，再转换其小数部分为二进制的小数部分，再把得到的两部分结果合起来，就得到了转换后的最终结果。

（4）二（八、十六）进制数转换为十进制数

对于任意进位数制（R）的数据 N，都可以写成如下的按权展开求和形式：

$$N = \sum_{i=0}^{m-1} D_i \times R^i$$

其中，m 为数据的位数，D_i 为数据中的各位数字，R^i 为对应的数字的权。

因此将二（八、十六）进制数转换为十进制数的方法之一就是将该数据的各位数字乘以各自的权，写成十进制数，然后再相加。

3. 计算机系统的组成

一个完整的计算机系统包括硬件和软件两部分，其组成如图 1-60 所示。

硬件是计算机的实体，又称硬设备，是所有物理装量的总称，像鼠标、显示器、打印机等，它是计算机的物质基础。软件是在计算机硬件上运行的各种程序以及为开发、使用、维护这些程序所必需的有关资料、说明、手册等相关文档。

硬件和软件是相辅相成的，缺一不可。只有硬件没有软件的计算机，称为裸机，不能称为计算机系统，是不能实现任何功能的。只有软件没有硬件，软件就没有运行的物理基础，硬件的任何功能都要通过软件的运行才能实现。

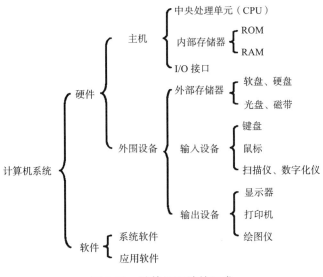

图 1-60　计算机系统的组成

计算机硬件是计算机中实实在在看得见、摸得着的部件。从逻辑上来讲，不管是哪种计算机，组成计算机硬件的基本部件都包括五大部件：运算器、控制器、存储器、输入设备和输出设备，这五大部件间通过总线互连。

从外观来看，计算机硬件系统由主机和外设两部分组成，位于主机箱内的通常称为内设，而位于主机箱之外的通常称为外设。计算机的主机主要由 CPU、内存、硬盘、机箱、电源、主板、I/O 接口以及驱动器（硬盘驱动器、光盘驱动器）等组成。外设主要包括键盘、鼠标、显示器、打印机等各种输入输出设备以及外部存储器，如硬盘、光盘、U 盘、磁带等。

二、CPU 的结构与原理

1. CPU 的组成

CPU 是中央处理器的英文简称，它是计算机的核心部件，是计算机的"大脑"，在微型机中也称微处理器。CPU 主要由运算器（逻辑部件）、控制器（控制部件）和寄存器组成，用于完成指令的解释与执行。

（1）运算器

运算器又称算术逻辑单元（ALU），是对数据进行加工、运算的部件。它可以按照算术运算规则进行加、减、乘、除等算术运算，还可以进行与、或、非等逻辑运算。

计算机之所以能完成各种复杂操作，最根本的原因是运算器的运行。参加运算的数据全部在控制器的统一指挥下进行，由运算器完成运算任务。

（2）控制器

控制器（CU）是计算机的指挥中心。一方面，它按照从内存储器中取出的指令，向其他部件发出控制信号，使计算机各部件协调一致地工作；另一方面，它又不停地接收由各部件传来的反馈信息，并分析这些信息，决定下一步的操作，如此反复，直到程序运行结束。

控制器主要由指令寄存器（IR）、指令译码器（ID）、程序计数器（PC）和操作控制器（OC）4个部件组成。CPU根据PC中的地址将欲执行指令的指令码从存储器中取出，存放在IR中，ID对IR中的指令码进行译码、分析；OC则根据ID的译码结果，产生该指令执行过程中所需的全部控制信号和时序信号；PC总是保存下一条要执行的指令地址，从而使程序可以自动、持续地运行。

2. 计算机的工作过程

计算机的工作过程就是程序的执行过程，程序是一系列有序指令的集合，执行计算机程序就是执行指令的过程。

指令是能被计算机识别并执行的二进制代码，它规定了计算机能够完成的某一种操作。指令通常由操作码和操作数两部分组成，操作码规定了该指令执行何种操作功能，而操作数则指出了操作对象在执行该操作过程中所需要的数据。

执行指令时，必须先将指令装入内存，CPU负责从内存中按顺序取出指令，同时程序计数器（PC）加"1"，并对指令进行分析、译码等操作，然后执行指令，如图1-61所示。指令执行完成后CPU再取下一条指令处理，就这样周而复始地工作，直到程序执行完毕。

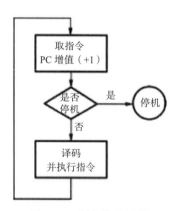

图1-61　指令执行过程

3. CPU 的主要性能指标

CPU 的主要性能指标包括频率、字长、内存总线速度、工作电压等。

（1）频率

CPU 的频率指其工作频率，分为主频、外频和倍频。主频是 CPU 内核工作时的时钟频率，单位是 Hz。主频越高，在一个时钟周期内所能完成的指令数越多，CPU 的运算速度就越快。外频是系统总线的工作频率，即 CPU 的基准频率，是 CPU 与主板之间同步运行的速度。外频越高，CPU 就可以同时接受更多来自外围设备的数据，从而使整个系统的速度进一步提高。

倍频，原先并没有倍频的概念，CPU 的主频和系统总线的速度是一样的，但 CPU 的速度越来越快，倍频技术应运而生。它可使系统总线工作在相对较低的频率上，而 CPU 速度可以通过倍频来无限提升。CPU 主频的计算方式变为：主频＝外频 × 倍频。也就是倍频是指 CPU 和系统总线之间相差的倍数，当外频不变时，提高倍频，CPU 主频也就越高。

（2）字长

字长指的是 CPU 在单位时间内一次处理的二进制数的位数。一般情况下，把单位时间内能处理 8 位数据的 CPU 叫 8 位机。同理，64 位机意味着该 CPU 在单位时间内能处理的 64 位的二进制数据。字长是表示运算器性能的主要技术指标，CPU 字长越长，运算精度越高，信息处理速度越快，CPU 性能也就越高。

（3）内存总线速度

内存总线速度也叫系统总线速度，一般等同于 CPU 的外频。内存总线速度对整个系统性能来说很重要，由于内存速度的发展滞后于 CPU 的发展速度，为了缓解内存带来的瓶颈，所以出现了缓存，来协调两者之间的差异。当 CPU 要读取指令和数据时，首先会在缓存中寻找，如果找到了，直接从缓存中读取。若在缓存中未找到，那么 CPU 则会从内存读取。

缓存通常位于 CPU 内部，分一级缓存和二级缓存。一级缓存用于暂存部分指令和数据，以使 CPU 能迅速得到所需要的数据。一级缓存与 CPU 同步运行，其缓存容量大小对 CPU 的影响较大。二级缓存的容量和频率对 CPU 的性能影响也较大，其作用就是协调 CPU 的运行速度与内存存取速度之间的差异，而内存总线速度就是指 CPU 与二级（L2）高速缓存和内存之间的工作频率。

（4）工作电压

工作电压指 CPU 正常工作所需的电压。早期 CPU 的工作电压一般为 5V，后来随着 CPU 工艺、技术的发展，CPU 正常工作所需电压越来越低，最低可达 1.1V，如此低电压下的环境，CPU 也能正常运行。降低工作电压，可以解决 CPU 耗电过大和发热过高的问题，有助于降低系统整体功耗。

三、计算机软件基础知识

1. 计算机软件分类

计算机软件是程序、数据和相关文档的集合，它是计算机的灵魂。除了硬件系统外，计算机需要配备相应的软件才能发挥出其性能。计算机软件一般可分为系统软件和应用软件。

系统软件是管理、监控、维护计算机资源（包括软件与硬件）的软件。它包括操作系统、数据库管理系统以及各种语言处理程序等。

操作系统是计算机最基本、最重要的系统软件，它能有效地管理和控制计算机的硬件和软件资源，典型的操作系统有 Windows 系列操作系统、Linux 操作系统、UNIX 操作系统等。

数据库用于有组织、动态地存储大量数据，以方便人们高效地使用这些数据。常用的数据库管理系统有 Access、SQL Server、Oracle 等。

应用软件是为满足用户不同领域、不同问题的应用要求而开发的软件。应用软件可以拓宽计算机系统的应用领域，扩大硬件的功能。应用软件根据应用领域的不同和功能的不同可分为：娱乐类、办公类、图形图像类、管理类、安全类、工具类等。

娱乐类的应用软件又分游戏类、播放类、社交类、阅读器等。常用的办公类软件主要有 Office、WPS 等。典型的图形图像类软件主要有 Adobe、美图秀秀、3dMax、玛雅、CAD 等。根据应用领域的不同，管理类软件可分为民航管理系统、医疗管理系统、客户管理系统、工程管理系统、教育类管理系统等各类管理软件。

安全类软件用于保护计算机和数据的安全，包括防病毒软件（如 360 安全卫士、金山毒霸）、防火墙软件（如 Windows 防火墙）和加密软件。

工具类软件在应用软件中占据了半壁江山，根据不同的功能，工具类软件可以分为开发工具类、生活服务工具类、下载工具类、常用文件工具类等。例如，常用文件工具软件有 CAJ 浏览器、记事本、winRAR、File Splitter 等。

2. 数据库

数据库（简记为 DB）是长期存储在计算机内，有组织的、统一管理的相关数据的集合，它是现代计算机系统中不可或缺的一部分，为企业和个人提供了完善的信息管理系统。数据是数据库中存储的基本单元，它是一种描述事物的符号。例如，数字、文字、图像、视频等信息，都可以称为数据。也就是说，数据库中的数据是使用符号记录下来的、可以识别的信息，是信息的表示或载体。

数据库管理系统（DBMS）是位于用户应用程序与操作系统之间的一层数据管理

软件，是数据库系统的核心组成部分。它与用户或应用程序以及数据库进行交互，以获取、管理和分析数据。数据库管理系统不仅具有基本的数据管理功能，同时还能保证数据的完整性、安全性，并支持多用户同时操作。目前较为常见的数据库管理系统有 Oracle、Microsoft SQL Server、MySQL 等。

DBMS 的工作模式如图 1-62 所示。首先，DBMS 接收应用程序的数据请求和处理请求。然后，将用户的数据请求（高级语言 / 指令）转换成复杂的机器代码（底层指令），实现对数据库的操作（底层指令），从对数据库的操作中接收查询结果，对查询结果进行处理（格式转换）。最后，将处理结果返回给应用程序。

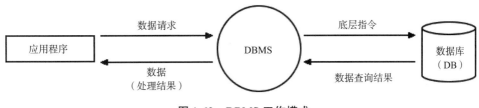

图 1-62　DBMS 工作模式

数据库系统（Database System，DBS）包括与数据库相关的整个系统。数据库系统一般包括数据库、硬件（存储设备）、数据库管理系统、应用程序、数据库管理员和用户等。

3. DOS 操作系统

DOS 是磁盘操作系统英文的简称，它是 1979 年由美国 Microsoft（微软）公司为 IBM-PC 及兼容机开发的一个单任务字符界面操作系统，由于 DOS 系统是微软公司为 IBM 的个人电脑开发的，因此也称为 MS-DOS。随着后来微软公司的 Windows 系列图形界面操作系统成为主流，DOS 逐渐退出应用。但 DOS 依然存在，它以一个后台程序的形式出现在 Windows 系列操作系统中，名为 Windows 命令提示符。

DOS 能有效地管理计算机各种软硬件资源，对它们进行合理的调度，所有的软件和硬件都在 DOS 的监控和管理下工作。DOS 和 Windows 最大的不同在于：DOS 是以接近于自然语言的 DOS 命令完成绝大多数的日常操作。以下是一些常见的 DOS 命令及其功能：

dir：显示当前目录下的文件和文件夹列表；

cd：更改当前目录；

md：创建新的目录；

rd：删除目录；

copy：复制文件；

del：删除文件；

rename：重命名文件或文件夹；

format：格式化磁盘；

ping：测试和诊断网络连接；

ipconfig：显示当前网络配置信息。

四、计算机网络基础知识

计算机网络是计算机技术和通信技术相结合的产物。当前，我们处在一个以网络为核心的信息时代，要实现信息化就必须依靠完善的网络，因为网络可以快速地传递信息。网络已经成为信息社会的命脉和发展知识经济的重要基础。

计算机网络的拓扑结构主要有总线形、环形、星形和树形等几种。总线形、星形网络结构简单，不需要网络通信设备，组网成本低，但一旦出现故障，网络维护困难。早期的计算机网络拓扑结构大部分为总线型和环型。

星形网络组网时需要用到网络通信设备，组网容易，便于控制和管理。大型计算机网络往往采用多级星形网络，然后将多级星形网络按层次方式排列，其形状像一棵倒置的树，即形成树形网络。因此，树形拓扑结构可以看成是星形拓扑结构的扩展。

树形拓扑结构的优点是易于扩展，组网灵活，故障隔离容易。Internet 网络的结构为树形拓扑结构。

1. 计算机网络的功能

计算机网络的功能主要体现在以下几个方面：

（1）数据通信与传输　数据通信是计算机网络的最基本功能。从通信的角度看，计算机网络其实是一种计算机通信系统。作为计算机通信系统，它能实现如文件传输、电子邮件等通信与传输功能。

（2）资源共享　资源共享是计算机网络最主要的功能。共享的资源包括硬件、软件和数据资源。通过资源共享，网上用户能够部分或全部地使用计算机网络资源，使计算机网络中的资源互通有无，分工协作，从而大大提高各种硬件、软件和数据资源的利用率。

（3）提高可靠性　计算机网络使计算机系统的可靠性和可用性得到提高。计算机系统可靠性的提高主要表现在计算机网络中每台计算机都可以依赖计算机网络相互为后备机，一旦某台计算机出现故障，其他计算机可以马上继续完成原先由该故障机所担负的任务。

（4）提高系统处理能力　通过计算机网络，可以把要处理的任务分配给网络中多台计算机，由这些计算机共同完成任务的处理，然后再将处理结果返回到主机，大大提高了系统处理能力。

2. IP 地址

（1）IP 地址的含义　采用 TCP/IP 协议接入因特网，为了使网上每一台主机都能够和其他计算机通信，需要有一个全球都接收的方法来标识网上的计算机。因特网上的每台主机都分配了一个唯一的地址，称为 IP 地址，该地址用在所有与该主机的通信中。其中，IP 地址分为 IPv4 和 IPv6 两大类，通常所说的 IP 地址指的是 IPv4。

（2）IP 地址格式　IP 地址由两部分组成：网络号和主机号。网络号用来表示一个主机所属的网络，主机号用来识别处于该网络中的一台主机，因此 IP 地址的编址方式明显地携带了位置信息。若给出一个具体的 IP 地址，就可以知道属于哪个网络。

IPv4 的 IP 地址由 32 位的二进制数组成（4 个字节）。为了方便用户记忆，将每个 IP 地址分为四段（1 字节 / 段），每段用一个十进制数表示，表示范围是 0 ~ 255，段和段之间用 "." 隔开，这种书写方法叫作点分四段十进制表示法。例如，32 位的二进制 IP 地址：11001010.11001010.00101100. 01110001 转化为十进制为 202.202.44.13。

3. 因特网的接入方式

从用户的角度看，将计算机接入因特网的最基本方式有三种：通过局域网接入、通过电话线接入，以及通过有线电视电缆接入。随着现代通信技术的发展，又不断出现一些其他的因特网接入方式，如无线接入、卫星接入等。

（1）通过局域网接入　如果计算机所在环境中已经有一个与因特网相连的局域网，则将计算机连上局域网并由此进入因特网，是一种比较理想的因特网接入方式。由于局域网传输速率较高，通常可达 10 ~ 100Mbps，因此经过局域网接入因特网后，上网速度通常较快。

（2）通过电话系统接入　使用现有的电话系统拨号接入，是一般用户最常见的因特网接入方式。通过电话系统拨号接入的优点是非常灵活，只要有电话的地方就能上网，但这种接入方式上网速率不算高，早期上网数据速率只有 56kbps，后来出现了 ADSL，ADSL 是一种利用数字技术对模拟电话的用户线进行改造的技术，使它能够承载宽带数字业务。ADSL 技术的特点是，其下行带宽远远大于上行带宽。目前，最新的 ADSL 技术可以使电话系统下行速率达到 16Mbit/s，而上行速度可达 800Kbit/s。

（3）通过电缆接入　电缆调制解调技术是通过电缆接入因特网的基本方法，它的基础设施是有线电视（简称 CATV）的电缆系统，以及电缆调制解调器。在利用电缆提供双向通信的技术中,混合光纤电缆（简称 HFC）技术是光纤和同轴电缆的结合体，其中光纤用于网络通信设备，同轴电缆则用于连接个人用户。

HFC 能提供比电话线路更高的速率，而且不易受到电子干扰。目前，HFC 的上行速率可达 36Mbit/s，下行速率可达 10Mbit/s。

（4）通过光纤接入　近年来宽带上网的普及率增长很快，为了更好地提升用户的上网速率，从技术上讲，光纤到户是最好的选择。所谓光纤到户，就是把光纤一直铺设到用户家庭或者大楼，可以实现 100Mbit/s 以上的速率接入，其上传和下传都有很高的带宽。目前，这种接入方式已占互联网宽带接入用户总数的 90% 以上，在互联网宽带接入中占绝对优势。

（5）宽带无线接入　宽带无线接入具有价格便宜、使用灵活等诸多优点，因此越来越多的企业和个人喜欢用无线的方式接入网络。无线网络的接入方式比较流行的有 GSM、CDMA、WCDMA 与无线局域网等。宽带无线接入网的数据速率一般超过 2 Mbit/s。

4. 电子邮件

电子邮件（E-mail）是互联网上使用最多和最受用户欢迎的一种应用。电子邮件把邮件发送到收件人使用的邮件服务器，并放在其中的收件人邮箱中，收件人可在自己方便时上网到自己使用的邮件服务器进行读取。

一个电子邮件系统应具有三个主要组成构件，即用户代理、邮件服务器，以及邮件发送协议（如 SMTP）和邮件读取协议（如 POP3）。

用户代理（UA）就是用户与电子邮件系统的接口，在大多数情况下它就是运行在用户计算机中的一个程序。因此用户代理又称为电子邮件客户端软件。用户代理向用户提供一个很友好的接口（目前主要是窗口界面）来发送和接收邮件。例如，微软公司的 Outlook Express 就是受欢迎的电子邮件用户代理。

用户代理至少应当具有以下 3 个功能：

（1）撰写：给用户提供编辑信件的环境，创建消息和回答的过程。

（2）显示：能方便地在计算机屏幕上显示出来信（包括来信附上的声音和图像）使人们能够阅读自己的电子邮件。

（3）处理：关心接收者如何处理收到的消息，处理包括发送邮件和接收邮件。

第二章

制冷空调系统构成

第一节 制冷剂循环系统构成

空调系统中的冷、热源设备是实现能源消耗与转换的设备，由于能源形式的多样化，结合各地气象特征，使得冷、热源设备的应用形式也多种多样。空调系统中常用的冷、热源设备有：蒸气压缩式制冷设备、吸收式制冷设备、燃料化学能的锅炉设备、电加热的热水机组、热泵及直燃机组等。随着新技术、新设备的层出不穷，分布式能源系统、可再生能源系统、蓄冷技术在空调系统得到广泛应用。

制冷系统是一组按照一定次序连接、能产生制冷效果的部件或设备的组合，因此，按照制冷原理确定的顺序用制冷剂管路将压缩机、蒸发器、冷凝器和节流机构四大部件以及必要的辅助设备用管道连接起来，并充注相应的制冷剂就组成了蒸气压缩式制冷系统。

一、氨制冷剂系统类型、结构和工作原理

当前氨制冷剂系统主要用于冷库内的制冷系统，制冷温度高于-65℃的场合的冷库。

1. 氨制冷剂系统类型

根据氨的蒸发温度可分为-15℃、-28℃、-33℃三种系统；按冷却方式可分为直接蒸发式和间接冷却式；根据氨制冷剂供液方式，氨制冷剂循环系统可分为直接膨胀供液制冷系统、重力供液制冷系统、氨泵供液制冷系统、气泵供液制冷系统四种方式；按压缩机级数可分为单级压缩、双级压缩、多级压缩等制冷系统。

氨的基本性质：标准沸点为-33.4℃，凝固温度为-77.7℃；ODP和GWP值均为0；热力性质较好；融水性良好；不溶于润滑油。

2. 氨制冷剂系统结构和工作原理

图 2-1 为采用活塞式制冷压缩机、卧式壳管冷凝器和满液式蒸发器的氨制冷系统流程图。低压氨气进入活塞式压缩机,被压缩为高压过热氨气;由于来自制冷压缩机的氨气中带有润滑油,故高压氨气首先进入油分离器,将润滑油分离出来,再进入冷凝器;冷凝后的高压氨液贮存在高压贮液器内,通过液管将其送至过滤器,膨胀阀减压后供入蒸发器;低压氨液在蒸发器内吸热气化,不断进行循环。为了确保制冷系统正常运行,系统中还装有不凝性气体分离器,以便从系统中放出不凝性气体。

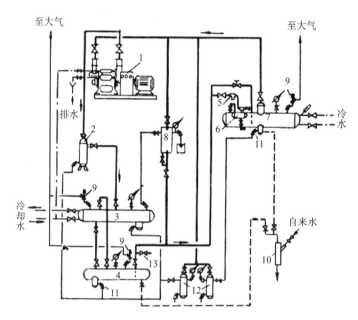

图 2-1 氨制冷系统流程图

1—压缩机;2—油分离器;3—卧式壳管冷凝器;4—高压贮液器;5—过滤器;6—膨胀阀;7—蒸发器;
8—不凝性气体分离器;9—安全阀;10—紧急泄氨器;11—放油阀;12—集油器;13—充液阀

为了保证制冷系统的安全运行,在冷凝器、高压贮液器和蒸发器上装设安全阀,安全阀的放气管直接通到室外。当系统内的压力超过允许值时,安全阀自动开启,将氨气排出,降低系统内的压力。此外还设置紧急泄氨器,一旦需要(如发生火灾),可将高压贮液器以及蒸发器中的氨液分两路通到紧急泄氨器,在其中与自来水混合排入氨水池,以免发生严重的爆炸事故。

被氨气从压缩机带出的润滑油,一部分在油分离器中被分离下来,但还会有部分润滑油被带入冷凝器、高压贮液器与蒸发器。由于润滑油基本不溶于氨液,而且润滑油的密度大于氨液的密度,润滑油积聚在这些设备的下部,为避免这些设备存油过多,影响制冷系统的正常工作,在这三个设备的下部装有放油阀,并用管道分两路分别接到高、低压集油器，以便定期放油。

如果采用螺杆式压缩机时，润滑油除用于润滑轴承等转动部件外，还以高压喷至转子之间以及转子与气缸体之间，用以保证其间的密封。因此，螺杆式压缩机排气带油量大、油温高，对油的分离和冷却有特殊要求，一般均设置两级或多级油分离器以及油冷却器等。

二、二氧化碳制冷系统的类型、结构和原理

二氧化碳最早应用于商业制冷机是在 1869 年。二氧化碳制冷系统属于跨临界制冷循环，来自气体冷却器的制冷剂进入回热器，利用蒸发器出口的低温低压气态二氧化碳使气体冷却器出口的高温高压二氧化碳得到进一步冷却，以降低膨胀阀入口二氧化碳的温度，节流后的二氧化碳进入蒸发器气化吸热，实现制冷的目的，蒸发器内二氧化碳再进入回热器过热后，被压缩机吸入压缩后排入气体冷却器。

1. 结构与工作原理

二氧化碳制冷系统是一种高效的制冷技术，它使用二氧化碳（CO_2）作为制冷剂。相较于传统的氟利昂制冷剂，二氧化碳制冷剂具有较低的温室效应和较高的能量效率。二氧化碳制冷系统的工作原理（图 2-2）如下：

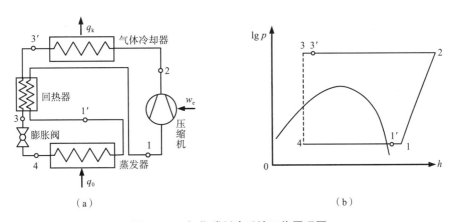

图 2-2　二氧化碳制冷系统工作原理图
（a）蒸气压缩式制冷循环；（b）压焓图

（1）压缩：首先，二氧化碳气体在压缩机中被压缩成高温高压的气体。

（2）冷凝：高温高压的二氧化碳气体在冷凝器中释放热量，并冷凝成液体。这个过程需要冷却介质（例如水）的帮助。

（3）节流：冷凝后的二氧化碳液体通过节流装置降低压力并调节流量。

（4）蒸发：压力降低的二氧化碳液体在蒸发器中吸收热量，并蒸发成气体。这个过程会从周围环境中吸收热量，从而降低环境温度。

（5）压缩机回吸：蒸发后的二氧化碳气体再次被压缩机吸入，开始新的循环。

二氧化碳制冷系统具有环保、节能和高效等优点，适用于各种制冷需求，包括超市制冷、冰箱等家用电器以及工业制冷系统。同时，由于二氧化碳制冷剂的工作压力较高，这种系统需要更高强度的压缩机和部件，因此在成本和维护方面可能相对较高。

2. 二氧化碳的特点

（1）优良的经济性，不存在回收问题，二氧化碳来源于自然界，它是一种对环境无害的天然存在的物质（ODP=0，GWP=1）。

（2）无毒、不可燃，安全性和化学稳定性良好。能适应各种润滑油及常用机械零部件材料，即便在高温下也不会分解产生有害气体。

（3）具有与制冷循环和设备相适应的热力学性质。蒸发潜热较大，单位容积制冷量相当高。导热率高、动力黏度低、定压比热高，而且表面张力低，故传热性能好。

（4）液体密度和蒸气密度值比较小，在低压下两相流动较为均匀，有利于节流后各回路间制冷剂的均匀分配，较小的表面张力能够提高沸腾区的蒸发换热系数。

（5）优良的流动和传热特性，可显著减小压缩机与系统的尺寸，使整个系统非常紧凑。

（6）二氧化碳是一种潜在的、重新受到重视的热泵工质，它能提供的温度高于120℃。

3. 二氧化碳跨临界制冷技术应用

目前二氧化碳跨临界制冷技术主要集中应用于以下几个方面：

（1）电动汽车空调系统：利用二氧化碳跨临界制冷循环排热温度高，气体冷却器的换热性能好，实现冬季车内取暖；夏季利用蒸发器的吸热进行车内降温。

（2）热泵热水器系统：二氧化碳跨临界制冷循环气体冷却器具有较高排热温度和较大的温度滑移与冷却介质的温升过程相匹配，使其在热泵循环中的供热系统方面具有其他制冷剂亚临界循环没有的优势。因此跨临界二氧化碳热泵热水器能够制取90℃以上的高温热水。

（3）复叠式制冷系统：二氧化碳在低温条件下的黏度非常小，传热性能较好，与氨系统相比，低温级采用二氧化碳的复叠制冷机，其压缩机体积可减少至原来的1/10，二氧化碳制冷温度可到达 $-50 \sim -45$℃。

三、吸收式制冷系统的类型、结构和原理

吸收式制冷是液体气化制冷的另一种形式，它和蒸气压缩式制冷一样，是利用液态制冷剂在低温低压下气化以达到制冷目的。二者不同的是：蒸气压缩式制冷是靠消耗机械功（或电能）使热量从低温物体向高温物体转移，而吸收式制冷则依靠消耗热能来完成这种非自发过程。

对于吸收剂循环而言，可以将吸收器、发生器和溶液泵看作是一个"热力压缩机"，吸收器相当于压缩机的吸入侧，发生器相当于压缩机的压出侧。吸收剂可视为将已产生制冷效应的制冷剂蒸气从循环的低压侧输送到高压侧的运载液体。在吸收式制冷机组中完成吸收式循环的工质通常是由两种沸点不同的物质所组成的二元溶液，其中低沸点的组分（又称为易挥发组分）作制冷剂（蒸发剂），高沸点的组分（又称难挥发组分）作吸收剂。一般又将吸收剂和制冷剂合称为"工质对"。

吸收式制冷循环与蒸气压缩式制冷循环的比较如图 2-3 所示。

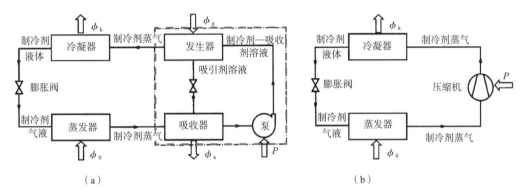

图 2-3　吸收式与蒸气压缩式制冷循环的比较

（a）吸收式制冷循环；（b）蒸气压缩式制冷循环

1. 吸收式制冷系统的类型

（1）根据工作热源分类：蒸汽型、直燃型、热水型和太阳能型。

（2）根据工作循环分类：制冷循环型和制冷、制热循环型。制冷循环型机组即通常的冷水机组，制冷循环分单效循环和双效循环。单效循环是溴化锂机组的基本组成单元，其驱动能源可以是低品位的蒸汽、热水、地热水等。如果机组用高品位的蒸汽或高温水作为驱动热源，通常采用双效制冷循环。

（3）按溶液循环流程分类：

1）串联流程　它又分为两种，一种是溶液先进入高压发生器，后进入低压发生器，最后流回吸收器；另一种是溶液先进入低压发生器，后进入高压发生器，最后流回吸收器。

2）并联流程　溶液分别同时进入高、低压发生器，然后分别流回吸收器。

3）串并联流程　溶液分别同时进入高、低压发生器，高压发生器流出的溶液先进入低压发生器，然后和低压发生器的溶液一起流回吸收器。

（4）按机组结构分类：

1）单筒型　机组的主要换热器（发生器、冷凝器、蒸发器、吸收器）布置在一个筒体内。

2）双筒型　机组的主要换热器布置在两个筒体内。

3）三筒或多筒型　机组的主要换热器布置在三个或多个筒体内。

（5）按用途分类：吸收式冷水机组、吸收式冷热水机组、吸收式热泵机组。

（6）按驱动热源分类：蒸汽型吸收式制冷机组、直燃型吸收式制冷机组、热水型吸收式制冷机组。

（7）按驱动热源的利用方式分类：单效吸收式制冷机组、双效吸收式制冷机组、多效吸收式制冷机组。

2. 吸收式制冷系统的结构

吸收式制冷利用溶液在一定条件下析出低沸点组分的蒸气，在另一种条件下又能吸收低沸点组分这一特性完成制冷循环。

目前吸收式制冷机多用二元溶液，习惯上称低沸点组分为制冷剂，高沸点组分为吸收剂。如溴化锂溶液中的水、氨水溶液中的氨为低沸点组分。

（1）双效溴化锂制冷机（图2-4），一般形式为三筒式。主要部件有：高压发生器、低压发生器、冷凝器、吸收器、蒸发器、高温换热器、低温换热器、冷凝水回热器、冷剂水冷却器及发生器泵、吸收器泵、蒸发器泵和电气控制系统等。制冷原理为：吸收器中的稀溶液，由发生器泵分两路输送至高温换热器和低温换热器，进入高温换热器的稀溶液被高压发生器流出的高温浓溶液加热升温后，进入高压发生器。而进入低温换热器的稀溶液，被从低压发生器流出的浓溶液加热升温后，再经凝水回热器继续升温，然后进入低压发生器。

（2）进入高压发生器的稀溶液被工作蒸气加热，溶液沸腾，产生高温冷剂蒸气，导入低压发生器，加热低压发生器中的稀溶液后，经节流进入冷凝器，被冷却凝结为冷剂水。

（3）进入低压发生器的稀溶液被高压发生器产生的高温冷剂蒸汽所加热，产生低温冷剂蒸气直接进入冷凝器，也被冷却凝结为冷剂水。高、低压发生器产生的冷剂水汇合于冷凝器集水盘中，混合后导入蒸发器中。

（4）加热高压发生器中稀溶液工作蒸气的凝结水，经凝水回热器进入凝水管路。而高压发生器中的稀溶液因被加热蒸发出了制冷剂蒸气，使浓度升高，成为浓溶液，又经高温热交换器导入吸收器。低压发生器中的稀溶液，被加热升温放出制冷剂蒸气也成为浓溶液，再经低温热交换器进入吸收器。浓溶液与吸收器中原有溶液混合成中间浓度溶液，由吸收器泵吸取混合溶液，输送至喷淋系统，喷洒在吸收器管簇外表面，吸收来自蒸发器蒸发出来的冷剂蒸气，再次变为稀溶液进入下一个循环。吸收过程所产生的吸收热被冷却水带到制冷系统外，完成溴化锂溶液从稀溶液到浓溶液，再回到稀溶液循环过程。即热压缩循环过程。

（5）高、低压发生器所产生的冷剂蒸气凝结在冷凝器管簇外表面上，被流经管簇里面的冷却水吸收凝结过程产生的凝结热，带到制冷系统外。凝结后的冷剂水汇集起来经节流装置，淋洒在蒸发器管簇外表面上，因蒸发器内压力低，部分冷剂水闪发吸收冷媒水的热量，产生部分制冷效应。尚未蒸发的大部分冷剂水，由蒸发器泵喷淋在蒸发器管簇外表面，吸收通过管簇内流经的冷媒水热量，蒸发成冷剂蒸气，进入吸收器。

（6）冷媒水的热量被吸收使水温降低，从而达到制冷目的，完成制冷循环。吸收器中喷淋中间浓度混合溶液吸收制冷剂蒸气，使蒸发器处于低压状态，溶液吸收冷剂蒸气后，靠絷压缩系统再产生制冷剂蒸气。保证了制冷过程的周而复始的循环。

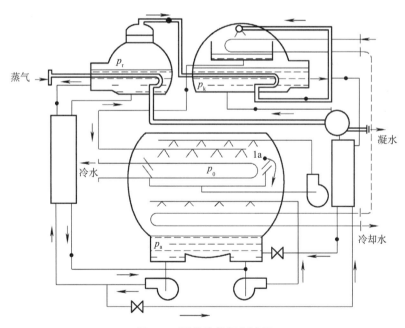

图 2-4　双效溴化锂制冷机

（7）设备的作用：

1）发生器：加热，使稀溶液中的水蒸发变为浓溶液。

2）冷凝器：冷却，使水蒸气冷凝为纯水。

3）节流阀：降压，使水在低压下蒸发。

4）蒸发器：纯水蒸发吸热制冷。

5）吸收器：浓溶液吸收水分使蒸发器的水蒸发，其中设置冷却水管用于回收吸收热。

6）溶液泵：提升溶液压力，使水蒸气能在常温下凝结。

7）溶液热交换器：使出发生器的浓溶液冷却，出吸收器的稀溶液加热，有效利用能量。

3. 溴化锂水溶液性质

（1）无色液体，有咸味，无毒，加入铬酸锂后溶液呈淡黄色。

（2）溴化锂在水中的溶解度随温度的降低而降低。溴化锂的质量浓度不低于50%，也不宜超过66%，否则在运行中当溶液温度降低时将有结晶析出，破坏制冷机的正常运行。

（3）水蒸气分压力很低，它比同温度下纯水的饱和蒸气压力低得多，因而有强烈的吸湿性。

（4）密度比水大，并随溶液的浓度和温度而变化。

（5）黏度较大。

（6）比热容较小。

（7）表面张力较大。

（8）溴化锂水溶液的导热系数随浓度的升高而降低，随温度的升高而增大。

（9）溴化锂水溶液由固体的溴化锂溶质溶解在水溶剂中而成。常压下，水的沸点是100℃，而溴化锂的沸点为1265℃。制冷机中使用的溴化锂，一般以水溶液的形式供应，其浓度不低于50%，溶液pH在8以上。

（10）20℃时溴化锂溶解至饱和时量为111.2g，即溴化锂的溶解度为111.2g。溶解度的大小与溶质和溶剂的特性的关，还与温度有关，一般随温度的升高而增大，当温度降低时，溶解度减小，溶液中会有溴化锂的晶体析出而形成结晶现象。这一点在溴化锂制冷机中非常重要，运行中必须注意结晶现象，否则常会由此影响制冷机的正常运行。

（11）溴化锂溶液对普通金属有腐蚀作用，尤其在有氧气存在的情况下腐蚀更为严重。

四、可燃有毒制冷剂制冷系统的类型、结构和原理

根据《蒙特利尔议定书》的规定，制冷空调行业普遍使用 R22 制冷剂已经进入

逐步淘汰阶段。当前国内外替代制冷剂的一个主要方向是采用纯天然物质如 R290（丙烷）和 NH₃（氨）或不破坏大气臭氧层、温室效应低的合成制冷剂如 R32。但它们往往都具有不同程度的燃爆特性。现制冷行业常用的可燃制冷剂有：R600a、NH₃、R32、R290、R142b 等。目前 R32、R290 在家用空调器中使用得比较多，其结构与原理与 R410 制冷剂的制冷系统相似。

可燃制冷剂制冷系统主要是利用可燃制冷剂的特性，通过相变和热传递来完成制冷过程。由于可燃制冷剂具有一定的可燃性，因此这种制冷系统需要特殊的设计和安全措施。

1. 基本工作原理

（1）制冷剂压缩：压缩机将制冷剂气体压缩，使其压力和温度升高。

（2）制冷剂冷凝：高温高压的制冷剂气体在冷凝器中放出热量，冷凝成液体。这个过程中，制冷剂放出的热量被冷却水或空气带走。

（3）制冷剂节流：冷凝后的制冷剂液体通过节流装置，降低压力和温度。

（4）制冷剂蒸发：低温低压的制冷剂液体在蒸发器中吸收被冷却物体的热量，蒸发成气体。这个过程中，被冷却物体的温度降低，达到制冷效果。

（5）制冷剂再循环：蒸发后的制冷剂气体再次进入压缩机，开始下一个制冷循环。

可燃制冷剂制冷系统具有较高的制冷效率，但需要对制冷剂进行严格的控制和管理，以确保安全。

2. 结构特点

可燃制冷剂制冷系统换热器采用 5mm 小管径的铜管，越来越多的厂商使用 R290、R32 环保型制冷剂，随着 R290、R32 使用，小管径铜管换热器强化传热的效果愈加明显。综合 5mm 管径换热器在空调器中的性能比较，其冷凝性能优于大管径换热器，在制冷行业具有很大的优势。

以前，空调器换热器产品用 9.52mm 或者 7mm 的铜管，但是成本太高了，尤其是在现阶段原材料铜价格上涨的背景下，势必带来空调价格上涨，对企业来讲，这并不利于市场竞争。

使用 5mm 管径的换热器能够明显减少铜的消耗量，能够直接有效降低换热器成本。根据计算：如果将管径由 9.52mm 缩小为 5mm，单位管长铜管的表面积减少 47.4%。这就意味着，即使铜管的厚度不变，单位管长的铜用量减少 47.4%。实际上，由于耐压强度的增加，铜管的壁厚减薄，铜材的减少量可达 65%。由于铜管的成本占换热器材料成本的 70% 以上，采用 5mm 管径的铜管，换热器的材料成本可以降低 45% 以上。

由于换热器管径的缩小，换热器应用 5mm 管径的铜管后，能够明显降低制冷剂的充注量。例如，将管径由 9.52mm 缩小为 5mm，则换热器的内容积可以缩小 75%。意味着管径减小后，系统的充注量仅为原来的 25%。充注量的减少可以直接减小因为制冷剂对于环境的影响。减少充注量直接降低了采用可燃制冷剂换热器的危险性。对于易燃型环保工质 R290、R32 的应用更是起到极大的推动作用。

减小空调器换热器中换热管的管径，带来的主要影响为：换热面积减少，但换热系数增加，换热量的增加与否取决于具体的工况；摩阻系数增大，制冷剂流动阻力增大，压降上升；蒸发器内蒸发温度下降，冷凝器内冷凝温度上升，进而影响系统效率。制冷剂侧换热系数的增大可以提高换热器的换热性能，但换热面积的减小和制冷剂沿程阻力损失的增大可以降低换热器的换热性能和系统能效。

研究表明，翅片管式换热器的细径化对空调整机性能的影响主要有：①小管径铜管的换热器的传热系数比大管径铜管的换热器大 10% 以上，且其结构更加紧凑；②在单冷系统中，冷凝器可以直接采用更小管径的换热器，不需要做其他优化即可达到原系统的性能；③单冷系统的蒸发器，热泵系统的蒸发器和冷凝器，若采用更小的管径换热器，则必须对换热器的结构进行优化，以减小换热器的压降，否则会导致系统的 *COP* 和制冷（热）能力急剧下降。

五、半导体制冷原理与应用知识

半导体制冷又称电子制冷，或者温差电制冷，与压缩式制冷和吸收式制冷并称为三大制冷方式。半导体制冷的基本单元是半导体电偶。组成电偶的材料一个是 P 型半导体（空穴型），一个是 N 型半导体（电子型）。

半导体制冷的理论基础是固体的热电效应，在无外磁场存在时，它包括五个效应：导热、焦耳热损失、西伯克效应、帕尔帖效应和汤姆逊效应。热电制冷又称作温差电制冷，或半导体制冷，它是利用热电效应（即帕米尔效应）的一种制冷方法。

为了获得更低的制冷温度（或更大的温差）可以采用多级热电制冷。它由单级电堆联结而成。前一级的冷端是后一级热端的散热器。

半导体材料具有较高的热电势，可以用来做成小型热电制冷器。图 2-5 示出了 N 型半导体和 P 型半导体构成的热电偶制冷原理。用铜板和铜导线将 N 型半导体和 P 型半导体连接成一个回路，铜板和铜导线只起导电的作用。此时，一个接点变热，一个接点变冷。如果电流方向反向，那么结点处的冷热作用互易。

优点：结构简单、部件少、维修方便；无机械旋转装置、无磨损、无噪声、寿命长；不需要制冷剂，绿色环保；使用制冷片制冷，可以根据人们的意愿决定制冷系统的大小，甚至可以用 UPS 接口进行供电。

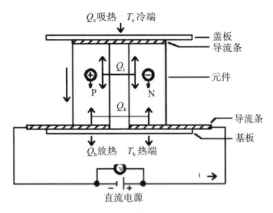

图 2-5　半导体制冷原理图

缺点：制冷温度与环境温度有关（最好低于 20℃），不能制冰；制冷容积最好不要超过 100L，否则制冷效果下降、耗电量增加；制冷片另一面需要散热，散热量大，需要散热设备，加大制造成本、增加耗电量、产生噪声。

六、各类蒸气式压缩机的结构与工作原理

当前各个生产领域常用的是氟利昂蒸气式压缩机，图 2-6 所示为氟利昂制冷系统流程，低压氟利昂蒸气进入压缩机（活塞式、螺杆式、离心式等），被压缩为高压过热蒸气，通过油分离器将润滑油分离出来，再进入蒸发式冷凝器；冷凝后的高压液态氟利昂储存在高压贮液器内，通过干燥器以及回热器和过滤器以后，经热力膨胀阀节流膨胀进入蒸发器；低压氟利昂湿蒸气在蒸发器内吸热气化，通过回热器进一步吸热，最后，低压氟利昂蒸气被制冷压缩机吸入，不断进行循环。对于 R134A、R502/R290/R600A 等制冷剂，采用回热器可以提高单位容积制冷量与制冷系数。

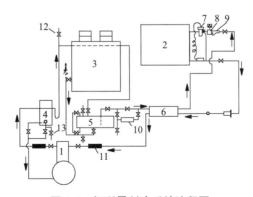

图 2-6　氟利昂制冷系统流程图

1—压缩机；2—空气冷却器；3—蒸发式冷凝器；4—油分离器；5—高压贮液器；6—回热器；7—热力膨胀阀；8—电磁阀；9—过滤器；10—干燥器；11—防振管；12—放气阀；13—放油阀

第二节　空调系统构成

　　空调系统一般由空气处理设备、风机、风道和送风装置等组成，根据需要，可以组成不同形式的系统，其作用是建立和保持建筑物内的人工环境，其目的是满足室内人员舒适与健康要求或是满足生产工艺要求。

一、整体式空调器的类型、结构和原理

　　房间空调器是房间空气调节器的简称，是典型的整体式空调器，其通过制冷剂在室内直接蒸发来提供冷、热量，具有单独调节室内空气的温度与湿度，以及空气滤清、空气流通、换气通风等功能，使人们能在清新舒适的环境中生活和工作。图 2-7 为整体式（窗式）空调器外形结构。

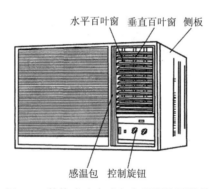

图 2-7　整体式（窗式）空调器外形结构

1. 整体式（窗式）空调器的基本组成（图 2-8）

　　房间空调器主要由制冷（热）循环系统、空气循环通风系统、空气过滤系统、电气控制系统和壳体等组成。制冷（热）循环系统一般采用蒸气压缩式制冷循环。由全封闭式压缩机、风冷式冷凝器、肋片式蒸发器、毛细管、气液分离器及连接管路等组成一个封闭式制冷循环系统并充以制冷剂。空气循环通风系统主要由离心风扇、轴流风扇、电动机、风门、风道、过滤网等组成。电气控制系统主要由温控器、启动器、选择开关、各种过载保护器、中间继电器及变频器等组成。热泵还应有四通电磁换向阀及除霜温控器。箱体部分包括外壳、面板、底盘及若干加强筋、支架等。制冷系统、空气循环系统均安装在底盘上，而整个底盘又靠螺钉固定到机壳上。

（1）箱体。窗式空调器箱体由 0.8 ~ 1.0 mm 厚的冷轧薄钢板弯曲而成，箱体的表面先进行防锈处理，然后进行喷塑（或喷漆）处理。在箱体底板两侧边装有两条导轨，供底盘装配时推入或拉出时使用。在箱体左右两侧靠后部位置处有百叶进风口，用于冷凝器的进风。

（2）底盘。窗式空调器的底盘主要用于安装压缩机、冷凝器、蒸发器和风机等部件。底盘要有足够的承载强度和刚度，防止变形或损坏。底盘也是采用冷轧薄钢板冲压而成的，其表面要进行防锈和防腐处理，以防蒸发器的凝露水腐蚀底盘，使底盘生锈损坏。

（3）面板。面板一般可选用 ABS 塑料、金属面板和木质面板等材料制作。ABS 塑料面板采用注塑成形，空调器上用得较多，但成本较高；金属面板采用冷轧薄钢板冲压成形，成本低，但其重量大，外观质量不如 ABS 塑料面板，另外它的防腐性能差，长期使用后容易使面板表面锈蚀；木质面板一般采用优质木材制造，耗材多，成本也高，且受气候影响易发生变形。所以目前空调器面板较少采用木质面板。

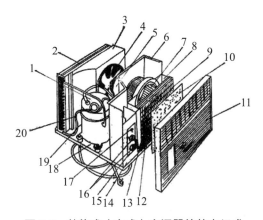

图 2-8 整体式（窗式）空调器的基本组成

1—压缩机；2—冷凝器；3—冷凝器风扇外壳；4—冷凝器风扇；5—风扇电动机；6—外隔板；7—蒸发器风扇及外壳；8—蒸发器顶板；9—蒸发器；10—滤网板；11—面板；12—感温管；13—蒸发器尾板；14—控制面板；15—旋钮板；16—控制旋钮；17—排气道控制杆；18—底盘；19—干燥过滤器；20—毛细管

2. 整体式（窗式）空调器分类

按功能可分为冷风型与冷暖型。冷风型：只能制冷、降温去湿，不能制热；冷暖型：既可制冷，又可制热（热泵型、电热型、热泵辅助电热型）。

国产窗式空调器一般采用 220V 单相交流电源，频率 50Hz。空调器的规格通常按制冷量大小来分，一般在 5600W 以下，市场上常见的窗式空调器多在 1250 ~ 3500W 之间。

窗式空调器可开墙洞装入或直接安装在窗口上。制冷量范围一般为 1500 ~ 6000W，电源为 220V、50Hz。

3.整体式（窗式）空调器特点

窗式空调器的优点是结构紧凑,价格便宜,有新鲜空气补充,安装维修方便。但是,由于窗式空调器本身结构上的原因,故其噪声较大,制热效果不是很理想,尤其是冬季在室外温度低于0℃以后,室外换热器不能从外界空气中吸收足够的热量,使制热效果显著下降。因此,热泵型窗式空调器较适用于冬季室外气温在0℃以上的地区。

一般来说,窗式空调器设置有排风门,从房间卫生要求讲,进行适当的换气是必要的,但是根据实验,空调器的排风打开时,室内有效制冷（热）量要降低10%左右。

4.窗式空调器的工作原理

如今的窗式空调器不但夏季供冷气,而且冬季能供暖气,其供暖方式不同于电取暖器,而是使用换向阀,将制冷剂流动方向反向,使原来制冷时的蒸发器（即室内侧换热器）变为制热时的冷凝器,而原来的冷凝器（即室外侧换热器）则作为蒸发器。由此达到整个系统在冬季从室外吸热并向室内排热的目的。图2-9为热泵型窗式空调器的结构简图。

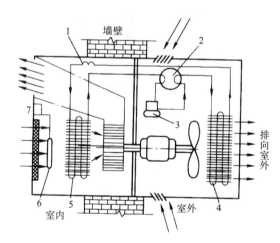

图 2-9　热泵型窗式空调器的结构简图

1—毛细管；2—电磁换向阀；3—压缩机；4—冷凝器；5—蒸发器；6—温度传感器；7—空气过滤网

（1）制冷循环

空调器制冷除湿时,制冷系统中的压缩机吸入来自蒸发器的制冷剂低压蒸气,在气缸内压缩成为高压、高温气体,经排气阀片进入风冷冷凝器。轴流风扇从空调器左右两侧百叶窗吸入室外空气来冷却冷凝器,使制冷剂成为高压过冷液体。空气吸收制冷剂释放出来的热量后,轴流风扇将热量排出室外。高压过冷液体再经毛细管节流降压,然后进入蒸发器。室内空气靠离心风扇吸入,流过蒸发器内的制冷剂吸收室内循环空气的热量后变成蒸气又被吸入压缩机并压缩成高温、高压气体，而湿空气经蒸发器表面冷却除湿后，凝结的露水由蒸发器下的滴水盘排出室外，如此不断循环，达到房间空气降温除湿的目的。

（2）制热循环

室内空气被吸入后由室内换热器（此时作为冷凝器）将其加热，而冷凝器中的制冷剂则冷凝成液体，在毛细管中节流后的低温低压湿蒸气进入室外换热器（此时作为蒸发器）将室外空气中的热量吸入，而制冷剂本身则蒸发成气体，然后进入压缩机被压缩升温后进入室内换热器，放热至室内，从而达到制热的目的。

二、分体式空调器的类型、结构和原理

分体式空调器按其室内部分的结构形式可分为挂壁式、吊顶式、落地式、台式、埋入式等多种。以下介绍挂壁式与落地式两种结构，它们分别由室内机与室外机通过管道连接而成。

1. 挂壁式

图 2-10 为典型的挂壁式分体式空调器的结构。室内机组体积很小，厚度不超过20cm，高度约为 40cm，长度略长，适宜挂在墙面上，面板下部为进风格栅，其后依次为空气滤清器和蒸发器（图 2-11）。离心风扇直接由装在其端头的电机带动，抽吸冷风，并由面板上部的出风栅吹向室内。摇风装置由调向片及装在调向片轴端的电机组成，它能将冷风自动、均匀地送到室内各处。室外机组安装于室外，有利于降低室内噪声。室内、外机组通过铜管连接，使制冷剂在制冷系统不断循环，实现热量转移（图 2-12）。

2. 落地式

图 2-13 为典型的落地式分体式空调器的结构。柜式空调器的制冷量一般较大，约在 6000kcal/h（6978W）以上，常见形式有立式、卧式两种。室内部分做成立柜形，正面上部为出风格栅，并附有摇风装置，下部为进风格栅。柜中下部倾斜地装着蒸发器，将内腔分为两部分。蒸发器以下一般只装控制柜、零星管路、接水盘等，蒸发器以上则有离心风扇、风扇电机及毛细管等。空调器上部设有出风格栅，并有摇风装置，中下部的百叶窗系进风格栅，格栅后也有空气过滤器，柜侧面开有新风进口。

室外部分常为方盒形，结构紧凑，方盒顶部为风扇罩，盒中装有压缩机、轴流风扇、轴流风扇电机及控制箱，侧面装设冷凝器。室内、室外两部分依靠管道连接，使制冷剂在制冷系统内循环。

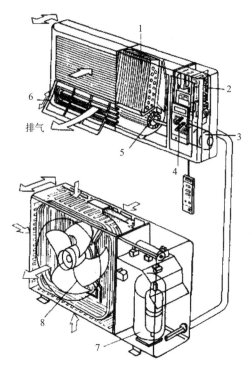

图 2-10   挂壁式分体式空调器结构图

1—热交换器；2—电控系统；3—离心风机电动机；4—温度及定时显示器；5—离心风机；
6—过滤网；7—压缩机；8—轴流风机

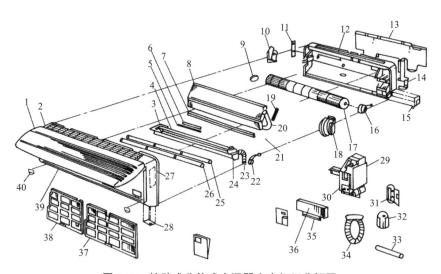

图 2-11   挂壁式分体式空调器室内机组分解图

1—回风口格栅；2—面板座组件；3—排水管及导风支架；4—导风叶组件；5—蒸发器进液管；6—蒸发器出气管；
7—蒸发器中间隔条；8—蒸发器总成；9—贯流风机轴承；10—轴承座；11—铭牌；12—室内机后座；13—安装板；
14—导管引出口；15—后座右活动盖；16—风机电动机；17—贯流风机；18—电动机支座；19—泄水盘导管；
20—蒸发器进出管隔热套管；21—温度传感器夹；22—摇摆电动机；23—排水软管；24—导风叶片臂组件；
25—上水平导风叶片；26—下水平导风叶片；27—接线图和铭牌；28—指示灯组件；29—电器盒组件；
30—电器盒盖组件；31—无线遥控器；32—遥控器支架；33—排水软管隔热材料；34—排水软管；35—过滤器手柄；
36—脱臭与静电过滤器；37、38—右、左过滤网；39—面板卡；40—面板座固定螺钉罩帽

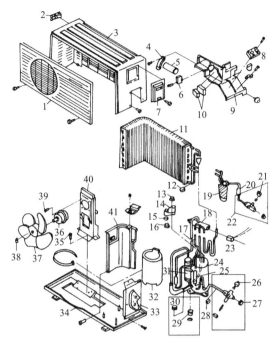

图 2-12 挂壁式分体式空调器室外机组分解图

1—室外机前面板；2—把手；3—机壳组件；4—电容器托架；5—压缩机电容器；6—风机电容器；7—控制盒盖；
8—电源引线端子板；9—控制板；10—电源开关；11—冷凝器；12—压力开关；13—压缩机端子罩螺母；14 压缩机端子罩
壳；15—过载保护器压紧弹簧；16—过载保护器；17—压缩机管路；18—四通换向阀；19—毛细管；20—过滤器；
21—扩口螺母；22—两通阀；23—四通换向阀线圈；24—压缩机；25—排气缓冲容器；26—扩口螺母；27—三通阀阀帽；
28—压力开关；29—压缩机底座橡胶圈；30—压缩机底座固定螺母；31—蓄液分液器；32—压缩机保温隔声棉；
33—制冷剂阀支架；34—底座；35—风机电动机支架螺钉；36—风机电动机；37—风机；38—风机固定螺母；
39—电动机固定螺钉；40—风机电动机支架；41—隔板

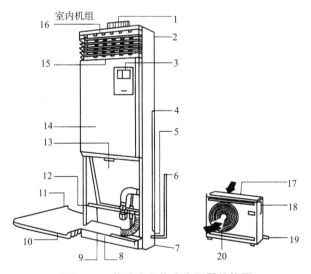

图 2-13 落地式分体式空调器结构图

1—安装固定卡；2—水平出风格栅；3—操作控制面板；4—电源线与控制线接口；5—排水孔；6—制冷剂管接孔；
7—机组固定脚；8—电气盒；9—底座；10—进气格栅；11—空气过滤网；12—冷凝水接收装置；13—室内换热器；
14—面板；15—垂直出风格栅；16—出风口；17—进风口；18 电气盒盖；19—制冷连接管路阀门；20—出风口

3. 变频空调器（包括壁挂式、落地式）

所谓的"变频空调"是与传统的"定频空调"相比较而产生的概念。当前我国的电网电压为 220V、50Hz，在这种条件下工作的空调称为"定频空调"。由于供电频率不能改变，传统的定频空调的压缩机转速基本不变，依靠其不断地"开、停"压缩机来调整室内温度，一开一停之间容易造成室温忽冷忽热，并消耗较多电能。而"变频空调"的变频器改变压缩机电动机的供电频率、电压，调节压缩机转速。依靠压缩机转速的快慢，调节制冷系统制冷剂流量的大小，达到控制室温的目的（图 2-14）。

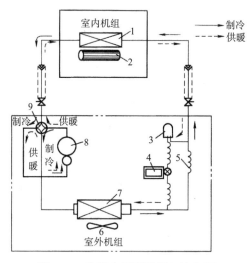

图 2-14　变频空调器的循环流程图

1—室内换热器；2—贯流风机；3—干燥过滤器件；4—电子膨胀阀；5—毛细管；6—风机；7—室外换热器；
8—变频压缩机；9—四通换向阀

变频空调大体可以分为：交流变频和直流变频。交流变频空调采用交流变频压缩机，两次调节电压转换，相对于定频压缩机，变频压缩机没有了启动电容，故电路损耗降低，从而达到省电的目的。

采用直流数字变转速压缩机，只经过一次电压转换，与直流电机类似，避免了电路中的铜损，故相对于交流变频可节省 18% ~ 40% 的电能，从而体现出直流变频技术的优越性。

变频空调器一般带有微处理器控制（图 2-15）。它检测室内外信号，如温度（室内外温度、蒸发器温度、冷凝器温度、吸气管口温度、膨胀阀出入口温度、变频开头散热片温度等）、风机转速、电动机电流等，由微处理器发出风机、压缩机运转速、制冷剂流量、阀的切换、安全保护等信号。变频空调器装有电子膨胀节流，它根据微处理器发出的信号，随时改变制冷剂流量，故电子膨胀节流的效率比毛细管节流方式的高。同时，变频空调器化霜时不停机，因此其在制热时不会在除霜时吹出冷风使室温下降。

变频空调器还能在 142～270V 的电压下正常使用，根据温度控制指令，在压缩机连续运行时会改变频率，当产冷量要求大时则高速运转，反之低速运转。由于变频空调器无频繁的启动大电流冲击，且一直工作在低速工况，故节电明显。

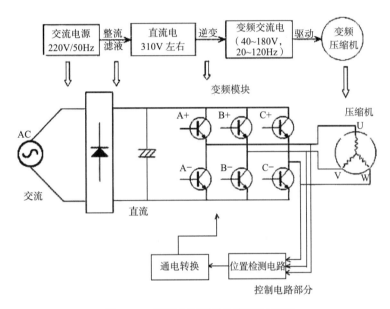

图 2-15　变频空调器的变频控制原理

三、集中式空调系统的类型、结构和原理

集中式空调系统，又称为中央空调系统，是一种用于调节室内温度的空气调节系统。它通过一个或多个空调设备产生冷空气或热空气，并通过管道系统将这些空气分配到各个房间。

集中式空调系统的主要优点：

（1）节能：由于只有一个或多个空调设备，集中式空调系统通常比单独的房间空调器更节能。

（2）舒适性：由于集中式空调系统能够精确控制每个房间的温度，因而能够提供更舒适的室内环境。

（3）美观：集中式空调系统的室内机通常隐藏在吊顶内，从而提高了室内空间的美观性。

（4）便于维护：由于室外机通常只有一个，集中式空调系统的维护通常比独立的分体式空调系统更加方便。

集中式空调系统的主要缺点：

（1）初始投资较高：与单独的分体式空调系统相比，集中式空调系统的安装费用通常较高。

（2）占用空间：室外机和室内机都需要一定的空间，这可能会影响建筑的可用面积。

（3）噪声：由于室外机和室内机通常较大，集中式空调系统的噪声可能会比分体式空调系统稍高。

1. 全空气集中式空调系统

集中式空调系统是指空气处理设备都集中布置在专设的空调机房内，它服务的空调房间相对较分散。全空气系统是最基本的集中式空调系统。全空气集中式空调系统是指空调房间的室内负荷全部由经过处理的空气来承担的空调系统，适用于舒适性或工艺性的各类空调工程。

（1）系统组成

全空气集中式空调系统（图2-16）一般由空气处理设备、空气输送设备、送排风装置等组成。

空气处理设备（图2-17）：室外空气经过过滤器清除空气中的灰尘，再经过表面冷却器、加热器、加湿器等设备的处理，使空气达到要求的温度、湿度与洁净度。

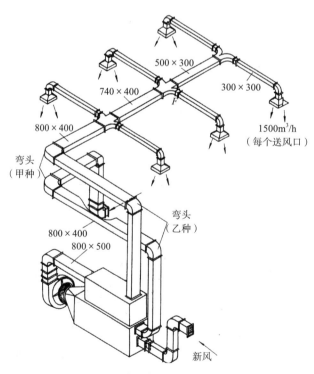

图2-16　全空气集中式空调系统

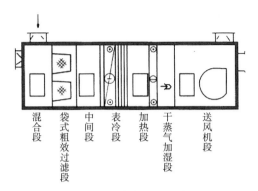

混合段 | 袋式粗效过滤段 | 中间段 | 表冷段 | 加热段 | 干蒸气加湿段 | 送风机段

图 2-17 空气处理设备

空气输送设备：送风机把经过处理达到要求状态的空气，通过风管系统送到空调房间。同时，要求从房间里排出相应量的室内空气，以保持室内空气平衡。

送、排风装置：主要包括设置在不同位置的各种类型的送风口、排风口、新风口。它们的作用是保证合理地组织室内的气流，使空调房间内工作区的空气状态均匀，防止造成对人和生产有不良影响的气流速度。

此外还应有为空气处理服务的冷热源、自动控制系统等。

（2）系统工作原理

当空调房间内存在着余热（冷）量和余湿量时，为了维持所需要的室内空气状态，可以向室内送入具有一定状态和一定数量的空气，吸收室内的余热（冷）量和余湿量。同时将相应量的室内空气排出。送入室内的空气可以全部采用室外新鲜空气，也可以部分采用新鲜空气，部分采用室内排出的空气（称为回风）。采用回风可以节省空调系统运用费用。

工程上采用部分回风的空调系统有两种形式：一种是一次回风系统，另一种是二次回风系统。

2. 空气 - 水半集中式空调系统

这种系统中，冷量或热量分别由空气和水带入空调房间，所以属空气 - 水系统，也称为风机盘管空调系统，它将由风机和盘管组成的机组直接放在房间内，风机把室内空气吸进机组，经过过滤后再经盘管冷却或加热，就地进入空调房间，以达到空调的目的。房间所需的新鲜空气通常是将室外空气经新风处理机组集中处理后由管道送入，风机盘管所用的冷、热媒也是集中供应的，所以风机盘管空调系统是半集中式空调系统。

半集中式空调系统（图 2-18）是一种结合了集中式空调系统和分散式空调系统特点的中间型空调系统。它通常适用于中型建筑，如办公楼、学校、医院等。

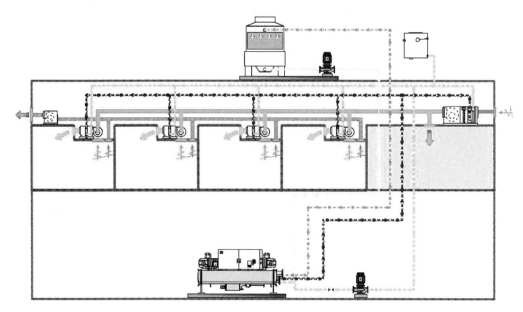

图 2-18　半集中式空调系统

半集中式空调系统主要由以下几个部分组成：

空调机房：设置有主机（如冷水机组、热泵机组等）、水泵、冷却塔等设备，用于产生和处理空调用水。

空调水管路系统：包括供水管、回水管和冷凝水管，用于输送空调用水到各个末端设备。

末端设备：以风机盘管（图 2-19）为主，用于将空调处理后的空气送到室内。

自动控制系统：包括温度传感器、压力传感器、控制器等，用于监测和控制空调系统的运行。

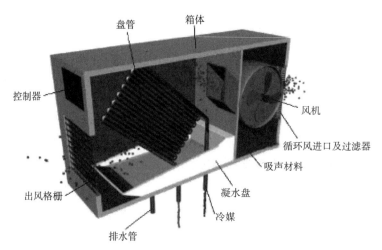

图 2-19　风机盘管

半集中式空调系统的特点：

（1）除了有集中的空气处理室外，还在空调房间内设有二次空气处理设备。

（2）这种对空气的集中处理和局部处理相结合的空调方式，克服了集中式空调系统空气处理量大，设备、风道断面积大等缺点，同时具有局部式空调系统便于独立调节的优点。

（3）半集中式空调系统因二次空气处理设备种类不同而分为风机盘管空调系统和诱导器系统。其中新风加风机盘管系统为最常用的半集中式空调系统。

风机盘管是半集中式空调系统理想的末端产品，广泛应用于宾馆、办公楼、医院、商业住宅、科研机构。风机将室内空气或室外混合空气通过表冷器进行冷却或加热后送入室内，使室内气温降低或升高，以满足人们的舒适性要求。盘管管内流过冷水或热水时与管外空气换热，使空气被冷却，除湿或加热来调节室内的空气参数。

房间所需要的新鲜空气可以通过门窗的渗透或直接通过房间所设新风口进入房间，或将室外空气经过新风处理机组集中处理后由管道直接送入被调房间，或者于风机盘管的空气入口处与室内空气进行混合后再经风机盘管进行热湿处理后送入室内。盘管处理空气的冷煤和热煤由集中设置的冷源和热源提供。由于风机盘管空调系统冷量或热量是分别由空气和水带入空调房间内，所以此空调系统又被称为空气 - 水空调系统。

3. 冷剂系统（多联机组）

多联机组是一种高效节能的集中空调系统，广泛应用于办公楼、酒店、医院、商场等大型商业建筑。

（1）多联机组的主要组成部分

室外机：负责将制冷剂压缩并进行热量交换，通常安装在室外。

室内机：负责将制冷剂蒸发，并将产生的冷 / 热量传递到室内，通常安装在室内。

冷媒管道：连接室外机和室内机，负责输送制冷剂。

电气控制系统：负责控制和调节整个系统的运行，包括压缩机转速、室内外风扇转速等。

（2）多联机组的特点

节能：由于采用了变频技术和先进的控制系统，多联机组可以根据室内负荷变化自动调节压缩机转速，实现对制冷剂流量的精确控制，从而提高能源利用效率。

舒适：多联机组可以精确控制室内温度，提高室内环境的舒适度。

安装方便：多联机组采用冷媒管道连接室内机和室外机，安装方便，不需要复杂的安装工艺。

稳定可靠：多联机组采用了先进的控制系统和可靠的零部件，保证了系统的稳定运行和长寿命。

多联机组也有一定的缺点，如初期投资较高、需要专业的安装和维护等。因此，在选择空调系统时，需要综合考虑建筑特点、使用需求、投资预算等因素。

（3）多联机组工作原理

多联机组通过控制一台或多台压缩机制冷剂循环量和进入室内换热器的制冷剂流量，以适应室内冷、热负荷要求。多联机组也称 VRV，即"可变冷媒流量"，系统经由冷媒的直接蒸发或凝缩来实现制冷或制热，有效减少了传统集中式空调所必需的循环水泵、送风机等移动热量所需的动力，同时实现了系统的分区独立控制。它是由制冷剂管路将制冷压缩机、室内外换热器、节流机构和其他辅助设备连接而成的闭式管网系统。图 2-20 所示为多联机空调系统原理图。室外机由制冷压缩机（转子式或涡旋式压缩机）、室外换热器和其他辅助设备组成，类似于分体式空调器的室外机，室内机由直接蒸发式空气冷却器和风机组成，与分体式空调器的室内机相似，采用变速或变容等方式和电子膨胀阀分别控制制冷压缩机的制冷剂循环和进入室内换热器的制冷剂流量，适时地满足室内空调负荷的要求，通过四通阀换向，可以实现制冷和制热模式的转换。

多联机组占用空间小，且室内机可以独立调节，满足不同房间的舒适需求，容易实现节能降耗操作。但系统需要有良好的控制功能，而且安装工艺和施工要求严格，故初投资比房间空调器高。

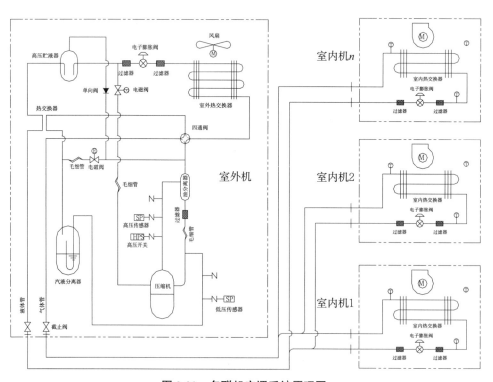

图 2-20　多联机空调系统原理图

（4）多联机组类型

单冷型：仅向室内房间供冷。

热泵型：夏季向室内房间供冷、冬季供热。

热回收型：一部分房间供冷，同时一部分房间供热。

两管制系统：室外机到室内机之间的连接管为 2 根：气体管、高压液体管。

三管制系统：室外机到室内机之间的连接管为 3 根：低压气体管、高压气体管、高压液体管。

蓄热型：利用夜间电力将冷量 / 热量贮存在冰 / 水中，改善白天运行性能，实现节能与移峰填谷。

室外机冷却方式：风冷与水冷。

第三节　制冷空调系统识别实操

制冷空调系统识别主要是能够认知制冷空调系统设备组成的各类部件及功能，能够分析制冷系统制冷剂的走向、通风系统与水系统的走向、能够识别电气控制部件和阐述电气作用原理，通电运行后能感觉制冷空调系统的正常与否。

一、整体式空调系统识别

1. 准备工作

整体式空调器（图 2-21）一台、220V/50Hz 电源（三孔插座）一个、电笔一支、旋具一套。

2. 操作步骤

步骤 1　确认整体式空调系统外部壳体上各类开关按钮的功能、相关技术参数（压力、功率、制冷剂名称与充注量）及遥控器使用方法。

步骤 2　确认整体式空调系统外部壳体上各类风口的功能与使用方法。

步骤 3　用旋具松动螺丝，打开壳体，确认压缩机、蒸发器、冷凝器、四通阀、干燥过滤器、毛细管（节流元件）等部件，确认制冷或制热循环的制冷剂流程。

步骤 4　确认通风系统的组成，以及新风、回风、送风的流程。

步骤 5　确认温控器、压缩机电容、风扇电容等电气控制元器件，说明电气控制工作原理。

步骤6　开机运行，描述各制冷部位温度并描述风机风向。

步骤7　安装壳体、整理好工具与场地。

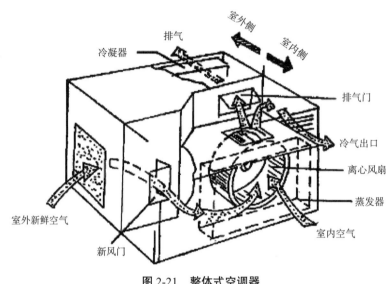

图 2-21　整体式空调器

二、分体式空调系统识别

1. 准备工作

分体式空调器一台、220V/50Hz 电源（三孔插座）一个、电笔一支、旋具一套。

2. 操作步骤

步骤1　确认分体式空调器室内、外机组壳体上各类开关按钮的功能、相关技术参数（压力、功率、制冷剂名称与充注量）与遥控器使用方法。

步骤2　确认分体式空调器室内、外机组壳体上各类风口的功能与使用方法。

步骤3　用旋具松动螺丝，打开室内、外机壳体，确认压缩机、四通阀、冷凝器、蒸发器、干燥过滤器、毛细管（节流元件）等部件，确认制冷或制热循环的制冷剂流程。

步骤4　确认通风系统的组成，以及回风、送风、排风的流程。

步骤5　确认温控器、压缩机电容、风扇电容等电气控制元器件，说明电气控制工作原理。

步骤6　开机运行，描述各制冷部位温度并描述风机风向。

步骤7　安装壳体、整理好工具与场地。

三、集中式空调系统识别

1. 准备工作

任选全空气系统、风机盘管或空调箱系统、多联式制冷机组一套、380V 或 220V/50Hz 电源（三孔插座）一个、电笔一支、旋具一套。

2. 操作步骤

步骤 1　确认组成集中式空调系统的制冷剂系统、通风系统、水系统、控制电气系统等各子系统的构成。

步骤 2　确认制冷剂系统的压缩机、冷凝器、节流元件、蒸发器及辅助设备的类型、形式、结构原理，确认制冷或制热循环的制冷剂流程。

步骤 3　确认通风系统的风机、风管及各类风阀，指出通风系统中回风管路与回风口、送风管路与送风口、排风管路与排风口及新风管路与新风口的空气流程。

步骤 4　确认冷却水与冷水系统的组成，冷却塔的结构与工作原理，集分水器的形式与组成，水泵的结构，水管上的各类阀门与水箱等辅助设备，冷却水与冷水的流程。

步骤 5　确认压缩机、风机、水泵等流体机械的控制电气系统和温度自动控制系统的组成，说明电气控制工作原理。

步骤 6　确认集中式空调系统各子系统的开机程序。

步骤 7　做好记录、整理好工具与场地。

四、氨（可燃）制冷系统识别

1. 准备工作

任选单级氨制冷的冷库系统或 R32 制冷系统一套、380V 或 220V/50Hz 电源（三孔插座）一个、电笔一支、旋具一套。

2. 操作步骤

步骤 1　确认组成单级氨制冷的冷库系统的制冷剂系统、通风系统、水系统、控制电气系统等各子系统的构成。

步骤 2　确认单级氨制冷系统构成的压缩机、冷凝器、节流元件、蒸发器及辅助设备的类型、形式、结构原理，确认制冷循环的制冷剂流程。

步骤 3　确认冷库内的送风机或各类盘管的结构与工作原理。

步骤 4　确认冷却水系统的组成，冷却塔的结构与工作原理，集分水器的形式与组成，水泵的结构，水管上的各类阀门与水箱等辅助设备，冷却水的流程。

步骤 5　确认压缩机、风机、水泵等流体机械的控制电气系统和温度自动控制系统的组成，说明电气控制工作原理。

步骤 6　确认单级氨制冷的冷库系统各子系统的开机程序。

步骤 7　做好记录、整理好工具与场地。

由于 R32 制冷剂主要用在房间空调器，其制冷系统组成基本上与 R410 制冷剂系统相似，只是换热器的管道管径比较小。

五、自然（二氧化碳）制冷系统识别

1. 准备工作

任选二氧化碳热泵热水器（图 2-22）一套、380V 或 220V/50Hz 电源（三孔插座）一个、电笔一支、旋具一套。

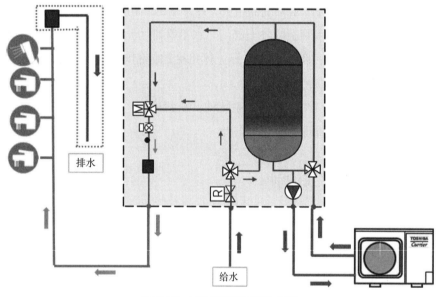

图 2-22　二氧化碳热泵热水器

2. 操作步骤

步骤 1　确认二氧化碳热泵热水器外部壳体上各类水管的功能及使用方法。

步骤 2　用旋具松动螺丝，打开壳体，确认压缩机、蒸发器、冷凝器、干燥过滤器、电子膨胀等部件，确认制热循环的制冷剂流程。

步骤 3　确认进水管或补水管、热水加热管、热水出水管、溢水管、排水管、水泵及相关阀门（图 2-23），确认各类管路中水的流程。

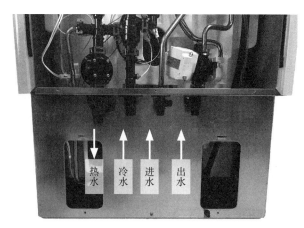

图 2-23 二氧化碳热泵热水器各类水阀

步骤 4 确认二氧化碳制冷系统的排风系统及风机，确认融霜系统的构成。

步骤 5 确认二氧化碳热泵热水器的压缩机、风机、水泵等控制电气系统。

步骤 6 确认二氧化碳热泵热水器各子系统的开机程序。

步骤 7 确认二氧化碳热泵热水器上的各类控制配件（图 2-24）。

步骤 8 做好记录、整理好工具与场地。

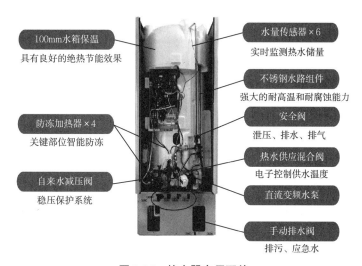

图 2-24 热水器专用配件

六、半导体制冷系统识别

1. 准备工作

任选半导体制冷的电冰箱（图 2-25）一台、220V/50Hz 电源（三孔插座）一个、电笔一支、旋具一套。

图 2-25　半导体制冷的电冰箱

2. 操作步骤

步骤 1　确认半导体制冷的电冰箱外部箱体箱门与箱体的结构。

步骤 2　确认半导体制冷的电冰箱内部结构特征。

步骤 3　确认半导体制冷的电冰箱的半导体制冷片结构与制冷侧部分。

步骤 4　确认半导体制冷的电冰箱半导体制冷片散热设备。

步骤 5　确认半导体制冷的电冰箱电气控制系统的组成与使用方法。

步骤 6　做好记录、整理好工具与场地。

第三章

制冷空调系统安装

第一节　管道钎焊与保温层安装

钎焊，是指低于焊件熔点的钎料和焊件同时加热到钎料熔化温度后，利用液态钎料填充固态工件的缝隙，使金属连接的焊接方法。根据钎料熔点的不同，将钎焊分为软钎焊和硬钎焊。

软钎焊的钎料熔点低于 450℃，接头强度较低（小于 70MPa）。软钎焊多用于电子和食品工业中导电、气密和水密器件的焊接，以锡铅合金作为钎料的锡焊最为常用。硬钎焊的钎料熔点高于 450℃，接头强度较高（大于 200MPa）。硬钎焊接头强度高，有的可在高温下工作。硬钎焊的钎料种类繁多，以铝、银、铜、锰和镍为基的钎料应用最广，银基、铜基钎料常用于铜、铁零件的钎焊，铝基钎料常用于铝制品钎焊。

空调器制冷剂铜管一般采用钎焊，通常称为气焊，利用可燃气体和助燃气体混合点燃后燃烧产生的高温火焰的热量来熔化两个被焊件连接处的金属，使被熔化的金属汇集成一个共有的熔池，钎料冷却凝固后与被焊金属形成一个不可分离的整体。气焊是一项技术性较强的操作，必须严格遵守操作规程。

一、气焊用焊接器具

气焊设备分为标准型和便携式两种类型。标准型气焊设备主要用于生产过程中铜管、钢管或其他材料管道的焊接，主要包括氧气瓶、乙炔气瓶、减压器、焊炬、气体软管等，如图 3-1 所示。

空调器维修常用便携式焊炬，它由焊枪、氧气瓶、燃气瓶（内装丁烷、氢气或液化石油气等）、连接软管和充气接头（又称充气过桥）等组成，如图 3-2 所示。便携式气焊设备携带方便，主要应用于现场的安装维修任务，焊接直径不大的管道。

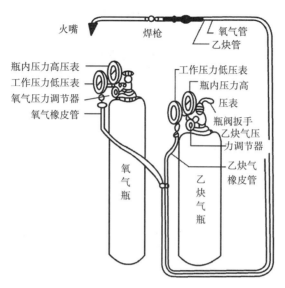

图 3-1　标准型气焊设备

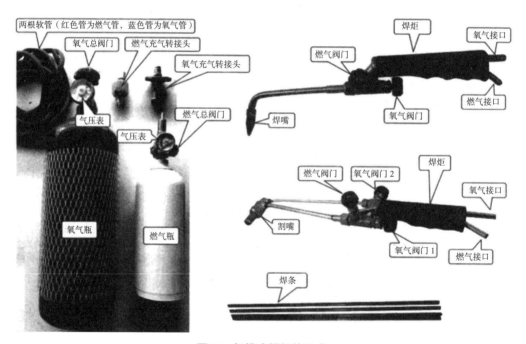

图 3-2　便携式焊炬的组成

1. 氧气瓶

氧气瓶是用来贮存和运输氧气的一种高压容器。它可以贮存约 15MPa 的高压氧气。氧气瓶外表涂成天蓝色，并写有黑色"氧气"字样，工作时通过减压器、软管和焊炬将氧气送出，作为气焊用的助燃气体。氧气瓶的结构如图 3-3 所示。它主要由瓶体、瓶阀、瓶帽、瓶箍和防振橡胶圈等组成。氧气瓶用低合金钢制成。为了使瓶体在直立时保持稳定，通常把瓶底制成凹形。瓶体上部有手动瓶阀，瓶头外部套上瓶箍和防振橡胶圈，以保持瓶阀在运输过程中不会因受冲击而损坏。氧气瓶在使用时，按逆时针方向旋转瓶阀的手轮，可开启瓶阀，反之则是关闭瓶阀。

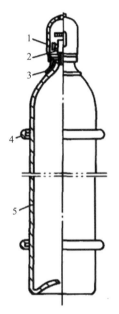

图 3-3　氧气瓶的结构

1—瓶帽；2—瓶阀；3—瓶箍；
4—防振橡胶圈；5—瓶体

　　氧气瓶安全使用时的注意事项如下：

　　（1）氧气瓶外表的漆色应符合气瓶安全相关规程的要求，所有附件应完好无损。

　　（2）氧气瓶平时应直立放置在专用架上，并加以固定。在个别情况下卧放时，要把瓶颈稍微垫高，并用木块垫紧。一般情况下，应禁止使用平放的氧气瓶，这是因为氧气瓶平放时使用，气流会把瓶内的腐蚀锈末带入减压器，造成其损坏。

　　（3）放好氧气瓶后，在装上减压器之前，最好将瓶阀缓慢打开，吹掉接口内外的灰尘或金属物质。打开时，操作人员应站在与氧气瓶接口处呈 90°角的侧面位置，以免气流射伤人体。缓慢打开瓶阀是为了防止因开启过快而产生静电火花，如果开启时产生静电火花且瓶口有油脂，容易引起燃烧和爆炸。

　　（4）减压器安装完毕后，要检查各部分是否漏气和管道是否畅通。

　　（5）氧气瓶与乙炔气瓶并用时，两只减压器不能呈相对状态，以免气流射向另一只减压器，造成事故。

　　（6）氧气瓶和操作场所应当远离高温区。任何油脂和可燃物、熔融金属飞溅物及其他明火均不得与氧气瓶接触，应距离 10m 以上。

（7）氧气可以与油类发生化学反应而引起发热、自燃，产生爆炸，操作者绝对不能用沾有各种油脂或油污的工作服、手套和工具等去接触氧气瓶及其附件，以免引起燃烧。

（8）氧气瓶中气体不应完全用尽，应留有 0.2MPa 的气体，以防止可燃气体倒流，发生事故。

（9）禁止用氧气充当气压试验的介质对制冷系统试压。

（10）氧气瓶上应装有防振橡胶圈，在搬运前应检查瓶上安全帽是否拧紧，搬运中要避免碰撞和剧烈的振动。

2. 乙炔气瓶

乙炔气瓶通常用铬钼钢制成。乙炔（C_2H_2）气瓶内满额时贮存有 1.5MPa 压力的乙炔气体。溶解乙炔瓶外表涂成白色，并标有红色的"乙炔"和"不可近火"字样。乙炔气体中除含有极微量水分外，还混有 1% 的磷蒸气、0.7% 的氢氧化硅气体和 0.3%～0.8% 的磷化氢气体，乙炔气体中发出的刺鼻气味主要来自磷化氢气体和含量很少的硫化氢气体。必须使乙炔溶解于丙酮和二基甲酰胺中，才能在高压下保持稳定，否则乙炔容易分解成氢和碳，产生爆炸。乙炔是一种具有爆炸性的危险气体，其在 300℃以上或 0.15MPa 以上的压力下时，有自燃爆炸的危险。

乙炔瓶阀与氧气瓶阀不同，它没有旋转手柄，活门的开启和关闭利用方孔套筒转动阀杆上的方形头使嵌有尼龙 1010 密封填料的活门向上（或向下）移动来实现。方孔套筒扳手逆时针方向旋转时，活门向上移动，开启瓶阀；顺时针方向旋转，关闭乙炔瓶阀。乙炔瓶的阀体上没有连接减压器的接头，必须使用带夹环的乙炔减压器。

乙炔气体的化学性质很不稳定，使用乙炔气瓶时应注意以下安全事项：

（1）乙炔气瓶在使用、运输、贮存时严禁在烈日下暴晒和靠近热源，环境温度不得超过 40℃。

（2）乙炔气瓶的放置地点应距离明火 10m 以上。

（3）由于乙炔气瓶内充满了硅酸钙的固体填料，并利用其孔隙装入丙酮以溶解大量乙炔气体，因此使用时瓶身应立放，切勿横卧倒置，防止瓶内丙酮流入减压器、输气管道或焊炬内而发生危险。

（4）乙炔气瓶的瓶阀在使用过程中必须全部打开或全部关闭，否则容易漏气。开启乙炔气瓶阀时应缓慢，不要超过一圈半，一般情况只开启 3/4 圈，以便在紧急情况下迅速关闭气瓶。开启或关闭瓶阀时，应用手或专用扳手，不准使用其他工具，以防损坏阀件。

（5）乙炔气瓶瓶阀出口处必须配置专用的减压器和回火防止器。乙炔减压器与瓶阀的连接必须可靠、严密，严禁乙炔减压器与瓶阀的连接处漏气时使用。

（6）开启阀门时应使用专用工具，人应站在侧面或后面，头和脸不准对着减压器。

（7）禁止搬运没有防振橡胶圈和保护帽的乙炔气瓶。

（8）乙炔气瓶内气体不得用完，至少应保留 0.05MPa 以上的压力，并将阀门关紧，防止泄漏。气瓶使用完毕后应关闭阀门，释放减压器压力，并盖好瓶帽。

（9）乙炔瓶要时刻保持接地，防止静电发生火花而造成事故。

3. 液化石油气瓶

液化石油气是裂化石油时的副产品，其主要成分是丙烷、丁烷、丙烯、丁烯等碳氢化合物，还掺杂着少量戊烷、戊烯和微量的硫化物杂质。它极易自燃，当其在空气中的含量达到了一定的浓度范围后，遇到明火就能爆炸。

液化石油气钢瓶最高工作压力为 1.57MPa，气瓶的阀口处安装有专用减压器，外表涂成灰色，并标有黑色的"液化石油气"字样。液化石油气钢瓶使用时应注意以下事项：

（1）选用正规厂家生产、有产品合格证的液化气钢瓶，按期进行定期检验。严禁使用不合格气瓶或者超期未检的气瓶。

（2）液化石油气钢瓶应直立放置和使用，严禁横放或倒放使用。

（3）使用及储运环境温度不得超过 45℃。

（4）钢瓶严禁在日光下暴晒，不得将钢瓶放在温度过高的地方或靠近明火，更不得用明火烘烤钢瓶。

（5）液化石油气钢瓶应留有压力为 0.01 ~ 0.03MPa 的余气。

（6）液化石油气钢瓶应轻拿轻放，严禁敲打、碰撞气瓶，首次使用前应用肥皂水检查减压阀及胶管等连接处是否漏气，若发现漏气，应及时检修。

（7）在使用减压阀时，若发现减压阀出现故障或泄漏要立即更换，严禁私自修理减压阀。减压阀使用两年后要及时进行更换。

（8）钢瓶使用完毕后应关好瓶阀。

4. 减压器

减压器是将钢瓶内高压气体的压力减小到气焊时所需压力的调压装置，并使气体能够保持所需要的固定工作压力，不致使压力突然上升或突然下降。图 3-4 所示的是氧气减压阀。使用时，要将钢瓶接口拧紧到氧气（或氮气）瓶的瓶阀上，低压出气口端接上胶管并用卡箍（或铁丝）拧紧，然后才能开启瓶阀。减压器与钢瓶的连接口或其他接头、管道有漏气时严禁使用。

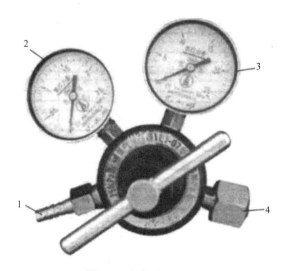

图 3-4　氧气减压阀

1—接系统；2—低压表；3—高压表；4—接钢瓶

减压器分为氧气减压阀和乙炔气体减压阀两种。

（1）氧气减压阀的调节：将氧气减压阀调节手轮沿逆时针方向旋松到底才能打开气瓶阀门，然后沿顺时针方向缓慢旋转调节手轮，使低压表（输出压力表）的压力为0.2MPa左右；高压表显示的是氧气钢瓶内的氧气压力值。

（2）乙炔气体减压阀的调节：将乙炔瓶阀调节手轮沿逆时针方向旋转90°，然后沿顺时针方向缓慢旋转减压阀调节手轮，使低压表（输出压力表）的压力值为0.05MPa。开启减压器时，操作者不要站在减压器的正面或气瓶出气口前面，以免发生意外。

气焊操作时，氧气低压表指示值在0.1~0.49MPa范围内为宜，乙炔低压表指示值以不超过0.05~0.07MPa为宜。

5. 胶管

胶管的作用是把经减压器减压成正常工作压力的可燃气体和助燃气体，从气体来源的出口接头输送到焊炬上，以保证焊炬的工作。

胶管的结构可分为三部分，核心部分是由富有弹性、能抗弯曲和气体压力的橡皮组成的，中间部分是由2层或3层纤维组成，外层是带颜色的坚韧的橡皮。

胶管根据所输送气体的不同，分为氧气胶管和乙炔胶管。氧气胶管外表为黑色，内径常为8mm，中间部分纤维为3层，能承受1.5~2.0MPa的压力；乙炔胶管外表为红色，内径通常为10mm，中间部分纤维为2层，通常不耐高压。

胶管平时应保持清洁，特别应避免沾染油脂，防止遇氧气自燃起火，要经常检查胶管是否漏气。若有漏气，则应切除损坏部分，严禁用胶布或带有油脂的东西去包扎。胶管的使用长度一般在10~15m为宜。胶管应避免接触高温物体、热辐射，一般每隔两年应更换一次。

6. 焊炬

焊炬俗称焊枪,其作用是使可燃气体与助燃气体按需要的比例在焊炬中混合均匀,并由一定孔径的焊嘴喷出进行燃烧,以形成焊接所需要的火焰。焊炬按可燃气体进入混合管的方式分为射吸式和等压式两种。射吸式焊炬的结构如图 3-5 所示。

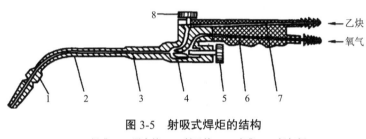

图 3-5　射吸式焊炬的结构

1—焊嘴;2—混合管;3—射吸管;4—喷嘴;5—氧气阀;
6—氧气导管;7—乙炔导管;8—乙炔气阀

射吸式焊炬的工作原理是:打开氧气阀后,具有一定压力的氧气便经氧气导管进入喷嘴,并以高速喷入射吸管中,使喷嘴周围空间形成真空,在乙炔气阀打开的情况下,将乙炔导管中的乙炔气吸入射吸管,经混合管充分混合后,由焊嘴喷出,点燃即成焊接火焰。

射吸式焊炬的使用方法是:

(1)应根据工件厚度,选择适当的焊嘴,并将其装好。

(2)使用前必须检查其射吸情况,先把氧气胶管紧接在氧气接头上,使焊炬接通氧气,此时先开启乙炔调节阀,再开启氧气调节阀,用手指按在乙炔接头上,检查乙炔接头处是否有一股吸力,如果有吸力则表示焊炬射吸情况正常;若乙炔接头处没有吸力,则表示焊炬射吸情况不正常,该焊炬不能使用,必须进行检修。

(3)焊炬射吸情况检查正常后,把乙炔胶管也紧接在乙炔接头上,一般要求将氧气及乙炔胶管用细铁丝扎紧或用夹头夹紧在进气接头上,同时检查焊炬其他各气体通道是否正常。

(4)点火时,应先把氧气调节阀稍微打开,再开启乙炔调节阀,用点火枪点火。点火不宜用废纱布头作为引燃源,以免遗留火种造成火灾。点火后应随即调整火焰的大小和形状,调整后的火焰应具有轮廓明显的焰心以及正常的火焰长度。

如果将乙炔调节阀完全开启,但仍不能得到正常的中性焰或出现断火现象,则应检查焊炬气体通道内是否发生了阻塞和漏气等现象,并进行检修。

(5)焊炬停止使用时,应先关闭乙炔调节阀,然后关闭氧气调节阀,这样可以防止发生回火和减少断火时的烟灰。

（6）在使用过程中若发生回火现象，应立即关闭乙炔调节阀，随即关闭氧气调节阀，这样回火就在焊炬内很快熄灭。待回火熄灭后，再开启氧气调节阀，吹灭焊炬内的余焰和吹出残留的炭质微粒，并将焊嘴和混合气管放在水中冷却。

（7）焊炬的各气体通道都不得沾染油脂，以防止氧气遇油脂燃烧和爆炸，同时焊嘴的配合面不得碰伤，防止漏气而影响使用。

（8）焊炬各气体通道均不得漏气，如果有漏气现象应立即关闭各调节阀，经检查调整不漏气后才能使用。焊炬停止使用后应挂在适当的地方，严禁将带有气源的焊炬存放在密封的容器内。

便携式焊炬一般属于等压式焊具，焊炬使用的氧气压力与可燃气体压力相等，不依赖喷射氧流的射吸作用即能进行气体的混合。等压式焊炬的优点是不易发生回火，但等压式焊炬不能用于低压乙炔，其使用方法为：点火前先开焊枪的燃气阀，点火后再开氧气阀（也可点火前略开氧气阀），焊接结束后，则要先关闭氧气阀，再关燃气阀，否则会出现回火现象，即火焰由焊嘴进入焊枪内部燃烧，甚至通过管道进入氧气瓶燃烧，引起氧气瓶爆炸，为此常在氧气瓶气管上安装单向阀，可防止火焰进入瓶内。

二、钎焊工艺

1. 钎焊接头的设计

钎焊接头应具有与被连接零件相等的承受外力的能力。钎焊接头的承载能力与接头形式有密切的关系。平板钎焊接头基本形式有：对接接头、角接接头、搭接和 T 形接头等。两个相互连接的零件在接头处的中面处于同一平面或同一弧面内进行焊接的接头称为对接接头；在接头处的中面相互垂直或相交成某一角度进行焊接的接头称为角接接头；接头处有部分重合在一起，中面相互平行的接头称为搭接接头。图 3-6 为各类钎焊接头示例。

钎焊连接中，由于钎料的强度大多比钎焊母材的强度低，接头的强度往往低于母材的强度，因而对接接头不能保证具有与焊件相等的承载能力，而且这种接头形式保持对中比较困难且间隙大小较难控制，故一般不推荐使用。丁字接头同样由于难以满足相等承载能力的要求，使用不多。搭接接头依靠增大搭接面积，可以在接头强度低于钎焊母材强度的条件下达到接头与焊件具有相等的承载能力的要求。另外，它的装配要求也相对比较简单，因此，成为钎焊连接的基本接头形式。

在具体结构中需要钎焊连接的零件的相互位置是各式各样的，不可能全部符合典型的搭接形式。为了提高接头的承载能力，设计的基本原则之一是尽可能使接头局部具有搭接形式。

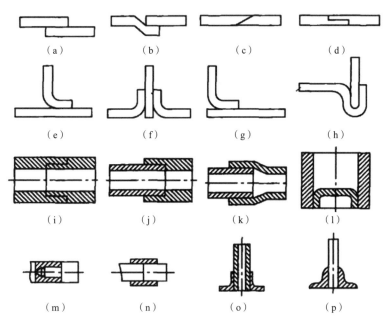

图 3-6 各类钎焊接头示例

（a）、（b）普通搭接接头；（c）、（d）对接接头局部搭接；

（e）、（f）、（g）、（h）丁字接头和角接接头局部搭接；

（i）、（j）、（k）管件的套接接头；（l）管与底板的接头形式；

（m）、（n）杆件连接的接头形式；（o）、（p）管或杆与凸缘的接头形式

实际生产中一般根据经验，搭接长度为组成此接头的零件中薄件厚度的 2~5 倍。对银基、铜基、镍基等高强度钎料的接头，搭接长度通常为薄件厚度的 3 倍；对用锡铅等低强度钎料钎焊的接头，为薄件厚度的 5 倍。但除特殊需要外，搭接长度不大于 15mm。搭接长度过大，既耗费材料，增加接头重量，又难以实现继续提高承载能力的要求，钎缝很难被钎料全部填满，往往形成大量缺陷。

制冷管道铜管钎焊一般采用插入式［图 3-6（k）］连接或对接接头的形式，即将其中之一的被焊接铜管的端部进行扩口处理，另外一根铜管插入制作的扩口位置，焊接两者的连接部位。铜管管口制作有杯形口和喇叭口两种形式，管道连接采用杯形口，以保证焊接部位的强度。对于工件的焊口表面，要求清洁无脏物和氧化层，接口光滑无毛刺。焊接前要做好焊料（焊条）选择、工具等相关的准备工作。铜管钎焊工艺如下：

（1）相同管径铜管的对焊

两根直径相同的紫铜管相对焊接时，应采用插入式的焊接结构，如图 3-7 所示。紫铜管的一端用扩管器扩成圆柱形口，接口部分内、外表面用砂布清整擦亮，不可有毛刺、锈蚀或凸凹不平，另一根紫铜管也按此方法清理干净，然后插入扩口内压紧。

插焊时要注意紫铜管插入圆柱形口的深度和间隙。扩圆柱形口时要扩足深度。紫铜管焊接插入长度和配合间隙见表 3-1。

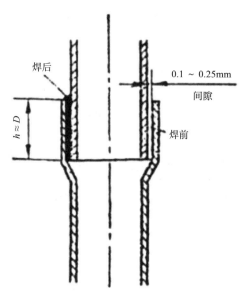

图 3-7　铜管插入式焊接

<table>
<tr><td colspan="7">紫铜管焊接插入长度和配合间隙</td><td>表 3-1</td></tr>
</table>

接管外径（mm）	5 ~ 8	8 ~ 12	12 ~ 16	16 ~ 25	25 ~ 35	35 ~ 45
插入最小长度（mm）	6	7	8	10	12	14
配合间隙（mm）	0.05 ~ 0.35	0.05 ~ 0.35	0.05 ~ 0.45	0.05 ~ 0.45	0.05 ~ 0.55	0.05 ~ 045

如果插焊受管路长度限制，可采用如图 3-8 所示的短套管结构和扩喇叭口的结构。

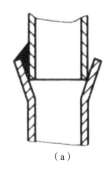
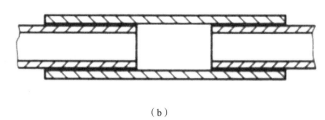

（a）　　　　　　　　　　　　　　　　　　　　（b）

图 3-8　同管径铜管的喇叭口焊接与套管焊接

（a）喇叭口焊接；（b）短套管焊接

使用扩管器扩喇叭口后，要求扩口与母管同径，不可出现偏心情况，不应产生纵向裂纹，否则需要割掉管口重新扩口。

（2）管径相差较大的铜管焊接

管径相差较大的管路焊接时，为保证焊缝间隙不宜过大，将小管径的铜管插入大管径的管子内，插入深度为 20～30mm，然后用钳子把大管径的管口多出部分夹扁，夹扁长度为 10～15mm，边夹边转动小管径铜管，以免夹扁小管径铜管造成堵塞，如图 3-9 所示。

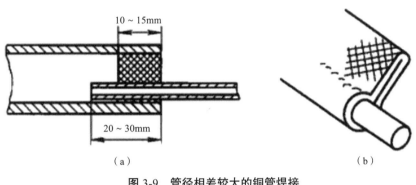

（a）　　　　　　　　　　　（b）

图 3-9　管径相差较大的铜管焊接

（a）夹扁前；（b）夹扁后

（3）压缩机导管与制冷剂管的焊接

制冷剂管插入压缩机导管的深度必须大于 10mm，若小于 10mm，在加热时插入管易变位（向外移动）导致焊料堵塞管口，如图 3-10 所示。

电冰箱、空调器的制冷剂管插入压缩机导管的间隙为 0.05～0.20mm。间隙过大，焊料难以均匀地渗入，出现气孔，导致漏气；间隙过小，则流进间隙的焊料太少，造成强度不够或虚焊。

（4）毛细管与干燥过滤器的焊接

焊接时要特别注意毛细管的插入深度，一般为 15mm，毛细管插入端面距滤网端面为 5mm。如插入过深，会触及过滤网，杂质容易进入过滤网，增大堵塞的可能性；如插入过浅，焊料会流进毛细管端部，使阻力加大，造成堵塞。图 3-11（a）为正确位置，图 3-11（b）（c）为错误位置。毛细管插入干燥过滤器时，插入端部最好做成 45 度角，以防杂质滞留在端面而造成堵塞。

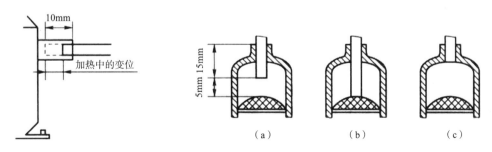

图 3-10　压缩机导管与制冷剂管的连接　　图 3-11　毛细管与干燥过滤器的焊接

（5）毛细管与蒸发器的焊接

焊接前先做好毛细管与蒸发器接口的初步连接工作，操作过程可参照不同管径铜管的焊接前准备工作。图 3-12（a）为电冰箱中的对接；图 3-12（b）和图 3-12（c）为空调器中的对接。不管是在空调器还是电冰箱，毛细管插入长度均为 25～30mm，蒸发器管夹扁长度为 15～20mm。焊接时要注意焊接温度不能过高，焊接时间不能过长，以免烧熔毛细管或损坏蒸发器。

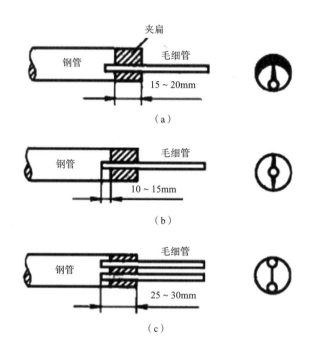

图 3-12　毛细管与蒸发器的焊接

（6）铜管与钢管的焊接

铜管与钢管焊接时，由于钢管对焊料的浸润较差，一般要采用银含量为 35% 或 25% 的银焊条，才能使焊料有良好的流动性。焊接时，要用硼砂作焊剂。

如图 3-13 所示，铜管和钢管焊接时，将焊枪氧气关小些，火焰调节为温度较低的碳化焰。管道加热前，先将焊剂涂在待焊部位。加热插入管和套管，将火焰在 A、B 两点间连续来回移动。焊剂受热后在接口处熔化，注意不可将火焰直接烧到焊剂，以免它迅速汽化。

焊接时，加热钢管的温度要比加热铜管时略高一些。管口加热完毕，焊剂熔化成液体时，立即将预热过的焊条放在焊点上，焊条一开始熔化，就将火焰在 A、B 两点间来回移动，直至焊料流入两管间缝隙内。将火焰移开，焊条与焊接点保持接触，维持几秒钟后再拿开。如果怀疑或查出两管间仍有空隙，可再次加热，使火焰嘴在 A、

B 两点间连续移动。必要时可添加少量焊料。

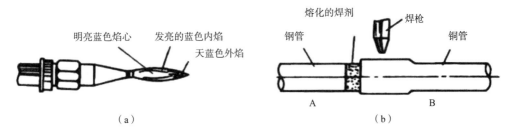

图 3-13　铜管与钢管的焊接

（a）火焰的分布；（b）焊枪与工件的关系

2. 气焊火焰的调节

火焰根据其形状、性质和温度可分为中性焰、氧化焰、碳化焰三种。

（1）中性焰

当氧气与乙炔的混合比为 1 ~ 1.2 时，燃烧充分，燃烧过后无剩余氧或乙炔，热量集中，温度可达 3050 ~ 3150℃。适合铜管焊接的火焰是中性焰，它由焰心、内焰、外焰三部分组成，如图 3-14（a）所示。

外焰是火焰的最外层，温度一般低于 2000℃，呈橘黄色。外焰由可燃气体一氧化碳、氢气等燃烧形成，燃烧过程中有氮气参与，生成物是二氧化碳和水蒸气，它们在高温下又容易产生氧原子，因而对金属有氧化作用。因为外焰具有氧化性和温度较低两个特性，不适用于焊接。

内焰是整个火焰温度最高的部位，温度可达 2000 ~ 3000℃，位于距焰心 2 ~ 4cm 处。整个内焰呈蓝白色并有杏核形蓝色线条，一般用内焰作为焊接区。

焰心是可燃气体与氧气混合后刚刚喷出的区域，焰心是呈亮白色的圆锥体，温度仅为 1000℃以下，不能用于焊接。

中性焰应用最广，低碳钢、中碳钢、铸铁、低合金钢、不锈钢、紫铜、锡青铜、铝及铝合金、镁合金等气焊都使用中性焰。

（2）碳化焰

当氧气与乙炔的混合比小于 1 时，部分乙炔未燃烧，焰心较长，呈蓝白色，温度最高达 2700 ~ 3000℃，如图 3-14（b）所示。由于碳化焰是在内焰区中有自由碳存在的气体火焰，其氧气量少于乙炔气量，温度较低，会产生黑烟。由于过剩的乙炔分解的碳粒和氢气，有还原性，焊缝含氢增加，焊低碳钢时有渗碳现象。碳化焰适用于气焊高碳钢、铸铁、高速钢、硬质合金、铝青铜等。

（3）氧化焰

当氧气与乙炔的混合比大于 1.2 时，即在中性焰的基础上再继续增加氧气量，就得到氧化焰，燃烧过后的气体仍有过剩的氧气，焰心短而尖，内焰区氧化反应剧烈，火焰挺直，发出"嘶嘶"声，温度可达 3100～3300℃，如图 3-14（c）所示。

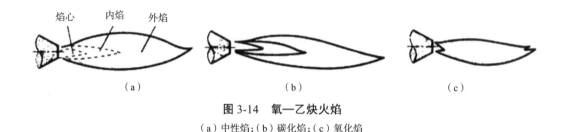

图 3-14　氧—乙炔火焰
（a）中性焰；（b）碳化焰；（c）氧化焰

由于火焰具有氧化性，焊接碳钢易产生气体，并出现熔池沸腾现象，很少用于焊接，轻微氧化的氧化焰适用于气焊黄铜、锰黄铜、镀锌铁皮等。

3. 气焊的操作

焊具点火和灭火须严格按照操作规程进行，不同的焊具有不同的操作要求，参照前面的焊具使用方法执行。准备焊接前，需要根据焊接材料的种类和性能，调节焊炬的氧气和乙炔阀门，获得相应的氧—乙炔火焰。一般来说，需要减少元件的烧损时，应选用中性焰；需要增碳时应选用碳化焰；当需要生成氧化物时则选用氧化焰。

（1）平焊气焊的操作

对平焊气焊时，一般用左手持填充焊丝，右手持焊炬。手持焊枪时，右手（以右手为例）大拇指与食指位于氧气调节阀处，其他三指握住焊枪手柄。焊枪点火时，拿火源的手不要正对焊嘴，也不要将焊嘴指向他人，以防烧伤。

焊接时，两手的动作要协调，火焰的方向选取直接影响管道的焊接质量。火焰的方向有沿焊缝向左或向右焊接。当焊接方向由右向左时，气焊火焰指向焊件未焊部分，焊炬跟着焊丝向前移动，称为左向焊法，适宜于焊接薄焊件和熔点较低的焊件；当焊接方向从左向右时，气焊火焰指向已焊好的焊缝，焊炬在焊丝前面向前移动，称为右向焊法，适宜于焊接厚焊件和熔点较高的焊件。如图 3-15 所示。

操作时，应保证焊嘴轴线的投影与焊缝重合，同时要注意掌握好焊嘴与焊件的夹角 α，如图 3-16 所示。焊件越厚，夹角越大。在焊接开始时，为了较快地加热焊件和迅速形成熔池，夹角应大些；正常焊接时，一般保持夹角在 30°～50° 范围内；当焊接结束时，夹角应适当减小，以便更好地填满熔池和避免焊穿。焊炬向前移动的速度应能保证焊件熔化并保持熔池具有一定的大小。焊件局部熔化形成熔池后，再将焊丝适量地点入熔池内熔化。

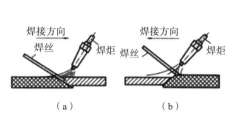

图 3-15　右向焊法和左向焊法图

（a）右向焊法；（b）左向焊法

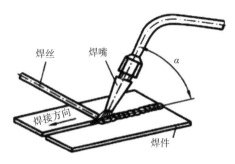

图 3-16　气焊操作示意图

（2）管道气焊的操作

1）加热焊件

焊接之前，必须对焊件进行预热。同时开启氧气和燃气钢瓶阀，将与焊枪连接管内空气排出后，关闭焊枪手柄。先微开焊枪上燃气手柄阀点燃，控制火苗长度不得超过 80mm，再开氧气阀逐渐加大供氧量，使火焰由长变短，并能明显看出火焰中的焰心、内焰、外焰三个层次。

掌握焊枪方位，使火焰顺管道接头的阶梯方向喷向焊件，同时来回摆动焊枪，对焊件均匀加热。不同材料管件焊接时，应先加热导热系数较大的管体（如铜管），再加热另一管体（如钢管）。对同一种材料管道，要先加热插入的管道，然后加热扩口管道。当铜管或钢管被烤成暗红色时，即可进行焊接。加热焊件时，一般使用外焰，并注意掌握温度。焊件烧红后，颜色越亮，温度越高，一般只能被加热到暗红色。预热时，可通过改变焰心末梢与焊件之间的距离，来控制加热温度。

焊件预热的时间不能过长，以免管道内壁产生氧化层。在焊接毛细管时尤应注意，以免造成制冷系统毛细管、干燥过滤器堵塞。

2）焊接

开始焊接时，改用内焰加热焊件，温度一般控制在 600～700℃，注意焊接温度要比被焊物熔点低，不能烧化焊件。这时，在管道接口处施上焊剂，将焊条伸到焊口处，使焊条熔化，流入接缝。焊接时，尽可能使焊件或管体倾斜，便于焊剂（去氧剂）滑出。在焊接前应将接头去污净化，以免影响焊料流入。看到焊料均匀布满或流进焊口，即可将火焰移开。焊件自然冷却后，焊接完成。

3）氮气保护

铜管焊接时，在铜管内加入低压氮气，可以减少焊接产生的氧化皮。氮气是一种惰性气体，它在高温下不会与铜发生氧化反应，而且不会燃烧，使用安全，价格低廉。在铜管内充入氮气后进行焊接，可使铜管内壁光亮、清洁，无氧化层，从而有效控制系统的清洁度，如图 3-17 所示。充氮气焊接铜管时，氮气压力可控制在 0.02MPa

左右，压力不宜过大。在充氮气焊接铜管时，铜管末端不允许封口，以便管道内的空气能够排出。

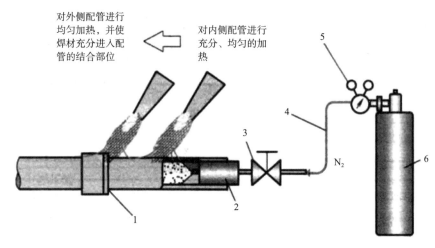

图 3-17　氮气保护焊接

1—焊条；2—橡胶塞；3—流量调节阀；4—胶管；5—减压阀（0.03～0.05MPa）；6—干燥氮气

三、焊接材料的分类特点和应用

1. 焊料

焊料又称为钎料，是一种比被焊金属熔点低的易熔金属。焊料熔化时，在被焊金属不熔化的条件下能浸润被焊金属表面，并在接触面处形成合金层而与被焊金属连接到一起。

（1）焊料的种类

钎焊焊接时，要求焊料的熔点较低、粘合力强、漫流性好、焊接处有足够的强度和韧性等。按熔点的高低，焊料可分为以下两种：

1）难熔焊料（硬焊料）——熔点在450℃以上，包括铜锌焊料、铜磷焊料、铜磷锑焊料、铜银磷焊料、银焊料、银镉焊料、铝焊料等。

2）易熔焊料（软焊料）——熔点在450℃以下，包括锌镉焊料、镉银焊料、锌铝焊料、镉锌焊料、锡铝焊料等。

（2）焊料的选择

制冷系统焊接采用的焊料主要有铜银焊料、铜磷焊料及铜锌焊料等。钎焊时要根据焊接材料的不同来选择焊料。

铜管与铜管之间的焊接可选用铜磷焊料或低含银量的焊料，这种焊料具有良好的漫流、填缝和润湿性能，不需要使用焊剂，价格也便宜。

铜管与钢管或钢管与钢管之间的焊接，可选用铜银焊料或铜锌焊料，并辅以适当的焊剂。采用这两种焊料焊接操作结束后，必须将焊口附近的残留焊剂用热水洗涤干净，以防止对管道产生腐蚀。

2. 焊剂

焊剂也称助焊剂，主要作用是传递热量，在钎焊过程中防止被焊物金属及焊料的氧化，有效除去氧化物杂质，帮助焊料润湿焊件表面，增加焊料的流动性，使焊料能够均匀地流动，同时还可以减少已熔化了的焊料的表面张力，容易去除熔渣使焊点光洁、牢固。

用锡焊焊接管路或补焊漏孔时，一般选用的焊剂属无机焊剂，如氯化锌溶液或酸性焊膏。这种焊剂活性很强，能溶蚀很厚的锈污层，但焊剂残渣具有很强的吸湿性和腐蚀性，焊接后必须将残余的溶液擦净，以免腐蚀焊接点。焊接电子元件时一般直接采用管内装有焊剂（松香）的焊丝。焊接制冷系统低压管路的微孔时也可采用焊丝，但对其密封性、耐压性要求较高。

常用的国产焊料和焊剂见表 3-2。

常用的国产焊料和焊剂 表 3-2

焊料类别	牌号	钎焊温度（℃）	被钎材料	焊剂
铜磷焊料	HL203	690～800	铜—铜	不用
	HL204	640～815	铜—铜	不用
铜银焊料	HL303	600～725	铜—铜、铜—钢、钢—钢、铜—不锈钢	QJ102
	HL324	650～670	铜—铜、铜—钢、钢—钢、铜—不锈钢	QJ103
铝基焊料	HL401	525～535	铝—铝	QJ201

焊剂的选择方法如下：

（1）铜与铜钎焊时，选择磷铜焊料，一般不用助焊剂。

（2）采用黄铜焊条时，选择工业用硼砂或硼酐熔剂。

（3）用银焊料时，选用硼氟酸钾或硼酐熔剂。

（4）锡铅钎焊时用氯化锌。

四、管道保温层和保护层安装工艺

1. 管道绝热结构

管道的绝热结构由防锈层、保温层（绝热层）、防潮层及保护层等组成，为便于区分不同介质的管道，在保护层外表面涂以油性调合漆，称为面层。

防锈层主要指管道表面除锈后涂刷的防锈底漆，一般以 1 ～ 2 遍为宜。

保温层是指为了减少能量损失，同时起到保温或保冷作用，附于防锈层外面。

防潮层是指为了防止空气中的水汽侵入绝热层而设置的，常采用沥青油毡、玻璃丝布和塑料薄膜制成。

保护层可以保护防潮层和绝热层不受外界机械损坏，常采用石棉石膏、石棉水泥、玻璃丝布、金属制板等制作。防腐及识别标志是指保护层不受环境侵蚀和腐蚀，同时采用不同颜色的油漆涂抹制成的，起到防腐作用并作为识别标志。

2. 管道保温层的做法

管道保温层的结构如图 3-18 所示。管道保温层的做法一般有以下几种。

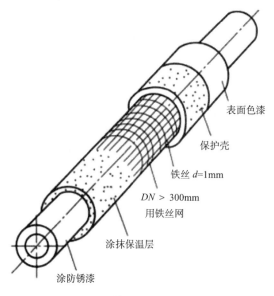

图 3-18　管道保温层的结构

（1）涂抹法。多采用石棉灰、石棉硅藻土等材料。做法是先在管子上缠以草绳，再将石棉硅藻土或碳酸镁石棉粉等粒状材料调和成糊状抹在草绳外面。由于这些材料施工慢、保温性能差，目前已被淘汰。

（2）预制法。在工厂或预制厂将保温材料制成扇形、梯形、半圆形，或制成管壳，然后将这些预制好的保温材料捆扎在管子外面，可以用铁丝或扎带扎紧。这种预制法施工简单，保温效果好，是目前使用比较广泛的一种保温做法。目前常用管壳橡塑保温材料，其施工步骤如下：

1）将管道表面清理干净，使管道表面干燥。

2）测量按照要保温的管段长度下料，适当多出 10mm 的长度。

3）用切刀将保温管壳沿轴向划开，把保温管套在管道上。

4）在切开的保温管的两切面上涂上胶水。

5）用手指测试胶水是否干化，当手指接触涂胶面时，无粘手现象可进行封管粘贴，压紧粘接口两端，从两端向中间封合。

6）两个管口连接时在两个连接的管端都加上胶水，后轻微压下。

7）小直径的管道，特别是制冷管道，保温时不需要将保温管切开，应在管道连接前，将合适长度的保温管直接套在管道上。

预制法保温层施工需注意以下几个方面的问题：

1）水平管道采用管壳时宜将其长度对缝布置在管道轴线的左右两侧，而不要布置在上方。预制管壳的缝隙，对保温层来说应小于5mm，对保冷层来说应小于2mm。每个预制管壳最少应有2道镀锌铁丝绑扎且不能采用螺旋形捆扎。

2）保温层采用超细玻璃棉时，应与被绝热表面贴紧，但不得填塞伴热管与仪表管的加热空间，其绑扎的镀锌铁丝间距为150～200mm。

3）非水平管道进行保温层施工时，应从下向上进行。

4）绝热层厚度不得小于设计规定值，管壳厚度允许偏差值为+5%，对超细玻璃棉厚度偏差值允许为+8%。

（3）包扎法。用矿渣棉毡或玻璃棉毡，先将棉毡按管子的周长搭接宽度裁好，然后包在管子上，搭接缝在管子上部，外面用镀锌铁丝缠绑。包扎法保温必须采用干燥的保温材料，宜用油毡玻璃丝布作保护层。制冷空调设备中直径较大的制冷剂管道、冷热水管道的保温基本采用包扎法，所用的保温材料为橡塑保温板材，其施工工艺流程为：保温板下料→涂胶→粘合→胶带封口。

1）保温板下料：下料前要检查保温板质量，合格后方可使用。保温板的下料在下料台板上进行。下料长度每米为一段，宽度=（管道外直径+保温管厚度）×3.14。保温板的纵向缝切口面角度为45º（图3-19）。下料用钢直尺和45º钢直尺靠线压牢保温棉板，用壁纸刀切割，切口要平直；下料严禁使用锯条切割。

2）涂胶：保温施工质量的好坏涂胶是关键的一个环节，涂胶要薄、要均匀，涂胶后不要马上粘接，要在自然条件下放置到略不沾手后方可粘接。涂胶面次序为先涂里表面，后涂纵向、环向接缝的端面。涂胶后的橡塑保温板要按涂胶的先后顺序放置，不得混放。

3）粘合：管道保温层粘接时，纵向接缝要在管子水平轴线两侧45º位置（图3-20）。粘接时首先要对正纵向、环向接缝位置，然后卷曲粘接，合缝后均匀按压，使之均匀粘贴在管道外表面上。

4）胶带封口：橡塑保温板粘接两段后，要对第一段保温进行封口粘接。胶带粘接先粘纵缝，后粘环缝。纵向胶带压接要超过前一接缝口不小于50mm长度；然后进行环向粘接，环向粘接的胶带搭接长度不小于50mm。环向粘接间距为330mm，主要是为了克服保温板中性层外的拉应力作用。

（4）填充式。将松散粒状或纤维保温材料如矿渣棉、玻璃棉等充填于管道周围的特制外套或铁丝网中，或直接充填于地沟内或无沟敷设的槽内。这种保温方法造价低，保温效果好。

（5）浇灌式。用于不通行地沟或直埋辐射的热力管道。具体做法是在常温下把两种以上液体物料混合搅拌，配好的原料注入钢制的模具内，然后迅速浇注到需要成型的空间，在管外直接发泡固化成型。

制冷工程的保温施工，需待设备和管道安装施工完毕，并进行一系列验收合格后才能开始作业。

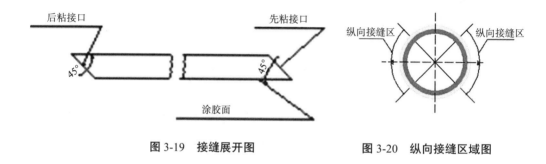

图3-19　接缝展开图　　　　图3-20　纵向接缝区域图

3. 防潮层施工方法

为防止隔热材料受潮，隔热层外面要增加一层防潮材料，即为防潮层。防潮层的材料主要有石油沥青、聚氯乙烯胶、复合铝箔、玻璃布等。玻璃布是用玻璃纤维织成的织物，具有绝缘、绝热、耐腐蚀、不燃烧、耐高温、强度高等性能。石油沥青油毡用低软化点石油沥青浸渍原纸，再用高软化点石油沥青涂盖油纸两面，再涂或撒隔离材料所制成的一种防水卷材。防潮层的施工方法为：

（1）垂直管应自下而上，水平管应从低点向高点顺序进行，环向搭缝口应朝向低端。

（2）防潮层应紧密粘贴在干燥、干净的隔热层上，封闭良好，厚度均匀拉紧，无气泡、折皱、裂缝等缺陷。

（3）用卷材作防潮层，可用螺旋形缠绕的方式牢固粘贴在隔热层上，开头处应缠2圈后再呈螺旋形缠绕，搭接宽度宜为30～50mm。

（4）用油毡纸作防潮层，可用包卷的方式包扎，搭接宽度为50～60mm。油毡接口应朝下，并用沥青玛琋脂密封，每300mm扎镀锌铅丝或铁箍一道。

4. 保护层的做法

保温层干燥后，可做保护层。保护层常用的材料有油毡玻璃布、石棉水泥、玻璃布及薄钢板等。

（1）沥青油毡保护层。具体做法与包扎法相似，所不同的是，搭接缝在管子的侧面，缝口朝下，搭接缝用热沥青粘贴住。

（2）缠裹材料保护层。室内供暖管道常用油毡玻璃布、棉布、麻布等材料缠裹作为保护层。油毡玻璃布的拉伸强度、柔韧性、耐腐蚀性较好，吸水率低，耐久年限比纸胎沥青油毡要高一倍以上。如需做防潮，可在布面上刷沥青漆。

（3）石棉水泥保护层。石棉水泥是以优质高强度等级的水泥作为基体材料，并配上天然石棉纤维来增加性能，经过先进的工艺所制成的高科技产品。石棉水泥耐酸碱、耐腐蚀、不会遭潮气或虫蚁等损害，且强度和硬度随时间而增强，保证有超长的使用寿命。

泡沫混凝土、矿渣棉、石棉硅藻土等保温层常用石棉水泥保护层。具体做法是：先将石棉与水泥按照3∶17的质量比搅拌均匀，再用水调和成糊状，涂抹在保温层外面，厚度为10～15mm。

（4）金属保护层。为了提高保护层的坚固性和加强其防潮作用，可采用金属保护层。金属保护层的材料，宜采用镀锌薄钢板或薄铝合金板。当采用普通钢板时，其内、外表面必须涂敷防锈涂料。金属保护层适用于预制瓦片保温和包扎保温结构中。金属保护壳可采用咬口、铆接、搭接等方法施工。

圆形铁皮保护层的具体做法是：金属铁皮下料后，用压边机压边，用滚圆机滚圆。金属铁皮保护层应紧贴保温层，不留空隙，纵缝搭口朝下，铁皮的搭接长度为环向30mm，纵向不小于30mm，如采用平搭缝，其搭缝宜为30～40mm。搭缝处用自攻螺丝或拉拔铆钉，扎带紧固，螺钉间距应不大于200mm。有防潮层的保温结构不得使用自攻螺丝，以免刺破防潮层，保护层端头应封闭。

矩形保护壳表面应平整，棱角规则，圆弧均匀，底部与顶部不得有凹凸。

设备、管道隔热层的金属保护层施工中，垂直管道要求将其金属保护层分段固定在支承件上。

五、保温材料的选择方法以及环境对保温的影响

1. 保温材料的性能要求

（1）保温（绝热）材料的导热系数应尽可能小，表观密度尽可能为最佳密度。保温材料的导热系数通常小于0.23W/（m·K），常见的保温材料导热系数一般在

0.03～0.06W/（m·K）之间。表观密度小于 800kg/m³。

（2）保温材料吸水率应尽量小，因水的导热系数较大，材料吸水后导热系数随吸水率的增加而增大。保温材料吸水率大时易产生凝结水，降低隔热效果，并造成对管壁的腐蚀。吸水率越低，保温材料的保温性能越好。一般来说，吸水率在 1% 以下的保温材料较为理想。

（3）为便于安装施工和使用，保温材料须具有与施工方法和使用条件相适应的强度和耐热温度（自重下材料产生 2% 变形时的温度）。一般而言，保温材料的抗压强度应大于 0.3MPa，耐热温度视使用环境而定。

（4）保温材料应具有化学稳定性和耐久性，且应对环境和人体无害。

（5）阻燃。在建筑结构中，防火要求高的区域应优选阻燃保温材料、无机保温材料、A 级保温材料。

（6）保温材料应具有施工方便、操作简便、易保证质量等特点，如保温砂浆材料，现场加水搅拌均匀即可施工。

（7）保温材料应具有价格低、性价比高、经济性好的特点。在选择保温材料时，需要综合考虑材料的成本和性能，导热系数与价格乘积小的材料比较经济。

2. 常用绝热材料

绝热材料按化学成分可分为有机和无机两大类；按材料的构造可分为纤维状、松散粒状和多孔组织材料三种。通常可制成板、片、卷材或管壳等多种形式的制品。一般来说，无机绝热材料的表现密度大，不易腐蚀，耐高温；而有机绝热材料吸湿性大，不耐久，不耐高温，只能用于低温绝热。

（1）无机保温隔热材料

1）岩矿棉。岩矿棉是一种优良的保温隔热材料，根据所用原料不同可分为矿渣棉和岩石棉。矿渣棉是由熔融矿渣经熔融后吹制而成的；岩石棉是由熔融岩石（如优质玄武岩、辉绿岩等）为基本原料，经高温熔融，采用高速离心设备或其他方法将高温熔体甩拉成非连续性纤维，其纤维长，耐久性较矿渣棉更优，但成本稍高。将矿渣棉与有机胶粘剂结合可以制成矿棉板、毡、管壳等制品，传热系数为 0.044～0.049W/（m²·K），具有质量轻、吸声、隔振、不燃、绝热和电绝缘、使用温度高等特点，且原料丰富，成本低，主要应用于墙体、屋面、房门、地面等保温和隔声、吸声、隔振材料。岩石棉是一种优质的隔热材料，但岩石棉纤维对皮肤具有刺激效应。

2）玻璃棉。玻璃棉是以玻璃原料或碎玻璃经熔融后拉制、吹制或甩制成的极细的纤维状材料。在玻璃棉中加入一定量的胶粘剂和添加料，经固化、切割、贴面等工序可制成各种用途的玻璃棉制品。玻璃棉具有质量轻、吸声性好、过滤效率高、不燃、耐腐蚀性好等特点，除可用于围护结构及管道绝热外，还可用于低温保冷工程。如玻璃棉毡、卷毡用于建筑、空调、冷库、消声室等的保温、隔热、隔声，玻璃棉板用于录音间、冷库、隧道、房屋等绝热、隔声，玻璃棉装饰板用于剧场、音乐厅顶棚等。玻璃棉吸水性强，不得露天存放和雨季施工。

3）膨胀珍珠岩。膨胀珍珠岩是以天然珍珠岩、黑耀岩或松脂岩为原料，经破碎、分级、预热、高温焙烧瞬时急剧膨胀而得的蜂窝状白色或灰白色松散颗粒。其堆积密度为 40 ~ 500kg/m³，传热系数为 0.047 ~ 0.074W/（m²·K），使用温度为 −200 ~ 800℃。具有质轻、化学稳定性好、吸湿性小、不燃烧、耐腐蚀、防火、吸声等特点，而且其原料来源丰富、加工工艺简单、价格低廉。除可用作保温填充料、轻集料及防水、装饰涂料的填料外，其胶结制品（如石膏珍珠岩、屋面憎水珍珠岩板、纤维石膏珍珠岩吸声板）可用于内、外墙保温，装饰和防水，其烧结制品（如膨润土、沸石、珍珠岩烧结制品等）可用于内墙保温。

4）膨胀蛭石。膨胀蛭石是以蛭石为原料，经烘干、破碎、焙烧，在短时间内体积急剧膨胀而成的一种轻质粒状物料。其表观密度小（87 ~ 900kg/m³），传热系数为 0.046 ~ 0.07 W/（m²·K），使用温度为 1000 ~ 1100℃，具有强度高，质量稳定，耐火性强的特点，是一种良好的保温隔热材料，既可以直接填充在墙壁、楼板、屋面等中间层，起绝热隔声作用，又可与水泥、水玻璃、沥青、树脂等胶结材料配制混凝土，现浇或预制成各种规格的构件或不同形状和性能的蛭石制品。

5）微孔硅酸钙。微孔硅酸钙是以粉状硅质材料、石灰、纤维增强材料和水经搅拌、凝胶化、成型、蒸压养护、干燥等工序制成。微孔硅酸具有表观密度小（100 ~ 1000kg/m³）、强度高、传热系数［0.036 ~ 0.224W/（m²·K）］较小、使用温度高（100℃ ~ 1000℃）、质量稳定、耐水性强、无腐蚀、耐用、可锯可刨、安装方便等优点，被广泛应用于热力设备、管道、窑炉的保温隔热材料，房屋建筑的内墙、外墙、隔墙板、吊顶的防火覆盖材料，以及走道的防火隔热材料。

6）泡沫玻璃。泡沫玻璃是一种内部充满无数微小气孔，具有均匀孔隙结构的多孔玻璃制品。其气孔体积占 80% ~ 90%，孔径为 0.5 ~ 5mm 或更小。具有轻质、高强、隔热、吸声、不燃、耐虫蛀、耐细菌及抗腐蚀好、易加工等特点。主要用于墙体、地板、顶、屋面的绝热及设备管道、容器的绝热。

7）陶瓷纤维。陶瓷纤维采用氧化硅为原料，经高温熔融、喷吹制成。其纤维直径为 2 ~ 4μm，表观密度为 140 ~ 190kg/m³，传热系数为 0.036 ~ 0.224W/（m²·K），使用温度为 1100 ~ 1350℃。陶瓷纤维除可制成毡、毯、纸、绳等制品用于高温绝热外，还可用于高温下的吸声材料。

（2）有机保温隔热材料

1）泡沫塑料。泡沫塑料是高分子化合物或聚合物的一种，是以各种树脂为基料，加入一定剂量的发泡剂、催化剂、稳定剂等辅料，经加热发泡制得的合成材料，具有轻质、保温、隔热、吸声、防震的特点。它保持了原有树脂的性能，并且同塑料相比，具有表观密度小、传热系数小、防震、吸声、耐腐蚀、耐霉变、加工成型方便、施工性能好等优点。由于这类材料造价高，且具有可燃性，因此应用上受到一定的限制。

常用的泡沫塑料有聚苯乙烯泡沫塑料、聚乙烯泡沫塑料、脲醛泡沫塑料、聚氨酯泡沫塑料、聚氯乙烯泡沫塑料、泡沫酚醛塑料等。

①聚苯乙烯泡沫塑料是以聚苯乙烯树脂或其共聚物为主体，加入发泡剂等经加热发泡制成的具有封闭孔隙结构的绝热材料。其强度较高，吸水性小，着色性好，温度适应性强，且抗放射性及缓冲性能优异。工程中使用时需加入阻燃材料，使其具有自熄性，以避免其自身燃烧，放出如苯乙烯等气体污染环境。广泛用于建筑物屋面、外墙、地面等外围护结构的保温，也常用于楼板、隔墙等处的保温隔热。

②聚氨酯泡沫塑料（PUR）是以聚醚树脂或聚酯树脂为主要原料，与甲苯异氰酸酯、水、催化剂、泡沫稳定剂等混合进行发泡制成。按其硬度可分为软质和硬质两类，建筑工程上应用以硬质品种为主。聚氨酯泡沫塑料具有密度小、导热系数小、强度高、耐温性好、吸水性小、化学稳定性好及耐酸碱性好的特点，是目前保温材料中导热系数最小的一种。它广泛用作建筑工程的保温、吸声、防振等材料。

③聚氯乙烯泡沫塑料（PVC）是以聚氯乙烯树脂与适量的化学发泡剂、稳定剂、溶剂等经过捏合、球磨、模塑、发泡制成。它分为硬质、软质两种。硬质的一般为闭孔结构，呈白色，其密度小、导热系数低、不吸水、不燃烧，具有良好的绝热、吸声、防震及耐酸碱、耐油等特性，但价格较贵，常用于建筑物的顶棚、家具、隔墙板等内装修。软质的有开孔、闭孔两种结构，有白色、深色或其他颜色，其性能与硬质的相近，开孔结构的在建筑上用作吸声、保温、隔热材料，闭孔结构的可用作防振材料。

制冷空调设备广泛采用橡塑海绵，它属于聚氯乙烯泡沫塑料，是一种以丁腈橡胶和聚氯乙烯为主要原材料，配以多种辅材经混炼、密炼并发泡而成的一种柔性闭泡绝热材料，无纤维粉尘、不含甲醛、不含氯氟烃等破坏臭氧层的物质，适用介质温度为−50～105℃的各种管道及设备的保温隔热。

2）硬质泡沫橡胶。硬质泡沫橡胶是以天然或合成橡胶为主要成分，用化学发泡法制成的泡沫材料。硬质泡沫橡胶的质量较轻，表观密度为 64～120kg/m³；导热系数小而强度高，抗碱和盐侵蚀能力较强；但强无机酸、有机酸对它有侵蚀作用。这种材料为热塑性材料，耐热性较差，在 65℃左右开始软化，但具有良好的低温性能，低温下强度较高且体积稳定性较好。它常用于冷冻库的绝热工程中。

3）碳化软木板。碳化软木板是以一种软木橡树的外皮为原料，经适当破碎后再在模型中成型，在 300℃左右热处理而成。由于软木树皮层中含有无数树脂中包含的气泡，因此成为理想的保温、隔热、吸声材料，且具有不透水、无味、无毒等特性，并且有弹性，柔和耐用，不起火焰只能阴燃。

4）植物纤维复合板。植物纤维复合板是以植物纤维为主要材料加入胶结料和填料制成。如木丝板是以木材下脚料制成的木丝加入硅酸钠溶液及普通硅酸盐水泥混合，经成型、冷压、养护、干燥制成。甘蔗板是以甘蔗渣为原料，经过蒸制、加压、干燥等工序制成的一种轻质、吸声、保温材料。

六、管道防腐蚀知识

管道一般均常年暴露于大气中，尤其空调设备及其管道所接触的空气相对湿度极大，甚至呈饱和状态，所以空气中的水汽就会在钢材表面凝聚生成水膜，因而加快了管道的腐蚀速度。水对金属表面腐蚀的主要原因是水中溶解的氧，水对碳钢的腐蚀速度与水中溶解氧的浓度呈正比，即腐蚀速度随着氧的含量增加而加快。水的温度升高，也将加快腐蚀速度。

1. 管道的除锈与涂漆

除去锈层，然后涂刷防腐层（如涂漆、喷涂或喷镀等）是空调制冷设备与管道的防腐处理最主要的措施。

（1）管道的除锈

1）手工除锈法是依靠人力使用简单工具进行除锈操作。手工除锈简单易行，应用普遍，但劳动强度大、效率低。手工除锈所用的工具和材料有钢铲、钢耙、砂布、砂纸、钢丝刷和研磨膏等。

钢铲、钢耙一般用于铲除空调室的喷水排管、白铁挡水板、风道、风机等设备的锈层。

砂布、砂纸是广为应用的除锈用品，如空调设备的各种轴、机座加工面等处有锈蚀，多用砂布或砂纸打磨。用砂布、砂纸打磨后，机器表面须再用棉纱或细布擦光，否则打磨时脱落的砂粒落入锈坑内，会使机件在运转中加速磨损。

钢丝刷适用于空调制冷设备非加工面的去锈，尤其多用于加工制造好但尚未涂漆的新空调制冷设备和新管道的除锈。

研磨膏用于去除精密机件表面上的局部锈斑，也常用于各种阀门关闭件的研磨修理。研磨除锈操作时，用绒布或帆布浸蘸上煤油，涂上研磨膏在锈面上来回揩擦。研磨时要用力均衡，速度平缓，既可将锈斑完全清除干净又不致工件的光洁度和尺寸的精度受到严重影响。

2）机械除锈法比手工除锈省力、省工。因为机械除锈是利用机械除锈设备和工具，将锈层从金属表面清除下来的一种方法。

手提式钢丝轮除锈机是利用一个转动的钢丝轮与空调制冷设备及其管道锈蚀的表

面接触，并产生摩擦而除锈。钢丝轮由电动机通过一个软轴带动，因为是软轴，钢丝轮有一定活动的距离，操作起来较为方便。

喷砂除锈机由移动压出式喷射器、喷枪、橡皮管和空气压缩机等部件组成。除锈操作时，以 303.975～405.3kPa 的压缩空气将砂子喷射到锈层上，利用砂子的冲击力来清除锈层锈斑。

水喷砂除锈机是在干喷砂除锈机的基础上，略加改进而成。其喷砂时加水喷出，因此可免除灰尘飞扬，从而改善了工作环境。在加水的同时，还可相应加入 0.3%～0.5% 的亚硝酸钠、0.1%～0.3% 的碳酸钠和 0.5%～1.0% 的乳化剂，以使清洗除锈效果更好。

3）化学除锈法就是用化学的方法使金属表面的锈蚀产物溶解并加以清除的一种除锈方法。在化学除锈过程中，部分锈层被溶解，而部分锈层则由于在溶解过程中所产生的氢气泡的机械作用而剥落下来。

化学除锈法除锈的工序是：水洗→除锈→中和（用 3%～5% 的碳酸钠水溶液）→水洗钝化→干燥→涂漆。

由于空调制冷设备常年受到大气腐蚀和水腐蚀，故锈层一般是氢氧化亚铁和氢氧化铁，铁的氢氧化物很容易与酸作用而被溶解。

酸洗除锈一般分为除锈液除锈和除锈膏除锈两种。在除锈液中加入适量的酸性白土、滑石粉和耐火泥等调成糊状，就制成了除锈膏。对于不能浸洗的设备使用除锈膏较为方便。

4）金属表面除锈处理的标准一般可分为三级。第一级标准：金属表面所有的锈蚀产物和所有的污染物都要彻底清除，除锈后的金属表面色泽要求灰白一致。第二级标准：金属表面之锈蚀产物及松弛氧化皮均须清除，但允许少量紧附着的灰色氧化皮的存在。第三级标准：金属表面的松弛锈蚀产物要清除，但允许紧密氧化皮存在，仅要求有足够的粗糙外表，有利于涂层的附着力即可。

一般来说，一级标准适用于化工环境，二级标准适用于海洋环境，而三级标准则适用于一般大气环境。空调制冷设备管道的除锈可选用三级标准。

（2）空调制冷设备的涂漆

在做好除锈工作的基础上，即应涂以防锈漆，以延长设备的使用年限。

1）油漆的分类

油漆大体可分为五类，即油脂漆类、天然树脂漆类、合成树脂漆类、沥青漆类和纤维素漆类。

①油脂漆类。油脂漆多是以亚麻仁油和桐油等干性油作为主要成膜材料而制成的油漆。常见的有清油、厚漆、红丹防锈漆和各色油性电泳漆等。

②天然树脂漆类。天然树脂漆是以加工植物油与天然树脂等炼制的油漆。常见的有以甘油松香炼制而成的脂胶磁漆和脂胶耐酸漆，以石灰松香炼制而成的钙脂清漆和

钙基地板漆等。

③合成树脂漆类。合成树脂漆是以各种合成树脂为主要成膜材料而炼制的油漆。常见的有酚醛树脂漆、氨基醇酸漆和环氧树脂漆等。

④沥青漆类。沥青漆是以天然沥青或人造沥青（如石油沥青和煤焦沥青）为主要材料制成的油漆。特别适合用作水下及地下的黑色金属管道的防腐涂料。

⑤纤维素漆类。纤维素漆是由天然纤维素经过化学处理而生成的聚合物作为主要成膜物的油漆。如醋酸纤维素漆和乙基纤维素漆等。

2）空调制冷设备常用防锈漆

红丹防锈漆是空调制冷设备最常用的一种防锈油漆，是由精炼干性油与红丹、填充料研磨并加入催干剂和溶剂而成的防锈底漆，也可用红丹粉与清油自行调制。红丹漆最常用于空调制冷设备防锈的原因是，涂漆层充分干透后的漆膜附着力强，而且柔韧性好，是黑色金属防止大气腐蚀和水腐蚀的优良防锈底漆。但红丹漆干透速度缓慢，漆膜也较软。

各类合成树脂漆近年来也逐渐用于空调制冷设备的防锈涂漆。而沥青漆用于空调供水管道、制冷水管道和回水管道等地下敷设管道的防锈涂料是适宜的。

铁红油性防锈漆可用于要求不太高的空调制冷设备表面作为打底用。锌灰油性防锈漆常用于涂装已涂防锈漆的设备表面，作为防锈面漆用。锌灰脂胶防锈漆也称作灰防锈漆，常作为防锈底漆，也可涂刷于红丹防锈漆上，作为面漆。硼钡酚醛防锈漆的防锈能力和附着力较好，适用于由各种钢铁制成的空调制冷设备的表面。

3）涂漆工具及喷漆设备

①油漆刷。油漆刷是普遍采用的涂刷底漆、防锈漆和其他各种油漆的一种刷具。空调制冷常用油漆刷的，刷宽以 50～80mm 最为适用。油漆刷应选毛口直、齐的为好。

②喷漆枪。喷漆枪以压缩空气为动力，用喷枪将涂料喷成雾状，使涂料均匀地喷涂在管子表面，使用喷漆枪喷涂可提高涂漆效率和涂漆质量。

③静电喷漆设备。静电喷漆法比普通喷漆法节省油漆，可显著减少飞散在空气中的漆雾，而且还能提高工作效率。

4）涂漆质量要求

①涂漆前的空调制冷设备表面做除锈处理，设备表面要干净，不得有灰尘、油污、锈斑及氧化皮等。涂漆前金属表面还必须保持干燥。

②涂漆层应均匀，不得有流挂和机械杂质，也不得有未刷到或未喷到的地方。

③空调设备的涂漆层必须干燥后才能投入使用，切忌漆层未干就与水或湿空气接触。检查漆层是否干燥的方法一般采用"指触法"，就是用手指用力按在漆膜上，如无指痕则说明漆膜已经干透，可以通风和通水运行了。

④涂漆环境应保持干净整洁、无灰尘，施工时温度不应低于12℃，相对湿度不

应高于80%。

⑤各种油漆在使用前应充分搅拌均匀，并用规定溶剂稀释到施工黏度后，再用120～200目的滤网过滤。严禁各类油漆及溶剂混合乱用，以防变质失效。

⑥喷漆时，喷枪的气压为196～490kPa（2～5kgf/cm²）。喷枪距离涂漆工件为150～200mm，喷射行程应重叠1/2～1/3，移动速度应根据枪口射面的大小，要求不能有漆膜堆积和流挂现象，并要经常注意油水分离器的可靠性。

5）涂漆施工的安全操作

①防火油漆施工所用的原料绝大多数是易燃性的，因此必须注意防火。为了杜绝火源，在开桶时，严禁用榔头铁器敲击溶剂桶，以免产生火花。在使用溶剂过程中，严禁吸烟，必须与火源隔绝。

②防毒油漆材料和各种溶剂大多含毒，施工时挥发出来的溶剂蒸气浓度高时，对人体神经有严重的刺激和危害，能造成抽筋、头晕、昏迷和瞳孔放大等。即使浓度不高，长时间操作也会使人感到头痛、恶心、疲劳和腹痛等不适，还能使人食欲减退，损坏造血系统，甚至发生慢性中毒。

空调制冷设备常用的红丹漆能引起急性和慢性铅中毒。使用红丹漆时，铅的化合物可能侵入皮肤，因此最好不用喷漆法喷涂红丹防锈漆，应以刷漆为宜。

③在室内涂漆施工时应注意通风换气，其换气次数不少于$2h^{-1}$。在空调风道内刷漆时，也应采取间断小风量的通风措施，以防中毒引起的头晕、恶心等症状。

④现场涂漆一般应自然干燥，涂层未充分干燥不得进行下一工序施工。

⑤防腐施工中，操作环境应洁净，无风沙、灰尘，温度宜在5～30℃，涂层厚度以0.3～0.4mm为宜。

2. 空调制冷管道防腐层的种类及做法

钢质管道防腐层有石油沥青、PE夹克及PE泡沫夹克、环氧煤沥青、煤焦油瓷漆、环氧粉末和三层复合结构等。管道防腐层可分为正常防腐层、加强防腐层和极强防腐层三类，见表3-3。钢管防腐方法及适用范围见表3-4。钢管防腐常用的防腐材料为沥青玛琋脂、油漆和沥青三类，防腐层次一般为2～3层，见表3-5。

管道防腐层的种类　　　　　　　　　　　　　表3-3

防腐层层次	防腐层种类		
	正常防腐层	加强防腐层	极强防腐层
1	冷底子油	冷底子油	冷底子油
2	沥青玛琋脂	沥青玛琋脂	沥青玛琋脂
3	牛皮纸	防水卷材	防水卷材

续表

防腐层层次	防腐层种类		
	正常防腐层	加强防腐层	极强防腐层
4		沥青玛琋脂	沥青玛琋脂
5		沥青玛琋脂	沥青玛琋脂
6		牛皮纸	防水卷材
7			沥青玛琋脂
8			沥青玛琋脂
9			牛皮纸

注.1. 正常防腐层、加强防腐层和极强防腐层的最小厚度分别为 3mm、6mm、9mm；
　　2. 最内层沥青玛琋脂如用手工涂抹时，应分为两层，每层厚度为 1.5～2mm；
　　3. 防水卷材可用矿棉沥青油毡；
　　4. 除腐层层次均从金属表面算起。

钢管防腐方法及适用范围　　　　　　表 3-4

防腐方法	适用范围
沥青玛琋脂	敷设于沟道中的钢管
油漆	明露的钢管
沥青浸泡	d=50mm 以下的埋设钢管
正常防腐	埋设于浸蚀性小及中等的土壤介质中的管道
加强防腐	埋设于浸蚀性较高的土壤介质中的管道
极强防腐	埋设于浸蚀性极高的土壤介质中的管道

钢管常用的防腐材料及防腐层次　　　　　　表 3-5

防腐层层次	沥青玛琋脂	油漆	沥青浸泡
1	冷底子油	红丹作底漆	10 号或 30 号石油沥青
2	沥青玛琋脂	船壳漆面漆	
3	沥青玛琋脂		
防腐层最小厚度（mm）	3.5		

第二节　空调器的安装

一、整体式空调器的安装工艺

整体式空调器的典型代表是窗式空调器，其安装方法通常有三种：窗框上安装，墙壁预留孔（又称专用窗）安装，和墙上开洞（穿墙）安装。

1. 安装前的准备工作

（1）拆箱检查：应按以下步骤进行：

①小心拆开包装箱，注意不要碰伤设备。

②检查空调器有无破损，并按装箱单核对设备和备件是否齐全。

③仔细阅读设备说明书，了解其性能、安全要求和操作注意事项等。

（2）选择安装地点：按空调器安装的技术要求，选择合适的安装地点，即安装在空气流通、不受阳光照射，不靠近热源，环境温度不高于35℃的阴凉干燥处。

（3）测量尺寸预制好支撑架以使空调器平稳地安放。

（4）准备锤头，扳手及凿墙等工具。

2. 窗式空调器安装流程

（1）窗式空调器在窗框上安装的步骤如下：

①选定窗框位置。

②根据空调器尺寸定制安装架。

③固定安装架，并将空调器固定在安装架上。

④用海绵或其他隔热材料充填缝隙。

⑤连接排水管，并进行排水试验，如图 3-21 所示。

⑥检查电源是否符合标准，确认合格后进行试机。

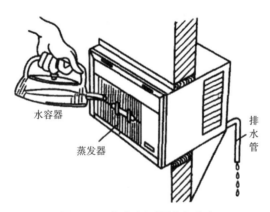

图 3-21　窗式空调器排水试验

（2）窗式空调器在墙上开洞安装的步骤如下：

①墙面上开孔。根据空调器说明书所提供的尺寸，确定开孔尺寸，一般空调器两侧和上部与孔的间隙在 5cm 左右，开孔的表面要用水泥粉刷平整。

②安装支撑架。因窗式空调器的深度要大于墙厚度，所以应做一个支撑架，先将支撑架固定在墙上，再将空调器固定在支撑架上。

③把空调器放进洞口校正位置后，固定在支架上。

④用隔热材料（泡沫板、胶条、毛毡和木条等）把缝隙填好密封。机壳与墙之间有一定的间隙，为了防止室外风和雨进入室内，所以要充分密封。

⑤连接排水管，并进行排水试验。

⑥确认电源合格后，进行试机。

3. 安装注意事项

（1）要仔细阅读安装说明书及使用说明书，然后进行安装。

（2）检查用户电源是否具备接地线，没有良好接地的用电环境禁止安装使用空调器，并及时向用户说明。

（3）空调器应设专用电源线路，接地线必须直接与空调器的电源插座或空调统一接地线的接线端子连接牢固。

（4）仔细检查确认窗框、墙等安装部位的强度后，再进行安装，安装做到牢固可靠。

（5）安装应考虑室外侧吹出的风与噪声不影响近邻的场所，夏季窗式空调器外侧吹出的热风不能吹在植物和行人身上。

（6）安装的场所附近应没有影响空气吸入口、吹出口和空气循环的障碍物，应避免强烈直射阳光，必要时应安装遮阳幕，以免影响空调器的性能。

（7）考虑到窗式空调器安装后的保养，应确保主体左或右侧面及上面与墙间有足够的空隙。

（8）窗式空调器安装位置尽量远离热源，如锅炉房、厨房、食堂排气孔，同时尽量防止日晒。

（9）为了排放处理冷凝水，应使窗式空调器后部下降 5～10mm，左右呈水平状态。

（10）安装应尽量使墙体及室内装潢减小损坏。有关安装场所与安装方法，事先应征得用户的同意。

4. 安装相关知识

（1）窗式空调器安装尺寸要求

①窗式空调器的安装高度距地面应大于 120cm 以上，上部距顶棚 10cm 以上，这样可使室内温度均匀，如图 3-22 所示。

②窗式空调器的后部离障碍物的距离应大于 90cm，侧面与障碍物的距离应大于 20cm，如图 3-23 所示。这样有利于外部气流循环，空调器向外排热顺利。

③窗式空调器与周围壁面间应留有足够尺寸，便于安装和检修，一般在 10cm

以上。

④窗式空调器外侧吹出的是热风，不能吹在植物和行人身上。为了防止窗式空调器日晒雨淋，可安装遮阳幕。遮阳幕的底端应距空调器上部10cm以上，以有利于热风排出。

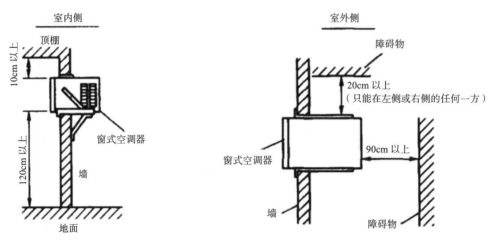

图 3-22　窗式空调器安装高度要求　　图 3-23　窗式空调器后部距离障碍物的要求

（2）窗式空调器安装架的要求

窗式空调器安装架一般用 30mm×30mm 或 40mm×40mm 的角钢制造，材料一般为碳钢，成品应经防锈处理，再涂以油漆。固定用的膨胀螺栓应用 M8 或 M10 规格，表面经镀锌处理。

用木板制作窗式空调器的支架时，可选用厚度为 20mm 的木板，按空调器的实际尺寸，做长方形框架和三角形室外支撑架（80mm×80mm 木料）。木框架和三角支架应涂调合漆。

窗式空调器安装架的强度以及墙壁之间紧固件的强度，应能承受 4 倍空调器重力的载荷。

（3）运行检验

窗式空调器安装完毕，一定要检查安装的安全可靠性，如发现安装工作中的疏忽或差错应该立即纠正，以保证运行检验的顺利进行。

首先将选择开关分别置于"低风"和"高风"位置，检查声音及风扇运行是否正常。然后将选择开关置于"弱冷"位置，启动压缩机，开机 10min，停机 3min，反复三四次，检查压缩机的启动性能，确认压缩机是否启动良好，运转声音是否正常，框架及窗户等是否发生共振。对于热泵型空调器，转换冷热开关时，应能听到换向阀动作声及换向气流声，而且出风口的温度很快就有明显的变化。

空调器制冷运转时，室内出气口温度应低于进气口温度8℃以上。测量进出风温差的方法如图3-24所示。新风门开关应灵活，风门关闭时严密可靠。按遥控器上的各功能键，空调器应能正确动作。除此之外，还要检查冷凝水是否能顺利排到室外。

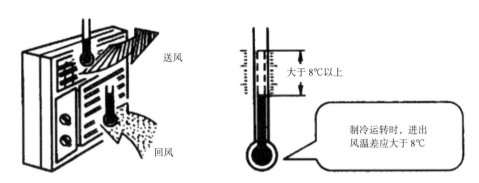

送风

回风

大于8℃以上

制冷运转时，进出风温差应大于8℃

图3-24　测量进出风温差的方法

二、分体式空调器的安装工艺

分体式空调器是在整体式空调器的基础上发展起来的，由室内机和室外机组成，两者通过电缆和管道连接。分体式空调器的室内机组有多种形式，如壁挂式（挂墙式）、吊顶式（顶棚式）、嵌入式（吸顶式）、台式及柜式（落地式）等，如图3-25所示。

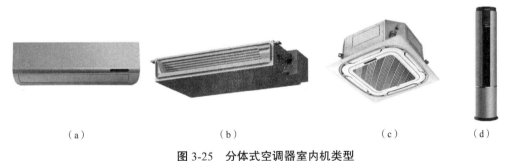

（a）　　　　　　　　（b）　　　　　　　　（c）　　　　（d）

图3-25　分体式空调器室内机类型
（a）挂墙式；（b）顶棚式；（c）吸顶式；（d）落地式

家用分体式空调器的装机由安装前的准备和检查、安装位置的选择、室内机的安装、室外机的安装和运行调试等步骤组成。

1. 安装前的准备和检查

上门安装空调器前必须提前落实登门所需要的工具和安装材料。安装空调器前，还要对室内机、室外机、用户电源等进行检查。

（1）准备安装工具

空调器安装所需要的工具主要有水钻、冲击钻、安全带、压力表、内六角扳手、水平尺、钳形表、真空泵、割管刀、扩口器、焊接设备、温度计等。

（2）检查室内机

安装前开箱对照空调器说明书装箱清单逐项检查空调器所有零部件、随机附件是否齐全，内、外机表面有无划伤、生锈。

室内机外观检查无误后，将其平稳摆放好，将室内电源插头插入电源插座内，用遥控器对准室内机遥控接收窗按运行按钮，检查显示屏各功能显示、导风板摆动以及室内机风速是否正常，有无噪声等，如图 3-26 所示。

图 3-26　检查室内机

（3）检查室外机

检查制冷剂是否泄漏，具体操作步骤如下：

1）首先用活络扳手打开室外机三通阀和工艺口的阀帽。

2）在阀门外部涂抹肥皂水，检查有无气泡产生。

3）检查完毕后阀门外部的肥皂水应用清洁干燥的布擦干净，将三通阀和工艺口阀帽复原。

（4）检查用户电源

空调器安装前，要检测用户的开关容量、电源线径、电源电压、电表容量等是否符合空调器的使用要求。如不符合则要用户进行更改。

空调器安装前，应用电源检测仪或万用表检测电源插座的地线、零线、相线的接线是否正确，如不正确，则与用户协商，采取措施使之符合要求。

2. 安装位置的选择

一般情况下，家用分体式空调器室内机、室外机的连接管路之间的距离以不大于 5m 为好，最长不超过 10m，室内机、室外机的高度差不应超过 5m。

（1）室内机安装位置的选择

室内机要求放在平稳、坚固的墙壁面或地面上，安装时要注意与室内陈设的协调，以增加美感。室内机进出风口处不能有障碍物，在环境条件允许的情况下，尽量安装在房屋中部区域，使冷风、热风能有效地送到室内各个角落。从安全角度考虑，室内机要安装在远离热源、易燃气体源处，不宜安装在电视机等家用电器上方，以防止冷凝水滴到家用电器上，造成损坏；应远离电视机、收音机、无线电装置，距荧光灯也要有 1m 以上的距离，以防电磁波干扰空调器，影响室内机接收遥控器发射的信号。

选择能使室内、外机连接管路尽可能短并且排水方便的地方。

①壁挂式空调器室内机的位置。室内机的安装高度应尽量在 2～2.5m 之间，距顶棚和左右墙壁的距离不小于 15cm。

②立柜式空调器室内机的位置。立柜式空调器室内机一般靠墙壁安装，要求空调器前面无阻挡物，保证冷热风吹向远处。室内机左、右两侧距墙面最小距离应为 10cm，后面距墙壁最小距离应为 1cm。室内机前面应保持 1m 内无障碍物，如图 3-27 所示。

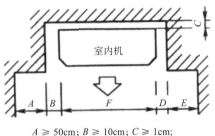

$A \geq 50cm$; $B \geq 10cm$; $C \geq 1cm$;
$D \geq 10cm$; $E \geq 50cm$; $F \geq 100cm$

图 3-27　立柜式空调器室内机的安装距离要求

（2）室外机安装位置的选择

室外机应用固定支架固定在坚固的墙面或地面上。室外机应装在儿童不易接触的地方，并避开高温热源，而且室外机的排风、噪声和排水不能影响邻居。

尽量安装在北面墙或东面墙上，可使室外机受太阳的直射少，有利于散热。如果一定要安装在南面墙或西面墙上，必须有遮阳措施，但不能妨碍空气流通。

室外机应尽可能靠近室内机安装，这样可以减少连接管道的长度，减少管路阻力损失。室外机周围应无障碍物，以保持空气流动畅通，保证良好的散热效果。室外机离地面应有一定距离，一般在 20cm 以上，沿街安装时，室外机底部应离地面 2.5m 以上，使吹出的热风不侵袭路人。其他方向距离如图 3-28 所示。

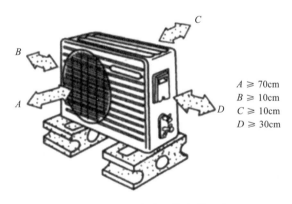

$A \geq 70cm$
$B \geq 10cm$
$C \geq 10cm$
$D \geq 30cm$

图 3-28　室外机的安装距离

3. 室内机的安装

（1）挂壁式空调器室内机的安装

室内机的安装首先考虑连接管的方向、挂壁板固定位置、墙壁开孔位置。

1）确定连接管引出方向，如图 3-29 所示。

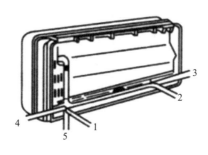

图 3-29　室内机连接管引出示意图

1—后出管；2—左后出管；3—左出管；4—右出管；5—下出管

2）打穿墙孔，装配保护套管。根据室内机安装的位置及连接管引出方向确定了穿墙孔的位置以后，用冲击钻钻一个穿墙孔，如图 3-30 所示。墙孔从室内侧应向下倾斜 10° ~ 20°，以便空调器工作时冷凝水流出。孔径一般为 65mm，对于有换气功能的空调器，由于增加了一条换气管，此时开孔的孔径应增大到 70mm。在穿墙孔处安装保护套管（防止穿墙孔时管路磨损），如图 3-31 所示，并用遮帽封住管口四周，有些厂家还随机配有密封胶泥，以进一步密封保护套管的四周。

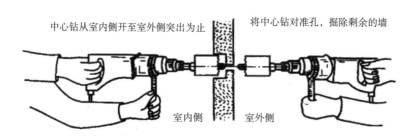

图 3-30　打穿墙孔

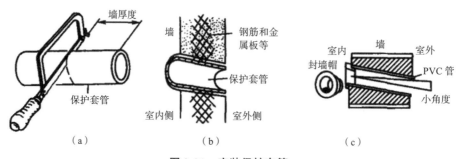

图 3-31　安装保护套管

（a）截切保护套管；（b）安装保护套管；（c）墙面装饰

3）安装挂壁板。挂壁板要固定在坚固的墙壁上，要保证水平安装，如挂壁板安装倾斜，空调器工作时冷凝水就容易滴落到室内。如图 3-32 所示，用一根系有螺钉的线，从板中心的上部垂下（或用水平尺），找出水平位置。安装板一般用 6 支以上水泥钢钉或 6mm 塑料膨胀管和 4mm 的自攻螺钉来固定。对于空心墙或粉刷层较厚的墙壁，可用 6mm 或 8mm 膨胀螺钉来固定，也可用木塞加自攻螺钉来固定。如果是后出管，应用卷尺测出穿墙孔的位置。安装后应保证挂壁板与墙面之间无空隙，挂壁板牢固无松动，挂壁板安装后的支撑力不小于 60kgf（约 588.4N）。

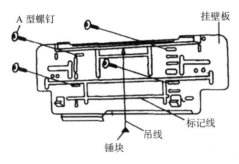

图 3-32　安装挂壁板

为了让冷凝水能顺利流出，室内机出水口一侧要低 2mm 左右，但过大（超过 5mm）会影响安装的整体美观，一般安装时均保持室内机挂壁板水平。

4）室内机连管、连线：

①弯管。室内机本身连带有长 1m 左右的连接管路引管和 1m 长的排水管。根据图 3-29 所示的管路走向，首先弯曲好室内机引管的方向。在室内机管路布置时，排水管要放在下面，连接电源线要放在上面，并用包扎带包扎好，如图 3-33 所示。用管夹将管子和连接电缆线固定在机壳的背面，如图 3-34 所示。

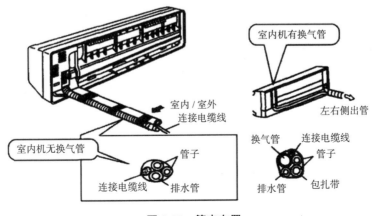

图 3-33　管束布置

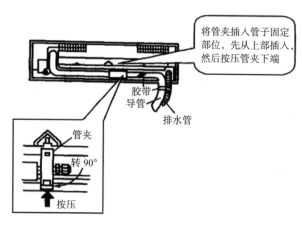

图 3-34　管夹安装

②配管出口。根据室内机组连接管引出方向，用钢丝钳扳开机壳背面外壳的孔作为配管引出孔。

③配管展开。分体式空调器一般随机附有 2 根连接配管，一根为气管（粗管），另一根为液管（细管）。将随机配管展开，展开方法是与盘曲方向相反，压住配管端部，滚动向后展开。

④室内机配管连接。如果室内机与室外机之间距离过大，导致随机的连接管长度不够时，应进行连接管的加长操作。连接配管时需选择同规格、退火并且酸洗过的紫铜管。弯曲铜管时一定要使用弯管器，以免损坏铜管。加长连接管推荐采用焊接方式连接，在不允许使用明火的场合，也可以采用洛克环，使用专用工具进行无火连接。焊接时注意采取防火措施，待焊接部位自然冷却后，方可进行空调器连接管的其他操作。注意连接管加长后，相应的保温管也应加长。

室内机连接配管的方法有两种，一种是扩口连接，另一种是快速接头连接。扩口连接是指对配管（气管和液管）进行扩口，将铜管管口制成喇叭形，然后用锥形螺母旋紧在接头上。

管路连接前一定要保持连接管内干燥无杂物，否则将使系统产生"冰堵"和"脏堵"。连接时要在室内机引管接头的锥面和配管的喇叭口上涂上少许冷冻机油，对正中心后用手将螺母拧到位，再使用扳手拧紧。使用扳手时，室内机引管一侧的扳手应固定不动，转动另一侧的扳手，以防止室内机引管变形。注意操作过程勿使灰尘、脏物、水汽等进入管内。接头处旋不紧会漏气，旋太紧会损坏喇叭口，旋紧力矩见表 3-6。

接头处旋紧力矩　　　　　　　　　　　　　　　　　　　　　表 3-6

管子外径（mm）	$\phi 6.35$	$\phi 9.52$	$\phi 12.7$	$\phi 15.88$
旋紧力矩（N·m）	15～20	30～35	50～55	60～65

一般在空调器出厂时，室内机蒸发器中充有少许制冷剂或氮气，连管时打开引管的封头，应有气体冲出，若无气体冲出，则说明蒸发器可能有泄漏。

配管的两端出厂时也有塑料封头，用来防止灰尘、水分进入，在空调安装连管时，应该在进行连管操作时取下封头，不要提前取下。

⑤室内机连线。卸下室内机前面板，按说明书中线路图上导线的编号，将随机附带的控制导线接上，再用定位卡压住接线头。

⑥管道束整形。将铜管、电源连线、排水管按图 3-33 所示的方法布置，并用包扎带缠好。

5）挂装室内机。如图 3-35 所示，将管路穿过穿墙孔，然后把室内机体挂牢在挂壁板上部的两个钩子上。安装时提起室内机体，使其靠近挂壁板，由上而下移动，使室内机体底部的连接件挂在挂壁板下端的钩子上，左右来回移动一下机体，检查其是否牢靠；双手抓住机体，将机体压向挂壁板，直到听到"咔嗒"声为止。

6）安装遥控器支座。遥控器支座应安装在不受阳光直射、距电视机或音响设备 1m 以上且空调器可以接收到遥控器信号的地方。如图 3-36 所示，将遥控器支座固定在墙上或柱子上。目前市场上的壁挂式分体空调器一般不提供遥控器支座，无需此项安装。

机体与挂壁板上的挂钩结合要牢靠

图 3-35　挂装室内机

图 3-36　安装遥控器支座

（2）立柜式空调器室内机的安装

立柜式空调器室内机的连接管引出方向有三个：左出管、右出管和后出管。安装时，连接管、电线和水管可以从机组的左、右侧或背侧引出，用户根据具体情况进行选择，原则是有利于冷凝水排放，有利于与室外机接管和连线。

立柜式空调器室内机与室外机的间距和高度差如表 3-7 所示。

立柜式空调器室内机与室外机的间距和高度差	表 3-7
室内机与室外机的间距	室内机与室外机的高度差
连接管标准长度：5m	室内机在上面：< 30m
连接管最大长度：< 35m	室内机在下面：< 20m

立柜式空调器室内机的特点是机体较高、单薄且直接放在地面上。部分机型为了使其稳定，要对其顶部和底部加以固定。立柜式空调器随机附有防倒隔板夹子和防倒地板夹子，防倒隔板夹子用于固定机体顶部，防倒地板夹子则用于固定机体底部。立柜式空调器室内机固定方法如图 3-37 所示。

立柜式空调器室内机可以直接坐落在地面，用地脚螺栓固定在水泥地上，也可以固定在 50 ~ 100mm 厚的木制底座上。立柜式空调器的背面底部或左右两侧有预留孔，管道和导线可以从中穿过。钻穿墙洞的方法与安装壁挂式空调器相同。

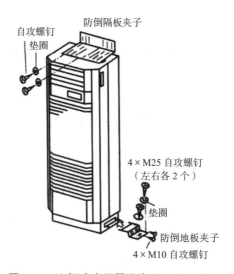

图 3-37　立柜式空调器室内机固定示意图

4. 室外机的安装

室外机的安装应该在保证安全的前提下进行，室外机高空安装时必须使用安全带，做好防护措施，佩戴安全带时须检查安全带的锁扣是否扣紧，安全绳固定的位置是否牢固，确认做好防护措施后方可外出作业。

空调器室外机比较重，压缩机又在室外机内，且室外机易振动，所以室外机一定要安装牢固。室外机既可以安装在建筑物预留的水泥底座上，也可以通过角钢（一般用 40mm × 40mm 角钢）制成三角支架支撑安装在墙壁上，还可安装在房顶上。

安装室外机支架时，首先测量空调器室外机底脚横向和纵向的固定孔位置，根据室外机安装注意事项选定安装位置，然后再安装支架上方第一个固定孔处，打孔并固定支架的一端，调整支架的另一端。用水平仪校准，使支架在水平的位置，如图 3-38 所示。

使用记号笔在支架其余固定孔处做上打孔标记，取下支架，用冲击钻在标记处打膨胀螺栓安装孔，然后用膨胀螺栓固定安装支架。墙壁较薄或强度不够时，应使用穿墙螺栓固定，螺栓要加防松垫，否则螺母可能松脱导致室外机坠落。

固定室外机支架的膨胀螺栓应使用 6 个以上；5000W 以上的空调器应不少于 8 个膨胀螺栓，螺栓直径不得小于 10mm。固定后能够承受人和机器 4 倍的重量。

将室外机放置在支架上，在底脚下部垫上减振垫片后，用 4 只 M8×25 螺栓将室外机固定在安装支架上。

热泵型空调器需要安装排水管弯头及排水管，以便在冬季制热时可以将除霜水排到指定的地方，如图 3-39 所示。

图 3-38　室外机支架安装

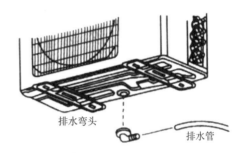

图 3-39　热泵型空调器排水管弯头安装

一般情况下，要求室外机安装得比室内机低，但根据实际安装情况，室外机可以高于室内机安装，如安装在屋顶上。这种情况下，其高度差应在说明书规定的范围内，连接管应制作成弯曲状，以防止水流入空调器内，如图 3-40 所示。

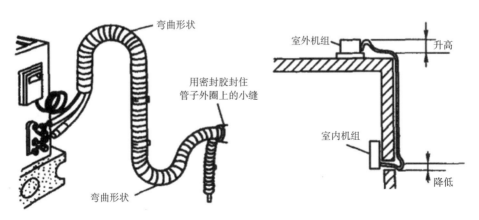

图 3-40　室外机安装在屋顶上的管道制作

5. 室内、外机连接管和导线的安装

（1）连接管的安装

室外机在支架上固定稳妥后，即可安装室内、外机连接管。在安装连接管时，将室外机高低压阀的螺母取下，将连接管的喇叭口中心对准室外机两通阀、三通阀的丝锥，先用手拧几圈锥形螺母，然后用扳手拧紧（拧紧力度不要过大，拧紧力矩见表 3-6），如图 3-41 所示。

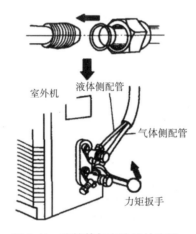

图 3-41　连接管与室外机的连接

注意用力大小的掌握，用力过小会造成松动引起泄漏，用力过大会导致喇叭口损坏造成制冷剂泄漏。千万不要在螺母与螺纹没有对齐的情况下就用扳手拧动螺母，否则会造成管口和螺纹损坏。一旦螺母损坏，只能更换螺母重新扩口，严重的要更换室外机的两通阀、三通阀，造成不必要的损失。

（2）线路连接

分体式空调器室内、外机组的电源线、控制线均需在安装现场连接，安装时一定要参照产品说明书，按要求操作。线路如需加长，应选用合适的导线。

电源线一般采用聚氯乙烯绝缘线，控制线一般采用氯丁橡胶绝缘线。连接时打开内外机组上的接线盒，按照接线柱上所标的记号，按"对号入座"的原则，将导线与室外机一一对应连接。控制线与电源线绝不可接错，否则将使机组烧坏，或控制失灵。

6. 排空气与检漏操作

（1）排空气操作

空调器安装完毕后应对空调器室内机和管路进行排空操作。排空操作可分为抽真空和内气排空两种方法，为了保护环境，保证空调器的使用性能，应优先使用抽真空

法排空，变频空调器和使用混合制冷机或可燃制冷剂的空调器必须使用抽真空法，禁止使用室外机机内制冷剂进行排空。

下面具体介绍抽真空法的操作步骤。

1）首先检查室内、外机连接管螺母是否拧紧。

2）用扳手拧下三通阀（气阀）工艺口（顶针阀）阀帽。

3）将复合压力表低压软管与室外机三通阀工艺口（顶针阀）连接，充注软管与真空泵连接（图3-42），将压力表的阀完全打开，将真空泵接通电源，启动真空泵进行抽真空操作（图3-43）。

图3-42 连接真空泵

图3-43 启动真空泵进行抽真空操作

4）真空泵运行15min以上，观察真空度达到 -0.1MPa 时，先关闭压力表阀，再停止真空泵的运转。保持1h后，检查压力表指针是否有回偏，如果回偏，检查并重新拧紧接头，重新进行抽真空操作。

5）抽真空完成后，逆时针全部打开两通阀（液阀）、三通阀（气阀）。并快速取下检修截止阀上的软管，拧紧截止阀阀帽及全部阀帽。

对于采用R22或R134a制冷剂的分体式空调器，安装时可用室外机组中的制冷剂来排除管道和室内机组中的空气，这种方法比较简便，但目前这种排空方法已不推荐使用。

（2）检漏操作

为保证制冷系统能正常工作，要对所有的管路接头、阀门进行检漏。

检漏时将带泡沫的洗涤剂依次涂在要检漏的管路接头处，检查有无增大的气泡出现，每个点的检查时间不得少于3min。检漏时均需对所有阀门及接头处进行检测，确认无泄漏点。

7. 运行调试

（1）空调器安装完毕后要进行排水试验，拆下过滤网，从蒸发器上注入300mg

左右的清水，观察水是否可以顺利从排水管流出。

（2）插上电源插座，用遥控器开机，将空调器设置在"制冷"状态下运行，室内、外机应正常开机，不能有异常碰擦声。

（3）空调器运行30min后，用温度计先测量室内机进风口温度，再测出风口温度。一般情况下：制冷运行时，进风口和出风口的温差应大于8℃；制热运行时，出风口和进风口的温度差应大于15℃。

（4）空调器运行时，要检查运行电流是否在铭牌标注的范围内。如果电流过小，则需要检测是否缺少制冷剂；如果电流过大，则需要检测制冷剂是否过量或管路是否阻塞等。

（5）在空调器试机正常后，还应进行运行模式、风向调节、定时睡眠等功能的测试。

分体式空调器安装时的注意事项：

（1）配管管道束连接操作注意事项

1）引管接头与配管的连接段用一段特制的保温套包裹扎实，两端不得暴露或与空气接触，以免有结露而漏水，如图3-44所示。

2）排水管应走直，注意不能有呈蛇形弯曲的现象产生气塞，导致冷凝水积存在管内，需保证冷凝水能顺利流出。

3）在安放位置上，电源连线在上，铜管平放，排水管应在下面。

4）连接管外部包裹的塑料涤纶扎带应部分重叠均匀向前缠绕，用力扎紧，防止空气窜入或雨水渗入。

5）排水管包裹到一定长度后，应将出口留出，如图3-45所示。

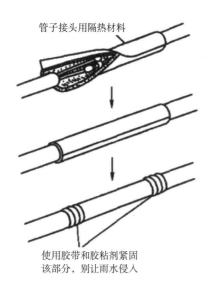

图3-44　接管处的包裹

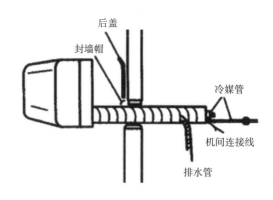

图3-45　排水管出口留出示意图

6）在包扎到配管末端 500mm 左右时，连接导线也应甩出不再包扎，以方便接线。

7）连接配管末端应留出 150mm 左右不用包扎，以方便连接管和室外机高、低压阀体的连接。

（2）连接室内、外机管路操作的注意事项

1）管道的连接在室内侧开始进行。临时整形后，可在室外机附近进行长度调整。

2）整理管道应用左右手的拇指，一点点地进行弯曲整形。

3）整形管道时，应尽可能形成大的半径（半径为 10cm 以上）。

4）管道连接部（室内机的管道连接部或室内机管道和室外机管道）在中间连接的部分，制冷运转时易产生结露现象，故务必卷紧隔热材料，防止结露。

5）将室外机安装在屋顶上等处（比室内机高）时，高低差应确保安装说明书所记载的尺寸，一般应尽量避免出现室内机低于室外机的情况。

6）配管与室内外机连接时，所使用的扳手应规范，要求用一把呆扳手和一把力矩扳手。使用呆扳手不会将螺母边角损坏，而使用力矩扳手时，力矩值已事先定好，不致因用力过小而产生泄漏，也不致因用力过大而损坏喇叭口。配管喇叭口的拧折次数不得超过 3 次，若已超过 3 次或移机重新安装时，必须割口重新扩口。配管连接时，喇叭口和室内、外机的锥头上必须涂抹冷冻机油以加强密封。

三、家用分体式空调器的移机操作

家用分体式空调器的移机由准备工作、回收制冷剂、拆室内机、拆室外机、运输、空调器的重新安装和运行调试加制冷剂 7 个步骤组成。上述步骤必须严格按照规定操作，才能让空调移机后的制冷效果不受影响。

1. 准备工作

（1）施工人员准备。要求至少两人或两人以上熟练的制冷修理工。

（2）确定空调器移动的位置，管道的长度是否足够。空调器的安放位置是否适合，是否符合各种要求等。空调器的重新移机也是需要符合一般安装空调器位置的要求的。

（3）准备好移机需要的材料和器材。包括制冷修理工具一套，以及室内、外机的固定用膨胀螺钉、需要更新或延长的管道、接头等材料。

（4）空调器延长管道就要相应地增加制冷剂（以 R410 为例），一般 5m 长的管道不增加制冷剂，7m 长的管道要增加 40g 制冷剂，15m 长的管道要增加 100g 制冷剂。

2. 回收制冷剂

回收制冷剂是非常关键的一步，无论是冬季还是夏季移机，拆机前都必须把空调器中的制冷剂收集到室外机中去。具体操作如下：

（1）首先接通电源，用遥控器开机，设定为"制冷"状态。冬季移机，需有一位修理工用手握住室内温度传感器，才能启动制冷模式。

（2）用扳手拧下室外机上液体管、气体管接口上阀杆封帽，让压缩机运转 5min。

（3）用内六角扳手，先关低压液体管（细）的截止阀，约 1min 后待低压液体管外表出现结露，再关闭低压气体管（粗）截止阀，同时用遥控器关机。

（4）拔下电源插头，回收制冷剂工作结束。

回收制冷剂应注意的是：要根据制冷管路的长短准确控制时间。时间太短，制冷剂不能完全收回；时间太长，由于低压液体截止阀已关闭，压缩机排气阻力增大，工作电流增大，发热严重。同时，由于制冷剂不再循环流动，冷凝器散热下降，压缩机也无低温制冷剂冷却，所以容易损坏或减少使用寿命。

控制制冷剂回收"时间"的方法有表压法和经验法两种。所谓表压法，是在低压气体旁通阀连接一个单联表，当表压为 0MPa 时，表明制冷剂已基本回收干净，此方法适合初学者使用。所谓经验法，是凭维修经验积累出来的方法，通常 5m 长的制冷管路回收时间 48s 即可收净。收制冷剂时间长，压缩机负荷增大，用耳听声音变得沉闷，空气容易从低压气体截止阀连接处进入。

3. 拆室内机

制冷剂回收后，可拆卸室内机。操作步骤如下：

（1）首先用扳手柄将室内机连接螺母拧开，用准备好的密封钠子旋好护住室内机连接接头的螺纹，防止在搬运中碰坏接头螺纹和密封面。

（2）拆下控制线，同时应做标记，避免在安装时接错。如果信号线或电源线接错，会造成室外机不运转，或机器不受控制。

（3）室内机挂板一般固定得比较牢固，拆卸起来比较困难，往往会造成挂板出现变形，可取下挂板，置于平面水泥地上轻轻拍平、校正。

4. 拆室外机

拆室外机具有安全风险，应由专业制冷维修工在保证安全的情况下拆卸。具体拆卸步骤及注意事项如下：

（1）拧开室外机连接锁母后，应用准备好的密封钠子旋好护住室外机连接接头的螺纹。

（2）用扳手松开室外机底脚的固定螺丝。

（3）拆卸后放下室外机时，最好用绳索吊住，卸放的同时应注意平衡，避免振动、磕碰，并注意楼下车辆和行人，在确保安全的前提下进行作业。

（4）应慢慢捋直室外机的接管，用准备好的4个堵头封住连接管的4个端口，防止空气中灰尘和水分进入，并用塑料袋扎、盘好，以便于搬运。

5. 运输

（1）运输时，先将空调器的连接管圈成小圈，这样更方便运输。

（2）将室内机、室外机、连接管放在运输车上，必须平稳，不得将室内机放在室外机上，防止跌落损坏。

（3）运输及搬运过程，应该轻拿轻放。

6. 空调器的重新安装

空调器的移机重装方法与前文介绍的新机安装方法基本相同，这里不再赘述。重装室内、外机时应注意以下几点：

（1）准备重新安装空调器之前，应先对空调器的内、外部进行清理，包括卸下挂机或柜机的室内机过滤网进行清洗。

（2）安装室内机及连接管时，应先将连接管捋平直，查看管道是否有弯瘪现象，检查两端喇叭口是否有裂纹，如有裂纹，应重新扩口，以免造成漏制冷剂故障。

（3）检查控制线是否有短路、断路现象，在确定管路、控制线、出水管良好后，把它们绑扎在一起并将连接管口密封好。

7. 运行调试加制冷剂

重新安装好室内、外机后，需要运行调试制冷效果，以确定是否需要加制冷剂。在空调器移机中，只要是按操作规范的要求去做，开机运行后制冷效果良好，一般不需要添加制冷剂。但对于使用中的微漏或在移机中由于排空时动作迟缓，制冷剂会微量减少；或由于移机中管道加长等因素，空调器在运行一段时间就不能满足正常运行的条件。如果出现如下情况，则必须补充制冷剂：压力低于 $4.5kgf/cm^2$（R22 制冷剂，环境温度高于 25℃）；管道结霜；电流减少；室内机出风温度不符合要求等。

运行中补加制冷剂，必须从低压侧加注，其操作方法如下：

（1）先旋下室外机三通截止阀工艺口的螺母，根据公、英制要求选择加气管。

（2）用加气管带顶针端把加气阀门上的顶针顶开与制冷系统连通，另一端接三通表。用另一根加气管一端接三通表，另一端虚接 R22 气瓶，并用系统中制冷剂排出连接管的空气。

（3）听到管口"呲呲"响声 1～2s，表明空气排完，拧紧加气管螺母，打开制冷剂瓶阀门。把气瓶倒立，缓慢加制冷剂。

（4）当表压力达到 4.5～5.4kgf/cm² 时，表明制冷剂已充足。

（5）关好瓶阀门，使空调器继续运行，观察电流、管道结露情况，若室外机水管有结露水流出，低压气管（粗）截止阀结露，确认制冷状况良好。

（6）卸下三通阀工艺口加气管，旋紧螺母。移机成功。

四、多联式空调机组安装工艺

多联式空调机组通常被称为家用中央空调机组，其制冷系统是一台室外机通过管路能够向若干个室内机输送制冷剂液体，室内机的数量为 1～32 个，通过控制压缩机的制冷剂循环量和进入各个室内机换热器的制冷剂流量，可以适时地满足室内冷热负荷要求。多联式空调机组只用一个室外机，采用网络控制，它可实现各室内机的集中管理，可单独启动一台室内机运行，也可多台室内机同时启动，使得控制更加灵活和节能。

多联式空调机组的室外机包括室外侧换热器、压缩机、风机和其他制冷附件；室内机包括风机、电子膨胀阀和直接蒸发式换热器等附件。室内机有壁挂式、立式明装、立式暗装、卧式明装、卧式暗装、顶棚嵌入式（卡式）等多种类型。室内机和室外机之间由冷媒铜管连接，每台室内机都可以进行独立操作和控制。多联式空调机组系统组成如图 3-46 所示。

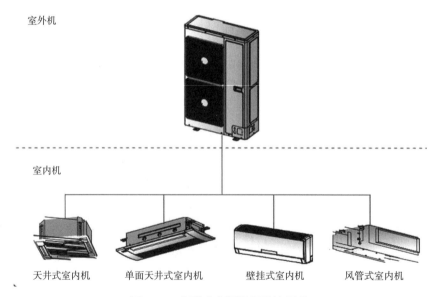

图 3-46　多联式空调机组系统组成

下文将介绍多联式空调机组的安装方法。

1. 室内机及室外机安装要求

室内机和室外机的安装位置要在连接管要求的长度和高度差范围内，严格按照图 3-47 ～图 3-49 及表 3-8 ～表 3-10 执行，不得超过要求。

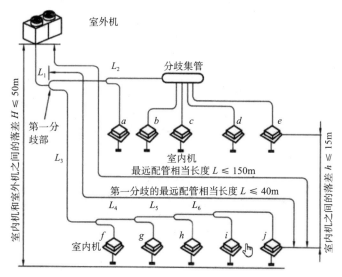

图 3-47 容量大于或等于 60kW 机组安装要求图示

注：相当长度是按 1 个 Y 形分歧管 0.5m 和 1 个分歧集管 1.0m 设计。

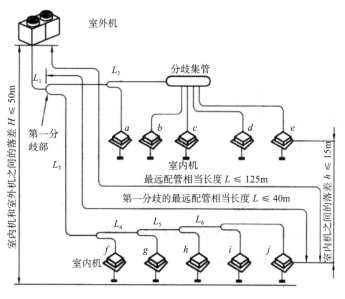

图 3-48 容量大于或等于 20kW 且小于 60kW 机组的安装要求

注：相当长度是按 1 个 Y 形分歧管 0.5m 和 1 个分歧集管 1.0m 设计。

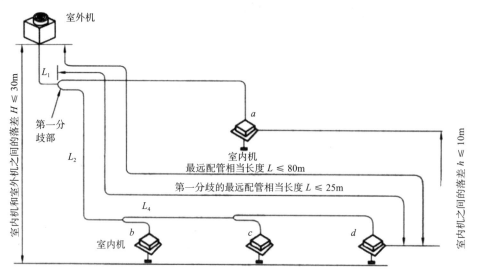

图 3-49　容量小于 20kW 机组安装要求图示

注：相当长度是按 1 个 Y 型分歧管 0.5m 和 1 个分歧集管 1.0m 设计。

容量大于或等于 60kW 机组安装要求　　　　表 3-8

项目		允许值（m）	配管部分
配管总长（实际长）		500	$L_1+L_2+L_3+L_4+L_5+L_6+a+b+\cdots+i+j$
最远配管长	实际长度	125	$L_1+L_3+L_4+L_5+L_6+j$
	相当长度	150	
第一分歧到最远室内机配管相当长度 L		40	$L_3+L_4+L_5+L_6+j$
室内机—室外机落差	室外机在上	50	—
	室外机在下	40	—
室内机—室内机落差		15	—

容量大于等于 20kW 且小于 60kW 机组的安装要求　　　　表 3-9

项目		允许值（m）	配管部分
配管总长（实际长）		300	$L_1+L_2+L_3+L_4+L_5+L_6+a+b+\cdots+i+j$
最远配管长	实际长度	100	$L_1+L_3+L_4+L_5+L_6+j$
	相当长度	125	
第一分歧到最远室内机配管相当长度 L		40	$L_3+L_4+L_5+L_6+j$
室内机—室外机落差	室外机在上	50	—
	室外机在下	40	—
室内机—室内机落差		15	—

容量小于 20kW 机组安装要求　　　　　　表 3-10

项目		允许值（m）	配管部分
配管总长（实际长）		150	$L_1+L_2+L_3+a+b+c+d$
最远配管长	实际长度	70	$L_1+L_2+L_3+d$
	相当长度	80	
第一分歧到最远室内机配管相当长度 L		25	L_2+L_3+d
室内机—室外机落差	室外机在上	30	—
	室外机在下	25	—
室内机—室内机落差		10	—

2. 室内机安装

室内机安装步骤为：确定室内机的位置、画线标位、打膨胀螺栓、装室内机。具体要求如下：

（1）室内机安装位置应能保证最佳的气流分布，进出口无障碍，保持空气良好循环。确保顶部挂件有足够的强度来承受机组的重量，保证冷凝水顺畅排出。

（2）室内机要确保图 3-50 要求的安装距离，确保维修保养所需要的空间。

（3）风管机电器盒侧离墙壁距离应大于该风管机机身长度的一半，但不能小于 300mm，以方便接线、地址拨码、过滤网的清洗和机组的正常检修。

（4）室内机应远离热源、有易燃气体泄漏和有烟雾的地方。

（5）室内机、室外机、电源线、通信线与电视机、收音机至少保持 1m 的距离，这是为了防止上述家电出现图像干扰和噪声。

（6）室内机吊装后要注意防尘、防杂物，可用随机的包装塑料袋进行保护。

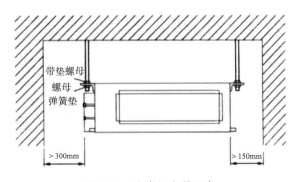

图 3-50　室内机安装距离

3. 室外机安装

室外机设备的开箱检查情况应填入设备开箱检查记录表。其安装需注意以下问题：

（1）室外机安装空间应防止回风短路，保证维修空间，避免气流短路。图 3-51

为室外机为前出风时空间尺寸要求。图 3-52 为室外机为上出风时空间尺寸要求。当室外机安装在屋檐下或其上方有水平障碍物时，机组的安装位置必须在通风良好的地方，否则容易发生气流短路，造成机组散热能力差。

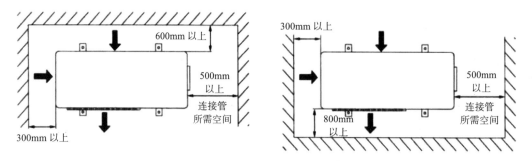

图 3-51　室外机为前出风时空间尺寸要求

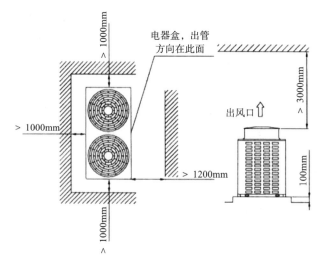

图 3-52　室外机为上出风时空间尺寸要求

（2）室外机的基础必须安装稳定以防止增大噪声或振动。室外机必须安装在混凝土或槽钢的基础上，禁止四角支撑，可用纵向支撑或四周支撑。四角应安装减振垫。

（3）吊运室外机时，必须用两根足够长的钢绳，在四个方向吊；为防止机组中心偏移，起吊移动时绳子夹角必须小于 40°。

4. 冷媒配管的安装

冷媒配管的安装步骤：支架制作、按图纸要求配管、焊接、吹净、试压检漏、干燥、保温等。

（1）制冷剂管采用无缝紫铜管及铜管件

管道的材质、壁厚必须符合国家规范要求，配管规格最小壁厚见表 3-11。总体安装要求是干燥、清洁、密封。

配管规格及最小壁厚 表 3-11

规格	材料热处理等级	最小壁厚（mm）
φ 19.1 及以下	O	1.0
φ 44.5 及以下	1/2H	1.4
φ 44.5 以上	1/2H	1.7

注：O 为盘管，1/2H 为直管。

（2）制冷剂管的焊接

制冷剂管道采用钎焊连接。为防止铜管内部氧化，焊接铜管时必须充氮焊接，氮气气压为 0.02MPa 左右，氮气焊接的部位应清洁、脱脂。氮气保护焊接见图 3-17。

（3）分歧管的安装

分歧管起着分流制冷剂的作用，常用的 Y 形分歧管连接示意如图 3-53 所示。进口接室外机或上一分支，出口接室内机或下一分支。分歧管的进、出口侧，均要求接 50cm 以上的直管段，两分歧管间间距要求 100cm 以上，如图 3-54 所示。安装 Y 形分歧管必须使其分歧管竖向或水平。

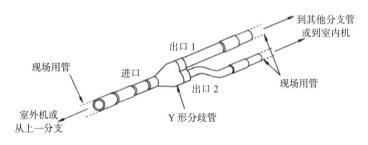

图 3-53 Y 形分歧管连接示意图

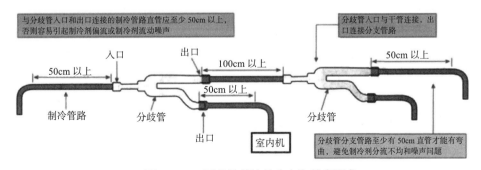

图 3-54 Y 形分歧管连接方向和长度要求

（4）回油弯与止回环设置

室外机处于室内机上方，室内、外机落差大于10m时，则必须分别在立管的最低处和最高处加设回油弯和止回弯。每隔6m在气管侧增设一个回油弯，确保机组回油正常。回油弯最小弯曲半径不应小于冷媒管直径的2.5倍。室外机在室内机下方，应在液体管的最高处设置止回环。如图3-55所示。

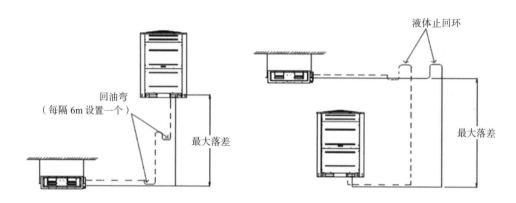

图3-55 回油弯与止回环的设置

（5）气密性试验

冷媒配管完工后应进行氮气加压，检查压力是否下降，气密性试验合格后才能进行下一步操作。

冷媒管加压须用干燥的氮气，加入氮气时，高低压两侧同时进行，加压分三个阶段实施。第一次加压试验，管路加压至0.5MPa，保压24h；第二次加压试验，系统加压至2.5MPa，保压24h，第三次系统加压至4.0MPa，保压24h。观察压力是否下降，若无下降即为合格，但温度变化压力会变化，每变化1℃，压力会有0.01MPa的变化，故应修正。

气密试验结束后，保留室外机液管侧的压力表，系统仍保持2.5MPa压力，防止气密性受破坏。

（6）检漏

室内、外机出厂前已进行检漏。现场制冷剂连接管连接完毕，必须对连接管进行检漏。检漏方法是：①检漏前，室外机气侧、液侧截止阀和室内机电子膨胀阀必须都完全关闭。②在气管和液管各加压2.5MPa不少于24h。③漏点检查：加压24h后，要求压力没有变化。如果有压力损失，则需要检查漏点。用听觉、探测器、气泡溶剂等查漏。如果查到泄漏，则进行焊接或再上紧喇叭管等。

（7）管路抽真空

在检漏完成后，排出氮气。将压力表连通器接在工艺管上，连接真空泵，高、低压侧同时抽真空。冷媒管抽真空应采用排气量大于等于 4L／s 的真空泵。

短连接管系统抽真空时间不少于 4h，长连管系统抽真空时间不少于 10h，或更长时间。连接管越长，抽真空所需时间越长。

真空度未达到 −0.1MPa，则再抽真空不少于 2h 或更长时间。若真空度还未达到 −0.1MPa，则需要检查漏点。若真空度达到 −0.1MPa，则抽真空完毕，关闭真空泵，放置 1h，然后检查真空度是否有变化。如果有变化，则说明有漏点，应重复进行气密性试验进行检漏、补漏，直至真空合格。按上述程序抽完真空后，按计算的冷媒量加注制冷剂。将以上试验情况记录入相关表格。

（8）管路的保温

对于多联式空调机组，每根管子都要贴上标签，以便搞清某根管子是属于哪个系统的，防止接错。

为避免在连接管上冷凝结露和漏水，连接管气管和液管必须用保温材料和胶带包扎与空气隔绝，保温材料一般采用橡塑管。

室内、外机接头处用接头保温材料包好，与室内、外机壁面无间隙，如图 3-56 所示。

分歧管保温应使用能经受 120℃或更高温度的保温材料或使用与管路相同的保温材料，不可使用分歧管自带的泡沫作为保温材料。

当包扎保温胶带时，每一圈都要压住前一圈带子的一半。勿将胶带裹得太紧，以免降低隔热效果。

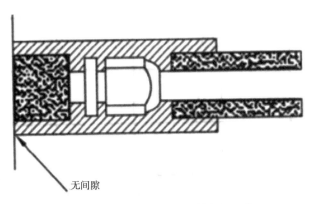

无间隙

图 3-56　室内、外机接头处的保温要求

5. 冷凝水管的安装

多联式空调机组的冷凝水应有组织地排放，冷凝水管道向下坡度不小于 1%。排水就近排放，管道应尽可能短。室内机安装完成后，要从室内机注水口向积水盘注水，检查排水是否顺畅。冷凝水管路也需要保温。

6. 电源线和通信线的安装

（1）室内机电源线需统一供电，室外机单独供电。电源线的截面积一定要满足要求。

（2）室内、室外电源线、通信线与电视机、收音机间应保持 1m 以上的距离。

（3）通信线的连接要求：为了避免强电与弱电之间的相互干扰，施工过程中将电源线和通信线分开布线。电源线和通信线分别安装在套管内（可用 PVC 管），两套管之间间距在 0.3m 以上。

（4）线控器的安装和地址拨码：线控器的外形尺寸为 120mm×120mm×16mm，用 2 个螺钉固定在墙上。将通信线插头插到线控器的通信线插座上，然后进行线控器地址拨码。

7. 追加制冷剂

多联式空调机组标准管长为 15m。当连接管长度小于或等于 15m 时，不需要另加制冷剂。如果连接管超过 15m（以液管为准），则需要追加制冷剂，表 3-12 中列出了连接管长度每增加 1m 所需增加制冷剂的量。

补充制冷剂质量的计算方法（以液管为基准）为：追加冷媒量 = Σ 连接管长度 × 每米连接管制冷剂追加量。

连接管长度每增加 1m 所需增加制冷剂的量 　　　　　表 3-12

管径（mm）	ϕ25.4	ϕ22.2	ϕ19.05	ϕ15.9	ϕ12.7	ϕ9.52	ϕ6.35
制冷剂量（kg/m）	0.54	0.41	0.29	0.187	0.12	0.06	0.03

8. 试机调试

试机工作应在系统吹污、气密性试验、抽真空、充注制冷剂等工作进行并达到要求，各项记录齐全并经过主管人员核实签章后进行。

试机调试应按照产品的技术要求进行，对运行参数进行分析、记录，包括制冷系统管道压力及流量的测试，以便了解整个系统的运行状况，方便维护和检修。试运转电气检测的内容包括：微电脑控制器是否动作正常，是否有故障出现，工作电流是否在规定范围内等。

试运转时，应对制冷和制热两种模式分别进行测试，以判断系统的稳定性及可靠性。机组在冬、夏季运行前，室外机应保证通电 8h 以上，每台机器连续运转应达到 8h。

第三节　风机盘管安装

一、风机盘管给水排水基础知识

1.风机盘管简介

风机盘管是集中空调系统中广泛应用的空气处理设备，它由翅片盘管热交换器、水管、过滤器、风机、接水盘、排气阀、支架等组成，是常用的空调系统供冷、供暖末端装置。其工作原理是：机组内风机不断将室内空气或室外的混合空气通过表冷器进行冷却或加热后送入室内，使空气通过冷水（热水）盘管后被冷却（加热），以消除房间的余热余湿，保持房间温度恒定。

风机盘管按结构形式可分为：立式、卧式、壁挂式、卡式等，其中立式又分立柱式和低矮式；按安装方式可分为明装和暗装；按进水方位，分为左式和右式。图3-57为带电加热的卧式暗装风机盘管结构图。

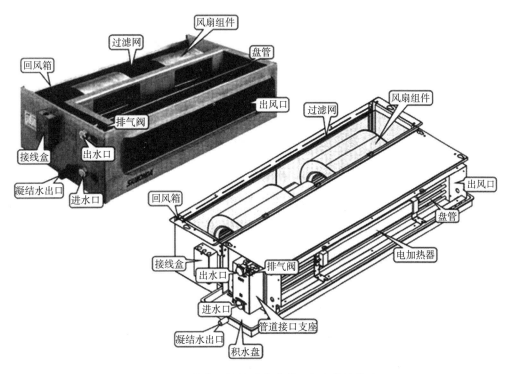

图 3-57　带电加热的卧式暗装风机盘管结构图

壁挂式风机盘管机组全部为明装机组，其结构紧凑、外观美观，直接挂于墙的上方。

卡式（顶棚嵌入式）风机盘管机组的进、出风口外露于顶棚下，风机、电动机和盘管置于顶棚之上，属于半明装机组。

明装机组都有美观的外壳，自带进风口和出风口，在房间内明露安装。

暗装机组的外壳一般用镀锌钢板制作，卧式暗装机组多吊装于顶棚上，其送风方式有上部侧送和顶棚下送两种。如采用上部侧送方式，可选用低静压型的风机盘管，机组出口直接接双层百叶风口；如采用顶棚向下送风，应选用高静压型风机盘管，机组送风口可接一段风管，其上接若干个散流器向下送风。卧式暗装机组的回风有两种方式：在顶棚上设百叶或其他形式的回风口和风口过滤器，用风管接到机组的回风箱上，不设风管，室内空气进入顶棚，再被吊于顶棚上的机组吸入。

国家标准中规定风机盘管机组根据机外静压分为两类：低静压型与高静压型。低静压型机组在额定风量时的出口静压为 0 或 12Pa，对带风口和过滤器的机组，出口静压为 0；对不带风口和过滤器的机组，出口静压为 12Pa；高静压型机组在额定风量时的出口静压不小于 30Pa。

风机盘管机组型号表示方法如图 3-58 所示。

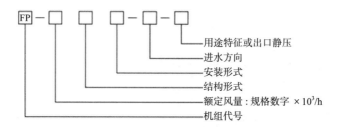

图 3-58　风机盘管机组型号表示方法

示例如下：

FP—34WM—Y—ZH 表示额定风量为 340m³/h 的卧式明装、右进水、低静压、双盘管机组。

FP—68LA—Z—G30 表示额定风量为 680m³/h 的立式暗装、左进水、高静压 30Pa 单盘管机组。

FP—51K—Y 表示额定风量为 510m³/h 的卡式、右进水、低静压、单盘管机组。

2. 风机盘管的给水系统

风机盘管的给水系统有以下三种形式：

（1）两管制系统　具有供、回水管各一根的风机盘管水系统，也称双水管系统，如图 3-59 所示。目前广泛采用的是两管制，即夏季走冷水制冷，冬季走热水制热，其特点是系统简单，投资省；缺点是在过渡季节，有些房间要求供冷而有些房间要求供热时，不能全部满足要求。

（2）三管制系统　由一根供冷水管、一根供热水管和一根公共的回水管组成。这种系统每个风机盘管在全年内都可使用热水或冷水，如图 3-60 所示。由温度调节器自动控制每个机组水阀的转换，使机组根据需要接通冷水或热水。这种系统的最大缺点是回水管中产生的冷水与热水混合，造成冷热量的混合损失，因而实际工程中很少采用三管制系统。

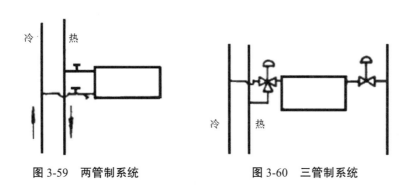

图 3-59　两管制系统　　　　　图 3-60　三管制系统

（3）四管制系统　冷水和热水由两根管道分别输送，回水管也是冷、热回水各一根管道。这种做法有两种，一种是在三管制系统的基础上加一根回水管；另一种是把风机盘管分成冷却盘管和加热盘管，供回水系统完全独立，如图 3-61 所示。四管制系统由温控器、风机盘管、电动阀组成，电动阀根据不同的应用系统有两通阀和三通阀，可以在全年内同时供给冷水和热水，对房间温度实现灵活调节，克服了三管制系统存在的冷热混合能量损失。它的缺点是一次投资大，安装工程量大，管道占用建筑空间多。

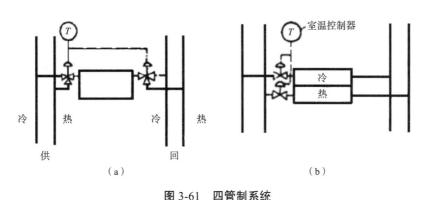

图 3-61　四管制系统

（a）单一盘管；（b）冷热分开的盘管

　　四管制系统仅在房间温度要求调节范围大、来自不同气候区的人短时间居住、特殊高标准的建筑及变风量空调系统中才考虑采用。

　　在大型建筑物的水系统中，空调冷水循环系统的回水管布置方式分为同程式和异程式（图3-62）。同程式水系统中，各个机组（风机盘管或空调箱）环路的管路总长度基本相同，各环路的水阻力大致相等，故系统的水力稳定性好，流量分配均匀。异程式水系统的优点是管路配置简单、管材省，由于各环路的管路总长度不相等，故各环路的阻力不平衡，从而导致了流量分配不均的可能性。如果在水管设计时，干管流速取小一些、阻力小一些，各并联支管上安装流量调节装置，增大并联支管的阻力，则异程式水系统的流量不均匀分配的程度可以得到改善。

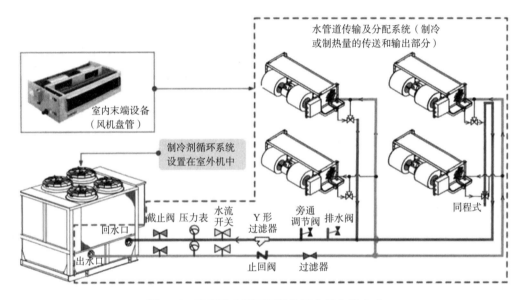

图 3-62　空调冷水循环系统的回水管布置方式

　　图3-62中左侧两个风机盘管属于异程式布置，右侧两个风机盘管属于同程式布置。通常，水系统立管或水平干管距离较长时，采用同程式布置。建筑层数较少，水系统较小时，可采用异程式布置，但所有支管上均应装设流量调节阀以平衡阻力。

3. 风机盘管的控制

　　风机盘管系统常配备温控器对其进行控制，机械旋钮式风机盘管控制面板如图3-63所示。目前工程上普遍采用数显式风机盘管温控器，其控制面板如图3-64所示。

　　风机盘管控制室温基本采用三种方式：第一种是只控制盘管风机的风速，以控制送入室内的风量；第二种是只采用电动两通阀，控制水流的通断，阀门一般装设在盘管冷水管的入口处或出口处；第三种是既控制盘管风机的风速，又控制水阀的通断。

风机盘管中的风机分高、中、低三个挡。当按下"高挡"键时，主绕组全部匝数接入 220V 交流电源，中间绕组及副绕组串联电容并入电源，主绕组因每匝电压增高而使转速增大，送入室内的风量增大，室温下降速度加快（夏季）或室温上升速度加快（冬季）。当按下"中挡"键时，主绕组串联中间绕组后接入电源，每匝电压减小，转速降低，盘管机组送入室内的风量减少。同理，按下"低挡"键时，风量进一步减小。

除采用离心式风机电动机进行三挡变速调节风量外，还采用电动两通阀控制盘管的冷水流量。这种电动两通阀是一种双位控制元件，即在通电时，阀门打开，冷水流通；断电时，冷水停止流入。通入风机盘管的冷水流量由室温控制器控制，室温控制器一般设有一个螺旋式双金属片温度敏感元件，当室温上升到设定值以上时，双金属片弯曲使触头闭合，接通电动两通阀微电动机电源，通过齿轮传动打开阀门，冷水随之进入盘管（夏季工况）。当室温下降到设定值时，双金属片复原，电动两通阀微电动机失电，阀门关闭，冷水停止进入盘管。

目前风机盘管一般不接入集中控制系统。智能控制联网型风机盘管控制系统由管理中心计算机、温控器监控软件、温控器网关、温控器、电动阀门、能量表网关、能量表、计量有效状态采集模块等组成，操作人员可在机房中的计算机上直接操作及采集运行数据，这是今后设备智能化发展的方向。

图 3-63　机械旋钮式风机盘管控制面板　　　图 3-64　数显式风机盘管控制面板

4.风机盘管的选择

一般由空调负荷（制冷量）、送风量确定风机盘管机组的型号、台数。利用风机盘管机组的性能曲线可由水温、水量确定制冷量。同样，利用风机盘管机组的水流阻力曲线由水量确定水流的阻力。

风机盘管造型注意事项：

（1）风机盘管的形式由建筑布局、室内装饰要求、气流组织等因素综合确定。

（2）风机盘管的进出水管方向要结合供水管路条件而定，水管的左、右不可搞错。

（3）选用风机盘管时主要根据设计空调冷负荷及风量确定，除供冷量满足计算冷负荷要求外，还要求满足其显热量和潜热量的匹配，满足送风温差和房间热湿比的要求。在实际工程设计中，设计人员若按产品样本提供的中速挡参数选用风机盘管机组，一定要校核房间送风量、送风温差及房间的换气次数，看能否满足相关设计标准的要求。

（4）在热负荷相对小的房间，必须对换气次数、机组的配置等问题进行校核，若气流分配上有问题，则必须增加机组的台数。

（5）风机盘管选型时应参考产品资料中附有的当室内工况条件、水温、水量变化时的选型修正表。

（6）接风管的机型还应对校核风机盘管的静压是否满足要求。

（7）风机盘管选型时，一般应将表冷器迎风面风速控制在 2～2.5m/s。

（8）在风机盘管选型时还应检查质检部门出具的凝露试验合格报告，其凝结水盘保温采用整体保温，水盘优先选择长盘。

二、凝水管与接水盘的布置

风机盘管下装有积水盘，可以及时排除空气冷却时产生的冷凝水，也可作盘管冲洗、检修时的排水用，积水盘底部应保温，避免二次结露。在风机盘管机组运行过程中，都会产生冷凝水，这些冷凝水如不及时排走，会给工程造成严重后果。

一般建筑的标准层高为 3200mm，层高的限制使冷凝水管道应尽量分成小区域进行敷设，以最大可能地减少冷凝水水平管道的长度，使冷凝水及时排出。冷凝水管道安装时要结合幕墙龙骨间隔、铝板与结构间隙等空间敷设，同时也要结合暖通、建筑节点、室内吊顶图，与外立面幕墙安装及室内装饰紧密配合，保证美观。如果发现冷凝水管道设计与现场冲突，要及时与设计单位协商沟通，在保证外观的前提下做局部调整。

1.冷凝水管的布置

（1）若邻近有下水管或地沟时，可用冷凝水管将风机盘管接水盘所接的凝结水排放至邻近的下水管中或地沟内。

（2）若相邻近的多台风机盘管空调器距下水管或地沟较远，可用冷凝水干管将各台空调器的冷凝水支管和下水管或地沟连接起来。

（3）水平管道沿水流方向应保持不小于1‰的坡度，且不允许有积水部位。

（4）当冷凝水盘位于机组负压区段时，凝水盘的出水口处必须设置水封，水封的高度应比凝水盘处的负压（相当于水柱高度）大 50% 左右。水封的出口，应与大气相通。

（5）采用聚氯乙烯塑料管时，一般可以不必进行防结露的保温和隔汽处理。

（6）采用镀锌钢管时，通常应设置保温层。

（7）冷凝水立管的顶部，应设计通向大气的透气管。

（8）设计和布置冷凝水管路时，必须认真考虑定期冲洗的可能性，并应设计安排必要的设施。

（9）冷凝水管采用 PVC 管道时，应布置美观、粘接牢固，试水试漏时应打开设备的放气装置，让水充满整个 PVC 管道，持续 24h，以管道无渗漏、设备凝结水盘不积水为合格。

（10）当冷凝水管安装高度超过 20m 时，应考虑安装补偿器，以免管道因温度变化、振动而断裂。

2. 冷凝水管管径的确定

（1）直接和空调器接水盘连接的冷凝水支管的管径应与接水盘接管管径一致（可从产品样本中查得）。

（2）需设冷凝水干管时，某段干管的管径可依据与该管段连接的空调器总冷量（kW）按表 3-13 查得。

冷凝水干管管径选择　　　　　　　　　　　　　表 3-13

冷量（kW）	干管公称直径 DN（mm）	冷量（kW）	干管公称直径 DN（mm）
< 7	20	177 ~ 598	50
7.1 ~ 17.6	25	599 ~ 1055	80
17.7 ~ 100	32	1056 ~ 1512	100
101 ~ 176	40	1513 ~ 12462	125
		> 12462	150

注：DN15mm 的管道不推荐使用。立管的公称直径应与同等负荷的水平干管的公称直径相同。

3. 冷凝水管保温

所有冷凝水管都应保温，以防冷凝水管温度低于局部空气露点温度时，其表面结露滴水。

采用带有网络线铝箔贴面的玻璃棉保温时，保温层厚度可取 25mm。

4. 冷凝水管的施工要求

（1）冷凝水管安装前须将其内壁清理干净。

（2）冷凝水管对接或拐弯时须用直通和弯头粘接。

（3）冷凝水管须以设计规定的坡度排放，以保证出水畅通。

（4）所有粘接须尽可能牢固，严防漏水。

（5）保温管与冷凝水管须接触紧密，外观漂亮。

（6）冷凝水管每 1.5~2m 须装吊钩。

（7）冷凝水管在安装完毕后需要注水试漏。

三、清洁盘管污物的方法

风机盘管运行一段时间后，盘管内部和外部、回风过滤网及风机叶轮上均会积存一些脏物，必须定期清洗，以保证风机盘管的正常运行效果。风机盘管的维护和保养工作主要包括及时清洗或更换空气过滤器、盘管换热器的清洁维护、风机的维护、凝结水盘的清理和机组的排污。

1. 空气过滤器的清洗或更换

风机盘管都装有空气过滤器，它的主要作用是对室内回风进行净化滤尘。风机盘管在使用了一段时间以后，其空气过滤器表面会积存许多灰尘，若不及时清理，一方面会增加通过盘管的空气阻力，从而影响机组的送风量和换热效率，使机组无法满足空调房间内的气流组织和温湿度要求；另一方面，灰尘积聚过多，容易滋生各种细菌和病毒。随着室内空气的循环，空气品质越来越差，对人体健康将产生一定的威胁。

空气过滤器清洗或更换的周期由风机盘管所处的环境、每天的工作时长及使用条件决定。一般机组连续工作时，最好每月清洗一次；若发现过滤器有破损，则应进行更换。风机盘管过滤器清洗时，不能损坏过滤网，以免污染换热器。

2. 盘管换热器的清洁维护

为防止换热器管内结垢，应对冷媒水进行软化处理；冬季时进水温度不宜超过55℃，禁止使用高温热水作为风机盘管的热源。如果机组在运行中供水温度及压力正常，而机组的进出风温差过小，应怀疑是否为盘管内水垢太厚所致，需对盘管进行检查和清洗。夏季初次启用风机盘管机组时，应控制冷水温度，使其逐步降至设计温度，避免因立即通入温度较低的冷水而使机壳和进出水口产生结露滴水现象。

在运行过程中，若盘管换热器翅片之间有明显积尘，可用压缩空气吹扫或手动或机械除污，保证良好的传热性能；也可采用水冲洗的方法清洗翅片，先用清水将翅片淋湿，然后用喷壶将专用清洗剂均匀喷至翅片，放置 10~15min 后用高压清洗枪喷清水冲洗翅片。风机盘管表冷器需用专用空调清洗剂进行清洗、除垢、杀菌，以保证空气质量。

对于表冷器传热管内部的清洗可参照冷水系统的清洗。

进水管处的 Y 形过滤器需定期拆卸清洗，方法是：首先关闭风机盘管进出水截止阀，用扳手打开 Y 形过滤器螺盖，用容器接水，取出滤网，并在过滤器螺盖处放置盛水漏斗，漏斗下部接软管，软管下端放置在污水桶内，以防止 Y 形过滤器处喷水。打开冷水出水阀门，利用回水压力反冲表冷器换热盘管内的污物，直到流出清水为止，再关闭出水阀门，将清洗后的滤网装入，封闭 Y 形过滤器螺盖。

3. 风机的维护

机组风扇在长期运行过程中会粘附许多灰尘，影响风机的效率，同时也影响室内空气的品质。因此当风机叶轮上出现明显的灰尘时，应及时用压缩空气予以清除。清理周期以每年 2 次为宜。

4. 凝结水盘的清理

风机盘管夏季运行时，当盘管表面温度低于所处理的空气露点温度时，在盘管表面就会出现凝结水，凝结水不断落入滴水盘中，并通过防尘网流入凝结水管路中。随着运行时间的增加，空气中的灰尘慢慢地粘附在滴水盘内，造成防尘网和排水管堵塞。如果不及时清理，凝结水就会从滴水盘中溢出，造成房间滴水或顶棚被污染等现象。另外，由于滴水盘内总是处于潮湿状态，容易滋生霉菌，影响室内空气品质，对人体健康造成威胁。

对多个办公建筑和旅馆建筑空调系统的调查表明，多数工程风机盘管凝水盘从未清洗过，凝水盘内脏污不堪，特别是不设回风管的风机盘管机组，顶棚内吸风口周围落满厚厚的灰尘，在机组运行时，房间内空气质量较差。因此，凝水盘应定期清理，一般应在每年夏季使用前清洗 1 次，机组连续制冷运行 3 个月后再清洗 1 次为宜。同时也对设计人员提出要求，在设计风机盘管时，尽量采用回风管与机组连接，新风直接送入室内，而不是将新风送到机组的吸风口处。这样可以尽量减少新风的污染。

凝结水盘一般采用清水进行冲洗清污，要保证机组凝水管路畅通，清污用的抹布、棉纱不可遗忘在接水盘等工作现场，以防堵塞排水管。冲洗完毕后，一般会在凝水盘中投入 2～3 片状杀生剂，以防止细菌的滋生。

5. 机组的排污

风机盘管在使用过程中由于要进行冷热水倒换，因此管道中会进入空气，产生锈渣积存在管道中。开始供水后便会将其冲刷下来带至盘管入口和阀门处，造成堵塞。因此，应在机组的进出水管上安装旁通管。在机组使用前，利用旁通管冲刷供回水管路。

四、风机盘管安装工艺

风机盘管的安装按照开箱检查及安装准备→支吊架安装→风机盘管安装→连接配管及接线→机组试运转的程序进行。

1. 开箱检查及安装准备

（1）风机盘管应有装箱单、说明书、质量合格证、产品性能检测报告等文件。

（2）风机盘管开箱检查内容包括电机壳体及表面交换器有无损伤、锈蚀等缺陷。

（3）风机盘管运至现场后要采取措施，妥善保管，码放整齐，现场应有防雨、防雪措施，以免造成设备腐蚀、损坏。

（4）风机盘管和主、副材料运抵现场，安装所需工具准备齐全，且有安装前检测用的场地、水源、电源。

（5）安装位置尺寸符合设计要求，空调系统干管安装完毕，接往风机盘管的支管预留管口标高符合要求。图 3-65 为卧式暗装风机盘管机组的安装位置示意图。

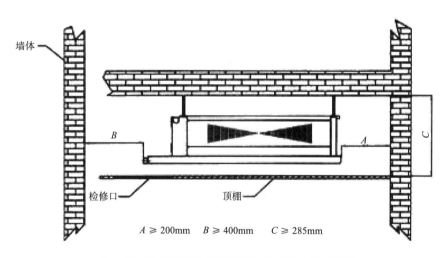

$A \geqslant 200mm \qquad B \geqslant 400mm \qquad C \geqslant 285mm$

图 3-65　卧式暗装风机盘管机组的安装位置示意图

（6）风机盘管安装前宜进行单机三速试运转及水压检漏试验，试验压力为系统工作压力的 1.5 倍，试验观察时间为 2min，不渗漏为合格。

2. 支吊架安装

（1）风机盘管应设置独立的支架、吊架来进行固定。所有支吊架均需刷防锈漆两道，面漆两道。

（2）根据施工图确定吊杆生根位置，生根一般采用膨胀吊杆。确定吊杆位置时，可取安装样板贴在室内顶板上，用记号笔画出安装样板的孔位，在孔位处安装膨胀吊杆即可。若无安装样板，可用硬纸板现场制作。

（3）按风机盘管的型号、质量选取相应规格的吊杆，吊杆长度应根据风机盘管安装图的规定选取。

（4）减振吊架的安装应符合设计要求。

（5）空调水管与支吊架之间需垫以 50mm 厚并经防腐处理的软木块，以防形成冷桥而结露。

3. 风机盘管安装

（1）卧式风机盘管安装的高度、位置应正确，吊杆与盘管连接应用双螺母紧固找平，并在螺母上加 3mm 的橡胶垫。

（2）风机盘管安装时要小心轻放，不得使机组承受重压，严禁手持叶轮、蜗壳搬运机组。在安装过程中应确保风机盘管外壳保温层等部件完好无损，以免影响机组性能。

（3）风机盘管吊装后，其后要留有不小于 600mm 的检修空间，检修口尺寸一般为 400mm×400mm。吊装后的风机盘管从外观看不能左右偏斜、上下倾斜现象。

（4）风机盘管的安装坡度为 0.2% ~ 0.3%，坡向凝水盘排水口，冷凝水应畅通，软管连接应牢固，宜专用管卡夹紧。

（5）暗装卧式风机盘管在吊顶处应留有检查门，便于机组维修。

（6）明装风机盘管安装必须端正，同一房间多台安装时，必须排列整齐。

（7）立式风机盘管安装应牢固，位置及高度应正确。

（8）质量较大的风机盘管应采用起重设备，由专业起重人员指挥操作，并具备完善的安全措施。

（9）风机盘管安装完成后，应先轻轻转动风机叶轮并查听是否有摩擦声，无摩擦即可对风机盘管进行通电试运转，观察运转有无异常声响，各挡风速有无明显不同。一切正常，表明风机盘管安装完成。

4. 连接配管及接线

（1）风管、回风箱及风口与风机盘管机组连接应紧密、牢固。风机盘管出风口与风道的连接必须为软连接，长度一般为 150 ~ 300mm。

（2）风机盘管与冷热媒的连接，应在管道系统冲洗、排污且循环试运行 2h 以上，水质合格后进行，以防杂物堵塞表冷器。

（3）连接风机盘管的供回水支管均安装阀门，设备进水口必须安装过滤器。风机盘管供、回水阀及水过滤器应靠近机组安装，以在滴水盘上方为佳。

（4）空调水干管敷设有 0.1%～0.2% 的坡度，以利于排气，所有形成气囊的干管安装均需安装自动排气阀。风机盘管的管道坡度，可用吊杆螺栓或支座与管道间的垫板调整。电动阀阀门及驱动器必须安装于垂直方向 90° 范围之内，无滴水。

（5）风机盘管的进出水管接头及排水管接头不得漏水，水管螺纹连接处应采取密封措施；进出水管必须保温，以免夏季使用时产生凝结水。

（6）风机盘管与管道相连接时宜采用软管或紫铜管，其耐压值应大于或等于 1.5 倍的工作压力，软管的连接应牢固，不应有扭曲和瘪管现象。进出水管与外接管路连接时必须对准，建议采用软管连接；连接时切忌用力过猛，造成盘管弯扭或漏水。

（7）风机盘管的排水管应有 3% 的坡度坡向凝结水排出口。与凝结水管连接应使用软管，其长度一般不大于 300mm。软管宜用透明胶管，并用喉箍紧固，防止渗漏。凝结水应畅通地流到指定位置，水盘应无积水现象。

（8）风机盘管使用电源为 220V、50Hz，机组接线时应对电线严格区分，并按接线图接线，特别是公共线不能接错，机组设备接地螺栓供保护接地用。

（9）机组的电气接线应按随机附带的接线图进行，禁止一个开关控制 2 台或多台机组。

（10）温控传感器应安装在回风口。

5. 机组试运行及测试

（1）风机盘管安装毕后，应进行试运转检查。

（2）风机盘管回水管备有手动放气阀，运行前需将放气阀打开，待盘管及管路内空气排净后再关闭放气阀。

（3）管道试验应分层进行，冷却水、供水回水管试验压力为 0.8MPa，凝结水管只作闭水试验。

（4）风机盘管控制系统完成线路检查，特别是强电部分的检查后，应给温控器通电，检查温控器应能正常工作。

（5）风机盘管应进行三速连续运转 2h 以上，若温控开关动作正确，且与风机盘管运行状态一一对应，则风机盘管运转为合格。

（6）测试风机盘管的绝缘电阻，其带电部分与非带电金属部分之间的绝缘电阻值不小于 2MΩ。

（7）空调房间噪声测定，应在全部空调设备开启状态下进行，一般性空调房间以中间离地 1.2m 处为测点。

（8）测试完毕后应整理工具，清理现场，保持现场整洁。

五、风管制作安装工艺

1.风管制作的基本要求

风管和配件广泛采用的制作方法是由平整的板材和型材加工而成。从平板到成品的加工，由于材质的不同、形状的异样而有各种要求，从工艺过程来看，基本工序可分为划线→剪切→成形（折方和卷圆）→连接（咬口和焊接）打孔→安装法兰→翻边→成品喷漆→检验出厂等步骤。

（1）风管规格

金属风管规格应以外径或外边长为准，非金属风管和风道规格应以内径或内边长为准。圆形风管直径宜符合表3-14的规定，矩形风管边长宜符合表3-15的规定。圆形风管应优先采用基本系列，非规则椭圆形风管应参照矩形风管，并应以平面边长及短径径长为准。

圆形风管直径（单位：mm）　　　　　　　　　　　　　　　表 3-14

基本系列	辅助系列	基本系列	辅助系列
100	80	500	480
	90	560	530
120	110	630	600
140	130	700	670
160	150	800	750
180	170	900	850
200	190	1000	950
220	210	1120	1060
250	240	1250	1180
280	260	1400	1320
320	300	1600	1500
360	340	1800	1700
400	380	2000	1900
450	420	—	—

矩形风管边长（单位：mm）　　　　　　　　　　　　　　　表 3-15

120	320	800	2000	4000
160	400	1000	2500	—
200	500	1250	3000	—
250	630	1600	3500	—

（2）风管材料

通风空调系统的风管，按材质可分为金属风管和非金属风管。金属风管包括钢板风管（普通薄钢板风管、镀锌薄钢板风管）、不锈钢板风管、铝板风管、塑料复合钢板风管等。非金属风管包括硬聚氯乙烯板风管、玻璃钢风管、炉渣石膏板风管等。此外还有由土建部门施工的砖、混凝土风道等。

风管制作所用的板材、型材以及其他主要材料进场时应进行验收，质量应符合设计要求及国家现行标准的有关规定，并应提供出厂检验合格证明。工程中所选用的成品风管，应提供产品合格证书或进行强度和严密性的现场复验。

镀锌钢板及含有各类复合保护层的钢板应采用咬口连接或铆接，不得采用焊接连接。

风管的密封应以板材连接的密封为主，也可采用密封胶嵌缝与其他方法。密封胶的性能应符合使用环境的要求，密封面宜设在风管的正压侧。

净化空调系统风管的材质应符合下列规定：

1）应按工程设计要求选用。当设计无要求时，宜采用镀锌钢板，且镀锌层厚度不应小于 $100g/m^2$。

2）当生产工艺或环境条件要求采用非金属风管时，应采用不燃材料或难燃材料，且表面应光滑、平整、不产尘、不易霉变。

3）当风管厚度设计无要求时，应符合现行国家标准《通风与空调工程施工质量验收规范》GB 50243。

2. 风管制作工艺

（1）画线

画线就是利用几何作图的基本方法，画出各种线段和几何图形的过程。在风管和配件加工制作时，按照风管和配件的空间立体外形尺寸，在平面上根据它的实际尺寸画出平面图，这个过程称为风管的展开画线。

（2）剪切

剪切就是将板材按照画线的形状进行裁剪下料的过程，剪切应做到切口准确、整齐，直线平直，曲线圆滑。剪切的方法分为手工剪切和机械剪切两种。

1）手工剪切：手工剪切使用工具简单，操作方便，但工人劳动强度大，施工速度慢。

2）机械剪切：机械剪切就是利用机械设备对金属板材进行剪切，这种方法工作效率高，且切口质量较好。

（3）连接

在通风空调工程中，用金属薄板加工制作风管和配件时，其加工连接的方法有咬口连接、焊接和铆接三种，咬口连接是较常见的连接方式。

1）咬口连接

咬口连接就是用折边法，把要相互连接的板材的板边，折曲成能相互咬合的各种钩形，相互咬合后压紧折边即可。咬口连接是通风空调工程中常用的一种连接方法。

适用条件：咬口连接适用于板厚小于 1.2mm 的普通薄钢板和镀锌薄钢板、板厚小于 1.0mm 的不锈钢板和板厚小于 1.5mm 的铝板。根据咬口断面结构的不同，常见的咬口形式可分为单平咬口、单立咬口、联合角咬口、按扣式咬口和转角咬口，如图 3-66 所示。

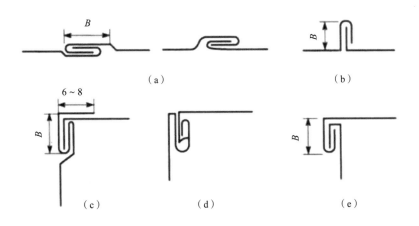

图 3-66　咬口的形式

（a）单平咬口；（b）单立咬口；（c）联合角咬口；（d）按扣式咬口；（e）转角咬口

咬口宽度与所选板材的厚度和加工咬口的机械性能有关，一般应符合表 3-16 的要求。

咬口宽度表　　　　　　表 3-16

钢板厚度（mm）	单平、单立咬口宽度 B（mm）	角咬口宽度 B（mm）
0.5 以下	6 ~ 8	6 ~ 7
0.5 ~ 1.0	8 ~ 10	7 ~ 8
1.0 ~ 1.2	10 ~ 12	9 ~ 10

板材咬口的加工过程主要是折边和咬合压实，分为手工咬口和机械咬口两种。

①手工咬口：手工咬口使用的工具有硬质木槌、木方尺、钢制小方锤和各种型钢等。合口时，先将两块钢板的钩挂起来，然后用木槌或咬口套打紧即可。

②机械咬口：常用的咬口机械主要有直线多轮咬口机、圆形弯头联合咬口机、矩形弯头咬口机和咬口压实机等。利用咬口机、压实机等机械加工的咬口，成型平整光

滑,生产效率高,操作简便,无噪声,大大改善了劳动条件。

2)焊接

连接风管及其配件在利用板材进行加工制作时,除采用咬口连接之外,管道密封要求较高或板材较厚不宜采用咬口连接时,还广泛地采用焊接连接。

适用条件:一般情况下,焊接连接适用于板厚大于 1.2mm 的薄钢板、板厚大于 1.0mm 的不锈钢板和板厚大于 1.5mm 的铝板。

焊接方法及其选择:常用的焊接方法有气焊(氧—乙炔焊)、电焊、锡焊、氩弧焊等。电焊一般用于厚度大于 1.2mm 的普通薄钢板的焊接,或用于钢板风管与法兰之间的连接,气焊用于板材厚度为 0.8 ~ 1.2mm 的钢板,在用于制作风管或配件时可采用气焊焊接。锡焊是利用熔化的焊锡使金属连接的方法。锡焊仅在镀锌薄钢板咬口连接时配合使用。氩弧焊是利用氩气作保护气体的气电焊,由于有氩气保护了被焊接的金属板材,所以熔焊接头有很高的强度和耐腐蚀性,该焊接方法更适合用于不锈钢板及铝板的焊接。

3)铆接

在通风与空调工程中,一般在板材较厚、采用咬口无法进行,或板材虽然不厚,但性能较脆,不能采用咬口连接时才采用铆接。在实际工程中,随着焊接技术的发展,板材之间的铆接已逐步被焊接所取代,但在设计要求采用铆接或镀锌钢板厚度超过咬口机械的加工能力时,还应使用。

3. 风管安装

风管安装的过程是:准备工作→确定标高→支、托、吊架的安装→风管连接→风管加固→风管强度、严密性及允许漏风量检测→风管保温。

(1)准备工作

应核实风管及送回风口等部件预埋件、预留孔的工作,安装前,由技术人员向班组人员进行技术交底,内容包括有关技术、标准和措施及相关的注意事项。

(2)确定标高

认真检查风管在标高上有无交错重叠现象,土建在施工中有无变更,风管安装有无困难等。同时,对现场的标高进行实测,并绘制安装简图。

(3)支、托、吊架的安装

风管一般沿墙、楼板或靠柱子敷设,支架的形式应根据风管安装的部位、风管截面大小及工程具体情况选择,并应符合设计图纸或国家标准图集的要求。常用风管支架的形式有托架、吊架及立管夹。通风管道沿墙壁或柱子敷设时,通常采用托架来支承风管。在砖墙上敷设时,应先按风管安装部位的轴线和标高,检查预留孔洞是否合适。如不合适,可补修或补打孔洞。孔洞合适后,按照风管系统所在的空间位置,确定风管支、托架形式。风管支架常用形式如图 3-67 所示。

支、托、吊架制作完毕后，应进行除锈处理，刷一遍防锈漆。

风管的吊点应根据吊架的形式设置，有预埋件法、膨胀螺栓法、射钉枪法等。膨胀螺栓法是目前常用的方法，其特点是施工灵活、准确、快速。选择膨胀螺栓时要考虑风管的规格、质量。在楼板上用电锤打一个与膨胀螺栓的胀管外径一致的洞，将膨胀螺栓塞进孔中，并把胀管打入，使螺栓紧固。

风管支、吊架的安装应符合下列规定：

1）金属风管水平安装，直径或边长小于或等于 400mm 时，支、吊架间距不应大于 4m；直边或长边大于 400mm 时，间距不应大于 3m。螺旋风管的支、吊架的间距可为 5m 与 3.75m；薄钢板法兰风管的支、吊架间距不应大于 3m。垂直安装时，应设置至少 2 个固定点，支架间距不应大于 4m。

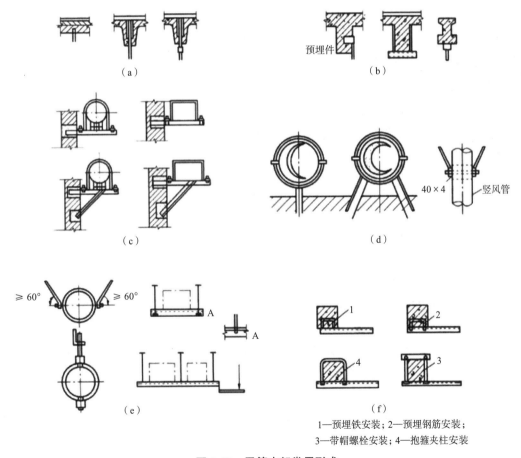

图 3-67　风管支架常用形式

（a）楼板、层面板上；（b）钢筋混凝土大梁吊架的固定；（c）墙上托架；（d）垂直立管的固定；（e）吊架；（f）柱上托架

2）支、吊架的设置不应影响阀门、自控机构的正常动作，且不应设置在风口、检查门处，离风口和分支管的距离不宜小于 200mm。

3）悬吊的水平主风管直线长度大于 20m 时，应设置防晃支架或防止摆动的固定点。

4）矩形风管的抱箍支架，折角应平直，抱箍应紧贴风管。圆形风管的支架应设托座或抱箍，圆弧应均匀，且应与风管外径一致。

5）风管或空调设备使用的可调节减振支、吊架，拉伸或压缩量应符合设计要求。

6）不锈钢板、铝板风管与碳素钢支架的接触处，应采取隔绝或防腐绝缘措施。

7）边长（直径）大于 1250mm 的弯头、三通等部位应设置单独的支、吊架。

8）支、吊架的预埋件或膨胀螺栓埋入部分不得涂油漆，并应除去油污。

9）圆形风管与支架接触的地方应垫木块，否则会使风管变形。保温风管不能直接与支架接触，应垫上坚固的隔热材料，其厚度与保温层相同。矩形保温风管的支吊装置宜放在保温层外部，且不得损坏保温层。矩形保温风管不能直接与支、吊、托架接触，应垫上坚固的隔热材料，其厚度与保温层相同，防止产生冷桥。

（4）风管的安装要求

风管的安装应符合下列规定：

1）风管应保持清洁，管内不应有杂物和积尘。

2）风管安装的位置、标高、走向，应符合设计要求。现场风管接口的配置应合理，不得缩小其有效截面。

3）法兰的连接螺栓应均匀拧紧，螺母宜在同一侧，紧固螺丝要对称交叉逐步均匀地进行。

4）法兰接口严禁装设在墙内和楼板内风管与配件的法兰接口穿墙时，距离墙面不应小于 200 mm。

5）风管接口的连接应严密牢固。风管法兰的垫片材质应符合系统功能的要求，厚度不应小于 3mm。垫片不应凸入管内，且不宜突出法兰外；垫片接口交叉长度不应小于 30mm。

6）风管与砖、混凝土风道的连接接口，应顺着气流方向插入，并应采取密封措施。风管穿出屋面处应设置防雨装置，且不得渗漏。

7）外保温风管必需穿越封闭的墙体时，应加设套管。

8）风管的连接应平直。明装风管水平安装时，水平度的允许偏差应为 3‰，总偏差不应大于 20mm；明装风管垂直安装时，垂直度的允许偏差应为 2‰，总偏差不应大于 20mm。暗装风管安装的位置应正确，不应侵占其他管线安装位置。

9）金属无法兰连接风管的安装应符合下列规定：

①风管连接处应完整，表面应平整。

②承插式风管的四周缝隙应一致，不应有折叠状褶皱。内涂的密封胶应完整，外粘的密封胶带应粘贴牢固。

③矩形薄钢板法兰风管可采用弹性插条、弹簧夹或 U 形紧固螺栓连接。连接固定的间隔不应大于 150mm，净化空调系统风管的间隔不应大于 100mm，且分布应均匀。当采用弹簧夹连接时，宜采用正反交叉固定方式，且不应松动。

④采用平插条连接的矩形风管，连接后板面应平整。

⑤置于室外与屋顶的风管，应采取与支架相固定的措施。

10）柔性短管的安装，应松紧适度，目测平顺、不应有强制性的扭曲，伸展度宜大于或等于 60%。可伸缩金属或非金属柔性风管的长度不宜大于 2m。柔性风管支、吊架的间距不应大于 1500mm，承托的座或箍的宽度不应小于 25mm，两支架间风道的最大允许下垂应为 100mm，且不应有死弯或塌凹。

11）非金属风管连接应严密，法兰螺栓两侧应加镀锌垫圈。风管垂直安装时，支架间距不应大于 3m。

12）硬聚氯乙烯风管的安装应符合下列规定：

①采用承插连接的圆形风管，直径小于或等于 200mm 时，插口深度宜为 40~80mm，粘接处应严密牢固。

②采用套管连接时，套管厚度不应小于风管壁厚，长度宜为 150~250mm。

③采用法兰连接时，垫片宜采用 3~5mm 的软聚氯乙烯板或耐酸橡胶板。

④风管直管连续长度大于 20m 时，应按设计要求设置伸缩节，支管的重量不得由干管承受。

⑤风管所用的金属附件和部件，均应进行防腐处理。

13）织物布风管的安装应符合下列规定：

①悬挂系统的安装方式、位置、高度和间距应符合设计要求。

②水平安装钢绳垂吊点的间距不得大于 3m。长度大于 15m 的钢绳应增设吊架或可调节的花篮螺栓。风管采用双钢绳垂吊时，两绳应平行，间距应与风管的吊点相一致。

③滑轨的安装应平整牢固，目测不应有扭曲；风管安装后应设置定位固定。

④织物布风管与金属风管的连接处应采取防止锐口划伤的保护措施。

⑤织物布风管垂吊吊带的间距不应大于 1.5m，风管不应呈现波浪形。

14）当风管穿过需要封闭的防火、防爆的墙体或楼板时，必须设置厚度不小于 1.6mm 的钢制防护套管；风管与防护套管之间应采用不燃柔性材料封堵严密。

15）复合材料风管的覆面材料必须采用不燃材料，内层的绝热材料应采用不燃或难燃且对人体无害的材料。

16）防烟排烟系统的柔性短管必须采用不燃材料。

第四节　空调器控制电路安装

一、空调器的电气控制原理图、接线图的认识

学习空调器的检修，除了要了解空调器的整机结构之外，还应对关键的电路部分有明确的认识，以下内容将讲述空调器的电路结构。

1. 窗式空调器的控制电路

窗式空调器按其控制方式可以分为强电控制和弱电控制两种，强电控制是指控制线路的电源电压为 220V 或 380V 交流电压，这种控制电路比较简单，查找故障方便；弱电控制是指用低电压的电路板发出控制信号，再控制压缩机、风扇等，这种控制电路功能较多，但故障排除比较复杂。以下讲述典型的单冷型窗式空调器的控制线路。

图 3-68 是普通单冷型窗式空调器的典型控制电路。图中 X_1 是电源插头，K 为选择开关（虚线表示操作开关的挡位。有"·"表示对应触点闭合，无"·"表示对应触点断开），M_1 为风扇电动机，T 为温控器，M_2 为制冷压缩机电动机，Q 为过载保护器，C_1、C_2 分别为风机电动机和压缩机电动机的启动电容器。当接通电源并将选择开关打至强风挡时，1—2 接通，M_1 的高速挡被接通，风扇电动机高速运转。由于

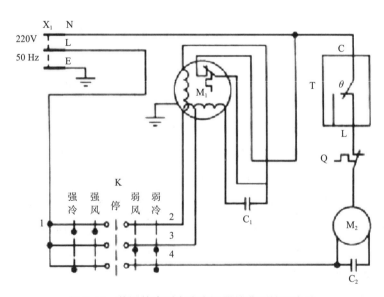

图 3-68　普通单冷型窗式空调器的典型控制电路

M_2 未接通，压缩机不工作。当选择开关打至强冷挡时，1—2、1—4 接通，M_1 的高速挡被接通，M_2 也被接通，空调器强冷运行。当选择开关至弱冷挡时，1—3 接通，M_1 的低速挡及 M_2 被接通，空调器弱冷运行。当选择开关打至弱风挡时，1—3 接通，M_1 的低速挡被接通，风扇电动机低速运转。在制冷运行时，温控器应调在制冷位置，即 C—L 接通。

2. 热泵型分体式空调器的控制电路

分体式空调器的控制电路位于空调器室内机中，是空调器电气系统中的核心控制电路，用于控制整机的协调运行。室外机电路板的作用是控制从空调系统的压缩机输出到风扇的开关动作。

（1）控制系统的组成

图 3-69 是某型号热泵型分体式空调器的控制系统框图。

控制电路由电源电路、复位电路、晶振电路、室内机风机控制电路、扫风电机控制电路、蜂鸣器驱动电路、温度传感器电路、显示电路、开关信号电路、步进电路驱动电路、电加热器控制电路、遥控接收器电路和室外风机、压缩机、四通阀控制电路等组成。主电路负载有压缩电机、室内风机、室外风机及四通电磁换向阀线圈。

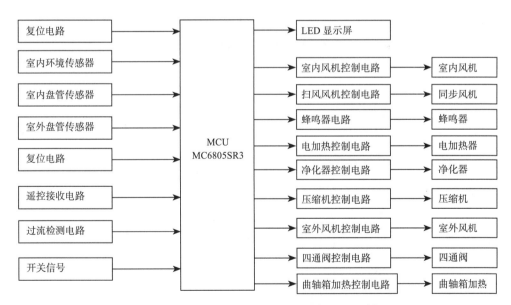

图 3-69　某型号热泵型分体式空调器的控制系统框图

在控制电路中，微控制器是核心设备，全部输入数据的处理及驱动信号的输出都由它完成。图 3-70 和图 3-71 为室内、外机电气接线图。图 3-72 为 MC6805SR3 微控制器的端口分布，其端口的定义见表 3-17。

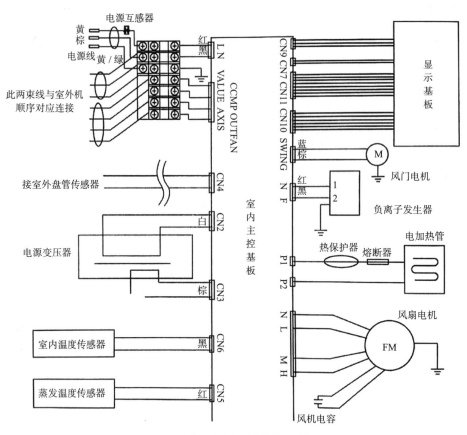

图 3-70　室内机电气接线图

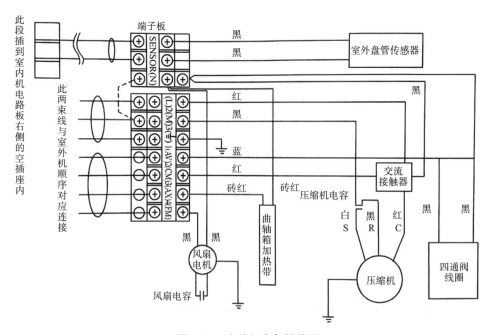

图 3-71　室外机电气接线图

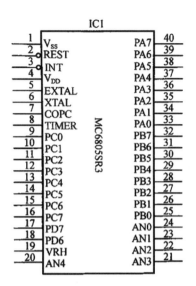

图 3-72　微控制器（MC6805SR3）端口分布图

微控制器（MC6805SR3）端口定义　　　　　　　　　　　表 3-17

端口（管脚）	定义	状态	端口（管脚）	定义	状态
1	V88	接地	9 ~ 16	PC0 ~ PC7	输出口，驱动压缩机，风机等
2	RESET	复位	17	PD7	闲置
3	INT	遥控接收口	18	PD6	电流检测口
4	VDD	+5V 电源接入	19	VRH	闲置
5, 6	XTAL	晶振输入口	20 ~ 24	AN0 ~ AN4	模拟量输入口
7	COPC	闲置，接 +5V	25 ~ 32	PB0 ~ PB7	I/O 显示驱动口
8	TIMER	闲置，接 +5V	33 ~ 40	PA0 ~ PA7	I/O 显示驱动口

（2）微控制器的工作原理

1）基本工作电路

基本工作电路分为电源电路、复位电路、振荡电路 3 个部分。

①电源电路　AC 220V 的电压经过保险丝到达变压器（外置）初级，降压输出 13.5V 电压，经整流滤波后输出 DC 12V，为各继电器提供工作电压。12V 的直流电经三端稳压器输出 DC 5V。DC 5V 为单片机、驱动芯片等提供工作电压。单片机的 4 脚是电源脚，1 脚为电源地。

②振荡电路　振荡电路提供微控制器的时钟基准信号，振荡信号的频率为 6MHz，用示波仪测量 6 脚时可看到 6MHz 的正弦波形。5、6 脚为振荡信号的输入 / 输出脚。正常工作时，5 脚的电压为 2.0 ~ 2.1V，6 脚的电压为 2.2 ~ 2.3V。

③复位电路　复位电路提供单片机的起始工作条件，当复位端出现负脉冲时，微控制器恢复到初始工作状态。微控制器的复位端是 2 脚。

2）控制电路

①遥控输入电路和应急信号输入电路　遥控输入电路用于接收遥控器发出的信号，应急信号输入电路用于接收面板上应急按钮输入的信号。单片机的 3 脚为遥控信号接收脚。当接收到遥控信号时，用万用表直流电压挡可测到波动的电压值。

②温度输入检测电路　它包括环境温度检测电路、室内盘管温度检测电路和室外盘管温度检测电路。通过检测负温度系数热敏电阻温度传感器的阻值变化，改变分压点的电压，从而改变输入到单片机模拟口 P22 ～ P24 上的输入电平。微控制器采样分压点的电压通过微控制器内置的 A/D 转换器转换成数字信号后，与微控制器内的存储温度数字对比后确定所检测的温度值。22 脚为室外盘管温度检测脚，23 脚为室内盘管温度检测脚，24 脚为室内环境温度检测脚。当室内环境温度为基准温度时（一般为 25℃），24 脚的电压为 2.5V，当环境温度降低时，24 脚的电压降低，反之则上升。

③过流检测电路　它的作用是对整机的电流进行检测，具体过程是：通过电流互感器将检测的结果传输到外置的比较电路。当电流过高时，比较器的输出使 18 脚输出低电平，微控制器将对压缩机进行保护，此时压缩机停止运转，显示基板上将会显示"E4"故障信号（过流保护）。在电路中设置一个可调分压电阻，调节可调分压电阻，可改变过保护值，分压电阻越大，保护电流越小。

④室外风机、压缩机、四通阀、曲轴箱加热带控制电路　在对室外机组的控制中，通过控制继电器的吸合及断开来控制室外风机、压缩机、四通阀、曲轴箱加热带的运行及停止。芯片引脚输出高电平时开启，输出低电平时停止。其中微控制器 13 脚控制四通阀线圈继电器，14 脚控制压缩机继电器，15 脚控制曲轴箱加热带继电器，这 3 个引脚输出的电平信号由反向驱动器作为驱动，工作电压是 +12V。16 脚控制室外风扇继电器的吸合或断开，它由 NPN 放大三极管进行驱动。

⑤室内风机控制电路　通过控制继电器的吸合及断开来控制风机的启、停，芯片引脚输出高电平时开启。10 脚为高风速控制脚，输出高电平时，风机高风速运转；11 脚为中风速控制脚，输出高电平时，风机中风速运转；12 脚为低风速控制脚，输出低电平时，风机低风速运转。

定频空调 KFR-36GW/Y 的室内风机控制采用光耦可控硅，用于控制 AC 220V 的导通时间，从而实现内风机风速的调节。

⑥负离子发生器控制电路　室内风机运转时，当遥控器设定"空气清新"功能有效时（"空气清新"灯点亮），9 脚输出高电平，经驱动器反相驱动后，输出低电平，负离子发生器工作。当室内风机不工作时，此时用遥控设定"空气清新"功能键时，9 脚不输出高电平，负离子发生器不工作（由内部软件控制）。负离子发生器工作的条件：一是必须设定有效"空气清新"状态，二是室内风机必须处于运转状态。

⑦蜂鸣器控制电路　微控制器接收到有效控制信号后，34 脚输出一脉冲电平，

蜂鸣器得电工作。

⑧辅助电加热控制电路　用来控制电加热的开启与关闭。当符合电加热的开启条件时,微控制器的 36 脚输出高电平,外接的三极管导通,继电器吸合,电加热投入运行。当电加热发生短路时,保险丝会熔断,起到保护作用。

⑨显示控制电路　在显示控制电路中,采用逐行扫描显示方式,内置译码器,单片机的 38～40 脚作为译码器的输入脚,控制译码器的 6 个输出口,分别驱动 6 个三极管。微控制器的 I/O 端口 PB0～PB7,即 25～32 脚输出驱动片 P1～P8(8 个三极管),这样,总共控制 48 个发光二极管的亮和灭。

(3)不同运转模式下的控制

空调能够在多种工况下工作,以满足不同季节下不同人的舒适性要求,工作模式由使用者选定。空调器开始工作时,通过电路的自检,便可以确定应当采取的运行模式。

1)制冷运行模式

启动时,首先比较室内温度与设定温度的高低。当室内温度高于设定温度时,压缩机继电器吸合,压缩机工作,启动制冷循环。室外风机延时 2s 后工作,室内风机的风速、出风摆叶按照使用者的设定运转;当空内温度低于设定温度时,进入停机状态,此时压缩机、室外风机停止运行,室内风机风速、摆叶仍按设定状态运行。当设定温度≤室内温度≤设定温度 +1℃时,保持前一时刻的运行状态,以避免压缩机的频繁启动。温度设定和控制范围为 16～30℃。

当风速设为"自动"时,室内风机的控制根据室内环境温度与设定值之差值大小决定。

关机时,压缩机及室内、外风机都停止运行,摆叶停止转动,导风片回归原始位置。在制冷运行模式下,四通阀继电器始终不工作,保证制冷剂的流程按制冷方式流动。压缩机再次启动间隔 3 min 以上,在其他模式下也如此。停机后,排气侧和吸气侧的压差通常达到 1.0 MPa 以上,如果立即启动,电机力矩必须要克服这个压差,这将使得电机的启动力矩大大增加,电机的电流剧增,温度提高,甚至可能烧毁电机。因此必须等待 3 min 以上,使两侧压力平衡后方可再次启动。

2)除湿运转模式

除湿模式下,空调器按制冷循环运行进行除湿,但室内温度控制室内风机低速或间断运行。

3)制热运转模式

空调器依靠四通换向阀实现制热 / 制冷工况的切换。在制热模式下,四通阀在非除霜运转时始终工作。

制热运转模式具有防吹冷风功能和吹余热功能。防吹冷风功能是在空调器启动初期,应根据室内盘管的温度状态来设定风机的风速,以避免使用者受到冷风的侵袭。

当室内盘管温度小于30℃时，室内风机不运行。

在温度控制中，出现室温超过设定值，压缩机停机时，室内风机仍需运行一段时间，将室内盘管的热量带给室内空气，以节省能源，这是空调器的吹余热功能。在室内盘管温度下降过程中，当盘管温度大于或等于33℃时，室内风机以设定风速运行，盘管温度为28～33℃时，室内风机低速运行；当盘管温度小于28℃时，室内风机停止运行。

4）除霜运行模式

在制热运行模式下，由于室外换热器结霜，需要对其除霜。除霜的方式通常是利用四通阀换向，将制热模式转换成制冷模式，通过制冷剂加热融化盘管外的霜层。化霜结束后，再转换成制热模式运行。

5）自动运转模式

自动运转模式是控制器在开启时检测室内环境温度，根据室温设定值和室内环境实测值的相对关系，确定一种运行模式，其基本逻辑如下：

①当室内温度高于设定温度时（设定温度范围为20～27℃），空调器进入制冷模式。

②当室内温度设定值为16～22℃，且室内环境温度低于设定值时，空调器进入制热模式运行。

③当室内温度设定值为22～25℃，且室内温度在设定值范围±2℃时，空调器进入通风模式。

④空调器一旦进入制热模式/制冷模式，则一直以相同的模式运行，在运行时间内不再更改，以保证系统稳定安全运行。

6）通风运转模式

在该模式下，室外风机、压缩机停止运行，仅室内风机运转，此时温度调节无效。

（4）房间空调器的保护功能

为了保证制冷系统的可靠、安全运行，需要对空调器的运行状态实时监测，并为系统提供必要的保护手段，特别是要加强对压缩机的保护，以防对其的损害。具体的保护措施如下：

①过流保护　高、低压差过大或电路缺相等多种原因都可能造成压缩机电流过大。在压缩机启动后的几秒（如5s）内，当电流互感器检测到电流大于允许值时，压缩机和室外风机停止运行。当连续出现多次该现象后，室内外风机和压缩机均停止运行，并显示故障代码。

②压缩机保护　压缩机一旦停机，3min后才可以再次启动，上电后的第一次不做此种保护。

③高压、低压、温度保护　当冷凝器压力、温度超过保护值，或蒸发器压力、温度低于保护值时，压缩机和室外风机停止运行。若在一段时间内（如30min）连续多

次（如4次）出现该现象，则室内、外风机及压缩机均停止运行，并显示故障代码，但可重新上电开机。

④传感器保护　温度传感器出现短路或断路时，压缩机会继续运行，此时系统会显示相应温度传感器的故障代码，提供该传感器的故障信息。

（5）其他控制功能

除温度控制功能外，许多空调器还根据使用者的需求和空调器本身的特点附加了一些新的控制功能，如睡眠运行、定时控制、曲轴加热带功能等。

二、空调器室内机和室外机电气线路的安装方法和工艺

1. 电源线和控制信号线的连接要求

（1）导线的基本知识

导线主要用于连接电路设备、元器件，并传导电流。导线可按所用导体材料、外层绝缘材料等进行分类。

按导体材料划分，电力导线材料有铜、铝、钢等种类。铜的导电性能好，耐腐蚀，且具有很高的可锻性和延展性。硬铜机械强度较高，加工后可制成硬母线等；软铜常用作电线、电缆的线芯。铝的导电性能仅次于铜，纯铝加入其他元素后可克服在空气中易氧化的缺点。硬铝用于制作硬母线和电缆芯等，软铝通常用于电线芯。钢具有高机械强度，但导电性能较差和容易腐蚀，一般用于加工接地线。

按绝缘材料划分，导线可分为裸导线、带绝缘层带护套导线等。裸导线是指不带绝缘层的导线，具有较好的耐氧化和腐蚀性能，用作电线电缆的线芯、电气设备、安装配电设备等。分为裸单线与裸绞线；主要用铜、铝或钢制成，如 LJ 铝绞线、LGJ 钢芯铝绞线和 TRJ 软铜绞线等。

带护套导线作为电力线缆广泛应用于企业设备和日常生活中，这种导线通常由线芯、绝缘层和防护层组成，特殊种类还有屏蔽层，加强芯等。这种导线的线芯可以是实芯单线或多芯绞线；护套材料常采用橡胶、塑料或玻璃纤维等。

常用的低压导线的命名方法如下：首先是电线的分类和用途，用于分布电流用的属于布电线类，用字母"B"表示；其次是导体材料，布电线类中铜芯导体省略表示，"L"表示铝芯导体；然后是绝缘材料，电线常用的绝缘材料有聚氯乙烯 PVC 和聚乙烯 PE 两种，聚氯乙烯用字母"V"表示，聚乙烯用"Y"表示；还要反映导线的护套材料，聚氯乙烯护套材料用字母"V"表示，橡胶用字母"X"表示，没有护套则省略。如"BVV"表示铜芯聚氯乙烯绝缘护套圆形电线；"BVR"是指铜芯聚氯乙烯绝缘软导线。常用的布线类绝缘导线如表 3-18 所示。

绝缘导线又可按每根导线的股数分为单股线和多股线，通常 6mm^2 以上的绝缘导

线都是多股线，6mm^2 及以下的绝缘导线可以是单股线，也可以是多股线，6mm^2 及以下的单股线称为硬线，多股线称为软线。硬线用 "B" 表示，软线用 "R" 表示。

常用的布线类绝缘导线   表 3-18

型号	名称	使用场合	型号	名称	使用场合
BV	铜芯聚氯乙烯塑料绝缘线	户内明敷或穿管敷设	BVR	铜芯聚氯乙烯塑料绝缘软线	软线常用于要求柔软电线场所，可进行明敷或穿管敷设
BLV	铝芯聚氯乙烯塑料绝缘线		BVS	铜芯聚氯乙烯塑料绝缘双绞软线	
BX	铜芯橡胶绝缘线		RVB	铜芯聚氯乙烯塑料绝缘平行软线	
BLX	铝芯橡胶绝缘线		BBX	铜芯橡胶绝缘玻璃丝编织线	
BVV	铜芯聚氯乙烯塑料绝缘护套线		BBLX	铝芯橡胶绝缘玻璃丝编织线	
BLVV	铝芯聚氯乙烯塑料绝缘护套线				

绝缘导线按固定在一起的相互绝缘的导线根数，可分为单芯线和多芯线，多芯线也可把多根单芯线固定在一个绝缘护套内。同一护套内的多芯线可多到 24 芯。平行的多芯线用 "B" 表示，绞型的多芯线用 "S" 表示。

（2）绝缘导线的选择

1）绝缘导线种类的选择

导线种类主要根据使用环境和使用条件来选择。

室内环境如果是潮湿的，如水泵房或者有酸碱性腐蚀气体的厂房，应选用塑料绝缘导线，以提高抗腐蚀能力，保证绝缘。

比较干燥的场合，如图书室、宿舍，可选用橡胶绝缘导线，对于温度变化不大的室内，在日光不直接照射的地方，也可以采用塑料绝缘导线。

电动机的室内配线，一般采用橡胶绝缘导线，但在地下敷设时，应采用地埋塑料电力绝缘导线。

经常移动的绝缘导线，如移动电器的引线、吊灯线等，应采用多股软绝缘护套线。

2）绝缘导线截面积的选择

绝缘导线使用时首先要考虑最大安全载流量。某截面的绝缘导线在不超过最高工作温度（一般为 65℃）的条件下，允许长期通过的最大电流为最大安全载流量。

实际计算则应根据导线的允许载流量、线路的允许电压损失值、绝缘导线的机械强度等选择。一般先按允许载流量选定绝缘导线截面，再以其他条件进行校验。如果该截面满足不了某校验条件的要求，则应按不能满足该条件的最小允许截面来选择绝缘导线。

普通低压导线的截面积，主要是根据用电设备的工作电流选择。从导线的机械性能考虑，一般规定截面积不得小于 0.5mm²。低压导线标称截面积所允许的负载电流值见表 3-19。

低压导线标称截面积允许的负载电流值 表 3-19

导线标称截面积（mm²）	0.5	0.8	1.0	1.5	2.5	3.0	4.0	6.0	10	13
允许载流值（A）	5	7.5	11	14	20	22	25	35	50	60

2. 分体空调电源线和控制信号线的连接

（1）对用户电源线与电能表的要求

由于空调器运行时用电量较大，其电源供给电线应适当粗一些，一般需要铺设一个专用分支线路供电。分支电线的线径（或横截面积）应按该空调器额定电流值的 1.5 倍以上选取；用户的专用电能表的容量应该大于空调器和其他家用电器总用电量；用户的接户电线和进户电线的线径应该按照用户总用电量的最大值选取；空调器电源线路中，应安装漏电保护器或空气开关，以便在发生事故时立即自动切断电源，保护人身及财产安全；应使用质量符合要求的三孔插座，接线时应是"左零右火、上接地"，即插座的上、左、右插孔应分别为地线、零线和火线，不可接错。

（2）室内、外机电源线与信号线的连接

电源线、信号控制线也分为室内机的连接与室外机的连接。注意：粗线为电源线，一般为两根（指单相 220V 供电空调器）；细线为控制信号线，其根数随空调器运行模式及保护功能的多少而不同。下面以分体壁挂式空调器为例，介绍其接线方法及注意事项。

1）连接工艺

室内机的接线步骤与方法如下：首先打开进风罩，拧下压线板上的螺钉，取下压线板，进一步检查室内、外机连接的电源线及控制信号线是否良好，接头有无锈蚀等不良情况；然后将其从室内机后侧插入，从前面拉出。按接线图与接线端子上标的颜色一一对应，不得有差错。将紧线螺钉一一拧紧，确保接触良好；最后将压线板重新上好。

室外机的接线步骤、方法和要求与室内机一样。室外机与室内机连接的 5 根电线标号分别是"⊥、N、1L、2L、3L"，说明室外机的交流负载有 3 个。外机接线端子 N 为公共零线，1L 为压缩机火线，2L 为四通阀连接线，3L 为室外风机连接线，最后一个端子是地线连接端子，带有地线标识"⊥"，如图 3-73 所示。图中室外机有一室外管温传感器与主控板通过 2 根线连接，图形符号是电阻符号。

2）注意事项

①电源线及信号线必须按规范与室内、外机连接，不得使用裸导线直接与接线端子连接，以免造成短路事故。应当使用接线叉子，并保证接线牢固可靠。两根导线需要驳接时，要使用合适的驳接端子。接好后对每个封闭端子加热熔胶将两芯线密封，以避免水汽浸入。

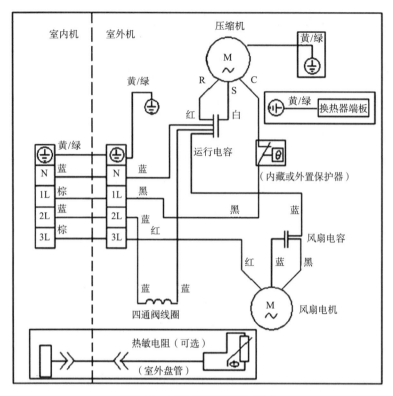

图 3-73　室外机的接线示意图

②电源线或连机信号线加长时，应符合现行国家标准《家用和类似用途电器的安全　热泵、空调器和除湿机的特殊要求》GB 4706.32 的规定，使用或选择空调器随机出厂配置的电源线或连机信号线。线材规格、颜色应与空调器出厂随机配送的线材相同，不允许使用比随机配置的连接线细或已老化的电源连接线。空调器室内、外机用电源线（包含高压信号线）应使用随机附带的氯丁橡胶铜芯软线，不得使用聚氯乙烯线代替。其中，黄绿双色线只能用于接地线，不可移作他用。

③加长线的接头连接操作方法：必须采用相同材料、相同规格，接线采用"十字"缠绕连接法连接后并用焊锡焊接牢固。不允许单股铜芯线与多股铜芯线不同线型、不同规格线材进行连接使用，防止接头处接触不良出现发热、打火、短路起火隐患。

④加长导线接头连接完毕后，导线连接前所破坏的绝缘层必须恢复，且恢复后的绝缘强度不应低于剖削前的绝缘强度，方能保证用电安全。接头连接处通常采用黑胶布带、塑料胶带、黄腊带和涤纶胶带等绝缘带缠绕包扎，以恢复绝缘，绝缘带宽度选20mm 比较适宜。操作时，应从导线左端开始包缠。绝缘电线恢复绝缘层采用黄蜡带包缠时，黄蜡带与导线保持约 45° 的倾斜角，每一层的包扎要压叠带宽的 1/2，直到缠到另一端的绝缘层为止。当线路电压为 380V/ 220V 时，一般包扎两层即可。

⑤空调电源线及信号线的安装长度，必须根据空调器说明书、安装工艺操作要求、

空调匹数功率大小，合理选用线材规格、连接线长度，不允许将连接线超出空调规定的长度。

⑥空调器的电源线火线接L，零线接N，接地线（为黄绿双色线）必须与空调器室内、外机金属外壳的统一接地端子连接牢固，以防人身触电、机器漏电和电路短路。必须在空调器指定的位置接好地线，接地线与接地端子的连接应非常牢固并妥善锁紧，不借助工具的情况下应不能将其松开。不允许接地线与电源的零线连接在一起。接地装置的接地电阻值不得大于 4Ω。

⑦切勿擅自变更电源线线径。电流不超过 16A 的单相电源，可使用随机配置的电源插头；电源超过 16A 的单相电源或三相电源，均应使用空气开关及漏电保护装置，以避免因为插头、插座等接触不良，造成发热而引发火灾。表 3-20 为建议采用的空调器电源线截面积与插座规格。

建议采用的空调器电源线截面积与插座规格 　　表 3-20

功率	电源线截面积（mm²）	电闸开关（A）
1 ~ 1.6P	1.5	10
1.7 ~ 2.5P	2.5	20
2.6 ~ 3P	4	20
5P	6	30
3P 辅助电热、10P	8	40
5P 辅助电热	6	30

注：1P ≈ 735W。

⑧连接好以后的电线，走线要规范，并用压线卡（电线卡）固定好，以免由于外部压力造成接线松脱。过长的电源线应整理好放入空调器内部的空余地方或固定在机外适当位置。严禁过长的电源线、信号线随意伸入室外机内，也不得缠成小圈或缠绕在管道上，以免产生涡流发热；更不得露在室外，防止被折断导致事故。

⑨严禁将自来水管、煤气管道、玻璃钢窗框、避雷导线当作接地装置使用。严禁短接各种保护装置。空调器安装完毕后应依次自查一遍，无问题后将室内、外机连接管和连接线、排水管捆扎在一起，并用包扎带缠绕。包扎带的缠绕用力要合适，不可过紧或过松；包扎要均匀，方向要由室外机向室内机。做好上述工作后，要用密封泥堵死过墙孔，防止室外异物进入室内。

一切安装完毕后，将因安装导致机身上的灰尘、油污擦洗干净，同时也应将安装现场打扫干净。

顺便指出，空调器的安装寿命原则上应不低于产品的使用年限。安装后 1 年内，不应由于安装不良而影响空调器的正常运行及使用性能。安装后 3 年内，不应由于安装不良而影响空调器的安全运行和发生重大安全事故。

三、多联机通信线和线控器等的安装方法和工艺

多联机通信线和线控器的安装应按布线规则进行安装，所有提供的零部件、材料、电气作业都必须符合相关法规。所有电气安装务必由专业人员按相关法律、规章和设备说明书进行。

1. 电源线的安装

（1）电源一定要使用额定电压及空调机组专用电源。室外机和室内机的电源各自单独从配电箱或电器开关盒里接出，室内机的电源不能从室外机里引进。每台室外机应单独设漏电开关进行控制。

（2）室、内外机的电源线应穿钢管或 UPVC 管敷设。电源线和控制线应分开安装，不得穿同一套管。

（3）若室内机和室外机的电源来自同一个配电箱，电源线与通信线必须分别穿套管，且保持一定距离，以防止信号干扰。当电源电流在 10A 以下时，电源线与通信线平行间距至少在 300mm 以上；当电源电流在 10 ~ 50A 之间时，电源线与通信线平行间距至少在 500mm 以上；当电源电流在 50 ~ 100A 之间时，电源线与通信线平行间距至少在 1000mm 以上；当电源电流在 100A 以上时，电源线与通信线平行间距至少在 1500mm 以上。

（4）电源线线径应足够大，电源线和连接线损坏后必须用专用的电缆线更换。

（5）电源线应可靠固定，以免接线端子受力。

（6）室内、外机电源必须安装接地线，接地应可靠地接在建筑物的专用接地装置上，切勿将接地线与气体燃料管道、水管、避雷导体或电话的接地线相连。

（7）必须安装可切断整个系统电源的空气开关和漏电开关。空气开关应同时具有磁脱扣和热脱扣功能，以保证短路和过载都得到保护，应选用 D 型断路器。表 3-21是某品牌直流变频多联机室外机的空气开关和电源线的选择。

某品牌直流变频多联机室外机空气开关和电源线的选择 表 3-21

制冷量（kW）	电源	空气容量开关（A）	推荐导线 [根数 × 截面（mm²）]
8	220V/50Hz	25	3 × 2.5
10	220V/50Hz	32	3 × 4.0
12	220V/50Hz	32	3 × 4.0

续表

制冷量（kW）	电源	空气容量开关（A）	推荐导线 [根数 × 截面（mm²）]
14	220V/50Hz	40	3×6.0
16	220V/50Hz	40	3×6.0

注：1. 表中的断路器及电源线规格基于机组最大功率（最大电流）选取。

2. 上表中的电源线规格基于使用环境为 40℃、耐受温度为 90℃的多芯铜芯电缆明敷在线槽中的条件下得出的，如果使用条件不同，须根据国家标准核算调整。

3. 表中的断路器规格基于断路器工作时其旁边环境温度为 40℃的条件下得出，如果条件不同，须根据断路器规格书核算调整。

（8）一套独立冷媒系统应用一个独立开关控制，不能多个系统去用一个开关控制，尤其不能在一个系统内一部分室内机和别的系统用一个开关控制。

多联机室外机电源的安装方法如下：

①线缆穿过橡胶圈，机组的电源线接到标有"L，N"的接线板和接地螺钉上，其余机组的电源线接到标有"L，N，⊥"的接线板上。现场接线时应以机身所贴线路图为准。图 3-74 为某品牌多联机室外机电源线与通信线的布线示意图。

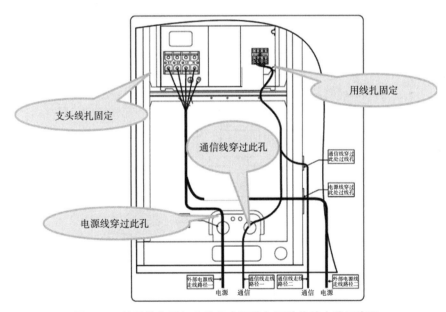

图 3-74　某品牌多联机室外机电源线与通信线的布线示意图

②用压线夹把线缆夹紧固定。

③空调机组为Ⅰ类电器，须采取可靠接地措施，接地电阻应符合现行国家标准《家用和类似用途空调器安装规范》GB 17790 的要求。

④空调机组内的黄绿双色线为接地线，禁止移作他用，更不可将其剪断，不能用自攻螺钉固定，否则将带来触电危险。

2. 通信线的连接

（1）通信线配线要求

1）所有材料都必须经过国家 CCC 认证才能允许使用。

2）室外机与室内机通信线总距离在 100m 以内，使用 $2 \times 0.75mm^2$ 屏蔽双绞线；通信线总距离为 $100 \sim 500m$，使用 $2 \times 1.0mm^2$ 屏蔽；通信线总距离大于 500m，根据实际情况咨询工厂。

3）室内机与线控器的通信线必须使用 $2 \times 0.75mm^2$ 屏蔽双绞线，通信总长度不能超过 250m。

4）通信线应符合现行国家标准《额定电压 450/750V 及以下聚氯乙烯绝缘电缆 第 3 部分：固定布线用无护套电缆》GB/T 5023.3 的相关规定。

（2）通信线的连接

1）每台室内、外机内配有一条通信线。如图 3-75 所示，通信线必须串联连接，室外机连接第 1 台室内机，第 1 台室内机连接第 2 台室内机，……第 n-1 台室内机连接到第 n 台室内机，最后一台室内机必须接通信匹配电阻（在室外机配件清单中提供）。室内机通信线星形连接会造成通信故障。室内、外机通信线连接只能由一个室外机引线，多个室外机同时接线会造成通信故障。

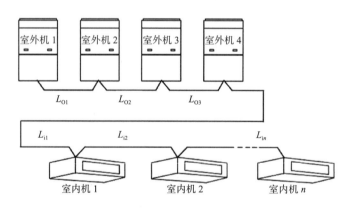

图 3-75　多联机通信线串联连接示意图

2）通信线沿制冷剂管路布线，走专门的线槽，套管管径为 $DN16$ 以上。通信线与电源线必须分开走线，避免与电源线一起走线。禁止将通信线和电源线（强电）捆绑在一起。

3）多套多联机组安装时，与室外机的通信线可以一起走线，但必须加以区分。可以在通信线的两端贴上标识，避免多联机组之间通信线的串接。

4）通信线必须选择合适长度，不得驳接。

5）模块式室外机中，若存在多个室外机模块，则主控机必须为通信线上的第一台室外机模块，且不得连接室内机（主控机由室外机主板设置）。

6）模块式室外机中，若存在多个室外机模块，则室内机必须连接在最后一台室外机从机模块（从机由室外机主板设置）。

7）电源线和通信线不能错接，若将电源线接到通信端口上，将会烧毁主板。

室内、外机通信线的连接方法如下：分别打开室内、外机组的电器盒盖，配线（通信）从过线孔穿入电器盒内。必须按照机组上所贴线路图，将室内、外机连接（参照室内机和室外机的电气接线部分），电源线规格参照机组电源容量、安装环境进行选择。确认无误后，将压线卡分别压紧各线缆，装上电器盒盖。通信线两端要套磁环。

通信线连接施工注意问题：

1）所配通信线较长（考虑了室外机与室内机的最长距离），一般室外机配通信线长 60m，室内机配线长 30m，室外机多余的线要放在电器盒内或线槽内，室内机之间多余的通信线要放在线槽内。

2）在线槽内拉通信线时应避免用力过大而拉断通信线。

3. 线控器的安装和地址拨码

（1）线控器的安装

主板和线控器之间通信距离最长为 20m（标准距离为 8m），一定对线控器进行地址拨码，地址拨码与对应的室内机的地址拨码一致。线控器一旦安装好，不能随意调换线控器。

（2）地址拨码

为了识别室内机，必须对室内机进行地址拨码。各室内机的地址拨码是唯一的，同一套多联机系统的室内机地址拨码不能相同，否则造成控制失效。

每台室内机如果为线控器控制方式，则线控器也必须设置地址拨码。线控器设定通信地址时必须与所控制的室内机的主板地址相同，否则会显示通信故障。

第五节　制冷空调系统安装实操

一、整体式空调器及电路安装

1. 安装空调器的必备工具

（1）电锤配一次成孔钻头或直径为 12mm 或 14mm 钻头各 1 支；

（2）一字批螺丝刀、十字批螺丝刀各1把；

（3）12英寸活动扳手2把、呆扳手3把；

（4）万用表（或钳形表）1只；

（5）测电笔1支；

（6）锤子1把；

（7）电工刀或剥线钳1把；

（8）尖嘴钳1把；

（9）温度计1支；

（10）内六角扳手1套；

（11）保险带1副；

（12）绳索（有足够强度、长度）；

（13）垫毯1条；

（14）钢卷尺1把；

（15）水平尺1把；

（16）制冷剂钢瓶1个。

2. 安装前的准备工作

（1）准备一台窗式空调器。

（2）认真阅读产品说明书和有关资料，检查设备有无损坏，所有零备件是否齐全无损。

（3）按图3-76（a）所示做一个木制安装框，要求其内侧尺寸比空调器纵向外形尺寸大5～10mm。

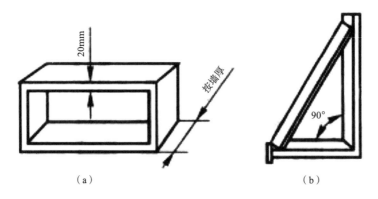

图3-76 窗式空调器安装框与支架

（4）用50mm×50mm等边角钢做成如图3-76（b）所示的三角形支架两个。支架接触墙面垂直部分钻两个 $\phi 12$ 的孔用于安装膨胀螺栓。支架接触窗式空调器底部的水平段长度应大于空调器超出墙壁的尺寸，角架尾端要焊上限位块，以防安装时空调器滑下。支架也可用 80mm×80mm 的方木料制作。支架制作完成后应刷涂两道底漆和两道面漆。

3. 窗式空调器的安装步骤

第 1 步，在墙上开孔。

1）将安装框对准墙面，确定孔的大小（可参见空调器安装说明书）。孔底边距离地面 1.6m 左右为宜。如房屋在建设时已制成了空调器的预留孔和托架，应对预留孔进行检查，并加以修正。

2）开孔时，尽可能不损坏孔范围以外的墙面部分。

3）在墙上开孔步骤如下（图 3-77）：

①用小刀或锯条在墙面上划线，明确标记孔的开凿范围；

②在划线的四角，用钻头开孔；

③对划线内侧 5cm 左右的墙面加工、开孔；

④墙孔精加工至划线位置，使用金刚石割刀（圆齿）较方便。

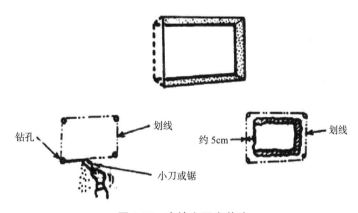

图 3-77　在墙上开安装孔

第 2 步，固定空调器支架。

用电锤打 4 个 M10 的膨胀螺栓孔，按图 3-78 所示要求，将木框、支架安装到墙壁上。安装时必须使机架稍向后倾斜，用水平仪检测并校正至水平，安装支架的外侧应低于内侧 6～10mm，以防止雨水和空调器冷凝水侵入室内，并有利于冷凝水的排出。

第 3 步，装配机壳。

取下面板及空气过滤网，取下底盘固定板，再拆下前、后挡压块，将底盘连同固定在底盘上的机芯从机壳里抽出来，然后把机壳放在安装支架上，用水平仪检测及校正至水平，并用螺钉将其固定。

第4步，将机体插入机壳内。

将底盘及整个机芯水平推入机壳内，安装底盘固定板。若忘记旋紧固定螺钉，则可能会发生主机坠落事故。

第5步，安装遮阳板。

在室外侧安装一个如图3-79所示的倾斜的遮阳板，遮阳板的长度以伸出空调器后部200mm为宜。

安装遮阳板的目的主要是使空调器不受日晒雨淋，提高空调器的制冷量，使空调器外壳减少锈蚀等。遮阳板应和空调器上端保持100mm的距离，既要保证遮挡太阳，又要保证空调器周围的空气流通良好，使冷凝器吹出的热风不会短路。如果遮阳板安装不正确，会造成冷凝器吹出的热风短路、制冷效果减弱、耗电量增加的后果。

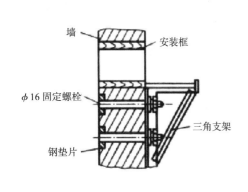

图3-78　窗式空调器支架安装示意图

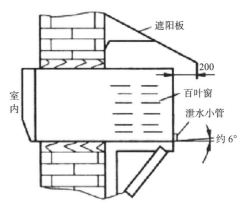

图3-79　窗式空调器遮阳板安装示意图

第6步，缝隙密封。

检查侧面进气口是否堵塞，并用海绵或胶条密封机壳和安装框的间隙，以及墙壁和安装框的间隙。墙壁和安装框的间隙最好用水泥进行填塞。

第7步，连接排水软管。

空调器运转时，由于室内的湿度，冷凝水滴落在室外。除了非排水式的窗式空调器以及冷凝水可以直接滴下的场所（不影响他人的场所）以外，都应连接排水软管，如图3-80所示。排水软管的末端应固定在墙脚下，应离开地面而不要触地，以免影响排水畅通。

第8步，拉好空调器专用电源线，配好保险丝和配套插座，接好地线。

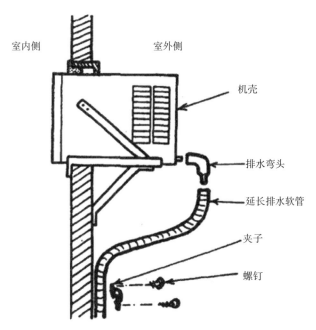

室内侧　　　　　室外侧

机壳

排水弯头

延长排水软管

夹子

螺钉

图 3-80　冷凝水的排水软管安装示意图

第 9 步，试运转。

窗式空调器安装好后，接上电源。将操作开关调到送风位置，风扇电动机即可转动，然后再调到制冷挡位，3 ~ 5min 后应有冷风吹出。

4. 注意事项及要求

窗式空调器安装和试运行工作完成以后，应进行下列综合检查：

（1）空调器是否向室外倾斜，木框与空调器之间空隙是否塞有隔热材料。

（2）空调器的室外部分 500mm 内是否有障碍物。

（3）向空调器中倒入一小杯水，做排水试验，以检测冷凝水排放是否畅通。

（4）检测空调器供电电压降在启动时偏差是否不小于额定电压的 85%，运行时偏差是否在额定电压的 ±10% 以内。

（5）检测空调器在启动运行时，有无金属碰撞声、严重振动等异常。

（6）将空调器选择开关旋钮按顺序旋转，接通各功能触点，检查强冷、弱冷、停机等功能是否符合要求。

（7）将空调器冷热开关拨向热端，试验是否能制热（热泵型空调器），是否能听到换向时的气流声。旋转恒温开关，当旋到"0"位时，检查空调器是否能停机。

（8）无论何种窗式空调器，都要使空调器两侧的进风百叶窗露在墙外，否则会因吸风侧受到堵塞而使冷凝器得不到足够的风量冷却，造成空调器制冷能力下降，严重时会使空调器不能工作。

二、分体式空调器及电路安装

1. 实操工具和设备

（1）分体壁挂式空调器 1 台套；

（2）电锤 1 把；

（3）冲击电钻 1 把；

（4）孔芯钻头（ϕ65mm）1 个；

（5）力矩扳手（17mm、22mm、24mm）各 1 把；

（6）内六角扳手 1 套；

（7）棘轮扳手 1 个；

（8）组合工具 1 套；

（9）锤子 1 个；

（10）电子温度计 1 支；

（11）安全带 2 根；

（12）膨胀螺栓（M8 或者 M10）8 个；

（13）吊线铅锤 1 个；

（14）钢卷尺 1 把；

（15）扳手 1 套；

（16）复式修理阀 1 套（含高低压压力表）；

（17）R22 制冷剂钢瓶 1 个；

（18）加氟管 3 根；

（19）扩管器 1 套；

（20）万用表 1 块；

（21）钳形电流表 1 块；

（22）水平尺 1 把；

（23）便携式焊具 1 套；

（24）真空泵 1 台。

2. 操作准备

分体式空调器与窗式空调器的安装要求大同小异，其不同之处在于分体式空调器需要在现场做管道连接、制冷系统排空等技术操作。

（1）室内机拆箱后插电测试风机运转是否正常。按压遥控器室内机有"嘀嘀"的反应声，可以确认室内机为正常。

（2）室内机安装位置的选择。分体式空调器要选择在不影响室内采光、能美化环境而不占用主要空间的地方，不要安装在房门和通道附近。同时也要考虑送出气流的合理性，一般不要使送风对人直吹，应考虑房间内气流的合理组织，若房间是长方形的，机组应安装在短墙一侧，以使冷、热风能达到整个房间。

（3）室外机安装位置的选择：

1）室外机应选择尽可能离室内机较近的室外位置，还要考虑空气流通、无阳光或少阳光照射的地方，应尽量避免日光直射以及粉尘多的场所。

2）室外机的安装位置周围要有足够的空气进、出口的宽度（一般进风口要至少留出 30cm 的距离，出风口要至少留出 50cm 的距离），以保证冷却空气流通顺畅。

3）安装场地应能承受室外机组的重量，无振动，不引起噪声的增大，排风和噪声不影响邻居。

4）安装台应平整、坚固，以减少振动和噪声。地脚螺栓固定要牢固，以防强风吹倒机组。

5）配管的长度、室内机与室外机的高度差，要保持在允许的范围内，表 3-22 给出了分体式空调器连接管的推荐长度值。

分体式空调器连接管的推荐长度　　　　　　　　表 3-22

空调器形式		连接管长度（m）	
		标准长度	最大允许长度
一般空调器	壁挂式	5	25
	落地式	5	25
	吊顶式	5	25
	楼板式	5	25
旋转式压缩机制冷量（W）	4 060	5	10
	5 230	5	20
	8 250	5	20

6）室外机应采用三角支架、落地架式角铁架等多种支撑方法加以固定。在降雪较多的地区，对冷暖两用型空调器要有防雪措施，以防积雪覆盖机组，妨碍排风的通路。

7）室外机的安装位置周围应无燃烧气体、无热源等。

8）安装场地不要饲养动物或种植花木，以免影响室外机的散热。

3. 安装步骤

（1）打穿墙孔

在打穿墙孔之前，要根据室内机的安装位置、高度和配管的长度，通过测量确定穿墙孔的中心位置。位置确定后，即可用电锤在墙上开孔。开孔钻头最好使用孔芯钻头。用孔芯钻头在墙上开孔，既可使墙孔圆滑美观，又不会损伤其他墙体。孔芯钻头有两种规格：ϕ65mm 和 ϕ80mm，可根据空调器安装说明书的要求选用合适的钻头。穿墙孔开好后嵌入穿墙套筒固定。

（2）安装室内机挂墙板

1）取下室内机组背面的挂墙板，将安装板放到选定的墙壁上确定安装位置，并用铅笔将安装位置画出来，此时应注意保持机组与房顶和周围墙壁间的距离，如图3-81所示。

2）用电锤在标出的打孔固定位置上打好 ϕ5mm 的安装固定孔，并放入塑料胀管。

3）用螺钉将挂墙板固定在墙壁上，用水平尺测量并调整其水平度。允许让挂墙板稍微向室内机凝水盘排水口一侧倾斜一定的角度，一般应保持水平。

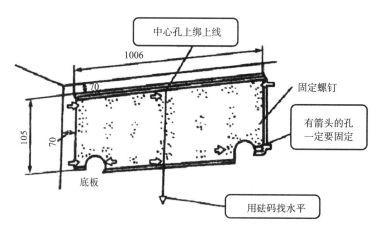

图 3-81　挂壁式室内机固定挂板安装示意图

（3）室内机的配管及安装

1）确定好机组的排水方向，用钳子将室内机排水侧的外壳出管处掰断，以备管路连接。

2）确认室内机后部的管路出管方向是否正确，如果出管在另一侧，应缓慢将连接管整理到另外一侧，注意不要使管路扭曲及破坏保温层。

3）取下随机附带的连接管，按盘曲的反方向展开连接管，并确认连接管的长度是否符合要求。否则应进行加长，加长管的制作及焊接应符合操作要求。

4）用两只扳手将室内、外机连接管的两个管头与室内机连接好，同时将室内机的排水管及电源线、信号控制线也一并与室内机连接好。

5）用绑扎带将两根室内外机组连接管套好保温套后包扎在一起，然后将制冷剂管道、电源线、排水管等一并从穿墙洞处送到室外，准备与室外机相连接。连接管端部的封帽不要拧下来，防止灰尘进入管内。

6）两人配合将室内机挂到已固定的挂墙板上。

（4）三角支架的安装

1）根据室外机固定底座的尺寸，确定两个三角支架的固定位置，用钢卷尺测量准确后在墙上画出定位标记线。室外机在外墙上的安装高度应比窗台低100～150mm，根据该高度再来确定两支架在墙上安装的垂直高度，然后将三角支架紧贴外墙，用记号笔画出两个膨胀螺栓固定孔的中心标记。

2）两支架的4个孔位置确定后，还需进一步校准尺寸。在两支架水平尺寸和固定膨胀螺栓孔水平、垂直尺寸无误后，用电锤在标记中心打孔。打孔时锤头要水平钻进，不能偏斜。钻头直径要根据使用的膨胀螺栓规格选用。一般在较硬的混凝土墙上钻孔时，钻头直径略大于膨胀管的外径。比较松的墙体，钻头直径可取等于或略小于膨胀管的外径。

3）墙孔打好后，用锤子将膨胀螺栓打入墙内，注意不能打坏膨胀螺栓的螺纹。

4）将三角支架靠在外墙上，膨胀螺栓的螺纹穿过三角支架立面安装孔，使用螺母将三角支架固定好，先不要将螺母拧得过紧，待检查过支架水平度以后，再将螺母拧紧。

（5）室外机的安装

将室外机放置在已固定的三角支架上，室外机与三角支架固定时，机组底脚下一定要装上橡胶减振垫，否则将引起机组的振动和噪声。在吊装机组时，要保证设备和安装人员的安全，特别是在二层以上建筑上安装空调器时，要采取必要的安全防护措施，施工人员应系好安全带，设备吊装时要捆扎牢固。机组吊装到位后，要立即用底脚螺栓固定，防止机组坠落。

（6）连接管及电路的连接

1）在连接管穿过墙洞、室内机组管道连接无问题以后，即可用力矩扳手将配管与室外机连接好。室外机的配管与机组上的截止阀采用喇叭口连接，在上紧螺母时，要同心对正，连接配管不能有丝毫扭、别现象。用手旋进阀门丝扣时应顺畅到位，用手拧不动时，再用力矩扳手拧紧。若对上丝扣转2～3圈就转不动了，此时不要用扳手强力拧紧，应拆下重新对正再拧，若用扳手强力拧紧，会造成滑丝，甚至挤坏喇叭口而不能密封。

2）拧松室外机接线处的盖板螺钉，取下盖板，按说明书的要求将电缆线分别对号连接至室外机控制板的接线端子上，要连接牢靠，准确无误。线路接好后用压线板固定，再装上盖板即可。

（7）排空气操作

采用真空泵抽真空法进行排空气操作。

1）用扳手拧下回气阀处顶针阀工艺口阀帽。

2）将复合压力表低压软管与顶针阀工艺口连接，充注软管与真空泵连接，将低压压力表阀完全打开，高压压力表阀完全关闭。所有连接处必须保证无泄漏。

3）接通真空泵电源，启动真空泵进行抽真空操作，抽真空时间约15min。确认真空度可以达到 -0.1MPa。

4）首先关闭低压压力表阀，然后停止真空泵，静置1h后，观察真空度有无变化，无变化为合格。有变化时，应拆卸连接管清洁密封面并重新安装。

（8）调试

空调器安装完毕，在检查无误后，即可插电并打开室外机处的回气阀和供液阀，开机试运转。准备好遥控器，按制冷方式启动空调器，运转15～20min后，观察凝结水排水情况，用温度计测量进出风口的温度，温差在8℃以上为合格。制热模式时，温差在15℃以上为合格。

（9）现场整理

安装完毕后，穿墙孔处缝隙用泡沫或其他保温材料填充，并安装遮孔板。整理工具，清理现场。

三、风机盘管吊装及管道与电路连接

1. 实操工具、材料及设备

（1）FP-68卧式暗装风机盘管1台；

（2）电锤1把；

（3）充电式手枪钻1套（含钻头等工具）；

（4）力矩扳手（17mm、22mm、24mm）各1把；

（5）25cm管钳2把；

（6）活扳手2把；

（7）锤子1个；

（8）呆扳手1套；

（9）钢卷尺1把；

（10）电子温度计1支；

（11）安全带2根；

（12）不锈钢（或镀锌）膨胀螺杆（M8×1000或者M10×1000）4个；

（13）一字螺丝刀和十字螺丝刀各2把；

（14）电笔1支；

（15）万用表1块；

（16）记号笔 1 支；

（17）吊线铅锤 1 个；

（18）水平尺 1 把；

（19）电动套丝机 1 台；

（20）1/2" ~ 3/4" 板牙 1 副；

（21）$DN20$ 镀锌钢管 1m；

（22）镀锌管接头若干；

（23）$DN20 \times 400$ 不锈钢软管 2 根；

（24）透明塑料软管，内径约 $\phi 26mm$；

（25）聚四氟乙烯生料带 2 卷；

（26）$DN20$ Y 型过滤器 1 只；

（27）$DN20$ 铜截止阀 2 只；

（28）$DN20$ 电磁阀 1 只；

（29）$DN20$ 保温管 1m；

（30）送风口（320×200）1 个；

（31）回风格栅（400×200）1 个；

（32）防火漆布 2m²；

（33）订书机 1 个；

（34）$\phi 4.2 \times 15$ 自攻自钻螺钉若干；

（35）砂轮切割机 1 台；

（36）手压泵 1 台；

（37）荷载 1000kg、提升高度 4m 的升降机 1 台。

2. 吊装前的准备工作

（1）确认风机盘管安装位置尺寸符合设计要求，空调系统干管安装、冲洗排污完毕，接往风机盘管的支管预留管口位置、标高符合要求。

（2）安装前应开箱检查风机盘管设备的结构形式、安装形式、出口方向、进水位置是否符合设计要求，壳体及表面交换器有无损伤、锈蚀等缺陷，确认设计使用的是普通吊架还是减振吊架。

（3）用堵头封闭风机盘管的出水口，进水口接手压泵，冲水进行水压试验，试验强度应为工作压力的 1.5 倍，定压后观察 2 ~ 3min 应无渗漏。

（4）通电进行试验检查，测试风机盘管三种风速是否运转正常，机械部分不得有摩擦现象，电气部分不得漏电。

3. 吊装工艺流程

（1）根据施工图，按建筑物的定位轴线测定设备的纵横中心线和其他基准线，并用墨线将其弹在楼板顶面上，作为安装设备找正的依据。放线时，要注意尺要拉直、放正、测量准确。如果图纸上没有定位安装尺寸，则必须根据装修图纸来确定风机盘管的安装位置，确保不与装修位置有冲突。

（2）确定风机盘管安装孔位置。根据楼板顶面上的设备基准，画出风机盘管安装孔位置，并用记号笔标记，以确定吊杆的安装位置。也可以使用安装样板铺贴在楼板顶面上用记号笔直接画出膨胀螺杆的孔位。

（3）安装吊杆。风机盘管采用独立的吊杆安装，安装吊杆需要先在划定好的位置钻孔打眼、安装膨胀螺杆（吊杆）并将其固定。

（4）吊装风机盘管。将风机盘管箱体托举到待安装位置，并使其4个安装孔对准4根全螺纹吊杆，将吊杆穿入安装孔中，分别使用固定螺母、垫片将风机盘管机体悬吊在4根吊杆上，安装必须牢固可靠。吊杆装入风机盘管安装孔后，再依次放入垫片、拧紧紧固螺母，完成风机盘管的吊装。吊装时，为防止灰尘进入风机盘管出风口，需注意防尘措施。

注意事项：

1）风机盘管吊装的高度，根据安装空间和设计需要决定。

2）风机盘管吊装时，应有0.003的坡度坡向凝水盘的出水口，吊杆与盘管相连处应用双螺母紧固。

（5）进出水管路连接：

进水管路必须安装Y形过滤器和截止阀，出水管路安装截止阀。电磁阀可以安装在进水管路上，也可以安装在回水管路上，结合设计安装大样图和现场安装空间决定。注意Y形过滤器一定安装在进水截止阀的下游，以便于拆洗。电磁阀安装在进出水截止阀之间，并在Y形过滤器的下游，以防止脏物堵塞电磁阀阀芯。

*DN*25的截止阀、Y形过滤器及电磁阀均为螺纹连接，连接时必须使用聚四氟乙烯生料带缠绕外螺纹的表面，也可以使用螺纹密封胶涂抹外螺纹的表面，防止渗、漏水。

安装Y形过滤器与阀门时，应注意介质的流动方向与阀体外标记的方向一致，方向不能相反，否则Y形过滤器或阀门不能正常工作。

安装时必须使用管钳或扳手，两者不能相互代替，例如安装带螺纹的镀锌钢管时，必须使用管钳而不能使用扳手，安装阀门则需要使用扳手而不可以用管钳代替扳手。

风机盘管进出水截止阀外侧应拧入两端均为外螺纹的短管，以便于两根连接不锈钢软管分别用于连接供水和回水干管。注意进水软管不应有超过风机盘管进水口高度的弯曲，以避免形成气囊影响供水量。

（6）凝水管连接：

1）风机盘管凝水盘与凝水管连接处采用 200mm 长的透明塑料软管连接，将内径约 $\phi 26mm$ 的透明塑料软管紧紧套在凝水盘排出口管上，并用喉箍紧固夹紧。塑料软管的另外一端与凝水排出总管连接并密封，防止渗漏。注意凝水管应有 3% 的坡度坡向凝结水排出口，不得有超过凝水盘排水口高度的弯曲。

2）清理凝结水盘内部，导入清水，检查凝结水排出情况。凝结水应通畅地流到指定位置，水盘应无积水现象。

（7）送、回风口的连接：

1）根据风机盘管出风口与房间送风口的尺寸，使用防火漆布制作送风口连接软管。根据风机盘管回风口与回风格栅的尺寸，使用防火漆布制作回风口连接软管。漆布缝合可以使用订书机，但必须保证缝合处不漏风。连接软管长度应大于风口与设备进出风口之间的距离，以便于安装。

2）使用制作好的软布风管连接送、回风口，用金属压条压住软布的外部，打自攻螺钉压紧密封。连接回风格栅的软风管长度应较小，安装后应能保持拉紧的状态，这样可以在风机盘管运行时不致被吸瘪导致进风截面积减小，从而使风量减小，必要时可以内衬钢丝撑在软风管内部。

注意：高静压型卧式暗装风机盘管还涉及风管吊装问题。

（8）温控器安装及电气接线：

1）风机盘管的温控器与其他空调器的不同，其温度传感器一般安装在温控器内，故而温控器应安装在能够反映房间平均温度的墙面上，并便于操作，一般距地面高度约 1.4m 左右。不可安装在靠近进门处或空调装置送风口附近，安装位置应保证其不受其他热源、阳光、门窗气流或外墙温度等的影响。

2）温控器安装操作步骤：

①先用一字螺丝刀伸进风机盘管温控器侧面的小卡座口里，轻轻撬开底板（不可过度用力而把外壳卡座弄断），使风机盘管温控器面板和底板分离开。

②将底板用配备的螺丝钉固定在确定的位置。

③风机盘管温控器面板扣到底板上，即可完成温控器的安装。

3）温控器电气接线：

①打开风机盘管接线盒，按照标示，使用 $1.0mm^2$ 的线缆连接电源、风机的接线端子。

②机组电源线和信号线穿阻燃管沿墙体垂直敷设至温控器，两种导线不可缠绕在一起，明装阻燃管应采用管卡固定。

③取下风机盘管温控器面板，参照温控器使用说明书接线。图 3-82 为采用两通阀的风机盘管接线示意图。

④检查接线是否正确，无问题后再将温控器面板扣到底板上。

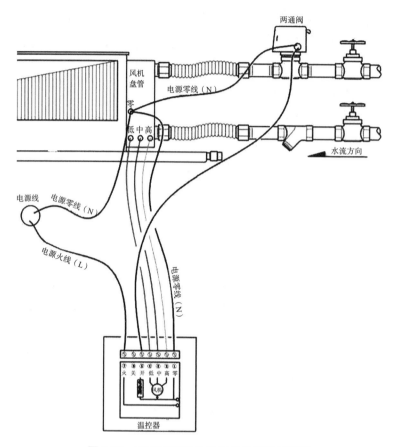

图 3-82　采用两通阀的风机盘管接线示意图

温控器安装注意事项：

①电源线务必安装正确，火线与零线不能接反，以免损坏温控器。

②温控器前端应加设电源控制开关或单独的电源插座，在不需要温控器工作时应切断电源。

③风机盘管温控器一般采用预埋暗盒内安装，也可以明装。采用明装时应首先安装明装底盒。

④一个温控器禁止控制多台风机盘管机组。

（9）调试：

①给风机盘管温控器通电，根据季节设定运转模式，并将温度设置到最低值（制冷）或最高值（制热），通电时电磁阀应立即打开。

②首先全开风机盘管出水截止阀，然后打开进水截止阀，倾听是否有冷媒水快速流过的声音。

③风机盘管运转 3～5min 后，出风口应能明显感觉到冷（或热），检查风机盘管是否有异常振动和噪声。

④在制冷状态下检查风机盘管运转时冷凝水的排出情况。

⑤停机后检查风机表面温度是否正常，手动转动风机是否灵活。

⑥检查管路连接处有无渗漏现象，发现问题及时停机解决。

（10）保温：

风机盘管调试完毕后，应对设备外部、凝水盘外部、进出水管路、凝水管路进行保温，保温层厚度一般为 20mm。保温材料采用橡塑保温板或保温管，接缝处应胶结严密，按保温操作规范执行。

（11）整理工具、清理现场。

四、相同管径的铜管焊接及保温层安装

1. 工具、材料准备

（1）氧气瓶及氧气 1 瓶；

（2）罐装丁烷气体 2 罐；

（3）氮气瓶及氮气 1 瓶；

（4）便携式焊炬 1 套（含氧气小钢瓶和燃气小钢瓶，氧气胶管 1 根，丁烷胶管 1 根）；

（5）氧气减压阀 1 个；

（6）磷铜焊条或低含银量的磷铜焊条 2 根；

（7）水桶 1 个；

（8）$\phi 9.52 \times 0.7$ 或 $\phi 10 \times 0.7$ 紫铜管 1m；

（9）杯形口扩口工具 1 套（含割刀）；

（10）偏心喇叭口扩口工具 1 套；

（11）扁平锉 1 把；

（12）铜管修边器刮刀 1 把；

（13）倒角器 1 把；

（14）台虎钳 1 台；

（15）操作平台 1 个；

（16）8 寸不锈钢坩埚钳 2 把；

（17）百洁布（无海绵）1 块；

（18）钢丝钳 1 把；

（19）手提式灭火器 2 个。

2. 操作步骤

（1）练习并掌握便携式焊炬的操作步骤

1）安装好焊接设备。

2）对焊具的氧气小钢瓶充注氧气，方法如下：

①关闭小氧气瓶高、低压旋钮，卸下充气口的堵塞。

②用氧气过桥将大、小氧气钢瓶连接在一起，使用扳手拧紧连接螺母。

③打开小氧气瓶上的高压旋钮。

④缓慢地打开大氧气瓶调节手轮，观察小氧气瓶压力表指针。

⑤当小氧气瓶高压表指针停止上升约 1min 后，氧气充注完毕，先关闭小氧气瓶高压旋钮，再关闭大氧气瓶阀，卸下氧气过桥，拧紧堵塞。

3）丁烷气体的充注：将丁烷气罐摇晃后，倒立垂直插入燃气瓶充气口，为了更好地吻合，可以小范围上下移动丁烷气罐，当充气口有气体溢出时，充注结束，移开丁烷气罐即可。

4）在确保设备完好的情况下，打开丁烷气瓶阀和氧气瓶阀，此时氧气瓶内的压力可由压力表读取，再沿顺时针方向调节氧气减压器上旋钮，调到所需要的压力。检查各调节阀和管接头处有无泄漏。丁烷气瓶不需要减压调节。氧气压力要求为 0.45MPa ± 0.05MPa。

5）点火。右手拿焊枪，先打开燃气气阀（红色旋钮），然后用点火器点火，如果用打火机点火，注意焊嘴的气流方向应避开点火用手，焊炬火焰应与点火打火机火焰垂直，以防烧伤。

6）焊接火焰的调整。打开氧气气阀（蓝色旋钮），调节氧气和丁烷气的混合比，使火焰呈中性焰，焰心呈光亮的蓝色，火焰集中，轮廓清晰。焰心长度控制在 30 ～ 40mm，如果焰心较短，可以先关小氧气阀门，然后开大丁烷气体阀门，拉长火焰长度，再次开大氧气阀门；如果焰心较长，则先关小氧气阀门，然后关小丁烷气体阀门，缩短火焰长度，再次开大氧气阀门。经过反复调整，使焰心长度达到要求。

7）关闭焊枪时，先关闭焊枪上的氧气阀，再关闭焊枪上的丁烷气阀，然后关闭氧气瓶上的减压阀，最后关闭氧气瓶与丁烷气瓶上的高压旋钮，反复练习操作，直至熟练为止。如果长时间不用焊炬，可以再次打开焊枪上的阀门，将连接胶管内的高压气体释放出来。

（2）铜管的扩口制作

1）焊接铜管的截取

用割刀截取 2 段长度为 50 ～ 60mm 的铜管，待加工的铜管一端用修边器刮刀修去毛刺，内部用氮气吹扫干净，然后用百洁布包紧待加工部位，旋转，去除铜管表面的氧化层和污物，旧铜管壁必须用砂纸包裹轻轻打磨以去除表面的氧化层。

2）铜管扩管

取截取铜管的其中 1 根，用杯形扩管器进行扩口加工。扩口后的插入深度应符合要求。确认铜管与接头的间隙是否合适，以便插入管道。

（3）焊接操作

1）选用银铜焊条和非腐蚀性焊剂硼砂或铜磷焊剂。

2）将制作好的两段铜管插在一起，其中一段铜管的一部分夹持在台虎钳上，放平两段待焊接的铜管。也可以使两段铜管保持向上的倾斜角度，注意被扩口的铜管在下部，扩口端向上倾斜。

3）在被夹持铜管下端塞入氮气连接管（金属材料管），打开氮气钢瓶阀，调整减压阀，使减压阀低压表的压力为 0.02MPa 左右。

4）打开丁烷气钢瓶上的阀门。

5）逆时针方向打开氧气小钢瓶阀门。

6）缓慢拧开焊枪上的燃气调节阀。

7）点火。

8）缓慢拧开焊枪上的氧气调节阀，调好火焰长度、氧气和丁烷的混合比，选择中性焰。用火焰从下面（火焰方向向上）加热铜管连接部位，焊接过程中尽量保持火焰与铜管垂直，避免对管内加热。火焰与铜管垂直时热量最为集中。

9）将焊条预热后蘸取少量焊剂（若选用铜磷焊条可不使用焊剂）。

10）待铜管连接部位变成红色时，将焊条从上部触碰铜管的间隙，钎料熔化后会填塞铜管的间隙，直至间隙填满并在间隙处形成 45° 角为止。

11）焊接中注意检查焊接处有无气泡、夹渣现象。

12）焊接结束时，移开焊枪，将焊条放在不致烫伤人和物品的旁边。

13）关闭焊枪上的氧气调节阀。

14）关闭焊枪上的燃气调节阀。

15）清除管道焊接处的残留焊剂、杂物。检查焊接质量，如发现有沙眼或漏焊的缝隙，则应再次加热焊接。

16）铜管焊接完毕后，在外部包裹保温层。

17）反复练习焊接，直至熟练为止。

3. 整理工作

（1）将所使用的焊炬放回工具盒内，放回原处。

（2）整理剩下的铜管，整齐地摆放回原处。

（3）关闭氧气瓶阀、氮气瓶阀，将氧气瓶、氮气瓶、灭火器等放置于阴凉通风处。

（4）整理工具，将工具整齐地摆放回工具箱。

（5）清洁现场，恢复操作区域的整洁干净。

五、不同管径的铜管焊接及保温层安装

1. 工具、材料准备

（1）氧气瓶及氧气1瓶；

（2）罐装丁烷气体2罐；

（3）氮气瓶及氮气1瓶；

（4）便携式焊炬1套（含氧气小钢瓶和燃气小钢瓶，氧气胶管1根，丁烷胶管1根）；

（5）氧气减压阀1个；

（6）磷铜焊条或低含银量的磷铜焊条2根；

（7）水桶1个；

（8）$\phi 9.52 \times 0.7$ 或 $\phi 10 \times 0.7$ 紫铜管1m；

（9）$\phi 3 \times 0.5$ 紫铜毛细管1m；

（10）$\phi 6.35 \times 0.5$ 紫铜管1m；

（11）毛细管剪刀1把；

（12）杯形口扩口工具1套（含割刀）；

（13）铜管修边器刮刀1把；

（14）台虎钳1台；

（15）操作平台1个；

（16）8寸不锈钢坩埚钳2把；

（17）百洁布（无海绵）1块；

（18）钢丝钳1把；

（19）扁平锉刀1把；

（20）手提式灭火器2个。

2. 操作步骤

（1）管径差别较大的紫铜管焊接

1）用割刀截取1段 $\phi 9.52 \times 0.7$ 或 $\phi 10 \times 0.7$ 紫铜管，长度为50～60mm。再截取1段 $\phi 6.35 \times 0.5$ 的紫铜管，长度为50～60mm。

2）在待加工的铜管一端用修边器刮刀修去毛刺，内部用氮气吹扫干净，然后用百洁布包紧待加工部位，旋转，去除铜管表面的氧化层和污物，旧铜管壁必须用砂纸

包裹轻轻打磨以去除表面的氧化层。

3）将 $\phi 6.35 \times 0.5$ 紫铜管去除表面污物的一端的插入 $\phi 9.52 \times 0.7$ 紫铜管清理过的一端内部，插入深度为 10mm，紧贴住 $\phi 9.52 \times 0.7$ 紫铜管的内壁。若插入太短，不但影响管路强度，而且焊料容易流进管路内部，形成焊堵；若插入太长，则会浪费材料。

4）用钢丝钳将 $\phi 9.52 \times 0.7$ 紫铜管与 $\phi 6.35 \times 0.5$ 紫铜管间隙大的部分夹扁（图 3-10），使两者的间隙保持在 0.05 ~ 0.2mm 之间，注意不可夹扁内管。

5）将 $\phi 9.52 \times 0.7$ 紫铜管的一部分夹持在台虎钳上，放平两段待焊接的铜管。也可以使两段铜管保持向上的倾斜角度。

6）在被夹持铜管下端塞入氮气连接管（金属材料管），打开氮气钢瓶阀，调整减压阀，使减压阀低压表的压力为 0.02MPa。

7）打开丁烷气钢瓶上的阀门，然后逆时针方向打开氧气小钢瓶阀门。

8）缓慢拧开焊枪上的燃气调节阀并点火。

9）缓慢拧开焊枪上的氧气调节阀，调好火焰长度、氧气和丁烷的混合比，选择中性焰。用火焰从下面（火焰方向向上）加热 $\phi 9.52 \times 0.7$ 铜管连接部位，焊接过程中尽量保持火焰与铜管垂直，避免对 $\phi 6.35 \times 0.5$ 管加热。

10）将焊条预热后蘸取少量焊剂（若选用铜磷焊条可不沾焊剂）。

11）待铜管连接部位变成红色时，将焊条从上部触碰铜管的间隙，钎料熔化后会填塞铜管的间隙，直至间隙填满并在间隙处形成 45° 角为止。

12）焊接中注意检查焊接处有无气泡、夹渣现象。

13）焊接结束时，移开焊枪，将焊条放在不致烫伤人和物品的地方。依次关闭焊枪上的氧气调节阀和燃气调节阀。

14）清除管道焊接处的残留焊剂、杂物。检查焊接质量，如发现有沙眼或漏焊的缝隙，则应再次加热焊接。

15）铜管焊接完毕后，待其自然冷却后，关闭氮气钢瓶阀门，在外部包裹保温层。

16）反复练习，直至熟练为止。

（2）毛细管的焊接

1）用割刀截取 1 段 $\phi 9.52 \times 0.7$ 或 $\phi 10 \times 0.7$ 紫铜管，长度为 50 ~ 60mm。

2）在待加工的铜管一端用修边器刮刀修去毛刺，内部用氮气吹扫干净，然后用百洁布包紧待加工部位，旋转，去除铜管表面的氧化层和污物，旧铜管壁必须用砂纸包裹轻轻打磨以去除表面的氧化层。

3）用毛细管剪刀截取 $\phi 3 \times 0.5$ 紫铜毛细管，长度约 200mm。毛细管剪刀刃口应与毛细管轴线成 45° 角，以免造成毛细管的管口堵塞，必要时可以将剪下的毛细管用平锉刀修整管端斜面，以保证毛细管管口保持圆形。

4）用氮气将截取的毛细管内部吹除干净。

5）将 $\phi 3 \times 0.5$ 毛细管去除表面污物的一端的插入 $\phi 9.52 \times 0.7$ 紫铜管清理过的一端内部，插入深度为 15mm，并紧贴住 $\phi 9.52 \times 0.7$ 紫铜管的内壁。

6）用钢丝钳将 $\phi 9.52 \times 0.7$ 紫铜与毛细管间隙大的部分夹扁，使两者的间隙保持在 0.05～0.2mm 之间。注意不可夹扁毛细管。

7）将 $\phi 9.52 \times 0.7$ 紫铜管的一部分夹持在台虎钳上，放平两段待焊接的铜管。也可以使两段铜管保持向上的倾斜角度。

8）在被夹持铜管下端塞入氮气连接管（金属材料管），打开氮气钢瓶阀，调整减压阀，使减压阀低压表的压力为 0.02MPa。

9）打开丁烷气钢瓶上的阀门，逆时针方向打开氧气小钢瓶阀门。

10）缓慢拧开焊枪上的燃气调节阀，点火。

11）缓慢拧开焊枪上的氧气调节阀，调好火焰长度、氧气和丁烷的混合比，选择中性焰。用火焰从下面（火焰方向向上）加热 $\phi 9.52 \times 0.7$ 铜管连接部位，焊接过程中尽量保持火焰与铜管垂直，避免对毛细管加热，以防止烧穿。

12）将焊条预热后蘸取少量焊剂（若选用铜磷焊条可不沾焊剂）。

13）待铜管连接部位变成红色时，将焊条从上部触碰铜管的间隙，钎料熔化后会填塞铜管的间隙，直至间隙填满为止。焊接时火焰要强，速度要快，防止超高温。火焰应避开毛细管，使其和粗管同时达到焊接温度。

14）焊接中注意检查焊接处有无气泡、夹渣现象。

15）焊接结束时，移开焊枪，将焊条放在不致烫伤人和物品的地方。依次关闭焊枪上的氧气调节阀和燃气调节阀。

16）清除管道焊接处的残留焊剂、杂物。检查焊接质量，如发现有沙眼或漏焊的缝隙，则应再次加热焊接。

17）焊接完毕后，待其自然冷却后，关闭氮气钢瓶阀门，在粗管外部包裹保温层。

18）反复练习，直至熟练为止。

3. 整理工作

（1）将所使用的焊炬放回工具盒内，工具盒放回原处。

（2）整理剩下的铜管，整齐地摆放回原处。

（3）关闭氧气瓶阀、氮气瓶阀，将氧气瓶、氮气瓶、灭火器等放置于阴凉通风处。

（4）整理工具，将工具整齐地摆放回工具箱。

（5）清洁现场，恢复操作区域的整洁干净。

第四章

制冷空调系统调试

第一节　制冷空调系统性能调试

一、测试仪器与仪表的使用

在制冷空调系统的运行性能测试中，必须对空气状态参数及冷、热媒参数和电参数等进行测定，通过这些参数测定所得的数据进行计算与分析，从而得出科学评价，作为进一步工作调整的依据。常用测量仪器与仪表的正确使用非常重要。

1. 温度的测量仪器

温度是表征物体冷热程度的一个状态参数，常用测量仪器有玻璃管液体温度计、压力式温度计、双金属温度计、电阻温度计、热电偶温度计及数字温度指示调节仪等，空调工程中一般采用 0~50℃ 及 0~100℃ 的水银温度计。压力式温度计的测温范围为 -60~550℃，热电偶的测温范围为 -200~1600℃，可用于低温环境测量。三位控制动圈式温度指示调节仪表的整定值有上限值和下限值，使用时加以注意。

为了避免温度测量过程中的热干扰，在使用这类温度计测量温度时，应防止温包受人体及口部呼吸所带来的影响，在读数时应尽快先读出小数分度值，然后再读整数。测温点附近有辐射热源时，应采用遮挡物以消除其对温度计的影响。

2. 相对湿度的测量仪器

空气相对湿度这一参数，在空调工程中与温度一样具有重要意义，对它测量的仪器有固定式干湿球温度计、通风式干湿球温度计、毛发湿度计、湿敏电阻湿度计等。使用这类仪器时，绝不可将仪器倒置，使湿球纱布保持清洁，并按照规程要求定期复检。

3. 压力的测量仪器

在制冷与空调系统中，经常需要对工质的压力参数进行测量，如弹簧管式压力表常用于制冷剂及汽、水系统中；弹簧管压力表测量脉动压力时，其最大值应处于压力表满量程刻度的不超过 1/2。选择压力表时，被测压力的最大值应处于压力表满量程刻度的 1/2 ~ 2/3 之间。倾斜式微压计用于空调系统中测量流速与流量，微压计在使用中应确保连接管中不存在气泡及畅通。

4. 流速的测量仪器

流体的流动速度是空调系统中经常需要测试的基本参数之一，通过它可以了解流体运动的一些规律。常用的测风速仪器有机械型风速仪、热球风速仪、毕托管静压管等。

5. 流量的测量仪器

流量的测量方法有直接测量法与间接测量法。直接测量法是直接计量单位时间内所得到的流体总量；间接测量法是通过测量与流量有关对应关系的物理量而得出。制冷与空调系统中常用的有毕托管速度面积法、差压流量计、浮子流量计、涡轮流量计等。

6. 万用表

万用表是一种可进行多种电量测量、便携式的电器仪表，是从事制冷空调系统安装调试维修工作必不可少的仪表。万用表有指针式万用表、数字式万用表等用于测量电流、电压、电阻等电参数。指针式万用表、数字式万用表在使用前要认真阅读使用说明书，正确按照使用步骤操作，既能保证测量结果，又不会损坏仪表。测量电阻的指针式万用表，表笔短路后，指针偏离零欧姆点的原因是万用表内电池电阻变大。使用完毕后，应将转换开关旋到交流电压最高挡，以防止他人误用造成万用表的损坏。若长时间不用万用表，应将电池从表中取出，把表放置在干燥通风清洁的环境中，测量有极性的元件时，必须注意表笔的极性。

7. 钳形电流表

钳形电流表又叫钳表，是一种不需要断开电路就能测量电路电流的电工仪表，同时又可以与万用表组合成一体，形成多功能数字显示或指针显示多用仪表。钳形电流表是根据电流互感原理制造而成，使用时应注意以下事项：

（1）钳形电流表的钳形铁心只能放入 1 根有电的被测导线，如果放入 2 根导线则测不出电流，要注意分清设备上的地线，不要把地线夹入，否则测不出正确的电流数值。

（2）如对电流大小不清楚，应从量程较大的挡位上开始测量，然后再根据电流的大小，调整到合适的量程。

（3）钳形铁心与钳头板机之间的钳口要结合良好，不能有杂质、油污，否则测量电流时其指示值会偏低。使用前一般应开合数次，令接口导通良好。

（4）钳形电流表适用于测量 500V 以下低压电气系统绝缘导线中的电流，其最小量程一般为 5A，测量电流值较小时，读数误差较大。

（5）使用后，应把钳形电流表量程转换开关置于最大量程的位置。

8. 示波器

示波器是一种用途很广的电子测量仪器，它可以把人眼看不见的电过程在荧光屏上描绘出具体的图形，供观察分析和研究。

示波器可以直观观察被测信号的波形，还可以测量信号的电压、电流、频率、周期、相位以及电路的幅频特性和相频特性等。

常见的示波器有：通用示波器，它使用单电子束示波管，可对一个信号进行定性或定量的观察；多踪示波器及多线示波器，利用单电子束示波管或利用电子开关形成多条扫描线，以实现同时观测和比较两个或两个以上的信号；记忆、存贮示波器，具有记忆或存贮信息的功能，能把有关被测信号的波形长时间地保留在屏幕上或贮存于电脑中；特种示波器，指具有特殊装置或用途的专用示波器，如晶体管特性测试仪。

二、制冷空调系统调试与工作流程

制冷空调系统性能调试的目的是检查制冷空调系统的设计、施工安装是否达到预期效果，通过相关参数的测定与调试发现制冷空调系统的设计、施工、设备存在的问题，从而采取相应的改进措施，保证系统的使用功能与要求。

1. 空调系统调试流程

由于空调系统是水、电、气等集成的系统，相互之间的运行具有一定的逻辑关系，在操作运行时，它们之间有先后程序关系，如中央空调制冷系统的正常开机顺序为：冷却塔风机开→冷却水泵开→冷水泵开（延时 1min）→冷水机组开。恒温恒湿型空调机在恒温工况下，制冷与加热都运行；在加湿工况下，压缩机一定要停机。

空调系统调试的内容主要有：水系统的水压试验、风量的测定与调整、室内外空气状态参数测试与调整等。

（1）水系统水压试验

空调水系统包括冷却水系统与冷水系统，其功能是输配冷热能量，以满足末端设备或机组的负荷要求。空调水系统安装完毕，应按设计规定对水系统管道进行严格的密封与性能试验，以检查管道系统及各连接部位的工程质量。

对于管线较长或管线高、低标高差很大的情况，可以分段或分层做水压试验。

首先，用压缩空气清除管内杂物，需要时用水冲洗，水流速度取 1.0～1.6m/s，直到排出的水干净为止（在冲洗的同时可以用小锤轻轻敲打管道），然后向管内注水，此时，应把管道系统各高处的排气阀全部打开，排尽系统内空气，待水灌满后关闭排气阀与进水阀。接着，用临时连接在管道中试验用的手摇试压泵或电动试压泵加压，压力应逐渐升高，当加压到一定值时，应停下来对管道进行检查，无问题时再继续加压，一般分 2～3 次升到试验压力，待压力表的指示压力达到试验压力时即停止加压，在该压力下保持 30min。如果在这段时间里未发现管道有渗漏或者变形的现象，且压力表的指示压力也不下降，则认为强度试验合格，强度试验压力取工作压力的 1.25 倍，但不可小于工作压力加 0.3MPa。然后，把强度试验压力降到工作压力进行密封性试验，在工作压力下对管道进行全面检查，并且用质量为 1.5kg 以下小锤在焊缝 15～20mm 处沿焊缝方向轻轻敲击，到检查完毕时，如果压力表的压力值不下降，且管道的焊缝和法兰连接处均未发现有渗漏现象，即可认为密封性试验合格。试验用的压力表应预先经过校验并合格，精度不低于 1.5 级，表的满刻度值为最大被测压力的 1.5～2.0 倍，而且压力表不可以少于两个。

组合式空调机组的表冷器、加热器在安装前应进行水压试验（试验压力为 0.98MPa），要确认无泄漏。集中式空调水系统水压试验中的严密性试验压力为 0.6 MPa。进行水系统压力试验中的严密性试验时，达到试验压力后应保压 2h，并对被测管路进行全面检查。

（2）空调系统风量测定和调整

空调系统风量的测定与调整的目的是使系统的风量，包括送风量、新风量、回风量、排风量及各分支管的风量符合设计和使用要求。由于空调系统的风量主要与系统的空气动力特性（如风机、风管和空气处理设备等的空气动力特征）有关，而且系统其他项目的测定与调整均应以风量得到满足要求为前提，所以空调系统风量的测定与调整是十分重要的。

空调系统风量测定与调整应满足下列要求：①若无条件测量通风机的风量、风压和转速，则可测定空调箱出口的送风量和风压（常称此风压为机外余压）。②使系统风量与分支管风量或送回风口风量平衡。③实测风量与设计风量的偏差应小于 10%。

对于新建系统，应先将系统中的风门，包括各支分管或各风口的调节风门等调至全开位置，三通调节阀则应处于中间位置。经测定和作必要的调整后再确定其最后的开启位置。

对于回风系统，测定与调整的主要任务是检查风量是否满足使用要求，根据测定结果，再进行调整。

1）系统风量测定

系统风量的测定内容主要为：送风量、回风量、排风量、新风量和各分支管风量。可以在送风管道、回风管道、排风和新风管道及各分支管上测定。系统风量在风管内测定一般宜采用毕托管静压管并配以测压仪器。当风管内风速小于 4m/s 时，可视情况采用热球风速仪或叶轮风速计。在风道系统中，风速最高的是主管。

风管内风量的计算公式：

$$L=Fv \tag{4-1}$$

式中　L——风量，m^3/s；

F——风管测定断面面积，m^2；

v——风管测定断面上的平均风速，m/s。

风管内风量测定的基本要求是选在气流方向前 $4D \sim 5D$，后 $1.5D \sim 2D$（D 为管径）的直管段。尽可能地选在远离产生涡流的局部构件的地方。

2）送、回风口风量测定

为了得知空调房间的风量或各个风口的风量，如果无法在各分支管上测定风量，可以在送、回风口处直接测定风量。

在送、回风口处直接测定风量，一般可用热球式风速仪和叶轮风速仪。当在送风口处测定风量时，由于该处气流比较复杂，通常可采用风口系数法与从风口直接测出实际风量的方法测定，通常低速集中式空调系统的送风口风速控制在 $2 \sim 5$ m/s。

由于回风口处气流均匀，所以可以直接在贴近回风口格栅或网格处用测量仪器测定风量。可采用热电风速仪在回风口平面上直接测取测点的风速，然后取平均值。

3）空调系统风量的调整

空调系统风量的调整是通过调整系统中的风门来实现的，调整方法有流量等比分配法与基准风口调整法。

流量等比分配法要从系统的最远管段，即最不利的风口开始，逐步调到风机。基准风口调整法是在系统风量调整前先对全部风口的风量初测一遍，并计算出各个风口的初测风量与设计风量的比值，将比值最小的风口作为基准风口，由此风口开始进行调整。

（3）空调系统室内、外温湿度测定

空调系统室内、外温湿度测定可以用水银玻璃温度计、热电偶、通风干湿球温度计、数字温度计、相对湿度计等测温测湿仪器。将酒精温度计裹上纱布的一端，纱布另一端浸入蒸馏水中测得的温度称湿球温度。

测点应布置在按设计要求确定的工作区。对于恒温恒湿房间，测点应布置在离房间围护结构 0.5m，离地高度 0.5～1.5m 的范围内，并将该区域按纵断面（立面）和横断面（平面）分格布置测点，纵断面上的测点间隔一般为 0.5m，横断面上的测点按面积等分格，（每一分格常为 1m²）。在系统运行达到稳定后，分别测定纵、横断面上的温度和相对湿度值，并按断面绘制温度和相对湿度分布图。恒温恒湿空调机的温度控制精度一般为 ±1℃。

对于一般空调房间，测点选择在工作区和工作面及人员经常活动的范围。当无条件测量室内、外温度和相对湿度的分布时，可以在回风口和新风口处测量温度和相对湿度，测量时系统必须连续稳定运行，每隔 0.5～1h 测量一遍，一般应连续测量 12h 以上。

2. 制冷剂系统的调试流程

制冷剂系统的正确调试是保证制冷设备正常运行、节能、延长使用寿命的重要环节。对于现场安装的制冷系统，调试前首先应按设计图纸熟悉整个系统的布置和连接，了解各个设备的结构和性能，以及电气控制和水系统等。

（1）制冷压缩机调试步骤与试运转

1）活塞式制冷压缩机的调试

制冷压缩机调试之前应做好下列工作：机房干净整洁，准备好试车工具、材料和记录表；检查电机外观、运转方向和各仪表是否符合要求；检查安全阀、油压继电器、高低压继电器等安全保护装置的整定值；核对曲轴箱油面高度。若没有问题，可以分步进行压缩机的调试。

无负荷试运行调试：目的在于检查压缩机各部件组装后的运转情况，并提高各摩擦部件配合的密封性和摩擦面的光洁度，无负荷运转调试时要求拆下气缸盖，取出缓冲弹簧、安全块和吸排气阀组，运转之前必须安装气缸压紧装置，向活塞环加入 1～2mm 厚的润滑油，并用干净布包扎好气缸顶部的缸盖部分，防止灰尘或异物落入气缸内。然后手动盘车无误再点动运行，若无卡阻现象，开启压缩机间歇运转 5min、15min、30min，如没有异常现象可以连续运转 4h。无负荷试运转应达到以下要求：缸体、轴承座和密封器等摩擦部位的温度不应高于室温 25～30℃；运转电流稳定，运行部件没有杂音。

空气负荷运行调试：目的是观察压缩机工作性能，监听各运动部件在加载情况下的声音是否正常。无负荷运行调试合格后，应更换润滑油，清洗滤油器，装好吸排气阀、安全块、缓冲弹簧和缸盖，松开吸气过滤器法兰螺栓，留出一定空隙包上绸布作为空气吸入口，开启压缩机上的排气阀，关闭吸气阀，启动压缩机，调整排气压力在

0.3MPa 左右，连续运转 4h。空气负荷运转应达到以下要求：吸排气阀起落跳动声响正常，冷却水的进口水温不超过 35℃，出口水温不超过 45℃，油压应按吸气压力大 0.1 ~ 0.3MPa，油温不应超过 70℃，最高排气温度不超过 145℃，各连接部分无漏气、漏油现象，各摩擦部分的温度应符合技术要求。

有负荷试运行调试：目的是检查压缩机在制冷工况下的安装质量。有负荷试运转应在系统吹污、试压和真空试验合格，且系统充注制冷剂之后进行。在进行有负荷试运转之前应先开启压缩机进行排空，然后调整有关阀门与系统连通，再转入制冷系统负荷试运转，并担负某一系统的降温工作。在试运行中应根据系统实际情况进行必要的调整，使油压、吸气压力和排气压力达到技术文件要求。在启动压缩机之前，先对润滑油加热，目的是使润滑油中溶入的制冷剂逸出。制冷压缩机开机时，膨胀阀进口管上结霜，说明膨胀阀前过滤网堵塞。氨制冷系统开机时，应缓慢打开吸气阀，目的是防止压缩机液击。制冷系统开始运行时，调整节流阀的开启度，只要排气压力允许，压缩机能正常工作，应尽量提高吸气压力，吸气压力值所对应的是蒸发温度，所以需要经常观察吸气压力。制冷系统试运转时，应检查润滑油温度，一般不超过 70℃，也不低于 5℃，压缩机油温的正常状态一般为 40 ~ 60℃，不得超过 5 ~ 12℃。有负荷试运行的时间不应少于 4h。

热泵型空调器制热时，室内风机与压缩机的启动关系是压缩机先启动，风机后启动。

复叠式制冷系统的启动步骤是：先启动高压部分，再启动低压部分。

双级蒸气压缩式制冷系统的启动步骤是：先启动高压部分，缓慢开启吸气阀，当中间压力降到 0.1MPa 时，再逐步启动低压级压缩机。

2）螺杆式制冷压缩机的调试

准备工作可参考活塞式压缩机，试运转前应进行以下事项的检查：联轴器轴线同轴度不大于 0.08mm，端面跳动不大于 0.05mm；能轻易手动盘车使其旋转，观察油位应达到油面线；接通电源，操作开关应在手动位置；喷油阀应开启 1/5 圈，供油阀和排油阀应开启；滑阀应处于零位；检查高低压是否平衡，应开启平衡阀，使高低压力平衡后再关闭平衡阀。

试运行时，应先启动油泵，使油压上升后再启动压缩机，待主机运行正常，再慢慢开启吸气阀，调整滑阀至需要的位置。不应长时间空载运转，并注意观察油压和各温度的变化。若有不正常声音或局部温度特别高时应立即停机检查。单级螺杆式制冷压缩机运转 10 ~ 30min 后，排气温度稳定在 60 ~ 90℃，油温在 40 ~ 45℃，油压在 0.2 ~ 0.3MPa，排气压力在 1.1 ~ 1.5MPa，并检查滑阀是否正常，进行增荷或减荷调节，监听有无异常声音。若无异常现象，再做短时间的全负荷运行。

3）离心式制冷压缩机的调试

准备工作参考活塞式压缩机外，还应检查润滑系统是否正常，要求首先进行油泵试运行，调整油压在 0.1～0.3MPa，油温在 40～45℃，运行时间不少于 8h，以便冲洗油路中的污垢。油泵运行后，应更换冷冻机油，并重复进行清洗工作，直至确认润滑油系统清洁为止。如果制冷机内未充注制冷剂和润滑油，绝对不能启动压缩机或油泵，即使是点动设备检查叶轮转向也决不允许，否则会严重损坏设备。

油泵调试合格后，再进行离心式制冷压缩机的试运行。

空负荷试运行：目的在于检查电机的转向和各附件的动作是否正常，以及机组的机械运转是否良好。试运行程序如下：将压缩机吸气口的导向叶片关闭，拆除冷凝器及蒸发器检视口等，使压缩机排气口与大气相通；开启水泵，使冷却水系统正常工作；开启油泵，调整循环系统，保证正常供油；点动压缩机，检查无卡阻现象后再启动，间隙运行 5min、15min、30min，仔细观察是否有异常现象及不正常声音。停机时要观察电动机转子的惯性，其转动时间应能延续 1min 以上。并且要防止压缩机停机后短时间内再次启动，一般停机 15min 后才能再次启动。

机组负荷试运行：目的在于检查机组在制冷工况下机械运转是否良好。试运行的程序如下：充注好制冷剂、润滑油、冷却水与冷水后，浮球室内的浮球应处于工作状态，吸气阀和导向叶片应全部关闭，各调节仪表和指示灯应正常。把转向开关指向手动位置，启动主电机，根据主电机运行情况，逐步开启吸气阀和能量调节导向叶片。导向叶片连续调整到 30%～50%，使其迅速通过喘振区，检查主电机电流和其他部位均正常后，再继续增大导向叶片的开启度。逐步增加机组负荷，直至全负荷为止，无异常现象时连续运行 2h。

手动开机运行正常后，再进行自动开机试运行，把转向开关指向自动位置，人工启动后，随之进入自动运行，制冷量自动进行调节，当控制仪表动作后自动停机时，控制盘上会有灯光显示及音响报警。自动运行方式应在各种仪表继电器进行调整和校核后才能进行。自动试运行应连续运转 4h。

机组转入正常运行，应每小时检查并做好运行记录。油压、油温、蒸发压力、冷凝压力、浮球工作状态、导向叶片开启度、运转电流等数值应符合正常运行时的要求。

（2）制冷压缩机负荷试运转

检查压缩机与电动机的运转部位，应无障碍物且保护罩完好，曲轴箱压力不超过 0.2MPa，否则应稍开吸气阀降压，并及时查找原因；油面不得低于视油孔 1/2 或在两孔之间。各压力表的表阀应全部打开，表的指示值应正常。检查供水管路的连接情况，油压、高压及低压继电器等自动保护装置的就位情况，并确认电动机的启动装置处于启动位置。

检查高低压系统的有关阀门，在高压系统中，油分离器、冷凝器和高压贮液器等上的进、出气阀，安全阀前的截止阀、均压阀、压力表、液面指示器的关闭阀等均应开启；而压缩机的吸气阀、排气阀、放油阀和放空气阀等应关闭。低压系统中的压力表、压差继电器接头上的阀门应开启；贮液器的贮液量应不超过 80%，不低于 30%。

检查水泵与风机的运转部位有无障碍物，电机及各电气设备是否完好，电压是否正常，对所有用电的指示和控制仪表送电，观察仪表的指示器是否正常，若有问题应及时检修。

确认上述所有设备合格后，启动水泵与风机，运行水系统与通风系统，为压缩机启动作好准备。压缩机启动后，调试制冷系统就是调整蒸发器的工作温度，试运转中紧急事故的处理、报告程序也是设备操作规程的基本内容之一。

（3）制冷剂系统的吹污、试压、检漏、真空试验

制冷设备安装就位、各系统管道连接完毕后，应按照设计要求和管道安装试验技术条件的规定，对制冷系统进行吹污、气密性试验、真空试验以及充注制冷剂试验，并做好试运行前的各项工作。

1）吹污

制冷设备和管道在安装前已进行单体除锈吹污工作，但是很多管道在连接时不可避免地会有焊渣、铁锈及氧化皮等杂质残留在系统管道内，有可能被压缩机吸入到气缸内，使气缸等表面出现划痕、拉毛，有时污物还会堵塞节流元件和过滤器，使制冷系统无法正常工作。因此制冷系统试运行前，必须进行吹污处理，以保证制冷系统安全运行。

制冷系统吹污时要将所有与大气连通的阀门关紧，其余阀门应全部开启。吹污工作应按设备和管道分段或分系统进行，其排污口应选择在各段的最低点。吹污可用氮气或干燥的压缩空气进行，压力控制在 0.6MPa，氮气钢瓶满瓶时的压力为 15MPa，操作时应注意调整压力。系统吹污结束后，应清理吹污系统上的阀门，取出阀芯，清洗阀座内和阀芯上的污物，然后重新装配。

2）试压、检漏

制冷系统在初次安装完毕后和检修后须对制冷系统进行气密性试验，目的在于检查设备和管路连接口等有无泄漏，这是制冷系统检漏的重点工作。一般要求用工业氮气做气密试验，如没有条件也可以用干燥的空气来代替。

用氮气做气密性试验时按如下流程操作：

①关闭压缩机进出口的吸、排气阀。

②关闭所有通大气阀门。

③打开系统内所有其他阀门。

④通过氮气钢瓶上的充气阀向整个制冷系统灌注氮气，压力升到 0.5MPa 时停止加压，用肥皂水涂于焊缝、法兰和阀门等处，检查有无渗漏。若发现渗漏，应放掉氮气后进行补焊或紧固，直至无泄漏。

⑤继续升压至 1.2MPa，用肥皂水检漏。若发现渗漏，应放掉氮气后进行补焊或

紧固，直至无泄漏。

⑥通过阀门将高、低压系统分开。向系统高压部分继续充氮至 1.8MPa，再用肥皂水检漏。若发现渗漏，应放掉氮气后进行补焊或紧固，直至无泄漏；记录此时的压力、温度，放置 24h 后，再检查温度和压力的下降情况。在初始的 6h 压力下降不得超过 0.03MPa，以后的 18h 压力应保持不变。

⑦使用干燥空气做气密性试验。操作方法与使用氮气时要求相同。

⑧制冷系统进行气压检漏时，保压 24h 压力不降为合格，或者当设备环境温度变化 3℃时而压力仅变化 0.01MPa 为合格。充注氟的制冷剂进行检漏试验时，也可以借助于卤素灯。

3）真空干燥试验

真空干燥是一种对管道内部进行干燥的方法，使用真空泵将管道内的液体水分转化为水蒸气并从管道内除去。在一个标准大气压力下水的沸点为 100℃，但当使用真空泵降低管道内的压力后，水的沸点降低，当沸点低于外部空气温度时，水将蒸发。真空度越高，水的沸点越低。进行真空干燥时，按照如下步骤进行：

①将压力歧管表与真空泵相连（图 4-1）。

②完全打开压力歧管表的阀门并开启真空泵的开关。

③检查并确保压力表显示的压力值为 −755mmHg。

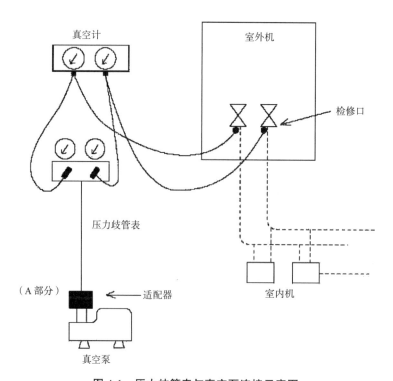

图 4-1　压力歧管表与真空泵连接示意图

④达到 -755mmHg 的水平后继续按照以下步骤对真空泵进行操作：

a. 关闭压力歧管表的阀门；

b. 松开与真空泵（A 部分）相连的软管并关闭泵；

c. 大约 1min 后检查并确保压力表指示的压力不会增加（如果指示压力增加说明存在泄漏）；真空干燥完成。

如果制冷机组使用 R410A 或 R407C 制冷剂，务必使用 HFC 专用的真空泵或安装一个适配器。如果在运转过程中电源关闭，真空泵内置的止回阀（电磁阀）可以防止制冷剂回流。此外，进行真空干燥前，确保机组的电源开关已关闭。

三、制冷空调系统操作规程

1. 制冷空调系统运行前准备工作

（1）查看系统的相关记录。了解系统施工安装的情况，检查交付与试运行的相关记录，向操作人员询问制冷空调系统的相关特征。

（2）检查制冷空调系统流体机械设备。检查压缩机、水泵、风机与电动机各运转部位有无障碍物，所有控制仪器保护装置是否良好；检查压缩机曲轴箱压力、油面是否符合要求；检查压力表、温度计是否正常；系统上的能量调节阀、三通阀等各类阀件是否在正常操作状态；检查电动机的启动装置是否处于启动位置。

（3）检查制冷空调系统管路及设备、相关阀门是否全部处于准备工作状态。从压缩机高压排出管路到冷凝器、从冷凝器到节流元件、从蒸发器到压缩机的有关阀件是否打开、与外界相通的阀件是否关闭；各设备上的安全阀的关闭阀门应是经常开启的、冷凝器与贮液器的均压阀应开启，压力表阀、液面指示阀应稍开启；检查水管与风管上的各类阀门是否处于正常状态。

（4）检查贮液器的液面。贮液器的液面不得超过 80%、不得低于 30%，检查浮球阀是否失灵。一般新制冷系统制冷剂的第一次充注量为设计值的 60%，然后在系统运转调试时随时补充。

（5）启动各类水泵与风机。向冷凝器、蒸发器、水箱等供水，检查各类风道、空调箱与风机盘管的风向是否正常。

2. 制冷压缩机的启动

（1）搬动皮带轮或联轴器 2~3 圈，检查是否过紧，若搬动困难，应检查原因并加以消除。

（2）启动电动机后，检查油压是否正常，能量调节装置是否在所需的位置，同时注意排气压力与电流负荷是否在正常范围，检查电动机绝缘等级的允许温升，E 级为 75℃。

（3）检查油泵压力是否在规定的范围；检查吸气压力或吸气温度是否在规定工作范围，否则应及时调整。

（4）做好制冷空调系统运行记录。

3. 操作与调整

（1）检查蒸发温度与房间的降温情况，蒸发温度与房间温度的差值是否在合理的范围，氟利昂压缩机正常运转时的吸气温度比蒸发温度高 5 ~ 12℃。

（2）检查压缩机的排气温度，要与冷凝温度相适应。如氨制冷系统最高温度不得超过 145℃，最低温度不得低于 70℃，当排气温度比最低温度低 10℃以下时，说明操作不够正常，应关小吸入阀，并检查系统中各类设备，如液面高度、膨胀阀开度、浮球阀等；若压缩机出现液击，应立即停机。

（3）经常检查各类摩擦部件的工作情况，各摩擦部分如发现局部发热或温度急剧上升，应立即停机，检查原因，加以修复并作出记录。

（4）经常检查油压与油温，若油压低于规定值，应及时加以调整；油温一般不超过 60℃。

（5）压缩机冷却水进出水温差不得超过 15℃，若超过此限度，应适当增加冷却水量或清洗冷却水塔，检查冷却水水质。

第二节 空调器电气系统参数调整

电动机是制冷空调系统中常见的用电设备，如何安装操作运用好这些设备是制冷空调专业技术人员必不可少的基本知识之一。本节以房间空调器为例，介绍电气系统相关参数的调整。

空调器电路是指用于控制空调系统工作的电子电路。空调器通常包括压缩机、冷凝器、蒸发器、膨胀阀等主要部件，以及风扇、温度传感器等辅助部件。电路的作用是控制这些部件的运行，包括压缩机的启动和停止、风扇的速度调整、温度传感器的数据采集等。

一、空调器电路组成

常规空调调器电路组成如下：

（1）电源电路：为空调器提供电源，通常使用变压器和整流电路。

（2）微处理器电路：微处理器是空调器的控制中心，负责处理各种输入信号并根据预设程序控制空调器的运行。微处理器电路通常包括微处理器芯片、存储器（如EPROM、RAM）和一些外围支持电路，如晶振、复位电路等。

（3）温度传感器电路：温度传感器用于检测室内和室外环境的温度，为微处理器提供温度数据。常见的温度传感器包括热敏电阻、热电偶、集成温度传感器等。

（4）压缩机控制电路：控制压缩机的启动和停止，通常包括启动电容、过热保护器、压力开关等。

（5）风扇控制电路：控制风扇的转速，通常包括风扇电机、调速电路、霍尔传感器等。

（6）显示和控制电路：显示空调器的运行状态，并接收用户的操作指令。显示和控制电路通常包括显示面板、操作按键、指示灯等。

不同型号的空调器可能有不同的电路设计，但基本功能相似。如果需要对空调器电路进行维修或改造，建议参考该型号的说明书和电路图。图 4-2 ~ 图 4-5 为某房间空调器控制系统原理与组成图。

室外机电路一般分为三部分：室外主控部分、室外电源电路部分、IPM 变频模块组件。电源电路部分完成交流电的滤波、保护、整流、功率因数调整，为变频模块提供稳定的直流电源。主控部分执行温度、电流、电压、压机过载保护、模块保护的检测；压机、风机的控制；与室内机进行通信；计算六相驱动信号，控制变频模块。变频模块组件输入 310V 直流电压，并接受主控部分的控制信号驱动，为压缩机提供运转电源。

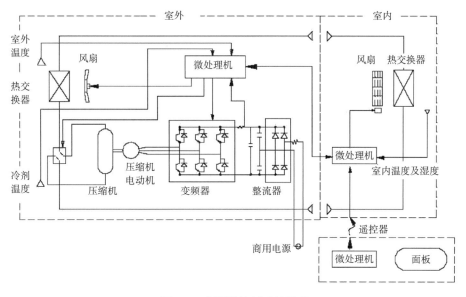

图 4-2　空调器控制系统原理

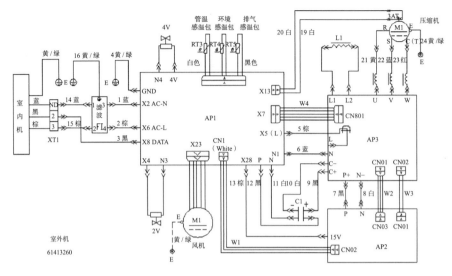

图 4-3　室外机控制原理

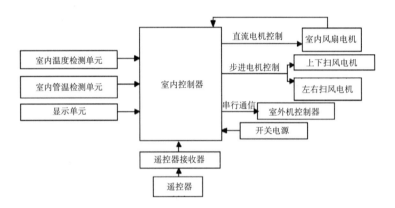

图 4-4　室内机控制系统组成

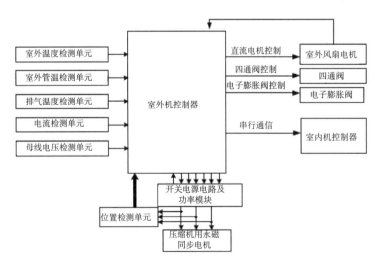

图 4-5　室外机控制系统组成

二、电气保护电路基础知识

电路保护主要是保护电子电路中的元器件在受到过压、过流、浪涌、电磁干扰等情况下不受损坏。随着科学技术的发展，电力/电子产品日益多样化、复杂化，所应用的电路保护元件已非昔日简单的玻璃管保险丝，保护器件通常有压敏电阻、TVS、气体放电管等，已经发展成为一个门类繁多的新兴电子元件领域。

所谓浪涌是因为雷击或电网中其他高频用电设备的影响，电网中时常会出现短暂的较高电压的干扰。为了滤除这些干扰，通过压敏电阻（图 4-6）与高压放电管共同构成了浪涌吸收电路。

图 4-6　压敏电阻

当瞬间高压引入设备时，压敏电阻会迅速导通，通过放电管将干扰放至地线。如果电源意外持续高压，也会造成压敏电阻的导通，使经过保险管的电流迅速增大而使保险管熔断，保证后部电路不会被高压损坏。压敏电阻较常见的故障就是短路后无法恢复和炸裂，但是炸裂开路一般情况下并不影响整机的正常使用。

电路保护的几种常见类型：

（1）过流保护：当电力电子变换器内部某一器件击穿或短路，触发电路或控制电路发生故障，出现过载，直流侧短路，可逆传动系统产生环流或逆变失败，以及交流电源电压过高或过低、缺相等，均可引起变换器内元件的电流超过正常工作电流，即出现过流。由于电力电子器件的电流过载能力比一般电气设备差得多，因此，必须对变换器进行适当的过流保护。变换器的过流一般主要分为两类：过载过流和短路过流。

引起电源过电流的原因是电机转矩过小。变频器出现过电压、欠电压、过电流等故障时，不能通过更换负载措施来解决问题。

（2）过压保护：过电压会引起电动机磁路饱和，过压保护主要是防止过电压或静电放电对电子元器件的损坏，被广泛应用于电话机、传真机及高速传输接口等各种电子系统产品，尤其是电子通信设备，对于如何避免因为电压异常或静电放电而对电子备造成伤害损失尤为重要。

过压保护过压的原因：

1）操作过电压：由拉闸、合闸、快速直流开关的切断等经常性操作中的电磁过程引起的过压。

2）浪涌过压：由雷击等偶然原因引起，从电网进入变换器的过压。

3）电力电子器件关断过电压：电力电子器件关断时产生的过压。

4）在电力电子变换器-电动机调速系统中，由于电动机回馈制动造成直流侧直流电压过高产生的过压，也称为泵升电压。

过压保护的基本原则是：根据电路中过压产生的不同部位，加入不同的附加电路，当达到一定过压值时，自动开通附加电路，使过压通过附加电路形成通路，消耗过压储存的电磁能量，从而使过压的能量不会加到主开关器件上，保护了电力电子器件。保护电路的形式很多，也很复杂。解决电源过电压的办法是并联压敏电阻。

（3）防冻结保护：空调器在制冷、抽湿模式下，压缩机运行约 10min 后，检测到蒸发器管温过低时，压缩机被限制频率上升或停机（一般为低于 10℃ 开始降频，低于 2℃ 停机），30s 后外风机停机，制冷模式下，内风机、扫风电机保持原状态；抽湿模式下，内风机为低速，扫风机保持原状态，当防冻结解除且压缩机停机已达 3min，恢复原状态运行。

（4）模块保护：智能功率（IPM）模块电流过大，15V 供电电压过低，温度过高，电网电压突然变化，人为地在压缩机运转过程中断开电源未停够 3min 又立即开机等多种原因都可能造成模块保护。一般情况下，开机一段时间才出现保护，并且过一段时间又可以自动恢复，多为模块散热不良造成。而上电开机即刻保护，多为 IPM 模块某路绝缘栅双极晶体管（IGBT）已经烧毁。

三、空调器电气系统运行参数测定方法和原理

空调器安装完毕，在试运行之前，要搞清楚空调器工作参数运行范围及测定方法。如：电流、压力、电压等，变频机器要测试压缩机的运行频率、出风口温度等。

1. 运行压力的测定

在测定空调器的运行压力时，可以在空调器室外机的高压阀与低压阀上连接软管与测量压力的压力表。空调器通电运行，高低压管上的压力表就可以显示制冷剂运行的压力。

氟利昂制冷系统正常低压在 0.4 ~ 0.6MPa 之间，管路压力过低会造成制冷剂的质量流量小；正常高压在 1.6 ~ 1.9MPa 之间，管路压力过高会造成压缩机排气温度高。压缩机吸气压力低于给定值时，低压控制器动作，切断压缩机电源，使压缩机停机；压缩机排气压力过高时，高压控制器立即动作，切断压缩机电源，使压缩机停机。压缩机油压降至某一定值时，（油压差控制器）发出信号，使压缩机停止运行。

2. 温度测定

通常用数字温度仪等测温计来测定各类温度值，空调器的出风口温度应为 12 ~ 15℃ 之间。进出风口的温差应大于 8℃。停机时室外温度为 38℃ 时的平衡压力为 $10kgf/cm^2$ 左右。全封闭往复活塞式压缩机外壳温度在 50℃ 左右，全封闭往复涡旋式压缩机外壳温度在 60℃ 左右，全封闭活塞旋转式压缩机外壳温度在 50℃ 左右。排气管温度一般在 80 ~ 90℃ 之间，如温度过低，说明系统缺制冷剂或堵塞；如温度过高，则说明系统内有空气或压缩机机械故障。低压管温度一般在 15℃ 左右，正常时低压管应结露但不能结霜，若结霜说明系统缺制冷剂或堵塞。风扇电机外壳温度一般不超过 60℃。

3. 电流测定

电流测定时，可用钳形电流表将钳形铁心内放入一根有电的被测导线，这样工作电流在钳形电流表上显示，来对照空调器的正常工作电流表值。如果压缩机工作电流小于规定值，可以判断制冷系统制冷剂有可能不足，有待进一步检查。

4. 电压测定

用万用表可以测量电流、电压、电阻等电参数。房间空调器的工作电压：198 ~ 242V。如空调器使用电压 220V ± 10%，若使用电压不稳定，低于 198V 以下，需要配制空调器消耗功率 2.5 倍以上的稳压器；空调器不用时要拔掉电源；遥控器长期不用时，将电池取出；再次开机时间间隔要在 3min。

5. 空调器运行的其他事项

夏季空调器正常运转 1h 后室内排水管应出现排水现象，并在室内机或室外机能听到管路及毛细管中制冷剂的流动声，如听不到流动声说明制冷系统有问题。同时，可根据吸气管结露情况判断制冷剂量。若制冷剂不足时吸气管可出现结霜现象；当压缩机吸气管上半部结霜时；说明制冷剂量适中。

四、空调器电气系统使用参数设定方法和原理

空调器安装试机完成后，安装人员必须掌握空调器的操作使用，包括遥控器的操作运转方式，应急运转方式，自动运转方式，睡眠运转方式，除湿、制冷、制热功能模式，风向调节方法，定时运转方式等。

1. 制冷操作

空调器制冷工作的室外温度约 20℃以上，43℃以下，如果在此范围外的温度下工作，可能造成空调器运行故障或内部保护。

2. 制热操作

热泵型空调器制热工作的室外温度在 −7℃以上，如果在此条件之外的低温操作，空调内部的保护装置有可能动作，引起空调器不启动。

3. 遥控器的设定操作

（1）运行模式设定。空调器遥控器的类型较多，但操作的功能设定相类似，其运转方式基本上按自动运转、制冷运转、除湿运转、通风运转、制热运转的方式进行循环，使用时可根据需要，任意选定一种模式。

（2）室内温度设定。每按一次温度控制加键，设定温度将增加 0.5℃或 1℃；每按一次温度控制减键，设定温度将减少 0.5℃或 1℃。

（3）室内风机速度设定。每按一次风速控制键，设定风速将按自动运转、低速运转、中速运转、高速运转、自动运转方式进行循环。

（4）风向控制设定。风向设定分上下风向与左右风向，按一次风向控制键，上下风向叶片或左右风向叶片将自动上下或左右摆动。

此外还有手动控制、睡眠运转等功能的设定。

4. 空调器控制电路设定

空调器电路板故障检测仪能够逐个测试电路板上的元器件。电路板故障检测仪具有通用型数字 / 模拟集成 IC 器件库，可以进行集成 IC 在线功能测试。

5. 试机过程所需设定的参数值及相关注意事项

试机运行不少于 30min，制冷系统的低压压力：夏天 35℃左右制冷时，其表压应为 5 ~ 5.5kgf/cm²；冬天 0℃左右制热时，其表压为 2.5 ~ 3.2kgf/cm²。

空调器出风口与房间温度差：夏天制冷温度差大于 8℃，冬天制热温度差大于 15℃。

工作电流：在 35℃ 左右时，制冷时各型号的电流值参考铭牌上数值，一般会比额定电流值稍低些。

检查室内、外机有无振动、摩擦和噪声，室内机有无漏水现象，排出室外的冷凝水是否流畅。

电气配置应安全、可靠，有无漏电现象，安装人员可用试电笔或万用表等仪表对其外壳可能漏电部位进行检查。若有漏电，应立即停机检查，排除故障。

接收室内通信，综合分析室内环境温度、室内设定温度、室外环境温度等因素，对压缩机变频调速控制。

根据排气、管温、电压、电流、压缩机状态等系统参数，判断系统是否在允许的工作条件内，是否出现异常。

空调器通电后，压缩机两端管路压差需要压缩机 3min 延时启动，压缩机在 3min 内再次连续通电，电机不能正常启动，此时电机电流积聚增大，压缩电机无法启动时，将引起电机线圈发热。压缩机 3min 延时启动采取的措施是过流保护。

冬季制热运行时，回风温度与设定温度非常接近会引起制热停机，同时冷凝器积灰过多，散热不良，引起压缩机过热保护。冬季空调器制热运行连续 44min 后，连续 1min 检测到 $T凝 \leq -5℃$ 时，开始除霜运行，换向阀、室内风机、室外风机停止运行。开始除霜运行 10min 或 $T凝 \geq 10℃$ 时，除霜结束，换向阀、外风机同时投入运行，室内风机按防冷风条件投入运行。除霜时造成制热停机不属于故障，当空调控制系统收到室外机结霜信号时，除霜功能自动启动。

6.空调器其他设置

当电机过载运行时，应设法调整负载，使电机在额定负载下运行。通风装置发生风路堵塞，会使散热器温升过高。轴承润滑不良或卡锁会使得轴承温升过高但电流正常。冬季压缩机停机期间曲轴箱加热器一直通电。压缩机工作后曲轴箱加热器应立即断电。

分体式空调器中，压缩机曲轴箱的加热器是受压缩机排气管温控器控制的。柜式空调器中，压缩机曲轴箱加热器一般通过交流接触器辅助常闭触头接入电源。曲轴箱加热器一般紧贴在压缩机外壳安装于压缩机底部。而大型压缩机组采取曲轴箱加热，可使压缩机启动阻力减小。

第三节 制冷空调系统调试实操

一、制冷空调系统性能参数测定和调整

制冷空调系统性能参数测定和调整实操的目的是通过对房间空调器的运行参数（如冷凝器的表面温度、蒸发器的表面温度、出风温度、回风温度、温差以及蒸发压力和蒸发温度等）的测定，正确合理使用测试工具与仪器，掌握测试方法，判断空调器运行状态，并能把空调器的运行调整或恢复到正常性能状态。

1. 操作前准备工作

（1）设备与工具准备：根据空调器运行性能测定要求，熟悉掌握对钳形电流表、电子温度计、修理表阀等仪表及相关工具与材料的操作使用。

（2）了解空调器技术状况：熟知空调器的类型、结构组成、技术参数及相关国家标准，了解空调器所用制冷剂的特征、应用注意事项，了解空调器电源使用情况。熟知空调器遥控器使用、控制功能转换的方法。

2. 空调器通电运行

空调器工作电压在 198 ~ 242V 时运转正常，电气配置应安全、可靠。对其外壳可能漏电部位进行检查，若有漏电，应立即停机检查，排除故障。检查室内、外机有无振动、摩擦和噪声。

压缩机一旦启动，在 6min 内一直运行，一旦停止，延迟 3min 后才能开启。室内风机开始启动时，先按高风速运行 8s，再切换到设定风速；当空调器在室外温度约 20℃以上、43℃以下进行制冷模式下，温度设定范围为 16 ~ 30℃，初值为 25℃。抽湿模式下，温度设定范围为 16 ~ 30℃，初值为 25℃。当热泵型空调器在室外温度在 −7℃以上制热模式下，温度设定范围为 16 ~ 30℃，初值为 25℃。

3. 相关温度参数测定

开机运行不少于 30 min，运行过程需检测的参数有：用电子温度计测试冷凝器、蒸发器表面温度，蒸发器侧回风、出风温度以及干、湿球温度；空调器出风口与房间温度差：夏天制冷大于 8℃，冬天制热大于 15℃。检查室内机有无漏水现象，排出室外的冷凝水是否流畅。

4.压缩机工作电流测试

用钳形电流表测试压缩机电流；在35℃左右下，制冷时不同型号压缩机的电流值参考铭牌上的数值，一般会比额定电流值稍低些。

5.压缩机吸气压力测试

用修理表阀测试吸、排气压力，制冷系统的低压压力。夏季制冷时，其表压对应值应与使用制冷剂的蒸发压力相对应，如R22制冷剂其表压为 5 ~ 5.5kgf/cm²，冬天制热运行时，其表压为 2.5 ~ 3.2kgf/cm²。

6.调整运行参数至正确合理状态

根据运行状态做出空调器运行是否正常判断。如压缩机吸气压力或工作电流不正常，应查找原因，并对空调器进行调整。

7.做好空调器运行状态的调试记录

把调整后的空调器运行参数，如相关温度、吸气压力、压缩机工作电流等进行记录，以便日后查询。

8.整理工具与场地

调试操作完成后，把仪表、工具与材料等整理收好，现场整理整洁。

二、电气控制电路的参数测定与调整

电气控制电路的参数测定与调整实操的目的是熟悉压力控制器的结构与原理、掌握压力控制器调试方法，判断压力控制器工作状态，对电气控制电路中压力控制器完成参数测定与调整。压力控制器主要起排气压力高保护、吸气压力低保护、中间压力高保护、断水保护等，当工作压力超出控制器预先设定的压力值时，控制器可以切断电源，起到保护作用。

1.操作前准备工作

（1）设备与工具准备：制冷装置、万用表、操作维修工具。

（2）了解压力控制器技术状况：熟知压力控制器的结构（图4-7）、基本原理、安装的位置、作用，制冷系统的特征，控制电路（图4-8）、压力控制器型号与设定值的要求，了解制冷压缩机高低压力值及安全保护状况。

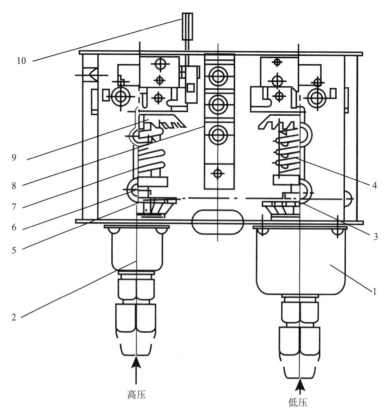

图 4-7　压力控制器结构

1—低压管波纹管箱；2—高压管波纹管箱；3—低压压差调节盘；4—低压调节弹簧；5—高压压差调节盘；
6—顶杆；7—高压压差调节盘；8—接线板；9—压力调节盘；10—手动复位手柄

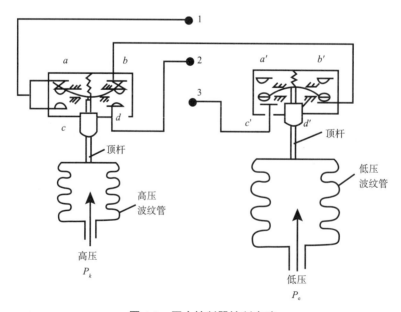

图 4-8　压力控制器控制电路

1—接电源进线；2—接事故报警（灯或铃）；3—接电机的接触器线圈

2. 切断压力控制器的电源

将压力控制器从电路中隔离，确保在断电状态下进行调试，保证操作安全，用操作工具打开压力控制器主壳盖。

3. 调整高压保护值

当压缩机排气压力值超过高压设定值上限时，压力控制器高压波纹管的压力克服弹簧力把传动螺丝压下，微动开关的按钮随之压下，电路断开，压缩机停机。这时通过高压的调节盘进行调节，转动调节盘以加大调节弹簧弹力，则高压的断开压力值就相应增大，反之，则减小。

4. 调整高压压差

高压的差动压力值（指接通与断开时的压力差）可以通过高压压差调节盘进行调节，转动压差调节盘使蝶形弹簧压力增大，则差动值就相应增大。

5. 调整低压保护值

当压缩机吸气压力值低于低压设定值下限时，压力控制器低压调节弹簧的弹力克服来自波纹管的压力，把传动芯棒抬起，使微动开关的按钮随之抬起，电路断开，压缩机停机。这时通过低压的调节盘进行调节，方法同上。

6. 调整低压压差

低压的差动压力值（指接通与断开时的压力差）可以通过低压压差调节盘进行调节，转动压差调节盘使蝶形弹簧压力增大，则差动值就相应增大。

7. 接通电源，开机运行，检查设定值是否满要求

高低压切断值要与制冷剂相对应，同时也要符合压力控制器说明书的要求，如使用 R717、R22 作制冷剂的压缩机高压切断值为 1.6MPa，差动值为 0.3 ± 0.1MPa；低压切断值，对于低温冷藏系统，比设定蒸发温度低 5℃所对应的压力值；对于高温冷藏系统，按设定蒸发温度低 2~3℃所对应的压力值设定，差动值为 0.05 ± 0.01~0.15 ± 0.01MPa。

8. 做好压力控制器调试运行记录

把调整后的压力控制器调运行参数，如高低压设定值、差动值等进行记录，以便日后查询。

9. 整理工具与场地

调试操作完成后，把仪表、工具与材料等整理收好，现场整理整洁。

三、压缩机吸、排气压力的检测与调整

压缩机吸、排气压力的检测与调整实操的目的是将压缩机吸、排气压力值调整在正常工作范围内，知道影响压缩机运行吸、排气压力的因素，掌握热力膨胀阀结构、原理与调整方法，熟知制冷系统压力的测试方法以及调整措施。

1. 操作前准备工作

（1）设备与工具准备：带膨胀阀的制冷装置、压力传感器、精密压力表、操作维修工具。

（2）了解压缩机工作技术状况：熟知制冷系统的形式及所用的制冷剂，节流元件的形式、结构与调试方法。了解节流膨胀阀安装，知道影响制冷系统压力的变化因素与设定值的要求。

2. 测试制冷系统的蒸发压力（蒸发温度）、过热度、冷凝压力（冷凝温度）

通过温度计或压力表测试出蒸发温度、冷凝温度、感温包处吸气管的温度或压力，判断制冷系统的蒸发温度与冷凝温度及过热度是否正常，分析出现问题的原因。

3. 膨胀阀调整前的准备工作

调节前应旋下膨胀阀调节杆的帽罩，稍松填料压盖，调整好后随即并紧，并确认吸气压力（即蒸发压力）应在什么范围内为宜，热力膨胀阀控制的蒸发器出口制冷剂的过热度一般为 3～5℃为合适。

4. 调整热力膨胀阀的开启度

若要降低冷间温度或载冷剂温度，则用旋转工具顺时针旋转热力膨胀阀调节杆，反之则逆时针旋转热力膨胀阀调节杆，每次调整时，旋转调节杆不超过 1/8 圈为宜。

5. 观察制冷系统运行压力

热力膨胀阀开启度调整后，要让制冷系统运行 30min 以上，然后观察温度计或压力表读数，通常蒸发温度比冷间温度低 8～10℃，比载冷剂温度低 4～6℃，以判断调整是否达到预期值，若没有达到预期的温度或压力，则重新调整膨胀阀的开启度，

直至符合要求为止。

6. 作好调整记录

对调整后的制冷系统吸、排气压力或温度进行记录，对膨胀阀的调节过程作好记载，对冷间温度或载冷温度作好记录，以便日后查询。

7. 整理工具与场地

调试操作完成后，把仪表、工具与材料等整理收好，现场整理整洁。

第五章

制冷空调系统维护

第一节　制冷剂循环系统维护

一、蒸气压缩式制冷机组的日常检查维护

1.氨活塞式制冷机组的日常检查

（1）日常开机前的检查与准备

1）压缩机的检查：

①检查压缩机及电机各运转部位有无障碍物，安全保护装置是否完好。

②检查曲轴箱压力是否正常。若超过 0.2MPa（表压）时，应稍开吸气截止阀降压。

③检查曲轴箱内油面是否在正常位置。只有 1 个视油镜的，油面在视油镜的 1/2 处以上；有 2 个视油镜的，油面不超过上视油镜的 1/2，不低于下视油镜的 2/3。

④检查各压力表阀是否全部打开，各压力表是否灵敏准确，对已坏的压力表应更换。

⑤有能量调节阀装置的，检查能量调节阀装置手柄是否在"零位"或缸数最少的位置（装有旁通阀的压缩机应将旁通阀打开）。

⑥检查油三通阀的位置是否在"运转"或"工作"的位置上。

⑦检查自动保护装置（如高、低压压力控制器、油压差控制器等）的指针是否调整在所要求的数值上。

2）检查系统管路上的阀门是否正常。

3）检查有关容器的液面。高压贮液器的液面不高于容积的 80%，不低于容积的 30%。低压循环桶或氨液分离器的液面应处于浮球阀的控制高度，在浮球阀失灵或无浮球阀时，液面应不高于容积的 60%，不低于容积的 20%。低压贮液器通常不应有液位存在，如超过 40%，应马上排液。

4）检查其他设备。检查制冷剂液泵、水泵、盐水泵、冷风机上的风机、冷却塔风机等，均应处于工作前的准备状态。

5）供水供电。启动水泵，向冷凝器等供水，向电控柜供电。

（2）正常运行中的检查

1）润滑系统：

①油压保持在规定范围内，油压大小视压缩机的形式而定。无卸载装置的油压应比吸气压力高 0.05～0.15MPa；有卸载装置的油压应比吸气压力高 0.15～0.3MPa。

②曲轴箱油面应保持在正常位置。双视油镜的油面高度在上视油镜的 1/2 至下视油镜的 2/3 之间。单视液油镜的油面高度在视油镜的 1/2 以上。

③油温应保持在 40～60℃之间，开启式压缩机不应高于 70℃，半封闭式压缩机不应高于 80℃。

④开启式压缩机轴封处的渗油量不应大于 0.5mL/h。

2）机器部件温度：

①压缩机机体不应有局部发热现象。

②轴承温度不应过高，一般为 35～60℃。

③轴封温度不应超过 70℃，其他运转摩擦部件的温度不应超过环境温度 30℃。

④压缩机气缸冷却水套和油冷却器的冷却水进、出口温差为 3～5℃。

2. 氟利昂活塞式制冷机组的日常检查

（1）启动前的准备

氨活塞式压缩机启动前的准备也适用于氟利昂压缩机启动前的准备。此外，还应做好以下准备。

1）如冷凝器为水冷式的，要开水泵供水；如是风冷式的，要开风机，并检查风机转向是否正确。

2）检查各种控制器（高、低压压力控制器、油压差控制器、温度控制器等）是否正常，并查看调定值是否正确。装有电磁阀和热力膨胀阀的系统要检查阀件是否正常。

3）对备有能量调节装置的压缩机，应检查该机构的位置是否正常。

4）设有曲轴箱油加热器的，要先接通油加热器，将油加热，使油中溶解的氟利昂蒸发，以免启动压缩机时造成油压过低或出现"奔油"现象。若油压过低或出现"奔油"现象，将引起各摩擦面表面失油，酿成事故。

（2）正常运行中的检查

1）压缩机的吸气温度一般不应超过 15℃。吸气温度的升高会引起排气温度的升高，油温也会升高。使用不同制冷剂的压缩机的最高排气温度为：R717 不超过 150℃，R134a 不超过 150℃，R22 和 R502 不超过 145℃。

2）冷却水的供水量应根据压缩机排气压力加以调节。在一般情况下 R22 的排气压力在 1.0～1.4MPa（表压），最高不超过 1.6MPa。

3）油压应保持在规定范围内。无卸载装置的油压应比吸气压力高 0.07 ~ 0.2MPa，有卸载装置的油压应比吸气压力高 0.15 ~ 0.3MPa。

4）运转中润滑油的油温，开启式机组不应高于 70℃；半封闭机组不应高于 80℃。如油温过高会降低油的黏度，影响润滑效果。但油温也不能过低，如低于 5℃，则油的黏度太大，也会影响润滑效果。

5）曲轴箱油面应保持在正常位置。双视油镜的油面高度在上视油镜的 1/2 至下视油镜的 2/3 之间；单视油镜的油面高度在视油镜的 1/2 以上。

6）注意检查油分离器的自动回油是否正常。正常情况下，浮球阀自动周期性开启、关闭，用手摸回油管，应该有时热、有时冷的。

7）压缩机正常运转时，气缸、活塞、轴承等部位不应该有敲击声和异常杂音，否则应该停机检修。

8）检查温度控制器，应能按预定的温度停机或开机。

9）膨胀阀内制冷剂流通正常，无阻塞现象。用于制冷时低压侧结霜；用于空调时低压侧结露。

10）压缩机各部位在正常运转和散热条件下，其温升的变化不会很大，若某部位突然发生温度急剧升高现象，应及时停机检修。

3. 螺杆式制冷机组的日常检查

（1）启动前的检查

1）机组四周应无障碍物。

2）查看油分离器中润滑油油位是否达到油面线（油镜中间位置偏上）。

3）冷凝器的冷却水路应畅通。

4）螺杆式压缩机的排气截止阀应开启。

5）螺杆式压缩机的滑阀应在"零位"。

6）其他参加活塞式压缩机组。

（2）日常运行中的检查

1）机组运行中的振动和声音是否正常。

2）压缩机本体的温度是否过高或过低。

3）压缩机能量调节机构的动作是否正常。

4）润滑油的温度、油压及油位是否正常。

5）机组中的安全保护系统（高低压压力控制器、油压差压力控制器、温度控制器、安全阀等）是否完好可靠。

6）开启式压缩机轴封处的泄漏情况及轴封部位的温度是否正常。

7）开启式压缩机电动机与压缩机的同轴度是否正常。

8）开启式压缩机电动机运转中的温升、声音、气味是否正常。

4. 离心式制冷机组的日常检查

（1）查看上一班的运行记录、故障排除和检修情况以及注意事项留言。

（2）查看压缩机电机电流限制设定值。通常压缩机电机最大负荷的电流限制比设定在 100% 位置，不得任意改变设定值。

（3）检查油箱中油位和油温。在较低的油镜中应该能够看到液面或者超过视油镜显示；同时必须检查油温，一般在启动前油箱的油温在 60～63℃。油温过低应加热，以防过多制冷剂溶解在油中（在压缩机停机时，油加热器通电工作；在机组运行时，油加热器断电不工作）。

（4）检查导叶控制位。确认导叶的控制旋钮在"自动"位置上，而导叶的指示是关闭的；或通过手动控制按钮，将压缩机进口导叶置于全关闭位置。

（5）检查抽气回收开关。确认抽气回收开关设置在"自动"位置上，确保无空气进入制冷系统内。

（6）检查油泵开关。确认油泵开关在"自动"位置上，如果在"开"的位置，机组将不能启动。

（7）检查冷水供水温度设定值。不同机组的设定值不同，对于常用的空调机组，冷水供水温度设定值通常为 7℃，在需要时可以在机组的设置菜单中对其进行调节，但最好不要随意改变该设定值。提高冷水温度时，蒸发压力提高，吸气比容减小，单位容积制冷量和单位制冷量均增大。如果环境温度不变（即冷凝压力不变），压缩比减小，单位耗功减少，但机组制冷量增加所需要的功率更大，因此压缩机总的耗功仍然是增加的。反之，降低冷水温度时，单位容积制冷量和单位制冷量均下降，单位耗功增大，机组的能效下降。为了防止冷水温度过低造成冻裂水管，冷水出水温度低于 3℃时，需要加防冻液。

（8）检查制冷剂压力。制冷剂的高低压显示值应在正常停机范围内。

（9）检查供电电压和状态。电压在正常范围内，机组、水泵、冷却塔的电源开关、隔离开关、控制开关均在正常供电状态。

（10）检查各阀门。机组各有关阀门的开关或阀门应在规定位置。

（11）如果是因为故障停机维修的，在故障排除后要将因维修需要而关闭的阀门打开。

5. 制冷机组的日常维护保养

（1）活塞式制冷压缩机停机时的维护保养

1）设备外表面的擦洗。要求设备表面无锈蚀，漆见本色，铁见光。

2）检查底脚螺钉、紧固螺钉是否松动。

3）开启式压缩机检查联轴器是否牢固，传动带是否完好，松紧度是否合适。对于采用联轴器连接传动的压缩机，停机后应通过对联轴器减振橡胶套磨损情况的检查，判读压缩机与电动机轴的同轴度是否超出规定，如超出，应卸下电动机的紧固螺栓，以压缩机轴为基准，重新找正，然后将固定螺栓拧紧。

4）检查润滑系统，保持润滑油量适当，油路畅通，油标醒目，油质正常。若油油已变质，应彻底更换，并清洗油过滤器、油箱、输油管等。

5）及时补充不足的制冷剂。

6）油加热器的管理。曲轴箱底部装有油加热器的活塞式压缩机，停机后油加热器应继续工作，保持油温不低于 30 ~ 40℃。

7）冷却水、冷水的管理。停机后应将冷却水全部排放，清洗水过滤器，检查运行时漏水、渗水的阀门和水管接头。对于冷水，在确认水质符合要求后可不排放，若水量不足，需补充新水并按比例添加缓蚀剂。冬季停机时，必须将系统中的所有积水全部放空，防止冻裂事故发生。

8）泄漏检查。停机期间，须对机组所有密封部位进行检漏检查。

9）卸载装置的检查。短期停机时，只对卸载装置的能量调节阀和电磁阀进行检查。发现问题及时维修或更换。

10）阀片密封性能的检查。停机时对吸、排气阀片进行密封检查，同时检查阀座密封线有无脏物或磨损，同时进行清洗。阀片变形、裂缝、积碳时应更换，确保密封性良好。

11）安全保护装置的检查。在规定的压力或温度下不动作时，应对高、低压压力控制器，油压差控制器，安全阀等设定值进行重新调整。

12）校检各指示仪表。

（2）螺杆式制冷压缩机停机时的维护保养

1）日常停机时的维护保养：

①检查机组内的油位高度，油量不足时应立即补充。

②检查油加热器是否处于"自动"加热状态，油箱内的油温是否控制在规定范围，如有异常，应立即查明原因，进行处理。

③检查制冷剂液位高度，如有异常，应及时补充。

④检查判断系统内是否有空气，如有，应及时排放。

⑤检查电线是否发热，接头是否有松动。

2）年度停机时的维护保养：

①压缩机一般需要厂家来进行维护。

②冷凝器和蒸发器的清洗。

③更换润滑油。

④更换干燥过滤器。

⑤安全阀的校验。

⑥制冷剂的补充。

（3）离心式制冷压缩机停机时的维护保养

1）日常停机时的维护保养：

①严格监视油位。有异常应及时处理。

②严格监视油温和各轴承温度。油温通常控制在 50～65℃，并与各轴承温度相协调。运行实践证明，油温与各轴承温度之差一般控制在 2～3℃。

③严格监视压缩机和整个机组的振动及异常声音。

④严格控制润滑油的质量和认真进行油路维护。一般情况下应每年更换一次润滑油，彻底清洗油槽；在制冷机组每次启动时，应先检查油泵及油系统是否处于良好状态后才能决定是否与主机连锁启动，如有异常应处理后再启动；油压表应在使用有效期内，供油压力不稳定时不准启动机组；油槽底部的电加热器在机组启动和停机时必须接通，机组运行中，可根据情况断开或接通，但必须保证油槽温度为 50～65℃。

2）年度停机时的维护保养：

①在年度停机期间，确保控制面板通电。

②抽气回收装置的维护保养。

③用冰水混合物来确认蒸发器制冷剂温度传感器的精度在 ±2.0℃的公差范围，超过 4℃的误差范围应更换。

④更换润滑油。

⑤更换油过滤器。

⑥检查冷凝管是否脏，必要时进行清洗。

⑦测量压缩机电机绕组的绝缘电阻。

⑧进行制冷机组的泄漏测试，这对于需要经常排气的机组尤为重要。

⑨每三年对冷凝器和蒸发器的换热管进行一次无损测试。

⑩根据机组的实际运转情况，决定何时对机组进行全面检测以及检查压缩机和机组内部部件的状况。

（4）冷凝器的维护保养

1）运行中应随时注意系统中的冷凝压力。制冷系统正常运行时，冷凝压力应在规定范围内，若有异常应及时处理。

2）运行中应随时注意系统中的冷却水的进、出水温度是否正常。制冷系统正常运行时，冷却水的进、出水温度应在规定范围内，若有异常应及时处理。冷却水出水温度升高，冷凝效果变差，冷凝压力升高，压缩机功耗增大，机组能效下降；冷却水出水温度下降，冷凝压力下降，压缩机功耗减小，同时冷却塔的耗电增大，但机组能效上升。

3）运行中应随时注意系统中冷却水的结垢和腐蚀程度，若有异常应及时处理。

4）风冷式冷凝器的除尘。须定期清洗风冷式冷凝器，以确保冷凝效果良好。

5）水冷式冷凝器的除垢。须定期清洗水冷式冷凝器的水垢，通常采用电动机械除垢法和化学除垢法。

（5）蒸发器的维护保养

1）对于立管式和螺旋管式蒸发器，在系统启动前应先检查搅拌机、冷水泵及其接口有无泄漏现象，有问题应及时处理。

2）监视制冷剂的液位是否正常，有异常应及时处理。

3）注意检查和监视冷水的出水温度是否正常，有异常应及时处理。

4）应随时注意冷水的出水温度与蒸发温度的温度差。制冷系统在正常运行时，冷水的出水温度与蒸发温度的温度差（对于空调制冷工况）一般在5℃左右，有异常应及时处理。

5）运行时应随时监视冷水的水量和水质。制冷系统运行时，冷水的水量保证取决于冷水泵和冷水管路系统的工作情况，而水量是否达到要求，一般是从水泵出口压力的大小、水泵运行电流的大小来判断的。水量过大或过小，对制冷系统正常运行都是不利的，应及时调整。

6）应注意蒸发器中积油的及时排放，以防止油膜对传热系数的影响。

7）对于翅片管蒸发器，应注意检查表面的积灰或积霜情况，如有异常应及时处理。有过滤网的，应注意保持过滤网清洁。

二、吸收式制冷机组的日常检查维护

吸收式制冷机组的性能好坏、寿命长短，不仅与机组调试及运行管理有关，还与机组维护保养密切相连。为使机组保持良好的运行状态，进行定期检查和保养，称为预防管理。机组预防管理的优点是：增加机组的可靠性；不需要进行大修，即使需要修理，也只是小修；延长机组的寿命；明确机组的薄弱环节及引起故障的原因；对易损件、备品备件可进行经济的管理；保养工作比较均衡。

1. 短期停机保养

所谓短期停机，是指机组停机时间不超过 1～2 周。在此期间机组的保养工作，应做到以下几点：

（1）将机组内的溶液充分稀释，有必要时可将蒸发器中的冷剂水全部旁通至吸收器，充分稀释机内的溴化锂溶液，使在当地最低环境温度下不发生结晶。如果停机期间当地最低环境温度较高，不仅不用将蒸发器中的冷剂水全部旁通至吸收器，且机组也不要过分稀释，保持蒸发器过滤水有一定的液位，只要停机时溶液不发生结晶即可。

（2）注意保持机组内的真空度。停机时应将所有通向大气的阀门全部关闭，机内绝对压力较高，应启动真空泵将机组内不凝性气体抽尽，否则会引起溴化锂溶液对机组的腐蚀。

（3）在停机期间，当地气温也有可能降到0℃，这时应将所有积水放尽。

（4）在停机期间，若机组绝对压力上升过快，应检查机组是否泄漏。若泄漏，应尽快进行气密性检查。

（5）在停机期间，如检修屏蔽泵、更换隔膜阀或视液镜等，切勿使机内接触空气时间过长。若机修时间过长，应采取临时措施，将机内通向大气的开口与大气隔离，再启动真空泵抽气，使机组保持真空状态。

2. 长期停机保养

长期停机时，机组的保养可采取充氮保养和真空保养。

（1）充氮保养

1）将蒸发器中冷剂水全部旁通至吸收器，充分稀释溶液，以防其在最低环境温度下结晶。

2）在机组充氮之前，启动真空泵，将机内不凝性气体（特别是氧气）抽尽，以防溴化锂溶液对机组的腐蚀。

3）取一根能承受压力的橡胶管，从氮气瓶减压阀出口连接到机组测压阀（注意排除管内的空气），向机组充氮气，压力为0.02～0.04MPa（表压）。

4）最好将溴化锂溶液排放到贮液器中，使溶液杂质沉淀，这也是溴化锂溶液的再生。若无贮液器，溶液也可贮于机组中。

5）当外界环境温度在0℃以下时，运转溶液泵，将溶液泵取样阀与冷剂泵取样阀相连。停止冷剂泵，打开两取样阀，使溶液进入冷剂泵。通过对冷剂水的取样，确定注入的溶液量，以防冷剂水在冷剂泵内冻结而损坏水泵。

6）将发生器、冷凝器、蒸发器及吸收器水室及传热管内的存水放尽，以免冻结。即使环境温度在0℃以上，也应放尽存水，以便于传热管的清洁。

7）在长期停机期间，应注意防止电气设备和自动化仪表受潮，特别是在室外机组。

8）在长期停机期间，应经常检查机内氮气压力。若有异常，应对机组进行气密性检查并消除泄漏。

（2）真空保养

1）在长期停机期间，应特别注意机组的气密性，定期检查机组真空度。

2）在定期检查机组真空度时，因机组已经使用，机内存有冷剂水，水的蒸发也会使真空度下降。可向机内充入 9.3kPa 的氮气，在一个月内，机组内的绝对压力上升不超过 300Pa 为合格。一旦确定机组有泄漏，应尽快进行气密性检查，消除泄漏处。

3）机组真空保养时，大多将溶液留在机组内。这对于机组气密性好、溶液颜色清晰的机组是可行的。但对于一些腐蚀较严重、溶液外观混浊的机组，最好还是将溴化锂溶液排放到贮液器中，使溶液杂质沉淀。

4）其他方面可参考充氮保养内容。一般季节性长期停机宜采用充氮保养。若停机时间不太长，宜采用真空保养。

3. 定期检查

（1）蒸汽型溴化锂吸收式机组定期检查项目见表 5-1。

蒸汽型溴化锂吸收式机组定期检查项目　　　表 5-1

项目	检查内容	保养检查期限				
		每日	每周	每月	半年或每年	其他
真空泵	油的污染		√			
	真空度		√			
	传动带或联轴器松紧情况			√		
	电动机绝缘情况				√	
	分体检查				√	
真空电磁阀	动作检查		√			
	分解检查				√	
溶液泵、冷剂泵	有无异常声音	√				
	定子绝缘情况				√	
冷剂水密度测定	用密度计测定、必要时再生			√		
冷却水、冷水水管	pH、导电率及水质分析			√	√	
传热管、管板	腐蚀				√	
	清洗				√	
自动保护装置	动作检查				√	
	设定值检查				√	
自动调节装置	动作检查	√				
	检查（包括拆开检查）				√	
溶液	质量分数（测密度）					
	污染再生					污染
	pH 调整				√	必须
	缓蚀剂				√	再生
	加入表面活性剂				√	

（2）对于直燃型溴化锂吸收式机组，除了表 5-1 的检查项目外，还要按表 5-2 所列项目进行检查。

直燃型溴化锂冷热水式机组的检查保养项目　　　　　　　　　　表 5-2

项目	检查内容	保养检查期限				
		每日	每周	每月	每年或每季	其他
燃烧设备	火焰观察	√				
	保养检查		√			
	动作检查			√		
	点火试验				√	
燃烧要素	空燃比调整				√	
	排气成分分析			√		
燃料配管系统	过滤器检查	√				
	泄漏检查			√		
	配件动作检查				√	
烟道	烟道烟囱检查				√	
	保温检查				√	
控制箱	绝缘检查				√	
	控制程序检查				√	

4.重要检查内容

认真做好吸收式制冷机组的各项检查，是机组安全高效运转的重要保证。根据检查结果，预测事故征兆，尽早采取措施，避免事故或重大事故的发生。重要的检查内容有下列几项：

（1）机组的气密性。可以通过吸收器损失法测量不凝性气体累积量，以判断机组是否有泄漏。一旦机组有泄漏，应迅速检漏并排除泄漏处。不要反复启动真空泵来维护机组内真空，更不要使真空泵不停地运转，勉强维持机组运行。

（2）溴化锂溶液的检查。通过对溶液定期检查、分析，以及对溶液颜色的观察，来确定溶液中缓蚀剂的消耗情况，定性确定机组被腐蚀的程度。

（3）冷剂水的相对密度。通过定期测量冷剂水的密度，或经常观察冷剂水的颜色，判断冷剂水中是否混入溶液，即了解冷剂水的污染情况。若冷剂水污染，则机组性能下降，必须再生。

（4）机组内的辛醇含量。添加辛醇是提高机组性能的有效措施，但辛醇与水及溶液不相溶，它最容易聚集在蒸发器冷剂水表面。辛醇聚集后，其作用逐渐减弱，机组性能下降。另外，辛醇是易挥发性物质，在机组的不断抽气中，辛醇随着气流一起被真空泵排出机外。辛醇在机内的含量多少很难测量，但可以通过真空泵的排气或溶液取样中有无刺激性气味，来判断机组内辛醇的消耗情况。

（5）能量消耗率。在统一运行状态下，因下列原因使能量消耗急剧上升：

1）由于机组某些泄漏或传热管某些点蚀穿孔等原因，机内有大量空气，吸收损失较大。

2）冷剂水漏入溶液中，使溶液稀释，吸收效果下降。

3）溶液进入冷剂水侧，使冷剂水污染。

4）冷却水进口温度高及冷却水量少，吸收效果下降，冷凝效果变差。

5）传热管积垢严重，使传热效果降低，浓溶液溶度下降而稀溶液溶度上升。

6）溶液循环量过大或过小。

7）淋系统堵塞。

8）吸收器喷嘴或喷淋孔堵塞，以及蒸发器喷嘴堵塞，都会使稀溶液溶度上升，从而使吸收效果下降。

9）使用劣质燃料，燃烧状态恶化，产生烟垢，排气温度升高。

10）燃料的空气量不适合，空燃比过小，燃烧不完全。

三、压缩机油温、油位、油压、吸排气压力、过冷度和过热度对制冷系统工作性能的影响

1.压缩机油温、油位及油压对制冷系统工作性能影响

润滑油系统是所有制冷机组正常运行不可缺少的组成部分，它为制冷机组的运动部件提供润滑和冷却条件。因此油温、油压差及油位高度的合适与否将对机组产生重要的影响。

（1）油温对制冷系统工作性能影响

油温的高低对润滑油黏度会产生重要影响。油温过低，润滑油的黏度增大，流动性降低，不容易形成均匀的油膜，因此不仅无法达到预期的润滑效果，而且还会引起油的流动速度降低，使润滑量减少，油泵的功耗增大；油温太高，润滑油的黏度会下降，油膜达不到一定的厚度，使运行部件难以承受必需的工作压力，造成润滑状况恶化，使运动部件磨损加剧，导致压缩机出现故障。

（2）油位对制冷系统工作性能影响

规定油位高度的目的是保证油泵在工作时有足够的油量进行油循环。油位过高，润滑油过多，易造成过多的润滑油进入到冷凝器和蒸发器中，影响换热效果，在节流阀处因温度下降较大而使油黏度增大，使节流通道变小，从而造成制冷剂的循环量减

少，制冷效果下降；油位过低，润滑油量下降，润滑效果下降，从而引起运行故障或者损坏设备。

（3）油压对制冷系统工作性能影响

油压过低，会造成各摩擦部件表面的干摩擦，压缩机功耗增加，且磨损增加；或卸载 - 能量调节机构动作迟缓；油压过高，不但易损坏油泵、键及传动件，而且各摩擦面之间进油过多，增加摩擦阻力；同时，更多的润滑油进入制冷系统，导致换热器的换热效果下降，压缩机耗油量增加。

2. 压缩机吸、排气压力对制冷系统工作性能影响

压缩机在正常运行时，机组的吸气压力和排气压力都是在对应的正常范围内的，但因外界环境或机组自身的某种原因会造成吸气压力和排气压力发生变化，从而也会影响机组的正常运行。

（1）吸气压力对制冷系统工作性能影响

1）吸气压力降低会造成吸气温度降低，吸气比增大，功耗增大，制冷剂流量下降，制冷系数下降。

2）吸气压力升高会造成吸气温度升高，吸气比降低，功耗减小，制冷剂流量增大，制冷系数变大。但由于吸气压力升高也会造成蒸发温度升高，与被冷却物的传热温差会变小，因此在一定程度上影响制冷效果。

（2）排气压力对制冷系统工作性能影响

1）排气压力上升会使排气温度上升、润滑油温度上升，润滑效果下降，磨损增大，功耗增大，冷凝负担增大，从而使冷凝效果下降，制冷系数下降。

2）排气压力下降会使排气温度下降、润滑油温度下降，功耗减小，冷凝负担变小，从而使冷凝效果变好，制冷系数变大。但由于排气压力的下降而会造成冷凝温度的下降，使得制冷剂与冷却物的传热温差变小，因此在一定程度上会影响冷凝效果的。

3. 压缩机过冷度和过热度对制冷系统工作性能影响

（1）过冷度对制冷系统工作性能影响

节流前液体的过冷度（冷凝后的制冷剂液体的温度与冷凝温度的温度差）越大，节流后的制冷剂蒸气干度就越小，机组的单位制冷量就越大。采用制冷剂液体过冷对提高制冷量和制冷系数是有利的。但为了实现过冷过程，就需要增加过冷器或者将冷凝器增大，从而增大设备配置以及实现过冷的运行成本。此外，过冷度在增加到一定程度后，制冷量就不再提高了（节流闪发气体减少到一定程度就忽略不计了），所以经过技术经济比较，过冷度不是越大越好，否则得不偿失。

（2）过热度对制冷系统工作性能影响

吸气温度与蒸发温度的温度差称为过热度。氨制冷系统的吸气过热度一般在 5～15℃内，氟利昂制冷系统的吸气过热度在 15℃左右。吸气过热度过高，使得压缩机吸气比增大，制冷量减少，排气温度升高；吸气过热度过低，会导致压缩机吸气带有液体，易产生"液击"，影响压缩机正常运行。

第二节　水系统维护

一、水泵的类型、结构及工作原理

1. 水泵的类型

泵因其用途广泛从而导致其结构、形式各不相同，一般按工作原理可分为三大类：叶片式、容积式和其他形式。

（1）叶片式

叶片式泵是通过高速旋转的工作叶轮对流体做功，使流体获得能量，并输送流体。叶片式泵又可根据流体在叶轮流道内的流动方向，分为离心式、轴流式和混流式三种形式。

1）离心式　主要依靠叶轮旋转产生的离心惯性力对流体做功，使流体提高能量。流体在叶轮中的流动方向为沿垂直于主轴的半径方向，即径向流动。

2）轴流式　利用叶型的升力对流体做功，使流体提高能量。流体轴向流入叶轮，获得能量后又轴向流出。

3）混流式　部分利用离心惯性力和部分利用叶型的升力对流体做功，使流体提高能。流体轴向流入叶轮，沿圆锥面方向流出，也就是流体介于轴向和径向之间的方向流出叶轮。

（2）容积式

容积式泵是通过工作容积周期性改变来提高流体能量，并将流体输送出去，如活塞泵和齿轮泵等。

（3）其他形式

其他形式的泵大部分是利用能量较高的流体通过黏性输送能量较低的流体，如喷射泵、抽气泵等。

2. 离心泵的基本结构

离心泵的主要部件有叶轮、轴、吸入室、压出室（机壳）、密封装置、轴向力平衡装置等（图 5-1）。

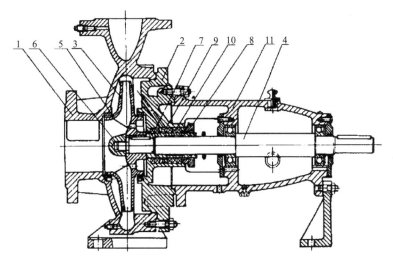

图 5-1　离心泵的结构组成示意图

1—泵体；2—泵盖；3—叶轮；4—轴；5—密封环；6—叶轮螺母；7—轴套；8—填料压盖 4；9—填料环；

10—填料段；11—悬架轴承

（1）叶轮

叶轮是离心泵对液体做功的主要部件。叶轮一般由盖板、叶片和轮毂组成。叶轮的形式主要有封闭式、半开式和敞开式三种。封闭式叶轮，在叶片两侧均有盖板，其效率较高，但要求输送的液体清洁。若没有前盖板，其他都与封闭式叶轮相同，则为半开式叶轮，半开式叶轮适宜输送含有杂质的液体。若前后盖板均没有，则为敞开式叶轮，它适宜输送含有大量杂质的液体，但效率较低。

（2）轴

轴是传递扭矩的主要部件。轴经按强度、刚度及临界转速确定。中小型泵多采用水平轴，叶轮滑配在轴上，叶轮间距离用轴套定位。近代大型泵则采用阶梯轴，不等孔径的叶轮用热套法装在轴上，并利用渐开线花键代替过去的无定键。这样，叶轮和轴之间没有间隙，不致使轴间窜水和冲刷，但拆装困难。

（3）吸入室

离心泵吸入管法兰至叶轮进口前的过流部分称为吸入室。它的作用是在最小水力损失情况下，引导流体平稳进入叶轮，并使叶轮进口处的流速尽可能均匀分布。

吸入室有锥形、圆环形和半螺旋三种结构。锥形吸入室具有结构简单、制造方便、流速分布均匀等特点，适宜用在单级悬臂式泵中；圆环形吸入室结构简单、轴向尺寸小，但其流速分布不均匀、流动损失较大，它主要用于节段式多级泵中；半螺旋吸入室流动损失小、流速分布均匀，但因流体进入叶轮前有预旋而降低了泵的扬程，它大多被应用在双吸式泵、多级中压式泵上。

（4）压出室（机壳）

压出室的作用是收集来自叶轮的液体，并使部分流体的动能转换为压能，最后将流体均匀地引向次级叶轮或导向排出口。压出室有环形和螺旋形两种。

（5）密封环

动件和静件之间总存在缝隙。由于压力差，内部的高压流体沿缝隙向外泄漏，故在这些缝隙处安装密封环，又称减漏装置。由于密封经常受到摩擦，故要经常更换。泵内密封环主要有平式密封、迷宫密封和锯齿密封等。

（6）轴封

泵轴穿过泵体，在旋转的泵轴和泵体之间必然存在间隙，为防止压出端的高压液体向外泄漏以及大气经吸入端吸入泵内，故在间隙处设立轴封。常用的轴封有填料轴封、机械轴封和浮动轴封。

（7）轴向力平衡装置

单级泵和某些多级泵的叶轮工作时会受到轴向作用力，这主要是因为作用在叶轮前后盖板上的流体压强不平衡。这种轴向力对泵的安全工作很不利，必须采用平衡装置。平衡轴向力的措施有平衡孔、平衡管、双吸叶轮、平衡盘和平衡鼓等。

3. 离心泵的工作原理

当原动机旋转时，通过传动轴带动叶轮旋转，旋转的叶轮对流体做功，流体受到离心力的作用被甩出叶轮，进入机壳；与此同时，在叶轮中心处由于流体被甩出而形成负压状态，外界的流体在压差的作用下，沿输入管源源不断地流进叶轮，这样的过程连续进行，从而形成泵的工作状态。这个过程实际上是一个能量传递和转化的过程，它将原动机的机械能转化为流体的动能和压力。

二、水泵的日常维护、预防性检查及常见故障处理方法

1. 离心泵的预防性检查

（1）启动前的检查与准备工作

当水泵停用时间较长，或是在检修及解体清洗后准备投入使用时，必须要在开机前做好以下检查及准备工作：

1）水泵轴承的润滑油充足、良好。

2）水泵及电动机的地脚螺栓与联轴器螺栓无脱落或松动。

3）水泵及进水管部分全部充满了水（当从手动放气阀放出的水没有气时即可认定），如果能将出水管也充满水，则更有利于一次开泵成功。在充水过程中要注意排放空气。

4）轴封不漏水或为滴水状（但每分钟的数滴符合要求）。如有异常，应查明原因，改进到符合要求。

5）关闭好出水管的阀门，以利于水泵的启动。手动阀应是开启的，电磁阀是关闭的。同时检查电磁阀的开关动作是否正确、可靠。

6）对卧式泵，要用手盘动联轴器，看看水泵叶轮是否能转动，如不能转动，要查明原因，消除隐患。

（2）启动检查工作

启动检查工作是启动前停机状态检查工作的延续，因为有些问题只有水泵"转"起来才能发现，否则是发现不了的。例如叶轮的旋转方向就要通过启动电动机来看泵的旋转方向是否正确、转动是否灵活。

（3）运行检查工作

1）电动机不能有过高的温升，无异味产生。

2）轴承温度不得超过周围环境 35~40℃，轴承的极限最高温度不得高于80℃。

3）轴封（除规定要滴水的形式外）、管接头处均无漏水现象。

4）无异常噪声和振动。

5）地脚螺栓和其他各连接螺栓的螺母无松动。

6）基础台下的减振装置受力均匀，进出水管处的软接头无明显变形，都能起到减振和隔振的作用。

7）电动机工作电流在正常范围内。

8）压力表指示正常且稳定，无剧烈抖动。

2. 离心泵的日常维护

（1）加油

在水泵使用期间，每天都要观察油位是否正常。油不够就要通过注油杯加油，并且每一年要换油一次。轴承采用润滑脂（俗称黄油）润滑的，水泵每工作 2000h 换油一次，润滑脂最好采用钙基脂。

（2）更换轴封

由于填料使用一段时间后就会发生磨损，当发现漏水量超标时就要考虑是否需要压紧或更换轴封。对于普通填料的轴封，密封部位滴水每分钟应在 10 滴以内，而机械密封泄漏量则一般不得大于 5mL/h。

（3）解体检修

一般每年对水泵进行一次解体检修，内容包括清洗和检查。清洗主要是刮去叶轮内、外表面的水垢，特别是叶轮流道内的水垢要清除干净，因为它对水泵的流量和效率影响很大。此外，还要注意清洗泵壳的内表面以及轴承。在清洗过程中，顺便对水泵的各个部件进行详细的检查，以便确定是否需要修理或更换，特别是叶轮、密封环、轴承、填料等部件要重点检查。

（4）除锈刷漆

水泵在使用时，通常处于潮湿的环境中，有些没有进行保温处理的冷水泵，在运行时泵体表面更是被水覆盖（结露所致），长期这样，泵体的部分表面就会生锈。为此，每年应对没有进行保温处理的冷水泵体表面进行一次除锈刷漆作业。

（5）放水防冻

水泵停用期间，如果环境温度低于0℃，就要将泵内的水全部放干净，以免胀裂泵体。特别是安装在室外工作的水泵（包括水管），尤其不能忽视。

3. 离心泵的常见故障处理方法

离心泵常见故障及其原因分析与解决方法可参见表5-3。

离心泵常见故障及其原因分析与解决方法 表 5-3

故障	原因分析	解决方法
启动后出水管不出水	进水管和泵内的水严重不足	将水充满
	叶轮转向反了	调换电机任意两根接线位置
	进水和出水阀未开	打开阀门
	进水管部分或叶轮内有异物堵塞	清除异物
启动后出水压力表有显示，但管道系统末端无水	转速未达到额定值	检查电压是否偏低，填料是否压得过紧，轴承是否润滑不够
	管道系统阻力大于水泵额定扬程	更换合适的水泵
启动后出水压力表和进水真空表指针剧烈摆动	有空气从进水管随水流进泵内	查明原因，并及时处理
启动后一开始有出水，但立刻停止	进水管中有大量空气积存	查明原因，排除空气
	有大量空气吸入	检查进水管口的密封性和轴封的密封性
在运行中突然停止出水	进水管被堵	清除堵塞物
	有大量空气吸入	检查进水管口的密封性和轴封的密封性
	叶轮严重损坏	更换叶轮
轴承过热	润滑油不足	及时加油
	润滑油（脂）老化或油质不佳	清洗后更换合格的润滑油（脂）
	轴承安装不正确或间隙不适	调整或更换
	泵与电机的轴不同心	调整找正
泵内声音异常	有空气吸入，发生气蚀	查明原因，杜绝空气的吸入
	泵内有固体异物	拆泵清除
泵振动	地脚螺栓或各连接螺栓螺母松动	拧紧
	有空气吸入，发生气蚀	查明原因，杜绝空气的吸入

续表

故障	原因分析	解决方法
泵振动	轴承损坏	更换
	叶轮损坏	修补或更换
	叶轮局部有堵塞	拆泵清除
	泵与电机的轴不同心	调整找正
	轴弯曲	校正或更换
流量达不到额定值	转速未达到额定值	检查电压、填料、轴承
	阀门开度不够	开到合适开度
	输水管管道过小或过高	缩短输水距离或更换合适泵
	管道系统管道管径偏小	加大管径或更换合适泵
	有空气吸入	查明原因，杜绝空气进入
	进水管或叶轮内有异物堵塞	清除异物
	密封环磨损过多	更换密封环
	叶轮磨损严重	更换叶轮
消耗功率过大	转速过高	检查电机、电压
	在高于额定流量和扬程的状态下运行	调节出水管出水阀门开度
	叶轮与蜗壳摩擦	检查原因，消除
	水中混有泥沙或其他异物	查明原因，采取清洗或过滤
	泵与电机的轴不同心	调整找正

三、水泵联轴器和减振器的检查与调整，水泵轴承润滑油脂的检查及更换

1. 水泵常用联轴器

（1）弹性圈柱销联轴器

弹性圈柱销联轴器的构造与凸缘联轴器相似，只是把连接螺栓换上带有弹性圈的栓销（图5-2）。材料：半联轴器HT200或30号钢，35号钢，柱销用45号钢，弹性圈采用耐油橡胶，做成梯形剖面。使用条件：工作温度 −20～50℃，安装时留有轴向间隙，最大外径速度 v<30m/s。

（2）齿轮联轴器

齿轮联轴器由两个带有内齿及凸缘的外套筒和两个带有外齿的内套筒组成，靠内、外齿啮合传递扭矩。外齿齿顶做成椭球面，齿顶齿侧留有较大间隙。

特点：能传递很大扭矩，安装精度要求不高，零件有较大综合位移。

（3）金属叠片挠性联轴器

金属叠片挠性联轴器的弹性元件由一定数量的薄金属膜片做成膜片组，金属膜片有环形、多边束腰等形式，同一圆上的精密螺栓交错间隔与主从动安装盘连接。这样

图 5-2　弹性圈柱销联轴器

将弹性件上的弧段分为交错压缩和受拉升两个部分。拉升部分传递扭矩，压缩部分趋向皱折。

当主、从动轴存在轴向、径向和角向偏移时，膜片产生波状变形。膜片一部分伸长，另一部分压缩引起弹性变形，叠片挠性联轴节依靠弹性件特定的三个方向的合适刚度来满足主、从动轴使用的要求。

2. 联轴器定期检查项目

1）检查螺母是否有松动。

2）观察叠片是否有碰伤、裂纹以及过度的永久变形等缺陷。

3）传递扭矩的螺栓配合端表面是否有明显破坏。

4）检查对中是否发生变化，必要时重新进行对中调整。

发现叠片组件或紧固件有损坏时应及时更换配件。叠片组件允许个别更换，未经动平衡的联轴节，紧固件允许个别更换；经动平衡的联轴节，紧固件应成套。

注意事项：

1）螺栓拧紧力矩按照厂商的推荐值上紧，一般情况下也可以根据实际情况适当减少或放大上紧力矩，但是为了保证联轴节安全可靠地使用，应使安装误差与机组实际所需补偿误差之和不大于联轴节所规定的允许补偿值。

2）为了使联轴节补偿能力增大或使联轴节的受力件长时间处于最低应力状态下工作，安装时可采用预补偿技术，即：根据机组冷热状态轴的相对位置变化情况，冷态安装时先使联轴节挠性元件产生相反方向的变形，热态时机组轴达到接近理想的对中位置。

3. 减振器检查

（1）检查橡胶减振器外观是否有明显的划痕、裂缝或凹陷；是否出现渗漏现象。

（2）检查橡胶减振器表面是否有起皮、开裂或变色；是否有异常凸起、凹陷或变形现象。

4. 水泵轴承润滑油脂的检查及更换

水泵轴承润滑油是需要定期检查的，检查的方法如下：

（1）取出少量的润滑油，与新的润滑油进行对比，有能力的单位可以考虑进行油质化验，以确保油质的合格性。

（2）对比时，如果旧油看着像云雾状，那么可能是与水混合了，也就是常说的油乳化，这时应该更换新的润滑油。

（3）如果旧油是变暗的颜色或变浓稠，可能是润滑油已经开始碳化了，需要对旧的润滑油进行彻底更换。

离心泵轴承的润滑对于保证泵的正常运行和延长使用寿命至关重要。以下方法和标志可帮助判断离心泵轴承是否缺少润滑油脂：

（1）噪声。轴承缺乏润滑油脂时，运行时可能产生较大的噪声。当听到异常的摩擦声或金属撞击声时，这意味着轴承润滑可能不足。

（2）温度。轴承在缺乏润滑的情况下运行，会导致摩擦加重，从而使轴承温度升高。通过定期检查轴承的温度，可以了解其润滑状况。若轴承温度持续升高，表明润滑油可能不足。

（3）振动。轴承润滑不良会导致其振动加大。通过对泵进行振动监测，可以了解轴承的润滑状况。若振动超过正常范围，意味着轴承可能缺乏润滑。

维护周期：根据泵的维护手册，了解润滑油脂的更换周期。按照建议的时间间隔定期更换或补充润滑油，以确保轴承的正常润滑。

四、冷却塔种类、结构组成与原理

1. 冷却塔的分类

（1）按通风方式分：自然通风冷却塔、机械通风冷却塔、混合通风冷却塔。

（2）按空气与热水的接触方式分：湿式冷却塔、干式冷却塔、干湿式冷却塔。

（3）按空气与热水的流动方式分：逆流式冷却塔、横流式冷却塔、混流式冷却塔。

（4）按冷却水温的大小分：

1）低温型（亦称标准型），通常设计进塔水温 37℃，出塔水温 32℃，温差 $\Delta t = 5℃$；

2）中温型，通常设计进塔水温 43℃，出塔水温 33℃，温差 $\Delta t = 10℃$；

3）高温型，通常设计进塔水温 55℃，出塔水温 35℃，温差 $\Delta t = 20℃$。

（5）按冷却塔的噪声大小分：

1）标准型，噪声≥70dB（A），多数用于工矿企业，对噪声要求不高的场合，故亦称工业塔。

2）低噪声型，噪声≤65dB（A），多数用于民用建筑。

3）超低噪声型，噪声≤60dB（A），用于民用建筑和对噪声要求高的场所，如医院等。

2. 冷却塔的工作原理

冷却塔的工作原理：空气从正确的角度吹向滴下来的水，当空气通过这些水滴的时候，一部分水就蒸发了，由于用于蒸发水滴的热量降低了水的温度，剩余的水就被冷却了。这种方法的冷却效果依赖于空气的相对湿度以及压力。当水滴和空气接触时，一方面由于空气与水的直接传热，另一方面由于水蒸气表面和空气之间存在压力差，在压力的作用下产生蒸发现象，将水中的热量带走，从而达到降温的目的。

冷却塔的工作过程（以圆形逆流式冷却塔为例）：热水自机房通过水泵以一定的压力经过管道、横喉、曲喉、中心喉，将循环水压至冷却塔的播水系统内，通过播水管上的小孔将水均匀地播洒在填料上；干燥的低焓值的空气在风机的作用下由底部入风网进入塔内，热水流经填料表面时形成水膜和空气进行热交换，高湿度高焓值的热风从顶部抽出，冷却水滴入底盆内，经出水管流入主机。但是，水向空气中的蒸发不会无休止地进行下去。当与水接触的空气不饱和时，水分子不断地向空气中蒸发，但当水—汽接触面上的空气达到饱和时，水就蒸发不出去，而是处于一种动平衡状态，水温保持不变。

3. 冷却塔的结构组成（图 5-3）

（1）淋水填料　将需要冷却的水（热水）多次溅洒成水滴或形成水膜，以增加水和空气的接触面积和时间，促进水和空气的热交换。水的冷却过程主要在淋水填料中进行。

（2）布水装置（主要包含布水管、布水器等）　将热水均匀分布到整个淋水填料上，配水的性能将直接影响空气分布的均匀性和填料的冷却效果。常用的管式布水装置有固定管式布水和旋转管式布水。冷却水通过布水器进入布水管，然后通过布水管上的喷嘴形成水流，洒在填料上。由于喷嘴直径很小，水流具有一定的速度。根据效应力和反效应力的原理，布水管和水流方向相反，使水流不断扩散到填料上。附着在填料表面的水膜活动增加了水蒸气接触界面。塔内空气与水流进行热交换，蒸发部分水分，带走热量，降低水温。

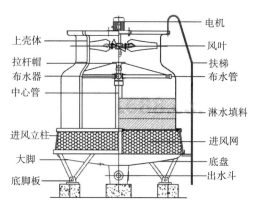

图 5-3　圆形冷却塔的结构组成示意图

（3）通风设备　在机械通风冷却塔中利用通风机产生预计的空气流量，以保证要求的冷却效果。

（4）空气分配装置　利用进风口、百叶窗和导风板等装置，引导空气均匀分布于冷却塔整个截面上。

（5）通风筒　其作用是创造良好的空气动力条件，减少通风阻力，并将排出冷却塔的湿热空气送往高空，减少湿热空气回流。机械通风冷却塔的通风筒又称风筒；风筒式自然通风冷却塔的通风筒起通风和将湿热空气送往高空的作用。

（6）除水器　将排出湿热空气中所携带的水滴与空气分离，减少水量损失和对周围环境的影响。

（7）塔体　冷却塔的外部围护结构，机械通风冷却塔和风筒式自然通风冷却塔的塔体是封闭的，起到支撑、维护和组织合适气流的功能；开放式冷却塔的塔体沿塔高做成开敞的，以便自然风进入塔体。

（8）集水池　设于冷却塔下部，汇集淋水填料落下的冷却水，有时集水池还具有一定的储备容积，起调节流量作用。

（9）输水系统　进水管将热水送到配水系统，进水管上设置阀门，以调节冷却塔的进水量，出水管将冷却后的水送往用水设备或循环水泵。在集水池还装设补充水管、排污管、溢流管、放空管等，必要时还可在多台冷却塔之间设连通管。

（10）其他设施　包括检修门、检修梯、走道、照明、电气控制、避雷装置以及必要时设置的飞行障碍标志等，有时为了测试需要还设置冷却塔测试部件。

五、冷却塔喷嘴、集水盘（槽）、水过滤器的清洗方法

1. 冷却塔喷嘴的清洗

冷却塔的喷嘴是水流的出口，也是最容易堵塞的地方。因此，清洗喷嘴是清洗冷

却塔的重要步骤，有两种清洗方法：

（1）化学清洗法：将清洗剂加入水中，将喷嘴浸泡在清洗液中，静置一段时间后，用清水冲洗干净。

（2）机械清洗法：使用高压水枪或钢丝刷等工具，对喷嘴进行机械清洗。这种方法清洗效果好，但需要注意不要损坏喷嘴。

2. 冷却塔集水盘（槽）的清洗

冷却塔集水盘（槽）中的污垢或微生物的积存可以采用刷洗的方法予以清除。在清洗时要注意的是，清洗前要堵住冷却塔的出水口，清洗时先打开排水阀，让脏水从排水口排出，避免脏水进入冷却水回水管。

此外，可在集水盘（槽）出水口处加设一个过滤网用以挡住大块杂物（如树叶、纸屑、填料碎片等）随水流进入冷却水回水管。这样清洗起来方便、容易，可以大大减轻水泵入口水过滤器的负担，减少其拆卸清洗的次数。

3. 冷却塔水过滤器的清洗

冷却塔滤网（水过滤器）是冷却塔的重要组成部分，其功能是过滤进入冷却塔的空气和水中的杂质和污垢，保证冷却塔正常运行和清洁卫生。然而，由于滤网常年处于水和空气中，其中会积累大量污垢和细菌，不及时清洗会影响冷却塔的正常使用，甚至对环境和人体健康造成危害。因此，定期清洗冷却塔滤网是必要的操作。冷却塔滤网的清洗流程如下：

（1）隔离冷却塔。清洗前，首先需要隔离冷却塔，避免水和雾气进入，影响清洗效果。

（2）拆卸滤网。将滤网拆卸下来，一般需要用螺丝刀或扳手拆卸。为了避免遗漏部分螺丝和零件，拆卸后需要进行细致检查。

（3）清除大块杂质。用压缩气体或水枪将滤网表面的大块杂质和灰尘冲洗干净，以免在后续的清洗中增加难度。

（4）喷洒清洗剂。涂抹或喷洒适当的清洗剂于滤网上，让其在表面和毛孔内进行化学反应。根据滤网的材质和污垢程度，选择不同的清洗剂和清洗方法。例如，针对生物膜、细菌和腐蚀，可以选用有效的消毒剂和抗腐剂进行清洗。

（5）清洗滤网。用水枪或者专业设备进行滤网清洗，清洗时要注意力度尽量均匀，不要用力过猛，以免对滤网造成损伤。针对某些较难清洗的部位，可以加强清洗和除锈。

（6）防锈涂层：清洗完毕后，可以加上防锈涂层，防止滤网生锈，延长其使用寿命，降低后期维护成本。

（7）检查拼装。清洗完毕后，需要检查清洗的效果和滤网的拼装，确保滤网干净整洁，螺丝紧固，并重新安装到冷却塔上。为了确保滤网的工作效果，应该每年至少清洗一次，对于高污染量和对水质要求较高的冷却塔，则需要更频繁地进行清洗。

第三节　通风系统维护

一、空气处理器的类型、结构和工作原理

1. 空气处理器的应用场合及工作原理

空气处理器（组合式空气处理机组）是一种常见的空气处理设备，它广泛应用于各种场所，例如办公室、商场、工厂等。它的工作原理是利用制冷、加热、加湿、除湿等功能对空气进行处理，以满足不同场所的需求。

2. 空气处理器的类型

空气处理器通常有吊顶式、卧式、立式等几种。

3. 空气处理器的组成（图 5-4）

（1）新回风混合段　接室外新风管和室内回风管，并配有对开式多叶调节阀门。

（2）空气过滤段　其功能是对空气的灰尘进行过滤。中效过滤段通常用无纺布的袋式过滤器；粗效过滤段有板式过滤器和无纺布的袋式过滤器两种。

（3）表冷器（冷却盘管）段　用于空气冷却去湿处理。表冷段的出风侧设有挡水板，以防止气流中夹带水滴。为便于对表冷器的维护，有的空调机组可以把表冷器从侧部抽出，有的则在表冷段的上游功能段设检修门。

（4）喷水室　利用水与空气直接接触对空气进行处理的设备，主要用于对空气进行冷却、去湿或加湿处理。喷水室的优点是：只要改变水温即可改变对空气的处理过程，

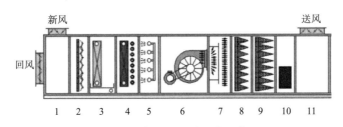

图 5-4　空气处理器的组成示意图

1—混合段；2—粗效过滤段；3—表冷除湿段；4—加热段；5—加湿段；6—风机段；
7—均流段；8—中效过滤段；9—亚高效过滤段；10—杀菌段；11—出风段

它可实现对空气进行冷却去湿、冷却加湿、升温加湿等多种处理过程；水对空气还有净化作用。其缺点是：喷水室体形大，约为表冷器的 3 倍；水系统复杂，且是开式的，易对金属产生腐蚀；水与空气直接接触，易受污染，需定期换水，耗水多。

（5）空气加湿段　空气加湿方法通常有喷蒸汽加湿、高压喷雾加湿、湿膜加湿、透湿膜加湿、超声波加湿等。

（6）空气加热段　空气加热方法通常有电加热、热水加热、蒸汽加热等。

（7）风机段　风机段在某一风量范围内有几种规格可供选择。通常根据系统要求的总风量和总阻力来选择风机的型号、转速、功率及配用电机。风机段用作回风机时，称回风机段。回风机段的箱体上开有与回风管的接口，而出风侧一般都连接分流段。

二、风机的传动部位注油保养方法

风机的轴承加油保养是一项重要工作，它可以延长风机的使用寿命，减少故障率。

（1）加油保养前应先检查风机的外壳，看是否有异物侵入，如有应立即清理干净。

（2）将适当的润滑油通过加油杯加入轴承内部，注意加油不要过量，以免影响风机的正常运行。

（3）将风机旋转一周，使润滑油均匀分布在轴承内部，然后将多余的润滑油从轴承上抹去。

三、空气处理器传动皮带张力调整或更换方法

风机与电动机采用三角皮带传动是一种常见的传动方式，它具有结构简单、传动效率高、使用寿命长等优点。然而，在使用过程中，由于各种原因，三角皮带的张力可能会发生变化，这会影响到传动效率和皮带使用寿命。因此，正确的张力调整方法对于保证传动效率和皮带使用寿命非常重要。

三角皮带张力的调整是通过调整皮带的中心距和张紧轮的位置来实现的。中心距是指两个皮带轮之间的距离，它的大小直接影响皮带的张力。张紧轮是用来调整皮带张力的，它的位置和张力大小是可以调整的。

具体调整方法如下：

（1）检查皮带的磨损情况，磨损严重的，需要更换新的皮带。

（2）检查皮带的中心距是否正确。中心距的大小应该符合设计要求，如不正确，需要调整皮带轮的位置，直到符合要求。

（3）调整张紧轮的位置和张力大小。首先，需要松开张紧轮的螺丝，使得张紧轮

可以自由移动。然后，用手轻轻拉动皮带，调整张紧轮的位置，使皮带的张力符合要求。最后再拧紧张紧轮的螺丝，使张紧轮固定在正确的位置。

需要注意的是，调整张紧轮的位置和张力大小时，应遵循厂家的要求和标准，不能随意调整。同时，需要定期检查三角皮带的张力和磨损情况，及时进行调整和更换。

四、风管及接口、风阀、防火阀是否完好与通畅的检查方法

1. 风管及接口的检查

（1）首先要检查风管的外表面是否有破裂或者刮痕，然后检查风管的连接处是否牢固、严实，软连接与硬管、设备接口之间；要使用不锈钢卡箍及铝箔密封胶带密封。

（2）在风机通电运行后，在风管上面涂上肥皂水，检查各个连接处是否有漏风的情况。

（3）室内风口的检查：室内风口与软管连接也要使用不锈钢卡箍及铝箔密封胶带，不得松动、漏风。调整每个风口风阀开启度，直至接近设计风量，可以用风速仪、风量测试装置进行测试。

（4）室外新风口的检查：新风口是在室外的，所以要有足够的抵御雨水天气、蚊虫、沙尘等措施，必须使用不锈钢或者耐紫外线的塑料风口，要加工牢固可靠，避免脱落。同时要用管盖或者管罩接在风管上，防止雨水、灰尘和蚊虫等进入到新风系统的管道中，损坏主机，影响以后的使用效果。

（5）风量的检查：风机运行时，要留意每个出风口是否都有气流吹出，回风口能否顺利回风，比较简单的方法是在风口放纸条测试，最可靠的方法是用仪器检测。对于风量与设计值偏差过大部位，必须采取措施进行调整。

2. 风阀的检查

（1）外观检查：需要检查风阀的表面是否有明显的损伤或磨损，例如裂纹、变形、锈蚀等。另外，还需要检查风阀两端的法兰连接是否有泄漏迹象等。

（2）内部结构检查：内部结构检查是风阀检查的核心项目之一，需要对风阀内部的结构进行仔细检查，具体包括检查风阀板片是否灵活，是否有卡住的情况；风阀转动轴承是否正常，是否有卡滞或摩擦等。此外，还需要检查风阀管路是否有异物或积聚物，如果有需要清理。

（3）密封性检查：风阀的密封性对于其正常运行和安全性能至关重要。为了确保密封性能在正常范围内，需要对风阀口的密封性进行检查。具体包括使用气体泄漏检查器检测风阀中气体流量的泄漏情况，以此来判断风阀的密封性是否正常。

（4）操作性检查：操作性检查主要是为了确保风阀的正常开闭和操作，需要在检

查过程中对风阀的手动操作和电动操作进行测试。同时还需要检查风阀操作的响应时间、稳定性和精度等。

（5）其他检查项目：除了以上提到的几个检查项目外，还需要对风阀使用的环境进行检查。例如，对于安装在化工厂的风阀，需要检查其是否受到腐蚀等影响。同时还需要对风阀的工作环境进行评估和分析，以此来优化风阀的使用效果。

3. 防火阀的检查

查阅消防设计文件、通风空调平面图、通风空调设备材料表等资料，了解建筑内防火阀的安装位置、数量等。对照防火阀产品出厂合格证和有效证明文件，核实防火阀的型号及公称动作温度与消防设计的一致性后开展现场检查，主要进行以下操作：

（1）查看防火阀外观，检查是否完好无损、安装牢固，阀体内不得有杂物。

（2）在防火阀现场手动操作防火阀的关、复位控制装置，观察防火阀的现场关闭功能。防火阀的关闭、复位应正常，并向控制室消防控制设备反馈其动作信号。

（3）在消防控制室的消防控制设备上和手动直接控制装置上分别手动关闭防烟分区的防火阀，观察防火阀的远程关闭功能。防火阀的关闭、复位应正常，并向控制室消防控制设备反馈其动作信号。

（4）采用加烟的方法使被试防烟分区的火灾探测器发出模拟火灾报警信号，观察防火阀的自动关闭功能。该防烟分区的防火阀应能自动关闭，并向控制室消防控制设备反馈其动作信号。

（5）现场手动操作防火阀的手动复位装置，观察防火阀的手动复位功能。防火阀应能复位，并向控制室消防控制设备反馈其动作信号。

（6）接通电源操作试验 1~2 次，以确认系统工作性能可靠，输出信号正常，否则需要及时排除故障。

第四节　电气系统维护

一、计算机维护基础

计算机的保养方法及注意事项：

（1）定期开机，特别是潮湿的季节，否则机箱受潮会导致短路，经常用的电脑反而不容易坏。

（2）夏天时注意散热，避免在没有空调的房间长时间使用电脑，冬天注意防冻，电脑其实也怕冷。

（3）不用电脑时，要用透气且遮盖性好的布将显示器、机箱、键盘盖起来，能很好地防止灰尘进入电脑。

（4）尽量不要频繁开关机，暂时不用时，用屏幕保护或休眠功能。电脑在使用时不要搬动机箱，不要让电脑受到振动，也不要在开机状态下带电拔插所有的硬件设备，当然使用 USB 设备除外。

（5）使用带过载保护和三个插脚的电源插座，能有效减少静电，若手能感到静电，用一根漆包线，一头缠绕在机箱后面板上，可缠绕在风扇出风口，另一头最好缠绕在自来水管上或同大地（土壤）接触的金属物体上。

（6）养成良好的操作习惯，尽量减少装、卸软件的次数。

（7）遵循严格的开关机顺序，应先开外设，如显示器、音箱、打印机、扫描仪等，最后再开机箱电源。关机应先关闭机箱电源（目前大多数电脑的系统都是能自动关闭机箱电源的）。

（8）显示器周围不要放置音箱，会有磁干扰。显示器在使用过程中亮度越暗越好，但以视觉舒适为佳。

（9）电脑周围不要放置水或流质性的东西，避免不慎碰翻流入电脑。

（10）机箱后面众多的线应理顺，不要互相缠绕在一起，最好用塑料箍或橡皮筋捆紧，这样做的好处是，干净不积灰，线路容易找，避免被破坏。

（11）每过半年对电脑进行一次"大扫除"，彻底清除内部的污垢和灰尘，尤其是机箱，但要在有把握的前提下进行，如果对硬件不熟悉，还是少碰为妙。

二、智能化控制基础

目前制冷空调系统智能化控制主要通过继电器控制、DDC 控制及 PLC 控制三种方式实现。

1. 继电器控制

继电器作为一种控制元件，包括控制系统和被控制系统，是一种用小电流控制大电流或流态物质流量的简单方法，应用于自动控制系统中能起到自动调节安全保护的作用。在制冷空调系统中常用的继电器有电磁继电器、热敏干簧继电器、时间继电器等。由于制冷空调系统负荷变化比较频繁以及对控制要求的不断提高，造成继电器元件很容易出现故障甚至损坏。所以继电器控制虽然是开发比较早的控制方式，但是由于其故障率高、能耗大、调节精度不够等难以解决的问题，在大型制冷空调系统中的已经逐渐停止使用。

2. DDC 控制

DDC 控制即直接数字化控制，大部分场合可以通过选择合适的 PID 系数来调节室内温度，以达到节能的目的。PID 系数越高，调节室温达到设定值的速度越快，可以使控制精度提高，但同时由于频繁驱动电磁阀等调节元件，对系统的稳定性造成很大不利影响。在选择 PID 系数时，要考虑房间使用功能及对房间负荷影响的特征参数作为采样参数，例如对于人员比较固定的办公用房，可按设定日程的定时操作实现；对于会馆、酒店等人员不确定的场所，可选取二氧化碳等污染物浓度作为检测参数来调节室内温度和新风量。对于一些特殊场合，如电影院等人员密集的区域，则不能直接依靠 PID 系数来调节室内温度，需要选用较复杂的分级、分步控制来实现空调系统对室内温度变化的及时调节，才能做到既满足空调要求，又降低能耗。

3. PLC 控制

PLC 控制即为可编程控制器系统，PLC 控制系统能够在恶劣的环境中长期可靠、无故障运行，并且易接线、易维护、隔离性好、抗腐蚀能力强、能适应较宽的温度变化范围。现代 PLC 的编程语言遵从易学、易懂、易用的标准，除了具备传统 PLC 助记符和梯形图编程功能外，还具有结构化语言和顺序功能图编程功能。PLC 提供各种功能模块，包括各种通信功能选择、通信参数设置，以及可以具体到某年、某月、某日、某个时刻的多种定时器和超长定时器等，方便了各种功能的实现，有利于缩短开发周期和节省程序容量。PLC 控制系统需通过预先电脑编制程序对制冷空调系统的各个设备进行控制。近年来，PLC 控制系统以其运行可靠、使用与维护方便、抗干扰能力强、自动化程度高、可进行网络化等显著的优点在制冷空调领域内得到广泛应用。

4. 智能化系统的维护方式

（1）故障性维修

设备或系统器材由于外界原因或产品质量问题造成意外的故障而使设备或系统器材损坏，这种紧急维修属于故障性维修。在迅速诊断设备器材的故障部位后，通常采用更换备品备件的方式使设备或系统在尽可能短的时间内恢复正常运行。

（2）预防性维护

通过对设备的维护保养，可以延长设备使用年限和运行完好率，推迟更新时间，提高智能化设备的利用率和使用价值。从设备的性能角度来看，通过预防性维护可以使设备长期保持正常运转，设备性能不会迅速降低或损坏，从而可以避免发生重大设备故障。

预防性维护建立在科学、严谨的计划基础之上，在设备使用期内进行定期保养和检测，防止设备和系统器材可能发生的故障和损坏，同时定期预防性维护也要和日常维护保养相结合，一旦发生潜在的故障前兆就应该及时进行维护，对于一些小故障也不能轻易放过。

预防性维护也包括改良性维护，改良性维护是指对设备和系统的更新和改造提升，从而保证设备和系统能够不断地满足智能化功能的需要。

三、消防知识

电气消防安全是指在电气设备运行过程中，预防和控制火灾或其他灾害的发生，确保人员和财产的安全。

电气消防安全的主要内容包括以下几个方面：

（1）电气设备的安装、使用和维护必须符合国家规定和相关标准。电气设备必须选择符合要求的产品，并在使用前进行检测和试验。

（2）电气设备的防火措施必须得到落实。如对于在易燃、易爆场所内的电气设备，应采取防爆措施，如使用防爆型电器、采用隔爆隔热材料等。对于电气设备的散热和排烟，应按照国家标准进行设计和施工。

（3）电气设备的监控和控制必须得到保证。如对于高温、高压的电气设备，应安装温度、压力等传感器，实时监测设备的运行状态。对于重要的电气设备，应设置报警系统，及时发现和处理设备故障。

（4）电气设备周围的消防设施必须得到落实。如对于电缆隧道、电缆井等场所，应设置灭火器、泡沫灭火系统等消防设施。对于电气设备周围的易燃物品，应及时清理和整理，减少火灾的发生。

（5）电气设备的管理和维护必须得到加强。如对于电气设备的保养和维护，应按照国家标准和厂家要求进行。对于老化、损坏的电气设备，应及时更换和修理，避免设备的故障和火灾的发生。

电气消防安全不仅需要企业和厂家的关注，也需要政府和社会的支持和监督。政府应加强对电气设备的监管，建立健全法律法规体系。社会应加强对电气消防安全的宣传和教育，提高公众的安全意识和自救能力。

电气消防安全是企业生产和社会发展中不可缺少的一环，只有加强对电气设备的安全管理和维护，才能保障人民群众的生命财产安全，促进企业的可持续发展。

四、机房建筑的安全措施

（1）机房应有安装良好、数量足够、朝外开的门；不应有溢出的制冷剂流向建筑物内其他部分的开口；至少设有一个开口直接通向大气的紧急出口。

（2）机房内严禁烟火，不得存放易燃易爆物品，现场设置的消防设施和灭火器并完好有效。

（3）机房应通风，可借助窗口和格栅自然通风。自然通风的气流不能受到墙、烟囱、周围环境建筑物或类似物体的阻碍；无自然通风的机房（如处于地下室中），应有机械通风。

（4）设备结构有足够的强度、刚度及稳定性，基础坚实，安全防护措施齐全、有效；外露的运动部件、栅板、网和罩应完好有效。

（5）大中型制冷与空调设备运行操作、安装、调试与维修人员持证上岗。

（6）机房建立 24h 值班巡检和交接班制度，值班巡检人员填写运行巡检和交接班记录；根据设备特性及安全要求，确定巡检时间，对系统运行状态进行巡检。

（7）冷却塔梯台应完好。在冷却塔上进行动火作业，应先断电，再采取拆除易燃材料或隔离、喷雾等措施，防止冷却塔燃材料起火。

（8）机房设备设施应由专业人员或委托专业机构定期进行检查、检修，检查应保存记录。

五、电气防腐蚀技术

电气防腐措施是指在电气设备使用过程中，为防止设备表面受到化学反应、腐蚀、污染等因素的影响，采取各种措施对设备进行保护的方法。主要措施包括：

（1）表面涂层处理。涂层处理是电气设备防腐的最常见方法，可以采用油漆、漆膜、烤漆等方式进行表面涂层。以防止设备表面受到化学反应、氧化、机械磨损等的破坏。

（2）热镀锌处理。对金属电气设备表面进行热镀锌处理，可以有效防止设备表面受到氧化、腐蚀等因素的影响。同时，热镀锌处理还能增强设备表面的硬度和耐磨性。

（3）粉末喷涂处理。采用电子静电粉末喷涂技术对设备表面进行防腐处理，既可以增强设备表面的硬度和耐磨性，又能防止设备表面受到化学反应、腐蚀等因素的影响。

（4）防腐涂层处理。采用特殊的防腐涂层对设备表面进行防腐处理，既可以防止设备表面受到化学反应、氧化、腐蚀等的侵蚀，又可以增强设备表面的耐久性和稳定性。

综上所述，电气设备防腐措施对保护设备表面、延长设备使用寿命、提高设备性能具有非常重要的作用。在实际应用中，应根据设备的特性和使用环境选择适合的防腐措施，确保设备的安全可靠运行。

第五节　制冷空调系统维护实操

一、水系统及其设备的维护

1. 目的

熟悉冷却塔的维护操作步骤，了解相关部件工作原理及应用。

2. 工具、设备和材料

冷却水系统 1 套、润滑脂若干升、操作台 1 位、工具包（扳手等）1 套、接头若干件。

3. 操作过程

（1）操作准备

1）工具、材料准备：安装工具等。

2）安全保护措施（穿塑胶鞋等）。

（2）排除污水

1）打开污水排放阀门排放污水。

2）污水排放结束后关闭好污水排放阀门。

（3）清洗冷却塔及附件

1）清洗水池。

2）清洗喷嘴、集水盘（槽）、水过滤器等附件。

（4）电动机与风机轴承更换油脂

1）应先检查风机的外壳，看是否有异物侵入，如有应立即清理干净。

2）用清洁剂清洗轴承中原有的润滑油，直到清洗干净为止。

3）找到轴承的加油口，将适当的润滑油通过加油杯加入轴承内部，注意不要过量，以免影响风机的正常运行。

4）将风机旋转一周，使润滑油均匀分布在轴承内部，然后将多余的润滑油从轴承上抹去。

（5）恢复冷却塔功能

1）重新安装好冷却塔所有的附件。

2）补充足够的冷却水。

3）使却塔恢复到正常使用状态。

（6）结束工作

工具、剩余材料等归原位。

二、通风系统各部件的工作状态检查与调整操作

1. 目的

熟悉多风口风机盘管运行参数的测定与运行工况的调整。

2. 工具、设备和材料

带风管的风机盘管1件（带风管、阀门、法兰）、风速仪1件、压力表与温度计1件、操作台1位、工具包（扳手等）1套。

3. 操作过程

（1）操作准备

设备、工具、材料的准备。

（2）操作过程

1）风机盘管的测试。对风机盘管的正常运转进行检测。

2）出风口风速测定。使用风速仪测定风速是否超过额定风速。

3）出风口风压的测定。

4）调整风速、风压：调节风阀，将风管出风口风速调至规定值以下；将空调箱出风口风压调至额定值以下。

（3）结束工作

工具、剩余材料等归原位。

三、备份制冷空调系统运行数据

1. 目的

熟悉制冷空调系统中的室内温度与湿度、蒸发压力与蒸发温度、冷凝压力与冷凝温度、冷却水压力和温度、压缩机吸气压力和排气压力、压缩机吸气温度和排气温度、油压差、油温、油位高度、机组运行电流与电压等运行数据备份。

2. 工具、设备和材料

数据备份管理软件1套、数据备份硬件1套、备份用的其他工具1套。

3. 操作过程

（1）操作准备

准备好备份硬件与对应的工具。

（2）运行数据备份：

1）打开备份软件。

2）备份室内温度与湿度。

3）备份蒸发压力与蒸发温度。

4）备份冷凝压力与冷凝温度。

5）备份冷却水压力和温度。

6）备份压缩机吸气压力和排气压力。

7）备份压缩机吸气和排气温度。

8）备份油压差、油温与油位高度。

9）备份机组运行电流与电压。

（3）结束工作

备份硬件与工具等归原位。

四、空调器电气控制系统工作状态检查与维护操作

1. 目的

熟悉空调器电气控制系统工作状态检查与维护操作。

2. 工具、设备和材料

分体热泵式空调器 1 台、万用表 1 个、钳形电流表 1 个、安装维修工具 1 套、安全防护工具（塑胶鞋等）。

3. 操作过程

（1）操作准备

1）仪表、工具准备：万用表、钳形电流表、安装维修工具等。

2）安全防护准备（穿塑胶鞋等）。

（2）电气控制系统工作状态检查与维护：

1）通电前状态的检查与维护。

2）制冷状态的检查与维护。

3）制热状态的检查与维护。

4）通风状态的检查与维护。

5）除湿状态的检查与维护。

6）保护状态的检查与维护。

（3）结束工作

仪表、工具等归原位。

第六章

制冷空调系统检修

第一节　制冷剂循环系统检修

一、冷媒回收机的使用

1. 冷媒回收的意义

制冷机组内的冷媒（制冷剂）通过回收机回收、净化后进入储存钢瓶，称之为制冷剂的回收。在回收的同时对制冷剂进行一定的净化处理，如干燥、过滤、分油等，以便于制冷剂的重复利用，这一过程也称为再生。回收后的制冷剂如果不能重复使用，需做报废处理，由回收单位运送至有资质的单位处理。

在制冷空调设备维修时，使用制冷剂回收设备对系统内的制冷剂进行回收和循环再利用，减少制冷剂向大气的排放，进而降低大气中臭氧层的损耗，减缓温室效应。同时，制冷剂的再利用也降低了用户的运行费用。特别是随着 HCFC 制冷剂的限制生产和消费，新生产的制冷剂量大幅度减少，而正在运行的制冷设备还在寿命期内，更显出回收再利用的意义。

2. 冷媒回收机

冷媒回收机一般由一台压缩机、冷凝器和（气液分离器）过滤器组成。被回收的制冷系统中的制冷剂在过滤器中被压缩后排入回收容器中。冷媒回收机常使用压缩法进行制冷剂回收，其工作原理是：制冷系统的制冷剂气体被直接吸入到压缩机中进行压缩，然后在冷凝器中液化，最后充入到回收容器中。

当进行冷媒回收时，冷媒回收机的吸气连接管接在压缩机的工艺管上，利用压缩机的吸气能力将制冷系统中的制冷剂通过一个较大的（气液分离器）干燥过滤器抽吸到压缩机中，然后经过压缩机的压缩排到冷凝器中，再经过冷凝器的放热冷凝后，排到回收容器中。

3. 使用冷媒回收机进行制冷剂回收的安全事项

（1）制冷剂回收工作必须由具有相应资质的维修人员操作，操作人员必须熟悉制冷剂回收现场的情况。对于新买的冷媒回收机，在使用前要认真阅读操作手册。需要注意的是，R717一般不在便携式冷媒回收机的回收范围内。

（2）操作人员必须熟悉所使用的冷媒回收机的各项性能，熟悉制冷主机，熟悉所使用的制冷剂回收瓶，熟悉所回收的制冷剂性能。

（3）制冷剂回收工作直接操作人员必须穿戴好相应的防护用品（当在通风不良场所进行回收作业时，现场应配备应急用呼吸器），办理好相应的操作手续，疏散与制冷剂回收作业无关人员，用安全警示带圈好安全作业区，挂好相应的工作标识。制冷剂回收前必须清除回收作业区的杂物。

（4）作业现场要有良好的照明，良好的通风或排风条件。作业现场与周围无明火、无易燃、易爆物品。现场需要配备相应的应急照明、灭火设备及安全用具等，并有相应的应急机制。

（5）使用前要检查冷媒回收机的所有阀门是否呈关闭状态。按说明书要求连接好管路，如需排出管路中的空气，则将冷媒回收机与制冷系统之间的管路和制冷剂回收罐与冷媒回收机之间的管路分别排空即可。因为制冷剂量较小，排空时间一般不超过1s。

（6）冷媒回收机及制冷剂回收瓶符合安全使用要求。现场使用中，应让冷媒回收机处在一个通风的环境，以保证散热效果。操作人员要避免吸入制冷剂和润滑油蒸气，以免刺伤眼睛、鼻子和喉咙。

（7）在回收制冷剂过程中要注意观察制冷主机相应的压力及温度参数的变化情况。采用制冷剂钢瓶回收时，制冷剂的灌注量不能超过钢瓶容积的80%（当回收的制冷剂温度较低时，回收后置于制冷剂回收钢瓶内，受环境温度影响，制冷剂钢瓶内的制冷剂温度会慢慢上升，制冷剂的体积也将增加）。如果制冷剂过满，有可能导致制冷剂钢瓶被撑裂，严重时导致爆炸。操作过程中建议使用一台电子秤，监控制冷剂回收量。有条件的情况下，也可选用带液位传感器的制冷剂专用钢瓶，可确保回收机回收到钢瓶的80%液位时，自动停机。

（8）当回收过程中发现回收机发出异响时，应及时切断电源并进行相应的检查。如压缩机在"回收"时出现液击，可将旋钮缓慢地调小，使低压指示值下降，直至液击声停止，但不要使压力值降为0，否则就是不抽气；观察回收机的低压压力表，可判断系统中制冷剂的回收情况。正常情况下，回收到低压压力表表压为 -0.01MPa 以下，表示已经基本完成回收。

（9）回收的不同种类的冷媒切记要分开储存。制冷剂回收后，制冷剂回收钢瓶应放置在阴凉、干燥、通风处，要避免日晒雨淋，远离热源，并在制冷剂回收钢瓶上做好标记。

二、压力容器的安全使用

1. 压力容器检验

按承受压力的等级，压力容器分为：低压容器、中压容器、高压容器和超高压容器。对于固定式压力容器，每两次全面检验期内，至少进行一次耐压试验，制冷压压力容器定期检验时可由检验员确定用合适的无损检测代替耐压试验和内部检验。表面无损检测的要求如下：

（1）对容器外表面的对接焊缝进行磁粉或渗透检测，检测长度不少于每条焊缝的20%。若在检测中发现裂纹，应扩大检测比例；如扩检中仍发现裂纹，则应对全部对接焊缝进行表面无损检测。

（2）应重点检查以下部位：应力集中部位、变形部位、异种钢焊接部位、T形焊接接头、其他有怀疑的焊接接头、补焊区、工卡具焊迹、电弧损伤处和易产生裂纹的部位，以及检验人员认为有必要的部位。

（3）铁磁性材料表面优先选用磁粉检测。

2. 压力容器安全装置

压力容器安全装置是指为保证按安全运行而装设在压力容器上的附属装置，又称为安全附件。根据不同的分类标准，压力容器安全装置可以分为多种类型，如连锁装置、报警装置、计量装置和泄压装置等。具体来说，压力容器安全附件包括直接连接压力容器安全阀、压力表、爆破片装置、紧急切断装置、安全连锁装置、液位计、测温仪表等。

3. 气瓶

气瓶是一种常见的压力容器，属于移动式小型盛装容器，单瓶容积一般不大于1000L。气瓶按照制造方法，可以分为无缝气瓶和焊接气瓶；从材质上分类，可分为钢质气瓶、铝合金气瓶、复合气瓶、其他材质气瓶；从充装介质上分类，有永久性气体气瓶、液化气体气瓶、溶解乙炔气瓶；从公称工作压力和水压试验压力上分类，有高压气瓶、中压气瓶和低压气瓶；按照内部介质临界温度的不同分类，可分为低温气瓶、中温气瓶和高温气瓶。

根据存放物质的不同，气瓶按国家标准规定涂成不同的颜色以示区别。氧气瓶外表面涂成天蓝色，字样颜色为黑色；氢气瓶涂成深绿色，字样为红色；氯气瓶涂成草绿色，字样为白色；氮气瓶涂成黄色，字样为黑色；乙炔气瓶和硫化氢气瓶为白色，字样为红色。

三、制冷剂回收的方法

采用制冷剂回收装置，按照制冷机组内制冷剂被回收时的物理状态，制冷剂回收方法有气态回收、气液混合回收、液态回收三种形式。在不具备回收装置的情况下，也可以采用压缩机自回收的方式。

1. 气态回收

气态回收指回收机入口直接连接制冷机组内的气态工艺口，制冷机组内的气态制冷剂直接被吸入回收机后进行回收。进入回收机的制冷剂经过回收机的压缩、冷凝，由气态变为液态，然后被回收机压入制冷剂储存钢瓶中，如图 6-1（a）所示。

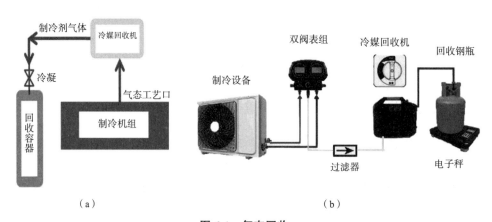

图 6-1 气态回收

（a）气态回收示意图；（b）气态回收设备连接

冷媒回收机是一种专门用于回收废旧冷媒的设备，它对于环境保护和资源节约具有极其重要的意义。据统计，采用冷媒回收技术可以使冷媒利用效率提高 70%，且冷媒回收机的处理效率高达 90% 以上。移动式冷媒回收机是一种便携式大容量空调冷媒回收设备，适合于气态和液态制冷剂（冷媒）的回收。通过冷媒回收机处理后的冷媒更纯、更环保，质量更高，可以重新用于制冷设备，并且大大减少了废弃物的排放。

冷媒回收机的气态回收过程如下。

（1）准备工作：确定回收冷媒的种类及数量、检查回收机是否正常。按照图 6-1（b）所示连接设备，确保连接正确、牢固，连接前确保各阀门都处于关闭状态。

（2）回收过程：关闭制冷装置电源，打开制冷装置的气态或液态阀门，打开冷媒回收钢瓶的气态阀门。将冷媒回收机旋钮旋至"回收"位，按一下"Start"按钮，启动设备。当回收气态制冷剂时，打开双阀表组气态阀门，当回收液态制冷剂时，打开表组液态阀门。当运行至所需要的真空度或低压保护自动关闭状态，就可以结束回收。

（3）自清模式：回收结束后不关闭电源，先关闭进气阀，然后将冷媒回收机旋钮转到自清功能（有的设备可直接进入自清模式）。

（4）回收完毕：关闭排气阀、钢瓶阀，关闭回收机电源，拆除软管，回收工作完毕。

气态回收速度较慢，适宜于少量制冷剂的回收，或者不具备液态工艺口或制冷剂储存钢瓶没有气液双阀的情况。一般回收设备的抽速都是一个恒定的气体体积量，当压力下降时，抽速也会成倍下降。如对于 R410a 制冷剂，压力为 1.65MPa 时回收速度为 800g/min；而压力为 0.1 MPa 时，回收速度只有 48.5g/min。另外，气态回收时，回收钢瓶的温度上升会较快。

2. 气液混合回收

气液混合回收指回收机入口直接连接制冷机组内的液态工艺口，液态制冷剂直接被吸入冷媒回收机，在进入压缩机之前，通过限流、体积膨胀，使液态制冷剂气化，严格意义上讲，气液混合回收也属气态回收。回收 R22 时，气液回收的速度一般在 108 ~ 4800kg/h。

3. 液态回收

液态回收有两种形式：一种是使用液泵进行回收，液泵的一端接在制冷机组的液态工艺口，另一端接在储存钢瓶。制冷机组内的液态制冷剂直接被泵入储存钢瓶中。液泵回收使用条件要求比较严格，较少使用。另一种液态回收可使用冷媒回收机进行，通常称为推拉回收（图 6-2）。

推拉回收是回收制冷剂充注量在 50kg 以上的制冷机组经常用到的回收方式，而且制冷剂储存罐具有气液双阀。推拉回收是利用无油压缩机抽取回收钢瓶内的气态制冷剂，再打到系统的气态口，把系统的液态制冷剂压入回收钢瓶。此方法适用于较大量的液态回收（大于 10kg），回收 R22 时，推拉回收的速度一般为 375 ~ 1500kg/h。

但是抽完液态后，普通推拉回收要重接管路后才能进行气态回收，还要注意系统的承压能力，注意打到系统的压力不要超限。回收钢瓶要用电子秤监控，达到 80% 的量时要关闭钢瓶的阀门，不可仅关闭压缩机，因为压差还存在，制冷剂还会继续灌入钢瓶。液态回收可能会把系统里的油杂质等都抽到回收钢瓶，需要对制冷剂进行再生处理。

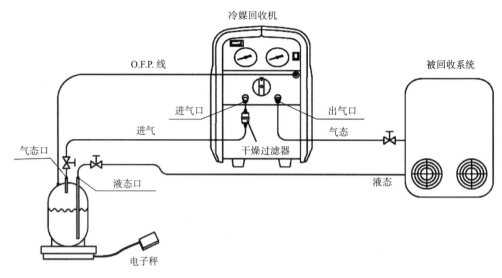

图 6-2　推拉回收

回收制冷剂时一定要观察铭牌上制冷剂的类型，如果是 R32，由于它易燃易爆，要注意回收时间不要太长，防止排气压力太高造成危险。

4. 回收压差

不管是气态回收还是液态回收，都需要有压差才能进行，而压差的建立有不同的方法。

回收用钢瓶抽真空、降温。图 6-3 所示为钢瓶降温推车，钢瓶放入水箱，用制冷压缩机给水降温。一个抽完真空的钢瓶，常温下如果直接与系统的液态口连接，能回收 1/3 ~ 1/2 瓶的制冷剂。被回收系统升温，可用钢瓶加温带给被抽的钢瓶加温，或开动被回收的系统。

图 6-3　钢瓶降温推车

对于家用制冷设备，可用压缩机建立压差。《家用和类似用途电器的安全　从空调和制冷设备中回收制冷剂的器具的特殊要求》GB 4706.92—2008 规定了冷媒回收机回收后系统的真空度：用于维修空调和制冷系统的设备，含有小于 90.7kg 的高压制冷剂时，低于绝对压力 68.8kPa；含有大于 90.7kg 的高压制冷剂时，低于绝对压力 51.55kPa；含有低压制冷剂时，绝对压力低于 33.8kPa。

参照上述标准，单一的升温、降温设备很难作为回收的器具使用，但可以与压缩机配合使用，以加快回收速度。在用压缩机建立压差的同时对回收钢瓶降温或用大散热器给制冷剂降温，如图 6-4 所示。

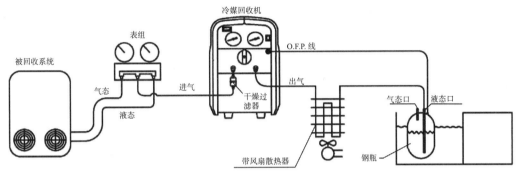

图 6-4　回收时的降温

5. 大型机组制冷剂回收时的注意事项

螺杆式、离心式机组属于大型制冷装置，制冷剂充灌量大。一般采用复合式回收装置，分别进行液体和气体回收，增加回收速度，缩短回收时间，甚至可以连接多台回收装置，分别与系统的高、低压部分连接进行回收。

由于系统中制冷剂大量溶于润滑油中，气体回收到真空以下时，会进行反复多次回收运行，直至系统中的压力不再升高，抽至系统表压力为 -0.01MPa 时，回收工作结束。

由于液体回收时系统中的润滑油也一同被回收到回收容器中，将严重影响制冷剂再利用的效果，在被回收系统和回收装置间加装一个油分离器，可有效提高回收制冷剂的纯度。即使是要销毁的制冷剂，加装一个油分离器后，也可以提高销毁装置的工作安全性。

对于冷水机组而言，在回收工作进行前，要把容器中残留的水分尽量排放干净，避免气体回收时抽真空造成低温，冻裂被回收系统中的排管。由于制冷剂充灌量大，应准备大型回收容器。回收时，注意监视防止过充灌装置的指示。一般充灌至回收容器的 80% 左右即可停车，调换新的回收容器。

四、高压气体的安全使用

1.高压气体钢瓶的安全使用事项：

（1）钢瓶应放在阴凉，且远离电源、热源（如阳光、暖气、炉火等）的地方，并加以固定。可燃性气体钢瓶必须与氧气钢瓶分开存放。

（2）搬运钢瓶时要戴上瓶帽、橡皮腰圈。要轻拿轻放，不要在地上滚动，避免撞击和突然摔倒。

（3）高压钢瓶必须要安装好减压阀后方可使用。一般情况下，可燃性气体钢瓶（如氢、乙炔）上阀门的螺纹为反扣的，不燃性或助燃性气瓶（如 N_2、O_2）为正丝，各种减压阀绝不能混用。

（4）开、闭气阀时，操作人员应避开瓶口方向，站在侧面并缓慢操作，防止高压气体从阀门或压力表冲出伤人。

（5）氧气瓶的瓶嘴、减压阀都严禁沾染油脂。在开启氧气瓶时，还应特别注意手上、工具上不能有油脂，扳手上的油应用酒精洗去，待干燥后再使用，以防燃烧和爆炸。

（6）钢瓶内气体不能完全用尽，应保持 0.05MPa 表压以上的残留压力，以防重新灌气时发生危险。

（7）钢瓶须定期送交检验，合格钢瓶才能充气使用。

（8）气瓶不要和电器电线接触，以免发生电弧，使瓶内气体受热发生危险。如使用乙炔焊接或割切金属，要使气瓶远离火源及熔渣。点火前要确保空气排尽，不发生回火才可以点火。使用乙炔焊枪，亦应放一会儿气，保证不混空气，再点燃焊枪。

2.高压氮气

空气中含量最多的是氮气。氮气本身无毒、不可燃，也不助燃，通常状况下是无色无味的气体，难溶于水，密度比空气略小。标准状态下，氮气的密度为 $1.25kg/m^3$，常压下液体氮的密度为 $808.61kg/m^3$（饱和态），熔点为 $-195.1℃$，沸点为 $-123.7℃$，临界温度为 $-160.5℃$，在极低温下会液化成淡蓝色液体。氮气的化学性质不活泼，无毒、无污染，常温下难与其他物质发生化学反应，只有在高温高压或者是放电的情况下才进行反应，所以在常规情况下可以用氮气作为保护气。

人体吸入氮气浓度不太高时，最初会感觉胸闷、气短、疲软无力；继而烦躁不安、极度兴奋、乱跑、叫喊、神情恍惚、步态不稳，可进入昏睡或昏迷状态；吸入高浓度氮气时，可迅速昏迷、窒息缺氧而死亡。

在高温条件下，氮气能与金属元素（如碱金属、碱土金属等）发生反应。所以氮气瓶运输时，一般情况下不可与乙炔气瓶、氧气瓶混装在一辆车上；钢瓶一般平放，并应将瓶口朝同一方向，不可交叉；高度不得超过车辆的防护栏板，并用三角木垫卡牢，防止滚动；夏季应早晚运输，防止日光暴晒；钢瓶运输时，必须戴好钢瓶上的安全帽。

氮气泄漏应急处理方法的有：建议应急处理人员戴自给正压式呼吸器，穿一般作业工作服；迅速撤离泄漏污染区内的人员至上风处，并进行隔离，严格限制出入；合理通风，加速扩散；漏气容器要妥善处理，修复、检验后再用。

五、制冷系统加压检漏及电子检漏仪的使用

制冷系统最常见的故障就是制冷剂发生泄漏，常见的检漏方法如下：

1. 手触油污检漏

早期空调器的制冷剂多为 R22，R22 与冷冻油有一定的互溶性，当 R22 有泄漏时，冷冻油也会渗出或滴出。运用这一特性，用目测或手摸有无油污的方法，可以判断该处有无泄漏。当泄漏较少，用手指触摸不明显时，可戴上白手套或白纸接触可疑处，也能查到泄漏处。

2. 肥皂泡检漏

先将肥皂切成薄片，浸于温水中，使其溶成稠状肥皂液。检漏时，在被检部位用纱布擦去污渍，用干净毛笔蘸上肥皂液，均匀地抹在被检部位四周，仔细观察有无气泡，如有气泡出现，说明该处有泄漏。若系统内制冷剂已漏完，需先向系统充入 $0.8 \sim 1.0$MPa（$8 \sim 10$kgf/cm^2）的氮气后，再检漏。

3. 加压检漏

（1）将高压氮气瓶通过减压阀与制冷系统的工艺管相连，在连接好之后，向制冷系统充氮气打压，使制冷系统的压力保持在 $1.4 \sim 1.5$MPa，然后对系统进行肥皂泡检漏作业。

（2）制冷系统的打压作业一般要从低压端进行充氮，如果在回气管上安装有单向阀，则必须在单向阀之后进行打压充氮，以确保管道压力的均衡，便于检漏。

（3）肥皂泡检漏正常后，再给制冷系统做保压实验。使制冷系统持续 24h 及以上系统压力始终保持在 $1.4 \sim 1.5$MPa。若观察各个压力表初始值和终值的差值很大，则表明可能存在泄漏的情况。

4. 卤素灯检漏

卤素灯检漏一般只能用于判断含卤族元素的制冷剂，制冷剂泄漏浓度越大，

卤素灯火焰的颜色从浅绿变深绿，再变紫色。

5. 电子检漏仪检漏

电子检漏仪（图 6-5）在汽车空调检漏中使用较多，它由探头、阳极、阴极、阳极电源、加热器、放大器、电源等部分组成。普通电子检漏仪具有灵敏度选择开关，可以检测到每年小于 1/2 盎司（约 14g）的泄漏，灵敏度最高的电子检漏仪可检测 3g/a 的泄漏量。通过设置，可以检测 CFCs、HCFCs，HCFCs 类制冷剂。

（1）电子检漏仪使用方法如下：

1）打开电源开关。

2）核对电池电力。

3）开机时，可听到间隔稳定的"嘟"声。

4）开始检漏时，当发现有泄漏气体时，"嘟嘟"声将变得急促。

5）如泄漏源被定位之前已达到最高警示，应按复位键复位。

6）为保证仪器测量准确可靠，要经常进行复位操作。

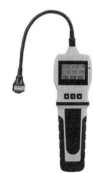

图 6-5　电子检漏仪

（2）电子检漏仪检漏的主要部位有：

1）压缩机的吸、排气管的焊接处。

2）蒸发器、冷凝器的小弯头、进出管和各支管焊接部位，如干燥过滤器、截止阀、电磁阀、热力膨胀阀、分配器、储液罐等连接处。

（3）电子检漏仪的使用注意事项：

1）保持清洁，避免油污、灰尘、水分污染探头。

2）电子检漏仪一般在使用前需要进行校准和预热。

3）一旦查出泄漏部位，探头应立即离开此部位，以免缩短仪器寿命及影响灵敏度。制冷剂浓度太高也会污染探头，使灵敏度降低。

4）发现大量泄漏时要关机，不要让检漏仪继续工作。

5）电子检漏仪具有检漏速度快、方便等特点，但是检漏效率和准确性不如高压氮气检漏。

六、真空泵的操作使用

1. 真空泵的作用

抽真空是制冷设备生产或维修过程中，充注制冷剂前一个必不可少的重要工序。抽真空的目的是排除制冷系统中的不凝性气体和水分。若制冷系统中有水分，易腐蚀管路和造成管道内镀铜生锈，同时水分与制冷剂若在制冷系统中发生化学反应，产生的盐酸、氟酸会破坏压缩机绝缘层，而管道内残留的空气中的氧气又会与盐酸、铜反应产生镀铜，腐蚀系统管道中的铜、铁件，缩短系统零部件寿命。特别需要注意的是，当系统中水分含量超过一定的限度，就会在节流阀出口处形成冰堵，使制冷机组不能正常运行。

在空调移机或维修更换设备后，都需要对管路系统抽真空。一般选用排气量2LA以上，极限真空达 −76mmHg 的真空泵，抽真空时间一般为 15～30min。对于 R32、1234AF 等特殊的高压可燃性制冷剂，其在高压状态下会和氧气混合，容易发生事故，因此 R32、1234AF 要选用采用无火花型设计的专用真空泵，且需要采用密封的防爆电机来保证安全使用。

真空泵（图6-6）的作用是对制冷系统进行抽真空。使用前应先观察真空泵的油位，确保油位在视油镜的 1/2～2/3 处；还要判断真空泵的旋转方向，方法是把护套倒放在泵口上，如开泵后被吸住，是正向；被吹落，是反向。双级真空泵和单级真空泵的区别在于，前者由两个单级泵串联而成，而后者只有一个工作室。双级旋片真空泵是在单级旋片真空的基础上二次排气，两级的构造基本相同，一级的排气口连接二级的进气口，二次压缩后再排出。这样经过两级排气，真空度较一级排气略高，密封效果更好，返油返气的可能性降低。

图 6-6　真空泵

2. 真空泵的选用

选用真空泵时需要考虑的因素包括：被抽气体的性质、工作环境、工作压力、抽气速度、可靠性等。对于不同容量的空调机组，需要根据实际情况来选择合适的真空泵。一般来说，空调机组内部空间小时，选择小型、高效率、低噪声、易于维护保养的真空泵。具体来说，对于家用空调机组，一般采用容积为 1L/s 或 2L/s 的小型真空泵即可；对于商用空调机组，可以根据其具体情况选择容积为 3L/s 的真空泵；对于更大的机组，可以选用容积为 4L/s 的真空泵。

3. 真空泵的操作

利用真空泵抽真空的步骤如下：

（1）真空泵吸气口通过工艺管与压力表的三通修理阀相连，压力表的三通修理阀再与另一个工艺管相连（图6-7）。

图 6-7　真空泵连接示意图

（2）工艺管带顶针的一端与空调室外机的三通截止阀相连。

（3）抽真空时，应先打开修理阀的阀门后，真空泵再通电开启，将管路系统中的气体排出。

（4）根据空调机组大小，运行一段时间后，关闭表阀，观察真空度。当管路系统中的真空度达到要求时，应先关闭修理阀的阀门，再旋开工艺管螺母。

（5）切断真空泵电源。防止真空泵中机油被倒吸出来。注意事项：使用前，观察侧面油标镜。油面应在油标中线位置，并经常检查机油的质量。若变质、变黄，则应及时更换新机油。

（6）卸下空调器三通截止阀，卸下工艺口表阀，拧紧各封闭盖帽。

七、制冷剂充注的方法

1. 制冷剂充注概述

制冷剂充注根据情况可分为整机充注和部分添加（补充）。其原理是利用或制造制冷剂储液器与机组之间的压力差，使制冷剂从储液器流入机组。整机充注一般发生在机组调试前或大修后，机组内部已完全抽真空，应严格根据机组铭牌标注的制冷剂种类和质量称重充注。部分添加一般发生在机组运行过程中，当机组运行参数偏离正常值，怀疑或已发现机组泄漏，并经确认和维修后，添加已泄漏掉的制冷剂，使机组的最终制冷剂量符合或接近机组铭牌标示的制冷剂量。

2. 制冷剂充注的方法

制冷装置充注制冷剂可以采用定量充注法、称重量充注法和经验观察充注法。空调器制冷剂充注，一般都是从低压工艺口注入。

分体空调器制冷剂充注量的计算方法需要根据空调器的型号、制冷剂类型、制冷剂充注量等参数进行计算。

变制冷剂流量（VRF）空调的室外机到室内机的管道制冷充注量的计算要先确定所有液管管径及其对应的长度，根据不同品牌型号对应的每种管径的单位长度充注量（kg/m），乘以相应长度即可。若 VRF 空调在维修前，室内、外机中的制冷剂均漏完了，则当维修结束抽真空后，可按照室外机铭牌与冷媒管道制冷剂充注量之和进行充注。

空调热泵装置制冷剂充注量计算时，采用实验方法进行优化时，要观察制冷（制热）量、系统功耗和 COP 随充注量的变化等。

（1）定量充注法

1）对于小型制冷空调装置，可按照铭牌上给定的制冷剂充灌量加充制冷剂。定量充注法主要是采用定量充注器或抽空充注机向制冷装置定量加充制冷剂。

2）利用定量充注器充注制冷剂时，只需在制冷装置抽真空后关闭三通阀，停止真空泵，将与真空泵相接的耐压胶管的接头拆下，装在定量充注器的出液阀上，或者拆下与三通阀相接的耐压胶管的接头，将连接定量充注器的耐压胶管接到阀的接头上，打开出液阀将胶管中的空气排出，然后拧紧胶管的接头。

3）充注制冷剂时，首先观察充注器上压力表的读数，转动刻度套筒，在套筒上找到与压力表相对应的定量加液线，记下玻璃管内制冷剂的最初液面刻度。然后打开三通阀，制冷剂通过胶管进入制冷系统中，玻璃管中制冷剂液面开始下降。当达到规定的充注量时，关闭充注器上的出液阀和三通阀，充注工作结束。

（2）称重量充注法

称重量充注法结合制冷剂的充注形态可分为气态充注和液态充注。气态充注安全但速度慢，当机组存在潜在冻结危险时应使用气态充注，如冷水机组在真空或饱和压力以下充注制冷剂的情况。液体充注高效、快速，对非共沸制冷剂的充注（如R407c的充注）仅可采用液态充注，但一定要注意防止冻结风险，避免在充注过程中由于液态制冷剂气化时吸热造成热交换器中载冷剂冻结膨胀，胀破换热管导致机组系统泄漏乃至进水等严重故障。

采用何种方式取决于制冷剂种类和防冻安全需求。对只有气阀的制冷剂储液器（如一次性制冷剂储液器），竖直正放充注为气态充注（图6-8），倒置充注为液态充注；对具有气液双阀的制冷剂储液器，连接气阀充注为气态充注，连接液阀充注为液态充注。

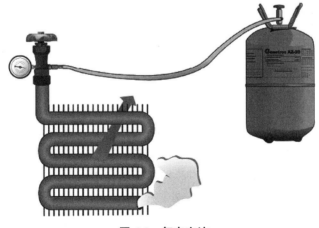

图 6-8　气态充注

1）气态充注

充注制冷剂前，应先对机组进行抽真空操作。在机组制造商允许的情况下，可操作压缩机和制冷管路上相关的阀门，利用压缩机直接抽排制冷剂到机组冷凝侧，从而降低机组充注侧的压力。此方法适用于制冷剂的整机充注或部分添加，充注口应选机组供液服务阀上的充注口。

在机组真空状态下，应尽量使用气态充注，如必须使用液态充注，应注意防止冻结，如运行机组的冷水泵和冷却水泵确保热交换器内载冷剂的正常流量。在整机充注时，气态充注一般只能完成10%～20%的充注量，还需结合其他方法才能完成充注，充注口应选机组热交换器上的充注口或机组供液服务阀上的充注口。

对仍可运行的机组，可采用边运行边气态充注的方法，从机组的低压侧（一般为蒸发器）的充注口进行充注。勿直接从压缩机吸气口处充注，特别是不要使用液态充注，否则会对压缩机造成损害，气态充注一般用于制冷剂的部分添加。

对制冷剂储液器进行适度加热，可提高储液器压力，加快气态充注速度。在加热充注时，必须保持整个充注回路的畅通。禁止在未开始充注时加热制冷剂储液器，在任何情况下都严禁使用明火加热制冷剂储液器。此方法适用制冷剂的整机充注或部分添加，一般选择从机组热交换器上的充注口充注，当充注量达到机组可运行要求时，可结合机组运行充注方法一起使用。

如果需充注的制冷机无法运行，可利用现成资源降低机组内部压力，如使冷水流经需充注机组。此方法适用于制冷剂的整机充注或部分添加，一般选择从机组蒸发器上的充注口充注，可结合制冷剂储液器加热充注方法一起使用。

向维修后的中小冷库制冷系统充注气态制冷剂时，一般从压缩机低压端进行充注。其操作方法是：充注时要先准备一个台秤，将制冷剂钢瓶正放在台秤上，并记录重量。将加注管的一头接于钢瓶的瓶阀上，另一头接到压缩机吸入阀的多用通道上。充注前应先把加注管内的空气排净。制冷剂是以湿蒸气形式充入的，所以打开钢瓶阀时开启度要适当，以防压缩机发生液击。充注前若系统内呈真空状况，则钢瓶内的制冷剂就会自动注入系统，待系统内压力与钢瓶内压力平衡时，制冷剂就停止注入。这时若系统内制冷剂量还未加足，则可先关闭钢瓶阀、储液器出口阀、手动膨胀阀和压缩机的吸入阀，启动冷凝器的冷却水泵，然后启动压缩机。为了防止发生液击，应慢慢开启吸入阀，把系统内的制冷剂抽入储液器，系统低压部分又被抽成真空，然后打开钢瓶阀，让制冷剂再次自动注入系统。如此反复进行，直至加足系统所需的制冷剂量。当充注到满足要求时，马上关闭钢瓶阀，然后让加注管中残留的制冷剂尽可能被吸入系统，最后关闭多用通道，停止压缩机运行，充注制冷剂工作基本结束。这种方法充注速度较慢，适用于在系统制冷剂不足而需要补充的情况。

2）液态充注

向维修后的制冷系统充注液态制冷剂的操作方法是：在制冷系统的储液器与膨胀阀间专门设置的充注阀上进行液态制冷剂充注。充注时，先备好制冷剂钢瓶，并将钢瓶倾斜倒置于台秤（俗称磅秤）上，记下重量。使用 $\phi 6 \times 1$mm 纯铜管和专制的螺纹接头，一头接在钢瓶接头上，另一头接在充制冷剂阀（或吸入阀的多用通道）的接头上（暂不旋紧）。为了防止钢瓶内制冷剂中的水分和污物进入系统，在充注制冷剂时，管路中应加装干燥过滤器，使制冷剂进入系统前先被过滤干燥。然后稍开钢瓶阀，放出少许制冷剂将接管中的空气排出，随即旋紧管接头。至此，充注准备工作就绪，可开始充注。

先开启冷凝器水阀，启动压缩机，并逐步开启充制冷剂阀及钢瓶阀，这时制冷剂将不断被压缩机吸入。为了迅速充注，在此过程中可将储液器出液阀关闭，使被吸入的制冷剂储存于储液器中。根据系统所需制冷剂量，随时注意台秤的减重量或储液器内制冷剂的液位和压缩机吸、排气压力的变化。一般在充注制冷剂过程中，应使压缩机吸气表压力保持在 0.1 ~ 0.2MPa。待充注量达到要求后，关闭充制冷剂阀，然后再开启储液器出液阀，让压缩机继续运转一段时间，观察系统的制冷剂量是否合适，若发现不足再继续充注。在充注过程中宁可多充几次，也不要一次充注过量。制冷剂充注达到要求后，即可关闭钢瓶阀，待吸气表压力接近 0 时，关闭充制冷剂阀，开启储液器出液阀，拆去制冷剂接管及钢瓶。

使用制冷剂回收装置，直接从制冷剂储液器抽排或推压制冷剂到机组，抽排为气态充注，推压为液态充注。此方法适用于制冷剂的整机充注或部分添加，充注口应选机组热交换器上的充注口或机组供液服务阀上的充注口，一般用于对大型或超大型机组充注或使用大型制冷剂储液器对机组进行充注。

注意：虽然充注液态制冷剂要比气态制冷剂快得多，但不建议长时间直接将液态制冷剂通过压缩机吸、排气管上的检修阀接口处注入，原因：一是不易控制充注的液态制冷剂的量；二是若充注完液态制冷剂直接开机，会导致压缩机液击。

（3）观察充注法

观察充注法的操作方法同称重量充注法，只是在正立充制冷剂气体，判断制冷剂充注量时，边充注边观察制冷系统的工作情况。

若蒸发器结满薄霜、冷凝器发热、低压吸气管发凉，观察空调器稳定运行后，低压压力及压缩机运行电流若符合铭牌上的要求，则说明制冷剂充注量合适。夏季充注制冷剂时，空调器的蒸发温度为 5 ~ 7℃，当制冷剂充注量合适时，往复活塞式压缩机吸气管至机壳吸气端应全部结霜，而旋转活塞式压缩机旁的气液分离器也应全部结霜。

经验充注法可配合称重充注法使用。对于家用分体式空调器，若检查制冷剂充注量是否合适，可以参考运行压力，还可以参考压缩机运转电流。例如 1.5 匹的家用空调器，如果制冷剂是 R410A，空调机运转时低压压力约为 0.8MPa，高压压力为 2.2 ~ 2.4MPa；如果制冷剂是 R22，低压压力约为 0.5MPa，高压压力为 1.3 ~ 1.5MPa；

制冷剂为 R134a 时，压力表低压正常值为 2～3bar，高压正常值为 14～15bar[1]。压力过低或过高，都说明系统不正常。注意：常说的制冷剂加了多少"公斤"，不等同于实际充注制冷剂后压力表压力读数。

3. 制冷剂充注时的注意事项

（1）制冷剂的充注量要合适

制冷剂充注不足，会使蒸发器蒸发量不足，导致压缩机吸气压力过低，制冷量减少并可能使压缩机过热；充注过量又会使进入冷凝器内的制冷剂太多，导致排气压力过高，液态制冷剂回流，甚至可能损坏压缩机。空调器制冷剂充注量不足或过量，设备运转功耗都会降低。

（2）注意制冷剂的充注形态

制冷剂有气态和液态两种，不同种类的制冷剂充注方法也有所差异。一般来说，只需少量制冷剂充入系统时，通常使用气态充注法，精度更高；需要充注大量制冷剂则多采用液态充注法，速度更快。另外，充注气态制冷剂之前，必须先启动空调器。冬天，VRF 空调充注制冷剂时，当制冷剂的平衡压力已经和空调器的低压压力相同时，将液阀慢慢关小点，使低压降低后再充注制冷剂。另外，充注 R410A、R32 制冷剂时，不管什么样的制冷剂钢瓶，必须要正置充注，以保证系统的热力性能。

（3）充注制冷剂时拧不紧

工艺口很易造成拧不紧的现象，这时制冷剂会出现外漏。可用干布垫着将接口拧紧，以免造成冻伤。如充注软管接头或其他接头处出现渗漏，应对软管或接头进行更换。

八、制冷系统常见故障的检查方法及维修

"望、闻、听、问、摸"是制冷系统常见故障排除方法。望，即看和观察，观察系统运行是否有异常情况；闻，即闻味道，检查是否有异常焦味或特殊气味；听，就是听出有无异常声音；问，即询问客户具体故障的现象；摸，通过手摸各部件和管路的温度，判断系统是否正常。

1. 制冷系统故障

制冷系统故障主要集中在堵、漏、制冷效果差、设备故障等几个方面。

---

[1] 1bar ≈ 1atm ≈ 0.1MPa。

（1）堵

1）油堵

现象：设备开机不制冷或是制冷效果差，排气温度不高。

原因：压缩机与循环管路的设计匹配问题，造成润滑油进入系统后不能顺利回到压缩机，而是遗漏在管路内造成制冷剂流动不畅，制冷效果降低。

解决办法：重点查找毛细管等管路油堵的地方，用压缩空气吹除并清洗管路内润滑油，恢复制冷系统管路的正常密封状态，重新加注制冷剂，试机运行。

2）脏堵

现象：和油堵差不多，严重时能堵住压缩机，使压缩机无法运转，排气不热，设备不制冷，毛细管结霜或结冰。主要是因为堵塞集中在过滤器、毛细管处，一般情况下用手触摸毛细管有凉的感觉，严重时会结霜。

原因：制冷剂中杂质较多；维修时焊接的时间过长造成管路氧化，产生杂质；压缩机运行时间过长产生的碎屑、杂质堵塞管路（这一般发生在已使用几年以后的设备）。

解决办法：清洗或更换系统中脏堵的部件。

3）冰堵

现象：冰堵的现象是最为明显的，即设备一会制冷、一会不制冷。

原因：设备使用时间长，循环管路进空气；换新制冷剂时，抽真空不彻底；制冷剂质量差，含有水分。

解决办法：焊接管路漏气的地方，进行堵漏；更换干燥过滤器，可拆卸的过滤器则只需更换干燥剂（分子筛或硅胶），检漏，抽真空，重新更换制冷剂。

（2）漏

现象：设备出现制冷剂泄漏后，会出现制冷效果差、不停机等现象。

判断方法：手触油污检漏、肥皂泡检漏、加压检漏。

解决办法：找到漏点，重新焊接补漏。再打压，肥皂泡检漏，24h后再抽真空，充制冷剂。

（3）空调制冷、制热效果差

空调制冷、制热效果差的常见原因如下：

1）使用方法不当。例如，空调模式设置错误，没有正确设置到制热或制冷模式；滤网长时间没有清洗、更换，积灰阻塞，导致循环风量减少，空调效果变差；室内层高太高，空调安装位置过高等。

2）室外温度过低或电子膨胀阀失灵。空调制热时需要制冷剂在室外蒸发吸收热量，然后将热量带至室内放出。如果室外温度过低，则意味着制冷剂蒸发吸热的温度必须比室外温度更低，所以在室外温度过低的情况下，空调制热效果会越差。

3）制冷剂不足。

4）空调电压不足。

5）制冷压缩机效率差。由于设备长期运行，运动部件磨损，配合间隙增大或密封不严，使压缩机实际输气量下降，制冷量减小。

6）系统内有空气。这时排气压力、温度升高，耗电量增加，制冷量下降。应按放空气操作步骤排放空气。

（4）压缩机排气温度过高

压缩机排气温度过高的原因有很多，以下是一些常见的原因和解决方法：

1）回气管过滤网堵塞。如果回气管过滤网堵塞，通常制冷压缩机顶部温度过高，而排气基本没有温度和压力。清洗总回气管过滤网即可。

2）制冷剂过多或不足。无论是制冷剂过多还是制冷剂不足，都有可能导致系统过热保护。制冷剂过多时，系统整体压力变高，导致排气温度过高；制冷剂不足时，会导致向蒸发器提供的制冷剂量减少，造成蒸发温度高，从而导致压缩机电机线圈过热，引起压缩机侧压力变高，高压压力升高，导致排气温度过高保护。解决方法：调整制冷剂充注量。

3）冷凝压力过高。室外冷凝器脏或风扇老化，冷凝效率低，导致冷凝压力高，压缩机排气温度过高；同样，散热风扇损坏也会造成冷却系统不能及时散热。解决方法：清洗室外冷凝器翅片或检修散热风扇。

2. 制冷设备正常状态

制冷设备正常工作状态如下：

（1）系统内有关阀门及设备处于应有的状态。压缩机吸、排气阀，油分离器进、出口阀，冷凝器、储液器的进、出口阀等，均呈正确开启位置；节流阀开度适当；各风机及电动机运转平稳；水循环系统的水泵运转正常，无异常声响；水循环管路及其各连接处无严重漏水现象；具有冷却排管或冷风机的冷库中，排管或冷风机盘管均匀地结满"干霜"；氟利昂制冷系统各接头不应渗油（渗油说明制冷剂泄漏），氨系统各阀门及连接处不应有明显漏氨现象。

（2）冷凝压力与冷凝温度、蒸发压力与蒸发温度呈对应关系。蒸发温度和压力随要求的制冷温度而定，运行中蒸发压力与压缩机的吸气压力应近似。冷凝温度和压力随冷却介质的温度及其流动情况而定。一般情况下，R22和R717的冷凝压力最高不超过1.8MPa（表压）。运行中，冷凝压力与压缩机的排气压力、储液器压力相近，如不相近则不正常。

卧式壳管式冷凝器冷却水的水压应在0.12MPa以上，且必须保证一定的进水温度和水量；风冷式冷凝器应保持一定的进风温度、风量和迎风面风速。用手触摸卧式壳管式冷凝器的外壳，应感到上部热下部凉。立式冷凝器的进、出水温差在2～4℃范围内，卧式冷凝器为 4 ~ 6℃。

（3）储液器内制冷剂的液位符合要求。正常工作时储液器的液面应在液面指示器的 1/3 ~ 2/3 位置。

（4）采用自动回油的油分离器的自动回油管应时冷时热，冷热周期一般为 1h 左右。制冷系统液体管道上的过滤器、电磁阀线圈运行时应是温热，其前后不应有明显的温差，更不能出现结霜和结露现象，否则就是发生了堵塞。系统中各气液分离器的液位应控制在其容积的 30% ~ 70% 之间。

（5）节流阀阀体结霜或结露均匀，进口处不能出现浓厚结霜。制冷剂液体经过节流阀时，只能听到沉闷的微小声响。

（6）设备上的保护装置，如安全阀、旁通阀等应启闭灵活，而各控制装置，如压力控制器、压差控制器、温度控制器等调定值应正确，且动作正常。压力表指针应相对稳定，指针灵活。温度计指示正确。

3.制冷压缩机正常运转的标志

（1）压缩机的吸气温度一般高于蒸发温度 5℃，最高不超过 15℃，排气温度一般不低于 70℃，不高于 150℃。

（2）油泵的排出压力应稳定，应比吸气压力高 0.15 ~ 0.3MPa，油温一般保持在 35 ~ 60℃，最高不超过 70℃，最低不低于 5℃。具体数值应参照压缩机的使用说明书。

（3）润滑油应不起泡沫，油面应保持在油面视孔的 1/2 处或最高与最低标线之间。

（4）压缩机的滴油量应符合说明书的规定。

（5）压缩机的卸载机构要操作灵活，工作可靠。

（6）压缩机的轴封温度一般不超过 70℃，轴承温度一般不超过 35 ~ 60℃，压缩机各运转部件温度不应超过室温 30℃，压缩机机体不应有局部发热或结霜现象，表面温差不大于 15 ~ 20℃。

（7）冷却水的温度应稳定，出水温度不超过 30 ~ 35℃，进出水温差一般为 3 ~ 5℃。

4.活塞式压缩机常见故障

（1）气缸中有异常声响

气缸中发出异常声响的原因是多方面的，应根据发生声响的具体情况进行分析和处理。

1）气缸中的余隙太小，活塞运动中碰击排气阀座。这时应该停机修理，调整余隙。处理的方法有两种：一种是在气缸与排气阀座的接触面增加垫片厚度；另一种是在排气阀座下面用车床车去一些，然后检查余隙，直到符合要求为止。

2）活塞销与连杆小头轴瓦磨损，间隙增大，长期积累使公差变大，运行时发生碰击。处理的方法是更换衬套，达到技术要求。

3）吸、排气阀固定螺栓松动而使杂质进入工作室，或者阀片、弹簧断裂。可打开气缸盖进行检查，清洗并紧固螺栓，或取出碎片，更换阀片、弹簧。

4）活塞与气缸间隙过大或过小，造成拉缸偏磨。应按要求进行修理，调整配合间隙或更换零部件。

5）假盖缓冲弹簧弹力不足或者断裂。应修理或更换缓冲弹簧。

6）活塞销缺油也会使气缸发出敲击声。应提高润滑油供油压力。

7）压缩机发生油击或液击时发出敲击声，声响沉闷。

液击是指气缸内进入液态制冷剂，又称湿冲程。由于液体不可压缩，当活塞向上运行时，因排气通道面积小，液态制冷剂来不及从排气通道排出，在气缸内产生很高的压力，把假盖顶起，活塞向下运动时假盖随之降落，这样排气阀座随着活塞的往复运动，造成"当当当"的敲击声。液击严重时，会使机器损坏。液击时，由于液态制冷剂吸热汽化，使气缸外部结霜，严重时曲轴箱和排气管出现结霜。产生液击的主要原因是操作不当。

发生液击后，应立即关闭节流阀，关小压缩机的吸气截止阀，如果温度继续下降，就再关小一点。有卸载装置的压缩机，可留一组气缸工作，将其余几组气缸卸载，使进入气缸的液体汽化，待温度回升后再逐渐加负荷。如果吸气温度还继续下降，即关闭吸气截止阀，并将卸载装置全部卸载。如果多台压缩机并联，还应关闭与压缩机吸入管道连接的回气总阀，单独处理系统管道的液态制冷剂，逐渐排除故障，依靠压缩机空转时产生的热量，使进入气缸的液体气化。若吸气温度没有变化，排气温度有上升趋势，可稍开一点吸气阀，或使一组气缸投入工作。随着吸气温度和排气温度的上升，逐渐开大吸气截止阀，直至吸入压力正常，再慢慢开启回气总阀，并使压缩机投入正常工作。

处理液击事故时应注意油压，尤其在润滑油内混有制冷剂时，更应密切注意。因为关闭压缩机的吸气截止阀后，会使曲轴箱内逐渐形成真空状态，油温下降而黏度增大，这就会影响油泵供油，使润滑情况恶化。如果油压下降至零时，应停止运行，防止产生机件磨损事故。

压缩机的气缸中进入大量的润滑油时，也会发出类似液击的敲击声，这种现象称为油击。油击现象多发生在以氟利昂为制冷剂的中小型压缩机。从吸气截止阀多用通道加油时，若控制不当，即可能发生油击现象。此外，由于气缸与活塞环磨损，间隙增大，或活塞环性能差引起的气缸"跑油"，将油推至活塞顶部，也会发生油击现象。油击严重时应拆下活塞连杆组，检查气缸的圆度，然后检查活塞环的间隙，进行必要的更换。

（2）曲轴箱中有异常声响

1）连杆大头轴瓦与曲轴轴颈间隙过大。应调整间隙或更换轴瓦。

2）主轴颈与主轴承间隙过大。应调整间隙或更换轴瓦，并适当提高油压。

3）连杆螺栓松动或开口销折断。应紧固或更换螺母，并将开口销锁紧。

4）飞轮与键或曲轴配合松弛，联轴器中心不正。应校正联轴器或修理曲轴键槽，飞轮安装牢固。

5）主轴承（采用滚动轴承时）轴承钢珠磨损，轴承架断裂。应更换主轴承。

（3）曲轴箱压力升高

1）活塞环密封不严，或活塞环与气缸壁之间的间隙过大，造成泄漏。应检查修理或更换活塞环。

2）吸气阀关闭不严或者阀片断裂。应研磨阀片、阀线，或者更换阀片。

3）气缸套与机座密封不好。应更换纸垫，并注意调整余隙。

4）曲轴箱进入液态制冷剂,造成外壁结霜及压力变化。可进行抽空,但应注意油压。

（4）轴承温度过高

1）主轴承的径向间隙或轴向间隙过小。应按规定重新调整。

2）轴承偏斜或曲轴翘曲。曲轴翘曲可以从飞轮转动的情况看出，出现这种情况应进行检查修理。

3）轴承径向间隙小，润滑油分配不均匀。为保证轴承润滑良好，应调整轴承径向间隙，或者检查修整油槽。

4）轴承质量差，造成断裂。应重新浇铸巴氏合金。

5）润滑油质量差或油内杂质较多。应更换为合格的润滑油。

（5）连杆大头与轴瓦咬死

1）润滑油杂质过多。应清洗油过滤器或更换为清洁的润滑油。

2）油泵失灵，造成断油或供油不足。应拆除并修理油泵。

3）连杆大头与轴瓦间隙过大。应更换为新轴瓦。

（6）轴封的故障

1）轴封温度过高,油量少或油路不通。应调整油量或检查油路;若轴封装配不当,应调整轴封的装配。

2）轴封泄漏。这是制冷压缩机常见的故障。漏氨很容易被发现，而漏氟利昂则不易被发觉。轴封漏气，其前兆是漏油。往往运行时不易漏，停机易漏。若运行时漏油，则停机时一定泄漏。轴封泄漏的原因如下：装配不当或零件本身存在缺陷；密封面损坏；耐油橡胶圈老化、变硬或膨胀，失去弹性；密封面或油中有杂物；轴封缺油等。轴封泄漏严重时，应停机检修，重新研磨密封环或更换橡胶圈，必要时还应更换润滑油。

（7）油泵的故障

1）油泵压力不足，其原因和排除方法如下：

①油泵的齿轮、泵体或泵盖磨损严重。应修理或更换零部件。

②连杆大头瓦和主轴颈，连杆小头衬套和活塞销严重磨损。应修理或更换磨损严重的零件。

③油泵进油管接头漏气或油脏，造成油管和油过滤器堵塞。应紧固各连接处螺母，更换结合面的垫片，更换润滑油，油泵灌满油前应清洗油管和油过滤器。

④油压调节阀开启过大或损坏。应关小油压调节阀调整油压，或者对油压调节阀进行修理。

⑤曲轴箱进入较多的液态制冷剂，造成油泵不上油。应抽空曲轴箱，使液体制冷剂蒸发。

2）油泵压力过高，其原因和处理方法如下：

①油压调节阀开启太小或失灵。应开大油压调节阀，直至油压合适，或者对油压调节阀进行修理。

②油路系统有局部堵塞。应检查油路系统，疏通堵塞部分。

③油压不稳，时高时低，这种现象多是因为运转中油路堵塞或漏油引起。处理方法是检查油路系统，排除漏油或堵塞。

（8）曲轴箱的温度太高

1）连杆大小头轴瓦，前后轴承的装配间隙过小是曲轴箱温度升高的主要原因。可用手触摸曲轴箱前后轴承座和轴封处，与气缸外表的冷热程度比较，判定引起曲轴箱温度升高的具体部位和原因，然后再拆卸检查和修理。

2）高低压窜气。经压缩后的高温制冷剂蒸气，通过气缸与活塞环之间或其他不严密处，窜入曲轴箱，引起曲轴箱温度升高。通常窜气的部位有：气阀不严密、气缸磨损严重、老系列氨压缩机的安全阀及旁通阀等不严密处。氟利昂压缩机的油分离器回油阀关闭不严也会窜气。针对查找出来的问题，及时进行检修或更换零部件。气缸窜气严重时，修理比较困难，往往需要镗缸或换缸套，镗缸后应配用加大的活塞和活塞环。

3）润滑油太脏或变质，引起摩擦面发热加剧。检查润滑油的清洁情况，必要时更换油过滤器及润滑油。

（9）压缩机排气温度过高

1）由于冷凝温度升高，相应的冷凝压力升高，引起排气温度升高。应控制和调整冷凝温度，使其在规定的范围内。

2）系统中有较多的空气，使冷凝器中压力升高，则排气压力升高，排气温度也升高。应排除系统中的空气。

3）由于蒸发温度降低，相应的蒸发压力降低，使压缩比增大，引起排气温度升高。应调整蒸发温度，使其在规定范围内。

4）吸气过热度太大。这是由于节流阀开度过小，供液管道阻塞、吸气管路过长或隔热不好等引起的。应调整节流阀开启度，或加强吸气管路的隔热。

5）气缸冷却水套水量不足，水温太高或断水。应降低冷却水温和增大冷却水量。若气缸水套无冷却水，可能是没有打开冷却水的阀门。若冷却水量小，则可能是管道或阀门有局部堵塞现象。只要清理管道或阀门，必要时要换阀门，故障即可排除。

6）排气阀片泄漏或损坏，活塞环密封失效或气缸拉毛。这时排气温度升高，气缸上部发烫，电流表读数增大，电动机发出重负荷的异常声音，但排气压力变化不大。应停机打开缸盖，检修或更换排气阀片等。

7）气缸纸垫打穿或安全阀过早开启，使高低压串通。应更换纸垫或调节安全阀的开启压力。

（10）吸气温度过高

引起吸气温度升高的原因有系统制冷剂量不足、节流阀开启过小、吸气管保温层破坏、高低压窜气等。所以，吸气温度过高时应根据具体情况添加制冷剂，调整供液量，或者进行必要的检修。

5. 螺杆式压缩机常见故障

（1）启动负荷过大或不能启动

1）从控制部分考虑，主要有压力控制器、压差控制器故障或调定压力不当，能量调节装置未调整到零位。这种情况可通过检修压力、压差控制器来处理。

2）从操作上看，压缩机内充满润滑油或液态制冷剂，而液体是不可压缩的，停机后排气无旁通，使排气压力过高，启动负荷太大。解决的方法是手盘压缩机联轴器排液，打开旁通阀，实现减荷或无负荷启动。

3）在机械方面，主要有排气单向阀泄漏，使启动负荷大；部分运动部件严重磨损或烧毁，形成咬死现象等。处理方法是检修单向阀和压缩机损坏的有关运动部件。

（2）机组发生不正常振动

1）安装不合理引起的振动，包括机组地脚螺栓未紧固、压缩机与电动机轴心错位、机组与管道的固有振动频率相同而发生共振等。可以通过调整垫块、拧紧螺栓、重新找正联轴器与压缩机同轴度、改变管道支撑点位置等方法排除。

2）压缩机转子不平衡，过量的润滑油及制冷剂液体被吸入压缩机，滑阀不能停在所要求的位置，吸气腔真空度高等也将产生振动。处理方法有调整转子，停机手盘联轴器排除液体，检查油路及开启吸气阀等。

（3）压缩机运转中出现不正常响声

主要故障有：转子内有异物，推力轴承损坏或滑动轴承严重磨损造成转子与机壳间的摩擦，滑阀偏斜，运动连接件（如联轴器等）松动等。处理方法：检修转子和吸气过滤器，更换轴承，检修滑阀导向块和导向柱，检查运动连接件及查明油泵气蚀原因等。

（4）压缩机运转中自动停机

1）电路过载引起停机。应查找过载原因并排除。

2）自动保护和控制元件调定值不当或控制电路有故障。处理方法有调整调定值和检修电路。

（5）能量调节机构不动作或不灵活

引起此故障的原因包括油压不足，指示器失灵，油路不通，油活塞和滑阀卡住或漏油、控制回路出现故障等。可以通过调整油压，检修指示器，通畅油路，检修滑阀、油活塞，检查控制回路等方法处理。

（6）压缩机排气温度、油温过高

1）压缩机油冷却器传热效果不佳，喷油量不足，旁通管路泄漏带入较热气体或摩擦部分严重磨损等，都会引起这种故障。可清除污垢，降低冷却水进水温度或加大水量；检修油路及压缩机。

2）压力比过大，吸气过热度较大，空气渗入制冷系统也会导致这种故障。此时可降低排气压力，加大系统供液量和排除空气。

（7）油面上升

造成油面上升的原因有润滑油内溶有较多的制冷剂，或制冷剂液体进入油内。处理方法：提高油温，减少系统的供液量。

（8）耗油量大

产生这种故障的原因可能是油分离器分油效率下降，一次油分离器中油太多和二次油分离器中回油不畅。处理方法有检修清洗油分离器，放油至规定油位，检查回油旁通管路等。

（9）油压过高

1）油路系统的油压调节阀调节不当，喷油量过大，内部泄漏，油路不畅，油泵效率降低，油量不足或油质低劣等都会引起此种故障。可通过检修油路，调整阀门，添加油或调换油等来处理。

2）压缩机运行中油温过高和排气压力过大也会产生这种故障。解决的方法是提高油冷却器的传热能力，设法降低压缩机的排气压力等。

（10）压缩机和油泵的轴封漏油

引起这种故障的机械原因有部件磨损，装配不良而偏磨振动；"O"形密封环腐蚀老化或密封面不平整。此外，轴封供油不足也会造成轴封损坏而漏油。处理方法是拆检、修理或更换有关部件，保证轴封供油。

（11）压缩机制冷能力下降

1）能量调节装置的滑阀位置不当；压缩机的吸气压力降低，喷油量不足，泄漏大等会使制冷量减小；压缩机的吸气过滤器堵塞，转子磨损后间隙过大，安全阀或旁通阀泄漏等机械部分的故障，会使制冷量下降。处理方法有检修能量调节装置、油泵及油路，清洗过滤网，检修转子和阀门等。

2）吸气压力过于低于蒸发压力或排气压力过于高于冷凝压力，使压力比增大，压缩机的输气量减小，制冷量减小。检查管道、阀门，排除故障。

（12）停机时压缩机反转

由于吸气单向阀失灵或防倒转的旁通管路不畅通而引起。解决的方法是检修单向阀，检查旁通管路及阀门。

6. 换热器常见故障

（1）冷凝压力过高

1）冷凝器内供水量不足，进出水温差过大。应设法增大供水量。

2）冷凝器各部分水的分布不均匀。应合理调整冷却水，使其分布均匀。

3）循环水温过高。应采用较低温度的冷却水，选用高效率的冷却水塔，以及搭盖遮阳棚，避免日光暴晒。

4）冷凝器传热面积油或结垢。及时放油和清除水垢。

5）系统内有空气。排除制冷系统及冷却水系统中的空气，水系统中的空气应通过冷凝器上的放空气阀排除。

6）冷凝器中积液过多，使有效冷却面积减少。应开足冷凝器上的出液阀门或采取其他措施，排除冷凝器中积存的制冷剂液体；对于小型氟利昂制冷装置，冷凝器兼作储液器时，如出液阀全开而液位仍然过高，则说明系统充灌的制冷剂量过多，应抽除多余的制冷剂。

（2）蒸发压力过低

1）供液量不足。由节流阀开启过小或阀孔阻塞，供液管堵塞，浮球阀失灵，氨泵循环量不够，重力供液中气液分离器高度不够，以及制冷系统中制冷剂量不足等引起。排除的方法是适当调整系统供液量，检修有关机构或添加制冷剂。

2）压缩机能量过大，或者蒸发器负荷过小。应合理调整，使其匹配良好。

3）蒸发器内积油或外表面积霜。应及时放油和除霜。

4）在氟利昂制冷系统中，干燥过滤器堵塞、电磁阀不工作、膨胀阀冰堵。应根据具体情况检修和调整。

（3）排气压力与冷凝压力相差较大

影响排气压力高于冷凝压力的原因主要是排气截止阀开启不够，排气管路堵塞等。检查时应将压缩机出口到冷凝器进口之间的所有阀门打开，用手触摸排气管的冷热变化，寻找阻塞部位，然后迅速排除。

7. 节流装置常见故障

制冷系统正常运行时，热力膨胀阀孔和阀的出口端呈现一斜线状霜层（即45°结霜），且在阀的进口端即过滤网处不结霜。但在生产实践中，由于操作不慎或其他原因造成失去控制作用或制冷剂泄漏，这就需要及时予以处理，以保证制冷系统的正常运行。热力膨胀阀常见故障有堵塞、感温剂泄漏和热力膨胀阀关闭不严等。

（1）热力膨胀阀"脏堵""冰堵""油堵"故障的排除

一般采用酒精灯加热阀体（严禁用气焊）或轻轻敲打。视吸气压力回升情况进行判断，当加热后吸气压力回升，说明是"冰堵"，更换热力膨胀阀燥过滤器中的干燥剂以排除水分。

当轻打膨胀阀时，吸气压力回升说明发生"脏堵"。此时应拆下热力膨胀阀进口端铜管，取出过滤网，用汽油清洗干净，同时用氮气将阀体吹扫干净后，再将过滤网装好，接入系统即可。

如果是"油堵"，应先更换冷冻机油，然后用氮气吹扫，将管道和阀中残留的污油全部吹出并更换干燥的过滤器。

（2）感温包内感温剂泄漏

确定是感温剂泄漏时，可关闭膨胀阀两侧截止阀，折下膨胀阀，用嘴对着膨胀阀出口接头吹气或吸气，若不通说明感温剂泄漏；用手指按膜片，若能按动同样说明感温剂泄漏。找出泄漏点，修复后重新充注感温剂，或者直接更换热力膨胀阀。

（3）阀体部分的传动杆磨损

传动杆弯曲变短，可用手锤轻轻敲打校直，校直后再用手锤作延伸敲打。敲打时不得用力过猛，并沿一个方向敲打。敲打完后用游标卡尺进行测量，测量时必须使手动调节杆处于中间受力状态。若传动杆较长可用什锦锉锉短，端面必须保持平整，两个端面应保持平行。当传动杆延伸量不够或太短而无法使用时，可选用直径相同、长度相等的铜焊条替代。

（4）阀座与阀针配合面拉毛

将M8研磨膏涂在阀座与阀针之间，滴上冷冻机油，轻轻研磨，在研磨过程中要用力均衡适当，直至无沟槽痕迹。研磨完后，表面粗糙度应达到10μm，并进行退砂处理。

九、机械装配技术基础

根据规定的技术要求，将零件或部件进行配合和连接，使之成为半成品或成品的过程，称为装配。机器的装配是机器制造过程中最后一个环节，主要的装配操作有安装、连接、调整、校验和测试等；次要的装配操作还包括贮藏、运输、清洗、包装等工作。

装配过程使零件、套件、组件和部件间获得一定的相互位置关系，所以装配过程也是一种工艺过程。

机械装配是机械制造中决定机械产品质量的重要工艺过程。即使是全部合格的零件，如果装配不当，往往也不能形成质量合格的产品。所以，应严格按照装配的技术要求操作。

1. 装配前的准备工作

（1）熟悉机械各零件的相互连接关系及装配技术要求。

（2）确定适当的装配工作地点，准备好必要的设备、仪表、工具和装配时所需的辅助材料，如纸垫、毛毡、铁丝、垫圈、开口销等。

（3）零件装配前必须进行清洗，对于经过钻孔、铰削、镗销等机加工的零件一定要把金属屑清除干净，因为任何脏物或尘粒的存在，都将加速零件表面的磨损。

（4）零部件装配前应进行检查、鉴定。不符合技术要求的零部件不能装配。

2. 装配的一般工艺要求

（1）装配时应注意装配方法与顺序，注意采用合适的工具及设备，遇到有装配困难的情况，应分析原因，排除障碍，禁止乱敲猛打。

（2）过盈配合件装配时，应先涂润滑油脂，以利装配和减少配合表面的磨损。

（3）装配时，应核对零件的各种安装记号，防止装错。

（4）对某些装配工艺，如装配间隙、过盈量（紧度）、灵活度、啮合印痕等应边安装边检查，并随时进行调整，避免装后返工。

（5）如果旋转的零件金属组织密度不均、加工误差、本身形状不对称等原因，可能使零部件的重心与旋转中心发生偏移。在高速旋转时，会因重心偏移而产生很大的离心力，引起机械振动，加速零件磨损，严重时可损坏机械。所以在装配前，应对旋转零件按要求进行静平衡或动平衡试验，合格后方能装配。

（6）运动零件的摩擦面均应涂以润滑油脂。一般采用与运转时所用的润滑油相同的润滑油脂。油脂的盛具须清洁加盖，不使沙尘进入，并应定期清洗。

（7）所有锁紧制动装置，如开口销、弹簧垫圈、保险垫片、制动铁丝等必须按机械原定要求配齐，不得遗漏。垫圈安放数量不得超过规定。开口销、保险垫片及制动铁丝，一般不准重复使用。

（8）为了保证密封性，安装各种衬垫时，允许涂抹机油。

（9）所有皮质的油封，在装配前应浸入 60℃ 的机油与煤油各半的混合液中 5～8min，安装时可在铁壳外围或座圈内涂以新白漆。

（10）装定位销时，不准用铁器强迫打入，应在其完全适当的配合下，轻轻打入。

（11）每一部件装配完毕后，必须仔细检查和清理，防止有遗漏和未装的零件，防止将工具、多余零件密封在箱壳中。

3. 装配工作方法

为了以正确方法进行装配操作，必须遵守一定的操作流程。标准操作的名称必须要被每一个装配技术人员所理解，并要以同一种方式去解释。组成每一步装配操作的子操作活动，可以出现在其他装配操作步骤中。常见的标准操作如下：

（1）熟悉任务。装配之前应首先阅读与装配有关的资料，包括图样、技术要求、产品说明书等，以熟悉装配任务。

（2）整理工作场地。为了确保装配工作能够顺利开始，且不会受到干扰，就要求必须准备一块装配场地并对其进行认真整理、整顿，打扫干净，将必需的工具和附件备齐并定位放置，以保证装配的顺利进行。

（3）选择工具。如果有几种可能的工具可以用来进行相应的操作，要选择其中的某种较好的工具。

（4）清洗。去除那些影响装配或零件功能的污物，如油、油脂和污垢。选用哪种清洗方法取决于具体情况。

（5）采取安全措施。采取安全措施是为了确保操作的安全，既包含个人安全措施，也包含预防损坏装配件的措施（如静电放电的安全工作）。

（6）定位。将零件或工具放在正确位置，以进行后续的装配操作。

（7）紧固。通过紧固件来连接两个或多个零件，如用螺栓连接零件，或者是用弹性挡圈固定滚动轴承。

（8）拆松。拆松是与紧固相反的操作。

（9）调整。为了达到参数上的要求而所采取的操作，如距离、时间、转速、温度、频率、电流、电压、压力等的调整。

（10）固定。紧固那些在装配中用手指拧紧的零件，其目的是防止零件的移动。

（11）夹紧。利用压力或推力使零件固定在某一位置上，以便进行某项操作。如为了使胶粘剂固化或孔的加工而将零部件夹紧。

（12）按压（压入/压出）。利用压力工具或设备使装配或拆卸的零件在一个持续的推力作用下移动，如轴承的压入或压出。

（13）密封。密封是为了防止气体或液体的渗漏，或是预防污物的渗透。

（14）填充。用糊状物、粉末或液体来完全或部分填满一个空间。

（15）腾空。从一个空间中除去填充物，是填充的相反操作。

（16）测量。借助测量工具进行量的测定，如长度、时间、速度、温度、频率、电流和压力等的测量。

（17）标记。在零件上做记号，比如在装配时可以利用标记来帮助操作人员按照零件原有方向和位置进行装配。

（18）初检。着重于装配开始前对装配准备工作的完备情况进行检查，它包括必需的文件（如图样和说明书）、零件和标准件的检查等。

（19）过程检查。确定装配过程或操作是否按照预定的要求进行。

（20）最后检查。确定在装配结束时各项操作的结果是否符合产品说明书的要求。

（21）贴标签。用标签给出设备有关数据、标识等。

4. 螺纹连接的装配

螺纹连接是一种可拆的固定连接，它具有结构简单、连接可靠、装拆方便等优点，在机械工程中应用广泛。螺纹连接分两大类（图 6-9），普通螺纹连接是由螺栓、双头螺柱或螺钉构成的连接；特殊螺纹连接则指除普通螺纹连接以外的螺纹连接。

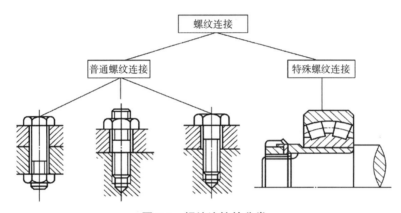

图 6-9　螺纹连接的分类

（1）拧紧力矩

为达到连接可靠和紧固的目的，要求螺纹牙间有一定的摩擦力矩，所以螺纹连接装配时应有一定的拧紧力矩，螺纹牙间产生足够的预紧力。

1）拧紧力矩的确定。旋紧螺母时总是要克服摩擦力，一类是螺母的内螺纹和螺栓的外螺纹之间螺纹牙间摩擦力；另一类是在螺母与垫圈、垫圈与零件以及零件与螺栓头的接触表面之间的螺栓头部摩擦力。

2）拧紧力矩的控制。拧紧力矩或预紧力的大小是根据要求确定的。一般紧固螺纹连接，无预紧力要求，采用普通扳手或电动扳手拧紧。规定预紧力的螺纹连接，常用控制扭矩法、控制扭角法、控制螺纹伸长法来保证准确的预紧力。控制螺栓伸长法是用液力拉伸器使螺栓达到规定的伸长量以控制预紧力，螺栓不承受附加力矩，误差较小。

以上控制预紧力的方法仅适用于中、小型螺栓，对于大型螺栓，可用加热拉伸法。

加热拉伸法是先用加热法（加热温度一般小于 400℃）使螺栓伸长，然后采用一定厚度的垫圈（常为对开式）或螺母扭紧弧长来控制螺栓的伸长量，从而控制预紧力。这种方法误差较小，加热方法有如下 4 种：

①火焰加热　用喷灯或氧乙炔加热器加热，操作方便。

②电阻加热　电阻加热器放在螺栓轴向深孔或通孔中，加热螺栓的光杆部分。常采用低电压（＜45V）、大电流（＞300A）。

③电感加热　将导线绕在螺栓光杆部分进行加热。

④蒸汽加热　将蒸汽通入螺栓轴向通孔中进行加热。

（2）防松装置

螺纹连接一般都具有自锁性，在静载荷下不会自行松脱，要有可靠的防松装置。但在冲击、振动或交变载荷作用下，会使纹牙之间正压力突然减小，以致摩擦力矩减小，螺母回转，使螺纹连接松动。

螺纹连接应有可靠的防松装置，以防止摩擦力矩减小和螺母回转。

常见的用附加摩擦力防松的装置有锁紧螺母（图 6-10）和弹簧垫圈（图 6-11）。普通弹簧垫圈用弹性较好的材料 65Mn 制成，开有 70°～80° 的斜口并在斜口处上下拨开。还可以利用零件的变形，如止动垫片做成防松装置（图 6-12）。

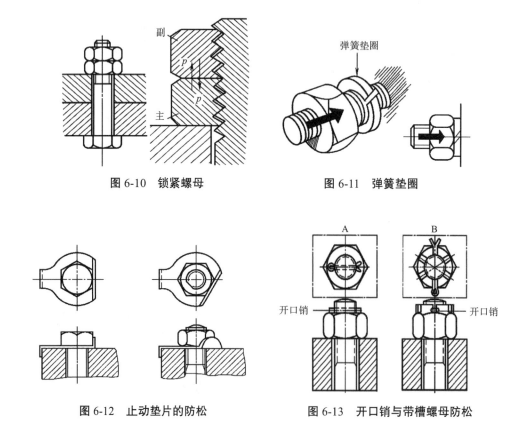

图 6-10　锁紧螺母　　　　　　图 6-11　弹簧垫圈

图 6-12　止动垫片的防松　　　图 6-13　开口销与带槽螺母防松

另外，还有其他防松形式，如开口销与带槽螺母防松（图 6-13）、串联钢丝防松（图 6-14）、胶粘剂防松（图 6-15）等。串联钢丝防松适用于布置较紧凑的成组螺纹连接。装配时应注意钢丝的穿丝方向，以防止螺钉或螺母仍有回松的余地。

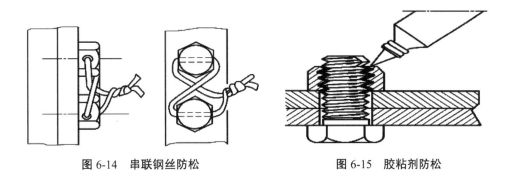

图 6-14　串联钢丝防松　　　　　　图 6-15　胶粘剂防松

螺母和螺钉的装配要点：

（1）螺钉或螺母与工件贴合的表面要光洁、平整。

（2）要保持螺钉或螺母与接触表面的清洁。

（3）螺孔内的脏物应清理干净。

（4）成组的螺钉和螺母在拧紧时要按一定的顺序进行，有定位销的应该从靠近定位的螺钉或螺母开始。常见的拧紧顺序如图 6-16 所示。

（5）拧紧成组螺钉或螺母时要做到分次逐步拧紧（一般不少于 3 次）。

（6）必须按一定的拧紧力矩拧紧。

（7）凡有振动或受冲击力的螺纹连接，都必须采用防松装置。

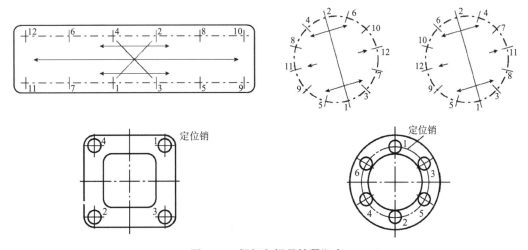

图 6-16　螺钉和螺母拧紧顺序

5. 滚动轴承的装配

滚动轴承是一种精密部件，认真做好装配前的准备工作，对保证装配质量和提高装配效率是十分重要的。

（1）滚动轴承装配前的准备工作

1）轴承装配前的预防措施

①按图样要求检查与轴承相配的零件。检查轴颈、箱体孔、端盖等表面的尺寸是否符合图样要求；是否有凹陷、毛刺、锈蚀和固体微粒等；用汽油或煤油清洗，仔细擦净，然后涂上一层薄薄的油。

②检查并更换损坏的密封件，对于橡胶密封圈，每次拆卸时必须更换。

③在轴承装配操作开始前才能将新轴承从包装盒中取出，必须尽可能使它们不受灰尘污。

④检查轴承型号与图样是否一致，并清洗轴承。如果轴承是用防锈油封存的，可用汽油或煤油擦洗轴承内孔和外圈表面，并用软布擦净；对于用厚油和防锈油脂封存的大轴承，则需在装配前采用加热清洗的方法清洗轴承。

⑤装配环境中不得有金属微粒、锯屑、沙子等。最好在无尘室中装配轴承，如果条件不允许，则用东西遮盖住所装配的设备，以保护轴承免于周围灰尘的污染。

2）轴承的清洗

使用过的轴承必须在装配前进行彻底清洗，而对于两端面带防尘盖、密封圈或涂有防锈和润滑两用油脂的轴承，则不需进行清洗。对于已损坏、很脏或塞满碳化的油脂的轴承，一般不再值得清洗，直接更换一个新的轴承更为经济与安全。轴承的清洗方法有两种：常温清洗和加热清洗。

①常温清洗　用汽油、煤油等油性溶剂清洗轴承。清洗时要使用干净的清洗剂和工具，首先在一个大容器中进行清洗，然后在另一个容器中进行漂洗。干燥后立即用油脂或油涂抹轴承，并采取防止灰尘污染轴承的保护措施。

②加热清洗　使用的清洗剂是闪点至少为250℃的轻质矿物油。清洗时，油必须加热至约120℃。把轴承浸入油内，待防锈油脂溶化后即从油中取出，冷却后再用汽油或煤油清洗，擦净后涂油待用。加热清洗方法效果很好，且保留在轴承内的油还能起到保护轴承和防止腐蚀的作用。

3）轴承在自然时效内的保护方法

在机床的装配中，轴上的一些轴承的装配程序往往比较复杂，轴承往往要暴露在外界环境中很长时间以进行自然时效处理，从而可能破坏以前的保护措施。因此，在装配这类轴承时，要对轴承采取相应的保护措施。

①防油纸或塑料薄膜保护　用防油纸或塑料薄膜将机器完全罩住是最佳的保护措

施。防油纸或塑料薄膜如果不能罩住，则可以将暴露在外的轴承单独遮住。如果没有防油纸或塑料薄膜，可用软布将轴承紧紧地包裹住以防灰尘。

②圆板保护 由纸板、薄金属片或塑料制成的圆板可以有效地保护轴承。纸板、薄金属片或塑料制成的圆板可以按尺寸定做并安装在壳体中，但此时要给已安装好的轴承涂上油脂并保证它们不与圆板接触，且拿掉圆板时要擦掉最外层的油脂并涂上相同数量的新油脂。在剖分式的壳体中，可以将圆盘放在凹槽中作密封用。当采用木制圆板时，由于木头中的酸性物质会产生腐蚀作用，这些木制圆板不能直接与壳体中的轴承接触，但可在接触面之间放置防油纸或塑料纸。对于整体式的壳体，最佳的保护方法是用一个螺栓穿过圆板中间，将圆板固定在壳体孔两端。

（2）滚动轴承装配

常见的滚动轴承的装配方法有如下三种：

1）锤击法 小轴承常用的装配方法是用锤子垫上紫铜棒以及一些比较软的材料后再锤击，要注意不要使铜末等异物落入轴承滚道内，不要直接用锤子或冲筒直接敲打轴承的内外圈，以免影响轴承的配合精度或造成轴承损坏。

2）螺旋压力机或液压机装配法 对于过盈公差较大的轴承，可以用螺旋压力机或液压机装配。装配前要将轴和轴承放平，并涂上少许润滑油，压入速度不宜过快，轴承到位后要迅速撤去压力，防止损坏轴承或轴。

3）热装法 将轴承放在油中加热到 80～100℃，使轴承内孔胀大后套装到轴上，可保护轴和轴承免受损伤。对于带防尘盖和密封圈、内部已充满润滑脂的轴承，不适用热装法。

（3）滚动轴承装配时的注意事项

1）轴承装配前，轴承位不得有任何污物存在。

2）轴承装配时应在配合件表面涂一层润滑油。

3）对于油脂润滑的轴承，装配后一般应注入约 1/2 空腔的符合规定的润滑脂。

4）严禁采用直接击打的方法装配，应用专门压具或在过盈配合环上垫以棒或套，套装轴承时加力的大小、方向、位置应适当，不应使保护架或滚动体受力，应均匀对称受力，保证端面与轴垂直。

5）轴承装配过程中若发现孔或轴配合过松，应检查公差；过紧时不得强行野蛮装配，应检查分析问题的原因并作相应处理。

6）轴承内圈端面一般应紧靠轴肩（轴卡），轴承外圈装配后，其定位端轴承盖与垫圈或外圈的接触应均匀。对圆锥滚子轴承和向心推力轴承的间隙应不大 0.05mm，其他轴承应不大于 0.1mm。

7）单列圆锥滚子轴承、推力角接触轴承、双向推力球轴承的轴向间隙应符合图纸及工艺要求。

8）滚动轴承装好后，相对运动件的转动应灵活、轻便，如果有卡滞现象，应检查分析问题的原因并作相应处理。

9）装配可拆卸的轴承时，必须按内外圈和对位标记安装，不得装反或与别的轴承内外圈混装。

10）可掉头装配的轴承，在装配时应将有编号的一端向外，以便识别。

11）带偏心套的轴承，在装配时偏心套的拧紧方向应与轴的旋转方向一致。

12）轴承外圈与开式轴承座及轴承盖的半圆孔均应接触良好，用涂色法检验时，与轴承座在对称于中心线的 120° 范围内应均匀接触；与轴承盖在对称于中心线 90° 范围内均匀接触。在上述范围内，用 0.03mm 的塞尺检查时，不得塞入外环宽度的 1/3。

13）在轴的两边装配径向间隙有可调的向心轴承，并且轴向位移是以两端端盖限位时，只能一端轴承紧靠端盖，另一端必须留有轴向间隙。

第二节　电气系统检修

空调器的电气控制系统一般包括温度控制、制冷制热控制、保护控制、除霜控制等控制部分，主要由电源、信号输入、微电脑、输出控制和 LED 显示等电路部分组成。电源为整个控制系统提供电能，220V 的交流电经降压变压器输出 15V 的交流电压，再经桥式整流电路转变成直流电压，然后通过三段稳压 7805 和 7812 芯片输出稳定的 5V 及 12V 直流电压供给各集成电路及继电器；信号输入的作用是采集各个时间的温度，接收用户设定的温度、风速、定时等控制内容；微电脑是电气控制系统中的运算和控制部分，它处理各种输入信号，发出指令控制各个元件的工作；输出控制是电气控制系统的执行部分，它根据微电脑发出的指令，通过继电器或光电耦合来控制压缩机、风扇电动机、电磁换相阀、步进电动机等部件的工作；LED 显示的作用是显示空调器的工作状态。

一、定频空调风机电容、电机常见故障

1. 定频空调器风机电容故障

壁挂式定频空调器的导风电机（5 根引出线）一般采用脉冲步进电机。因为是交流供电，电动机所配的电容器是可用于交流电路中的"无极性电容器"。而"有极性电容器"（引线分正、负极），它只能用在直流或脉动电路中，不能用在交流电路中。

定频空调器启动电容的标准容量一般为 25 ~ 70μF。选用启动电容时，应根据空调器的额定电压和额定电流来选择合适的电容值。如果电容值过大，会导致空调器启动时电流过大，从而损坏压缩机；如果电容值过小，则会影响空调器的启动效果。在修理时，尽可能选用与原额定耐压相同而容量略大的电容替换，若耐压值不足，容易造成电容烧毁或者击穿；容量不足会造成空调器压缩机启动困难，严重时会烧毁电机的启动线圈，得不偿失。如某定频空调器所用启动电容（标称容量为 30μF）损坏，应选择 35μF 更换；而某单相定频空调器所用启动电容（耐压为 450V）损坏，应选择 450V AC 的电容更换。电容器的常见故障有断路、短路、漏电、容量减退、损坏失效。启动电容若开路，则定频空调器通电后压缩机仍不运转。

2. 电容的检测

先从外表观察电容，有些电容发鼓、漏液，但外表看起来是好的。

一般可以用指针式万用表检查。将万用表拨到 R×1k 挡，两支表笔分别接到电容器的两个线头上，注意看表针的摆动情况：正常的电容器检测时，表针先向右有较大幅度摆动，然后再缓缓退回到接近左边的起始位置。电容器的容量越大，充电时间越长，指针向起始位置（零位）的摆动也越慢。检测电容器时，若表针不动，阻值为无穷大，表明电容器内部有断路的地方；若表针向右摆到零欧姆位置，却不再返回，表明电容内有短路处；若表针向右摆动的角度很小，表明电容器的容量已经减退。出现上面这些情况，被测电容器都不能再用。

如果用数字万用表检查，将数字万用表拨到合适的电阻挡，红、黑表笔分别接触被测电容器的两极。这时，显示值将从 000 开始逐渐增加，直到显示溢符号 "1"。如果始终显示 000，说明电容器内部短路。如果始终显示溢出符号，可能是电容器内部极间开路，也可能是选择的电阻挡不合适。

为了能从显示屏上看到电容器的充电过程，不同容量的电容器应选择不同的电阻挡位。选择电阻挡的原则是：电容器容量较大时，应选用低阻挡；电容器容量较小时，应选用高阻挡。如果用低阻挡检查小容量电容器，由于充电时间很短，会一直显示溢出符号，看不到变化过程，从而很容易误判为电容器已开路。如果用高阻挡检查大容量电容器，由于充电过程很缓慢，测量时间就长。电容器若击穿或开路后，不能修理，只能更换同型号的新电容器。

3. 定频空调器电机常见故障

定频空调器的压缩机电机一般是三相异步电机。电机常见故障有电机烧毁、电机噪声过大、电机无法启动等。电机烧毁的原因主要是电路过载、电路短路、电压不稳定等；如果压缩机电机线圈开路，会导致压缩机无法启动，其他两组线圈电流很大，时间一长也会导致压缩机内置保护或者两组线圈烧毁。电机噪声过大的原因主要是轴承损坏、电机内部结构松动等。电机无法启动的原因主要是电路故障、电容损坏等。挂壁式定频空调器电机故障的维修方法如下：

（1）电机烧毁的维修方法

1）检查电路是否过载或短路，及时更换烧坏的保险丝或断路器。

2）检查电压是否稳定，如不稳定及时更换电源。

3）定频空调器通电后压缩机不运转，可用万用表检测压缩电机线圈有无断路。一般1.5P定频空调器压缩机电机的线圈直流阻值大约是2Ω。

（2）电机噪声过大的维修方法

1）为降低轴承噪声，在可能的情况下采用小的径向游隙，选用更好的润滑脂，可以用滑动轴承代替滚珠轴承。

2）电机内部结构松动，会导致空调器的制冷效果变差，高、低压都偏低。维修时，要将松动的接头处重新拧紧。

二、定频空调压缩机控制电路原理和检修

1. 压缩机供电控制电路工作原理

定频空调压缩机控制电路原理是指通过控制压缩机的工作状态来达到调节室内温度的目的。定频空调压缩机的过电流保护控制可以由电流互感器来实现，压力保护可以由压力继电器来执行。

家用定频空调器的压缩机电机的启动方式有多种，其中常见的有直接启动、星角启动、软启动方式和变频启动等。直接启动是将电源接通后，压缩机立即开始工作，这种启动方式主要应用在小功率压缩机上，启动电流一般为额定电流的7～8倍，启动瞬间对电网危害较大。壁挂式定频空调器的导风电机（5根引出线）一般采用脉冲步进电机；如果压缩电机使用的是单相异步电机，则启动分相采用电容器；对于制冷量比较大（5匹以上）的柜式定频空调器，其压缩机一般采用三相电机，可连接成星形或三角形。

定频空调器室内、外风扇电机都使用单相异步电机，都采用电容器启动分相。定频柜式空调器室内风扇电机的热保护是由热继电器来执行的。

（1）单相压缩机电路

单相压缩机的控制电路通常使用功率继电器控制（图6-17）和单相交流接触器控制（图6-18）两种模式。采用功率继电器控制压缩机的控制过程为微处理器控制功率继电器，功率继电器控制压缩机。采用单相交流接触器，控制压缩机的控制过程为微处理器控制继电器的闭合，继电器控制接触线圈的通断，从而控制压缩机的

启停。一般制冷量在 5000W 以下的空调器使用的是功率继电器控制，而对于制冷量在 5000W 以上的空调器，压缩机的工作电流比较大，通常采用单相交流接触器控制压缩机。

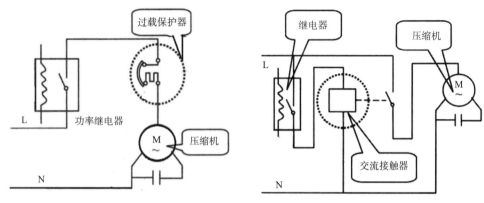

图 6-17　功率继电器控制压缩机电路　　　图 6-18　单相交流接触器控制压缩机电路

（2）三相压缩机电路

在三相压缩机电路中，其供电电源由三相交流接触器控制，线圈的工作电压为 220V，由电路板中的功率继电器控制。图 6-19 所示为三相相序电路。

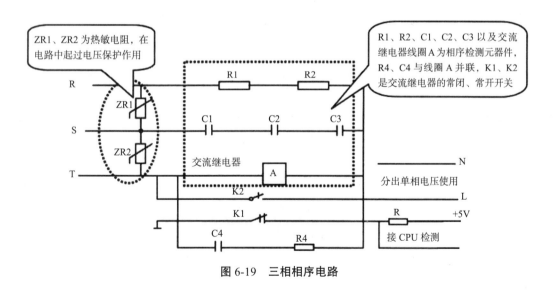

图 6-19　三相相序电路

压缩机控制电路的目的是要控制压缩机的运转，主要由微处理器、反相器、继电器、运转电容和压缩机等组成。

（3）压缩机保护电路

空调器压缩机是制冷系统中最关键的部件，当电源电压异常或使用环境恶劣时，常会造成压缩机超负荷运行，如果没有保护器件对其保护，压缩机电机将被烧毁，目前常用的保护器件为双金属片过热保护器，有外置式及内埋式两种。

外置式蝶形热保护器主要由蝶形双金属片、一对动、静触点和两个接线端子组成。蝶形保护器安装在压缩机外部紧贴在机壳上，与压缩机电机串联连接，并固定在接线盒内，压缩机工作时，电流也通过保护器的发热元件和双金属片，当压缩机电机运转电流过大时，电流通过发热元件产生的热量增大，使双金属片变形弯曲，动触点随之断开，切断压缩机电源。如果压缩机本身由于某种原因而导致温度过高时，如制冷时外界环境温度过高，压缩机一直超负荷工作，同样也会使金属片变形，切断电源，保护压缩机。当过流或过热时，双金属圆盘发热而产生变形，使接点断开，切断电流；当双金属圆盘逐渐冷却降温，恢复原状后，接点闭合，接通电流，使压缩机恢复工作，起到保护压缩机电动机的作用（图 6-20）。

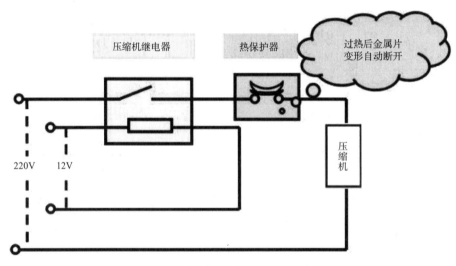

图 6-20　采用外置式蝶形热保护器的压缩机保护电路

内埋式热保护器直接接入压缩机中来感受电机内部的温度，灵敏度更高，当电机过流或过热时，双金属片受热变形，触点断开，切断电机电源，当温度降低后，双金属片可以自动复位；当电路中电流过大或其他原因使机内温升过高时，双金属片受热弯曲或变形，常闭触点断开，切断电源，当双金属圆盘逐渐冷却降温，恢复原状后，接点闭合，接通电流，使压缩机恢复工作。

2. 压缩机供电控制电路检修

（1）压缩机不工作的检查步骤如图 6-21 所示。

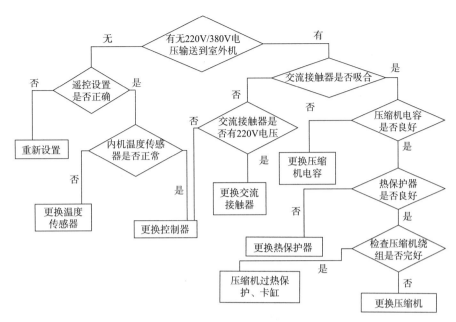

图 6-21 压缩机不工作的检查步骤

（2）压缩机过热保护的检修如图 6-22 所示。

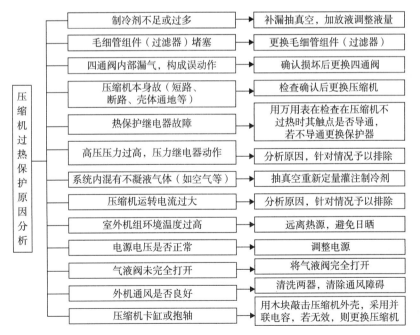

图 6-22 压缩机过热保护的检修

（3）温度控制器检修

定频空调器通过温度控制器控制压缩机的启停来控制室温。定频空调器室内、外温度传感器，大多数采用负温度系数热敏电阻。当定频空调器制热时，由室内盘管温度传感器检测室内盘管温度，控制室内风机（一般未达到25℃时，室内风机不运行）、室外风机和压缩机的工作。室外温度传感器用于检测室外温度；室外盘管温度传感器（又称除霜管感温头）用于检测室外换热器盘管温度，控制除霜。

如某定频空调器，冬天制热时室内风机一直不运行，其故障原因可能是室内盘管温度传感器损坏；若制热时室外机不化霜，其故障原因可能也是室外盘管温度传感器损坏；若室内机一直运转，但不制冷，用万用表检测室内温度传感器发现其阻值远超正常阻值（10kΩ），其故障原因可能是室内温度传感器损坏。

三、定频空调器遥控电路原理和检修

在家用壁挂式空调器或者柜式空调器一般有两块电路板，一块是主控制板，另外一块是遥控信号接收电路板，两块电路板都安装在空调器的室内机中。遥控信号接收板是从主控制板接出来的弱电信号板，比较小。

空调器控制电路的核心部件是大规模集成电路，该集成电路通常称为微处理器（CPU），其外围设置有陶瓷谐振器、反相器等特征元器件。另外，还通过连口插件连接着遥控接收电路、室内机风扇电机、温度传感器、操作显示电路、继电器以及各种功能部件接口等。各部件协同工作，实现接收遥控指令、传感器感测信息，识别指令和信息，输出控制指令，实现整机控制的基本功能。定频空调器遥控电路是空调器整机的控制核心，空调器的启动运行、温度变化、模式切换、状态显示、出风方向等都是由该电路进行控制的。

1. 遥控电路的结构组成

空调器遥控电路采用红外线传输信号，主要由遥控发射电路和遥控接收电路组成。定频空调器遥控发射电路按键所产生的指令码信号经过调制后，由红外发光二极管发出红外指令信号，由红外接收二极管接收红外指令信号。一只好的红外发光二极管，其正向电阻一般是20kΩ，工作电压为3V，若定频空调器制冷正常，但无法遥控，可用万用表测量红外发光二极管的电阻、电压是否正常。

2. 遥控电路的工作原理

遥控电路是整机的控制核心，接收室内外的温度信号、人工指令信号和室外机反馈的状态信号等，对信号识别处理后，对室内风扇组件、室外机电路和显示电路进行控制。遥控接收电路上的遥控接收器接收遥控器送来的红外信号，微处理器对人工指令进行识别后，调节相关部件的工作（如风扇的转速）。

3. 遥控电路的故障检修

遥控电路中任何一个部件不正常都会导致控制电路故障，进而引起空调器出现不启动、制冷 / 制热异常、控制失灵、操作或显示不正常、显示故障代码、空调器某项功能失常等现象。对该电路进行检修时，应首先采用观察法检查控制电路的主要元器件有无明显损坏或元器件脱焊、插口不良等现象，如出现上述情况则应立即更换或检修损坏的元器件。若从表面无法观测到故障点，则需根据控制电路的信号流程以及故障特点对可能引起故障的工作条件或主要部件逐一进行排查。遥控电路的常见检修如下：

（1）空调电路板电源电路发生故障的检修

空调电路板电源电路故障的特征一般是保险管完好无损但一开机就烧保险管。若保险管完好无损，可用万用表交流挡测量变压器初级及次级是否有 220V 和 10 ~ 13V 电压。对于一开机就烧保险管，说明电路存在短路，应用万用表欧姆挡进行阻值检测，以判断电路的短路部位。同时，还可采用分割法来检查，如可断开变压器初级绕组，通电试机，如果还烧保险管，说明压敏电阻或瓷片电容存在短路，否则，则是变压器或整流管等有短路。

（2）空调电路板感温电路发生故障的检修

感温电路上的热敏电阻是负温度系数的，即温度越高，电阻越小，温度越低，电阻越大，25℃时阻值为 5 ~ 20kΩ（因机型而异）。因此，可用万用表欧姆挡测量其电阻值进行判断，如果所测量的电阻值为无穷大或很小，说明热敏电阻已损坏。

（3）空调电路板继电器电路发生故障的检修

首先区分是集成功率驱动模块损坏还是继电器损坏。如果开机按遥控器后，蜂鸣器有响声，但整机无工作，一般是集成功率驱动模块损坏；如果开机后只是部分功能不正常，就有可能是继电器损坏，此时可继续通过听继电器是否有吸合声来判断继电器是线圈烧坏还是触点粘连（继电器线圈烧坏时没有吸合声）。继电器还可用万用表欧姆挡判断好坏：断开电源，先测量线圈电阻值，正常的电阻值有几百欧姆，若无穷大或为零，说明继电器损坏；然后测量触点，如果电阻值为零则表明触点粘连。

（4）空调电路板遥控接收电路发生故障的检修

通电开机，用万用表直流挡测量接收头供电端及信号端对地电压，正常值应为：供电极 +5V，信号极 +2.5V。若电压不正常，可能是接收头损坏或电容击穿。

（5）空调电路板复位电路发生故障的检修

复位电压是延迟上升的电压，可用万用表直流电压挡进行观察，如果观察不清楚，还可用示波器检测，用示波器检测时可以有一条基线在抖动，然后变为高电平，这就是复位电压的启动过程。如果没有看到基线的抖动，则说明复位电路有故障。

（6）空调电路板晶振电路检修方法

通电开机，正常时用万用表测量石英晶振管的两脚电压为 +2.2V 左右。若小于 1.5V，则为电路停振。另外，还可拆下石英晶振管，用万用表欧姆挡进行判断。良好的石英晶振管，用万用表测量应是开路的，如果发现短路，则表示晶振管已损坏。对于开路性故障（断线或振裂），用万用表是无法判断的。

（7）空调电路板 CPU 芯片检修方法

空调电路板 CPU 正常工作的必要条件为：电源电压 +5V、复位电压、时钟脉冲信号，这三个条件缺一不可，否则 CPU 就不能正常工作。所以，可用万用表检测其工作条件的电压，若电压值正常，整机不工作，即可判断 CPU 芯片损坏。

四、制冷空调电气控制电路常见故障检修

1. 电控系统故障判断基本思路

（1）根据故障现象，排除由制冷系统、送风系统等造成的故障，确定是由电气控制系统引起故障。

（2）初步分析故障出自电气控制系统的哪一部分。

（3）进一步判断出引起故障的电气元件。

（4）根据具体情况排除故障，更换元件或修复故障点。

2. 电控系统故障检查方法

（1）绝缘电阻的测试。可以用 500V 兆欧表检测电气部件与外壳之间的绝缘电阻，绝缘电阻应大于 $2M\Omega$，若小于 $2M\Omega$，说明电控系统存在漏电故障。可采取断开总电路，用逐段检测的方法，找出漏电部位，更换或修复故障元件。

（2）空调供电电压的检查。空调器正常运行时的电源电压为 220V ± 10%。可用万用表的交流电压挡测量，若电压过低或过高，空调器均不能正常工作。

（3）电气控制元件的检查。一般选择万用表的欧姆挡测量选择开关和其他功能开关在各种功能操作时的相应触点是否接通，导通时电阻值应为零，不导通时阻值为无穷大。否则说明开关损坏，应进行维修更换。

3. 主控制电路分析

分体式空调控制系统包括室外控制单元和室内控制单元，如图 6-23 所示。室内控制单元的主要组成部分包括遥控器、室内主控板、室内显示板。室内机控制系统包括控制电路板和外围的变压器、风扇电动机、继电器、保护器、压敏电阻等，室内机

控制系统是整个控制系统的控制核心，用于对整机进行控制。常见的室外控制单元结构较为简单。

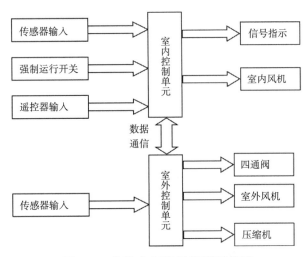

图 6-23　分体式空调控制系统结构图

　　主控制电路板主要由控制电路、信号驱动电路和电源电路组成。外围电路主要包括各类检测电路，遥控及显示电路，内风机、压缩机控制电路，外风机控制电路，四通阀控制电路及其他相关功能电路，这些电路都是通过插件、接线柱进行连接的，如图 6-24 所示。

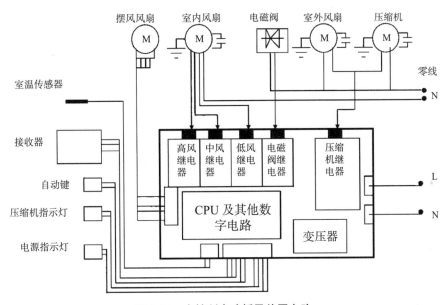

图 6-24　主控制电路板及外围电路

空调器控制电路主要用于接收遥控指令和传感器的检测信息，并根据程序对输入信息进行识别，输出各种控制指令，通过反相器、继电器等对压缩机、风扇电动机等进行控制，实现整机协调工作。

图6-25为典型分体壁挂式室内机电气图。微处理器的控制主要由供电、复位、时钟、信号输入、信号输出电路组成。任何一个电路部分异常都将导致微处理器无法进入工作状态的故障。

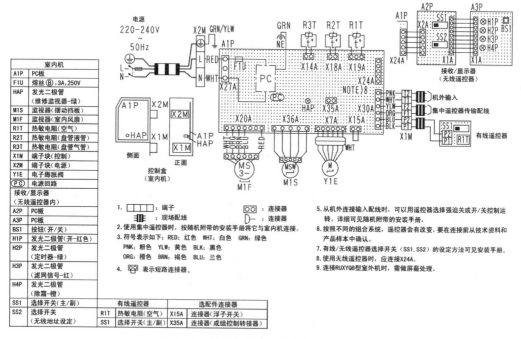

图6-25　典型分体壁挂式室内机电气图

指令输入电路包括遥控指令输入和应急运行控制指令输入部分；检测信号输入包括温度传感器检测信号输入电路、过零检测信号（电源同步信号）、过流检测信号输入电路和室内风扇电动机的速度检测信号等部分。

控制信号输出电路的主要作用是当向微处理器输入指令信号或检测信号满足基本工作条件后，微处理器对这些信号进行识别，根据内部设定程序输出相应的控制信号，控制相应的部件工作。

4.空调器电气控制电路常见故障案例

案例1：内机风机故障

故障现象：关机，风机不停。

风机转速是由可控硅来控制，当电源电压较低或波动较大时，会造成可控硅单相击穿，停机或关机时室内风机仍有电压，室内风机不能关闭，电机发热使塑料的电机架遇热变形，发出噪声，而且有烧焦的味道。

解决办法：更换风机控制器。

案例 2：遥控器接收器故障

故障现象：遥控不开机。

先检查遥控器，用遥控器对准普通收音机，按遥控器上的任何键，收音机均有反应，说明遥控器属正常。再检查室内机主控板，打开室内机外盖，检查 220V 输入电源及 12V 与 5V 电压均正常，用手动启动空调，空调能正常启动，说明主控板无问题。然后检查遥控接收器接收回路上的瓷片电容（103Z/50V），绝缘电阻只有几千欧（质量好的瓷片电容应该在 10000MΩ 以上），说明漏电电流偏大，导致遥控不接收。

解决办法：将瓷片电容直接剪除或更换显示板。

经验总结：造成不接收遥控信号的原因很多，除上述电容漏电外，元件虚焊也会造成遥控不接收。另外，空调器使用环境对遥控接收影响很大，当环境湿度大时，冷凝水在遥控显示板背部焊接点脚处凝结，线路板发霉，绝缘性能下降，焊点之间有漏电，均会导致遥控不开机或遥控器失灵。清洁线路板，用吹风机干燥处理后，在遥控显示板背部焊接一层玻璃胶，再检查遥控能否正常接收。

案例 3：温度传感器故障

故障现象：空调制热效果差，风速始终很低。开机制热，风速很低，出风口很热；转换空调模式，在制冷和送风模式下风速可高、低调整，高、低风速明显，证明风扇电机正常，可能室内管温传感器特性改变。

解决办法：更换室内管温传感器。

经验总结：温度传感器故障在空调故障中占有较大的比例，要准确判断首先要了解其功能，空调控制部分共设有三个温度传感器：

1）室温传感器：主要检测室内温度，当室内温度达到设定要求时，控制室内、外机的运行，制冷时室外机停，室内机继续运行，制热时室内机吹余热后停。

2）室内管温传感器：主要检测室内蒸发器的盘管温度，在制热时起防冷风、防过热保护、温度自动控制的作用。刚开机时盘管温度如未达到 25℃，室内风机不运行；达到 25 ~ 38℃时，风机以微风工作；温度达到 38℃以上时，风机以设定风速工作；当室内盘管温度达到 57℃持续 10s 时，室外风机停止运行；当温度超过 62℃持续 10s 时，压缩机也停止运行；只有等温度下降到 52℃时，室外机才投入运行，因此当盘管温度传感器阻值比正常值偏大时，室内机可能不能启动或一直以低风速运行，当盘管温度传感器阻值偏小时，室外机频繁停机，室内机吹凉风。在制冷时起防冻结作用，当室

内盘管温度低于 -2℃连续 2min 时，室外机停止运行；当室内管温度上升到 7℃或压缩机停止工作超过 6min 时，室外机继续运行，因此当盘管阻值偏大时，室外机可能停止运行，室内机吹自然风，出现不制冷现象。

3）室外化霜温度传感器：主要检测室外冷凝器盘管温度，当室外盘管温度低于 -6℃连续 2min 时，室内机转为化霜状态，当室外盘管温度传感器阻值偏大时，室内机不能正常工作。

案例 4：外界信号干扰

故障现象：正常运行 30min，室内、外机停止工作，室内机"运行"灯闪烁（其余灯灭）。

解决办法：在电脑板信号线间并联上 103 瓷片电容，或换抗干扰 C3Y 电脑板。检查遥控器，遥控器不操作时测量电压 0 为正常。

经验总结：遥控器受干扰，比如电子整流式的节能灯可能会对遥控器产生干扰，造成空调无规律自动停机，并伴有蜂鸣器异常连续叫声。

案例 5：电源相序保护

故障现象：零线接反会造成压缩机不启动。

解决办法：检查调整压缩机接线。

经验总结：外机保护后检查，强制运转压缩机，若能正常工作，检查压力开关，电源，换相序后开机，压缩机突然反转。

案例 6：压缩机启动故障

故障现象：开机室外机压缩机不启动。

原因分析：开机室内机工作正常，控制器室外机电压输出正常时，测量压缩机电容正常，因此为压缩机问题，测量压缩机各绕组，阻值正常，用户电压偏低，但在设计范围之内，判断为压缩机启动性能差。

解决办法：更换压缩机专用电容，并在压缩机电容上并联一只辅助启动器，不需更换压缩机。

案例 7：压缩机电容故障

故障现象：制冷时，压缩机启动，空气开关跳闸。

解决办法：更换压缩机专用电容。

案例 8：室外机风扇电容故障

故障现象：室外风扇电机转速慢，压缩机电流上升，停机。

解决办法：更换风机和电容。

案例 9：电源线路故障

故障现象：空气开关跳闸。

解决办法：安装时一定要用 N 端接零线，不能用接地线代替，接地线与零线不能接反，否则可能造成空气开关跳闸，新装机出现此问题时要重点检查电源，有时电源线过细，空调启动时电流大，在导线上产生大压降也会造成启动困难。除电源线问题外，空气开关大小也会造成启动跳闸。

五、供配电基本知识

1. 供配电系统的基本概念

建筑物所需电能由电力系统提供。电力系统就是由各种电压等级的输电线路将发电厂、变电所和电力用户联系起来的一个发电、输电、变电、配电和用电的整体。

（1）电力网或电网

电力系统中各电压等级的电力线路及其联系的变电所称为电力网或电网。电网通常分为输电网和配电网两大部分。由 35kV 及以上的输电线路和与其相连接的变电所组成的称为输电网，其作用是将电力输送到各个地区或直接供电给大型用户。35kV 以下的输电线路称为配电网，其作用是直接供电给用户。

（2）变电所

将来自电网的经变压器变换成另一电压等级后，再由配电线路送至各变电所或直接供给用户的电能供配电场所，简称变电所。

（3）配电所

引入电源不经过变压器变换，直接以同级电压重新分配给各变电所或供给各用电设备的场所称为配电所。

建筑中由于安装了大量的用电设备，电能消耗量大，为了接收和使用来自电网的电能，内部需要一个供配电系统，该系统由高压供电系统、低压配电系统、变配电所和用电设备组成。对大型建筑或建筑小区，电源进线电压多采用 10kV，电能先经过高压配电所，再由高压配电所将电能分送给各终端变电所。经配电变压器将 10kV 高压降为一般用电设备所需的电压（220V/380V），然后由低压配电线路将电能分送给各用电设备使用。

2. 智能建筑供配电系统

（1）智能建筑的负荷等级划分

由于智能建筑用电设备多、负荷大、对供电的可靠性要求高，因此应对负荷进行分析，合理、准确地划分负荷等级，以便组织供配电系统，既能做到供电合理，不造成浪费，又不增加初投资。负荷等级划分的原则主要是根据中断供电后对社会经济造成影响的程度而定。根据相关标准，对负荷等级的划分标准如下：

1）一级负荷。中断供电将造成人身伤亡者；中断供电将造成重大的政治影响者；中断供电将造成重大的经济损失者；中断供电将造成公共场所的秩序严重混乱者。

2）二级负荷。中断供电将造成较大政治影响者；中断供电将造成较大经济损失者；中断供电将造成公共场所的秩序混乱者。

3）三级负荷。凡不属于一级和二级的负荷。

在用电设备中，属于一级负荷的设备有：消防控制室、消防水泵、消防、防排烟设施、火灾自动报警、自动灭火装置、火灾事故照明、疏散指示标志和电动的防火门窗、卷帘、阀门等消防用电设备；保安设备；主要业务用的计算机及外设、管理用的计算机及外设；通信设备；重要场所的应急照明。属于二级负荷的设备有：客梯、生活供水泵房等。空调、照明等属于三级负荷。

（2）智能建筑用电设备分类

智能建筑的用电设备很多，根据用电设备的功能可将其分为3类：保安型、保障型和一般型。

1）保安型　保证建筑内人身安全及智能化设备安全、可靠运行的负荷，主要包括：消防负荷、通信及监控管理用计算机系统等用电负荷。

2）保障型　保障建筑运行的基本设备负荷，主要包括：主要工作区的照明、插座、生活水泵、电梯等。

3）一般型　除上述负荷以外的负荷，如：一般的电力、照明、暖通空调设备、冷水机组、锅炉等。

3. 空调配电

（1）空调配电流程

1）确定空调用电设备系统。例如：室外机与室内机分别配置配电箱、室内机各楼层单独配置配电箱等。

2）确定各空调配电箱的回路及设备用电负荷：查各设备样本的额定功率，累加计算。

3）确定空调配电箱中空气开关的规格。

4）确定空调系统各用电回路的绝缘导线线径及穿线套管尺寸。

4. 三相电与单项电转换关系

空调系统，尤其是多联机空调系统的室内机，经常有 380V 的室内机与 220V 的室内机混杂使用的情况，为了计算方便，必须将 220V 用电负荷转换为 380V 等效负荷计算。

第三节　制冷空调系统检修实操

一、制冷系统压力检漏

制冷系统中检漏的方法有手触油污检漏、肥皂泡检漏、加压检漏、卤素灯检漏及电子检漏仪检漏等。充注制冷剂前的检漏一般使用向系统充入高压氮气，配合使用肥皂水，来判断是否存在泄漏；充注制冷剂后的检漏，一般使用卤素灯及电子检漏仪等高灵敏度的仪器来判断系统是否存在泄漏。

1. 操作准备

制冷系统压力检漏需要准备的工具、设备和材料如下：

（1）需压力检漏的空调系统。

（2）氮气瓶（含氮气）、氮气减压器、耐压橡胶软管、多用接头、压力修理阀、连接软管、封口钳。

（3）洗洁精或肥皂水。

2. 操作过程

制冷系统充注高压氮气检漏（图 6-26），保压过程如下：

（1）充入高压氮气前，首先将制冷系统的各阀门都打开，若制冷系统有电磁阀，则需要先启动电磁阀。

（2）将高压氮气钢瓶、减压器与压缩机排气截止阀的旁通孔用充氮用高压连接软管连接好，并使排气截止阀呈三通状态。

（3）打开减压器的排气阀门，将减压器内的压力降至 0.8MPa 左右。

（4）打开充氮用高压连接软管上的阀门，将高压氮气送入制冷系统中。

（5）用肥皂水对露在外面的制冷系统上所有的焊口和管路进行检漏。观察修理阀压力表的变化，观察各个部位是否有气泡产生，若有气泡则说明该部位存在泄漏。

（6）上述检查完成后，若无漏孔出现，可对系统进行24h保压实验。保压后，若压力表压力不下降，则说明系统没有泄漏点。

（7）关闭各阀门，断开管路连接，将压缩机工艺口封口，各设备归位复原。

需要特别说明的是，使用R410的制冷系统，需保持管内压力为40kgf；使用R22的系统，则需要保持管内压力为20kgf。

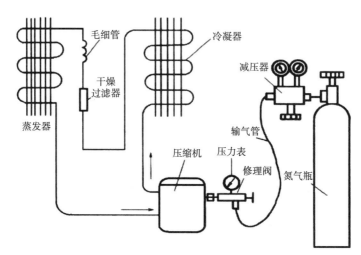

图6-26　制冷系统充注高压氮气检漏

二、制冷剂充注操作

1. 准备工作

制冷剂充注需要准备的工具、设备和材料如下：

（1）检漏，抽真空后的空调系统。

（2）制冷剂钢瓶（含制冷剂）、空制冷剂钢瓶磅秤、双歧表、真空泵、钳形电流表、方榫扳手、活动扳手、套筒耐压橡胶软管、多用接头、压力修理阀、连接软管、封口钳。

（3）洗洁精或肥皂水。

2. 操作过程

制冷系统在检漏后，必须先抽真空再充注制冷剂，具体操作步骤如下：

（1）连接、排空气。连接制冷系统、双歧表、真空泵、制冷剂钢瓶和磅秤，在空调器压缩机的工艺管处接充制冷剂软管，软管的另一端接空调双歧表，双歧表再与制冷剂钢瓶相连。微微打开制冷剂钢瓶，将连接软管中的空气排走后，再拧紧制冷剂钢瓶和双歧表的红色端接口。

（2）抽真空。打开双歧表的阀门手柄（红色），抽真空运行 30min 以上。确定压力值达到 -0.1MPa 后，且保压确保系统不泄漏。将双歧表的阀门手柄（蓝色、红色）关上，关闭真空泵，拆除连接真空泵的连接管。

（3）充注制冷剂：

1）观察需要充注的制冷量，把制冷剂钢瓶放在磅秤上，打开制冷剂钢瓶。

2）打开双歧表的阀门手柄（红色），在关机情况下，可先倒灌（液态）充注，5min后，再检查是否充注到规定的量 [如未到充注量，可以开启压缩机后，缓慢立灌（气态）充入]，结合经验法观察充注量是否合理。

3）达到制冷剂充注量后，关闭制冷剂钢瓶的阀门、双歧表的阀门手柄，观察制冷系统的运行情况。

4）系统正常运行后，关闭制冷剂钢瓶阀门及专用组合阀门，拆下连接软管，拆卸下各连接管路，制冷剂充注完成。

5）检查制冷系统的气密性，若无泄漏，用封口钳封口。

（4）工具复位。

三、定频空调器压缩机的更换

当空调器压缩机烧毁、老化或出现无法修复的故障时，需要使用同型号或参数相同的压缩机进行替换。

定频空调器中的压缩机位于室外机一侧，压缩机顶部的接线柱与保护继电器、启动电容连接；压缩机吸气口、排气口与空调器的管路部件焊接在一起，并通过固定螺栓固定在室外机底座上。因此，拆卸压缩机前首先要将电气线缆拔下，接着将相连的管路拆焊开，然后再设法将压缩机拆卸取出，接着根据损坏压缩机型号寻找可替换的压缩机，焊接好新的压缩机，最后接好压缩机电线，并通电试机。

1. 操作准备

操作工具：需更换的压缩机、绝缘胶布、冷媒回收机、真空泵、制冷剂钢瓶、空制冷剂钢瓶磅秤、双歧表、真空泵、钳形电流表、方榫扳手、活动扳手、套筒耐压橡胶软管、多用接头、压力修理阀、连接软管、封口钳等维修工具全套。

2. 操作过程

（1）切断电源。确认压缩机损坏需要更换后，先断开室外机供电电源、断开供电电源处的接线，并且用绝缘胶布封好。

（2）清理电器盒元件。在拆卸压缩机接线、感温包和电加热时，应该做好相应的标示，方便更换后重新接线。

（3）回收制冷剂。利用冷媒回收机回收系统的制冷剂，应该从系统高压侧和低压侧同时回收，如果仅从一侧回收，涡旋盘密封会导致制冷剂释放不完全。释放制冷剂的速度不宜太快，否则会有大量的润滑油被制冷剂带出系统。

（4）拆卸压缩机。确认油质情况，如果油质清澈、无杂质，可以认为该系统内的油质没有被污染，观察机组阀件和油路无异常时，可以只更换压缩机。

1）拆下压缩机后，将压缩机在坚固的地面上晃动，晃动角度应在30°~45°之间，保证沉积在压缩机底部的污染物能被倒出。

2）将压缩机放置于高出水平地面的位置，从压缩机排气口倒油，倒油时要使用饮料瓶或其他透明容器储油，收集油量应大于150mL。注意压缩机轴向位置与水平面角度不应超过20°。

3）将收集的压缩机润滑油放置于明亮处观察是否含有杂质和变色情况，同时注意压缩机润滑油的气味，正常润滑油没有明显的刺激性气味。

（5）确认系统零部件。系统油质污染时，需要确认机组的零部件情况，包括油分离器、气液分离器和储液罐（若有）。

（6）清理系统。确认完需要更换的零部件之后，确认系统管路是否有异常，可使用氮气对主管路吹洗，并重点检测且清理油路系统，包括均油管管路及回油管管路。确认各个零部件清理干净及工作正常。

（7）更换前检查。检查压缩机型号是否一致。在搬运新压缩机时，需要注意压缩机不能平放或者倒置，倾斜角度应保持在±30°以内，也要注意不能让压缩机内的润滑油从油平衡口处流出。确保压缩机、油分离器、汽液分离器、均油器和干燥过滤器的密封橡胶块完好。

（8）更换压缩机。更换压缩机时需要注意的事项如下：

1）如果压缩机吸排气口是镀铜钢管，需要使用至少含银5%的焊料。焊接间隙应为0.1~0.3mm，防止焊堵或者虚焊的情况发生。焊接过程中不要使管口过热。

2）焊接完成后，需要使用垫脚和螺栓固定压缩机，保证压缩机运行时的稳定性。

3）禁止压缩机接线出现相序错误或者变频与定频接混的情况。

（9）系统检漏：

1）首先对各个焊点进行检查，先观察焊点是否平滑以及有无明显的焊孔等异常情况。

2）对系统氮气保压，使系统压力在25kgf以上，关闭机组大、小阀门，确保室内、外机同时保压12h以上，如果压力没有变化，可以开始抽真空，否则要再次检漏直至查到漏点为止。

（10）追加冷冻机油。连接机组的大、小阀门，抽真空30min以上。使用橡胶管连接低压测量阀,打开盛放润滑油的容器,将润滑油倒入量杯中量取合适的追加量。追加合适的润滑油后,关闭低压测量阀,保证密封。

注意:冷冻油对压缩机正常运行具有重要作用,必须保证按照设备要求灌注牌号正确、质量合格的润滑油,同时必须保证追加量正确。

(11)灌注冷媒。按照压缩机铭牌额定灌注量加管路计算的冷媒追加量充注;如果机组属于多模块连接安装,维修前只放掉了该台室外机的冷媒,根据该室外机铭牌,灌注额定80%之后,通过开机调试参数进行相应调整。

(12)连接电器元件。安装电器盒,依照之前的标记和电器盒盖后的电路图进行正确接线,一定要根据电器接线图仔细核对,务必保证接线正确无误。

(13)开机调试。分别运行制冷全开、制冷单开、制热全开和制热单开工况,每个工况要求运行30min以上,并对数据分析,对系统参数进行调整,确保各项参数正常。

四、更换定频空调器压缩机或风机的电容

定频空调器内往往有多个电容,圆柱形的电容是压缩机的电容(图6-27),方形的电容是风机的电容(图6-28)。

1.更换定频空调器压缩机的电容

当空调器制冷时,压缩机一启动电源断路器就跳闸,检测室内机运行正常,故判断故障应该在室外机。打开室外机机壳,用万用表欧姆挡测试电源L、N线,两端电阻为无穷大,说明电源线正常,然后逐一检测室外机元器件,当检测到压缩机电容器时,发现该电容器阻值接近零,可以断定此电容器击穿短路而导致电源断路器保护跳闸,可采用更换定频空调器压缩机的电容的方法,解决该故障。

图 6-27 压缩机的电容

图 6-28 风机的电容

（1）操作准备

在更换空调压缩机电容时要注意安全，切记切断电源。在更换压缩机电容之前，首先检测空调的电机线路是否完好。操作工具：需更换的电容、同型号的新电容器、电烙铁等工具。

（2）操作过程

1）使用电烙铁拆除电容。

2）换装上新的电容。

电机压缩机有三个接线端，分别是 M、S、C 端。M 端接入白色导入线，S 端接红色导入线，C 端接黑色导入线（接电源），将电容上的导线按照颜色和电机接好。一般情况下，压缩机的白色线和电源线的火线接到压缩机电容的同一个端子上，压缩机的红色线接到电容的另一端。

3）测试检查，试运行。

2. 更换定频空调器风机的电容

风机电容的主要作用就是启动风机。在电机运转时，它可以提供一个转矩，让转子运转，在启动后，它可以帮助电机快速达到设定的速度。

（1）操作准备

操作工具包括需更换的电容、同型号的新电容器、常用工具一套。

（2）操作步骤

1）拆下室内机上盖：打开空调，按住保险片，轻轻拔出外遮盖，然后用螺丝刀拆下室内机上盖。

2）找到电容：电容位于室内机风扇内部，放置在一个小盒子中，用一根橙色线连接到风扇的线圈上。

3）拔下电容：注意电容有两个脚簧，一边接电源电缆，另一边接线圈。用螺丝刀拆掉电容罩的螺丝，然后拔下电缆和接线圈。

五、检测和更换制冷空调系统电气控制板

中央空调的控制面板一般可以进行开、关、模式切换、温度调节等操作，实际输出有压缩机、外部风机、四通阀、内部风机（高风冲程低风和自动风）显示条、风力步进电机、功率指示、运行指示、定时指示、故障指示（代码或指示灯闪烁）等。

1. 操作准备

准备工具：需更换电气控制板的设备、新的电气控制板、万用表、常用检修工具一套。

2. 操作过程

对于小型分体空调，更换电气控制板的操作方法如下：

（1）检查：确保关闭电源并断开电源线，检查新电气控制板的型号与旧电气控制板一致。

（2）做标记：打开盖板，记录线路号码及排插位置，做好标记。

（3）更换：更换电气控制板，按照标记连接线缆，检查接线是否正确。

（4）试运行：接线正确后，接通电源并开机试运行，若空调器工作正常，则盖上面板，使空调恢复正常外观。

第七章
制冷空调系统高效节能技术

第一节 高效节能技术背景

我国提出要在 2035 年之前实现碳达峰、力争 2060 年前实现碳中和的目标，这是经过深思熟虑的重大决策。碳排放是全球性问题，减排需要全世界所有国家的共同努力。为加快调整产业结构、能源结构，推动煤炭消费尽早达峰，应大力发展新能源，实现节能降碳协同效应；要提升生态系统碳汇能力，将高耗能及高排放产业通过创新技术及多元化解决方案，实现"双碳"目标。因此制冷空调系统在设计、施工、运维过程中都需要提升创新技术及技能，达到节能降碳效果。

第二节 制冷系统高效技术要求及操作

一、规范要求

1. 一般规定

高效机房设计性能指标的确定应符合下列规定：

（1）高效机房设计性能指标应包括冷源系统全年能效比、附属设备全年耗电比和冷水机组全年性能系数。

（2）冷源系统全年能效比设计值应根据高效机房能效等级和建设方需求，并经技术经济分析确定。

（3）冷水机组全年性能系数设计值应按下式计算：

$$COP_a = \frac{EER_a}{1 - \lambda_a}$$

（7-1）

式中 COP_a——冷水机组全年性能系数；

　　　EER_a——冷源系统全年能效比；

　　　λ_a——附属设备全年耗电比。

（4）附属设备全年耗电比应根据冷水机组平均性能预估值和空调水系统形式、规模以及设计参数，结合类似工程经验进行预先设定。

2.空调系统的电冷源综合制冷性能系数

空调系统的电冷源综合制冷性能系数（$SCOP$）不应低于表 7-1 的规定。对多台冷水机组、冷却水泵和冷却塔组成的冷水系统，应将实际参与运行的所有设备的名义制冷量和耗电功率综合统计计算，当机组类型不同时，其限值应按冷量加权的方式确定。

空调系统的电冷源综合制冷性能系数（SCOP）　　表 7-1

冷源类型		名义制冷量 CC（kW）	综合制冷性能系数 $SCOP$（W/W）					
			严寒 A、B 区	严寒 C 区	温和地区	寒冷地区	夏热冬冷地区	夏热冬暖地区
水冷	活塞式 / 涡旋式	$CC \leq 528$	3.3	3.3	3.3	3.3	3.4	3.6
	螺杆式	$CC \leq 528$	3.6	3.6	3.6	3.6	3.6	3.7
		$528 < CC < 1163$	4	4	4	4	4.1	4.1
		$CC \geq 1163$	4	4.1	4.4	4.4	4.4	4.4
	离心式	$CC < 1163$	4	4	4.1	4.1	4.1	4.2
		$1163 \leq CC < 2110$	4.1	4.2	4.4	4.4	4.4	4.5
		$CC \geq 2110$	4.5	4.5	4.5	4.5	4.6	4.6

3.制冷机房系统能效最低要求

（1）在设计阶段，制冷机房系统名义工况能效比、制冷机房系统全年平均设计能效比不应低于表 7-2 的三级要求。

（2）在运行阶段，制冷机房系统全年平均运行能效比不应低于表 7-2 的三级要求。

制冷机房系统能效等级和最低要求　　表 7-2

系统额定制冷量 (kW)	系统能效等级	系统能效最低要求
<1758	三级	3.2
	二级	3.8
	一级	4.6
≥1758	三级	3.5
	二级	4.1
	一级	5.0

4.高效制冷机房能效等级

（1）高效制冷机房能效等级应根据冷源系统全年能效比的大小确定，依次分为 1 级、2 级、3 级 3 个等级，1 级表示能效最高。冷源系统全年能效比 EER_a 应不小于表 7-3 中能效等级所对应的规定值。

高效制冷机房能效等级

表 7-3

能效等级	1 级	2 级	3 级
EER_a（W/W）	6.0	5.5	5.0

（2）高效制冷机房相关标准：广东省《集中空调制冷机房系统能效监测及评价标准》DBJ/T 15-129—2017、《高效制冷机房技术规程》T/CECS 1012—2022、《高效空调制冷机房评价标准》T/CECS 1100—2022、《空调冷源系统能效检测标准》T/CECS 549—2018、《高效空调制冷机房系统能效监测与分级标准》T/CECA 20026—2023（T/CRAAS 1039—2023）等。

二、系统设计要求

（1）分析原机组的具体技术参数及需求，包括主机及系统设计是否符合提升要求，主机设备系统内使用的制冷剂介质、水泵群控系统等。

（2）操作目标：施工安全"零"事故完成。从技术安全可靠性、高效性、先进性、可扩展性维护性等多方面进行评估。

（3）监测实时能效、分析历史数据，结合主机特性、室外空气温湿度等，实现最优效率运行。

（4）利用先进的 AI 控制技术。基于主机效率负荷特性的冷水机组群控技术、基于负荷预测的 AI 预期控制技术、基于系统效率最佳的冷却水自适应优化控制技术和系统集成技术，实现对现有中央空调系统配电、AI 智能化控制、监测、节能及能效管理等一体化控制。控制系统具备多参量采集、数据积累分析、先进科学的算法模型，以达到高度智能化运行控制。在满足中央空调系统设备运行安全的前提下，实现安全可靠、高效节能、智慧运行，同时使高效机房建设效率最大化。

（5）根据建筑内负荷（冷 / 热量）的逐时变化、室外气温的逐时变化，及主机、辅机设备的实际能效工况，在三个维度上建数学模型，通过 AI 核心算法，计算出整个系统运行的最佳效率点，保证系统运行效率最佳（图 7-1）。

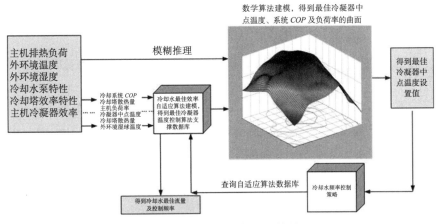

图 7-1 系统运行效率 AI 控制

三、操作要求

1. 冷却塔的选择

应该基于优化设计后项目流量和温度参数来选择冷却塔，并力争满足下列条件：

（1）较小的逼近度 ≤ 3℃（一般 2.5℃）。

（2）需配变频风扇，变频电机效率为二级。

（3）需要有变冷却水流量运行能力，流量变化范围为 30% ~ 100%。

（4）建议采用"矮胖"形冷却塔，减少冷却水泵扬程。

2. 加减机控制策略

利用冷水机组最优 COP，配合判断加减机组时机，节能优化系统运行。

3. 冷水机组台数控制策略

在满足当前负荷需求下，选择最优效率的组合；机组效率主要基于机组容量、COP、运行时间、启停次数等综合评判。

4. 全机房变频控制策略

支持全变频水系统，即制冷机组、水泵、冷却塔设备均配有变频器装置。需要提供每个运行设备的最佳效率曲线或最佳效率点，采用这些效率曲线或效率点保障系统以最佳效率运行。

5. 冷却塔开环循环控制策略

根据建筑实际的需求冷负荷控制冷却塔风机的速度，即在开启最少数量的冷水机组和冷却塔的情况下仍能保证冷却塔运行所需流量并能高效运转，最终保证冷却水供水温度。

6. 旁通阀控制策略

压差旁通阀用在集、分水器之间的主管道上，根据压差控制器测得两端压力，再由计算得出的差值和设定值比较决定输出方式，控制阀门的开度，从而调节水量，平衡水压。冷却侧根据冷却水供回水温度来控制开度。

7. 冷水泵变频控制

（1）冷水泵需时刻保证冷水机组的最小流量要求。

（2）安装在末端最不利点的压差传感器用于控制冷水泵频率。

（3）末端负荷升高，增加冷水泵频率。

（4）末端负荷下降，降低冷水泵频率。

（5）压差设定点可以根据末端 AHU 的阀位反馈进行重设。

8. 冷却水泵控制

（1）冷却水泵时刻保持主机所需设计流量。

（2）冷却水泵按照优化方案调整频率。

9. 冷却塔变频风机控制

（1）冷却塔风机变频将被调至 2.5℃趋近温度。冷却水供水设定温度即等于湿球温度加 2.5℃。

（2）冷却水供水温度大于设定值时，冷却塔风机加速。

（3）冷却水供水温度小于设定值时，冷却塔风机减速。

10. 冷水温度重设

（1）冷水出水温度根据室外空气温度进行重新设置。

（2）冷水出口温度越高越好（供热时越低越好）。

（3）冷水温差越大越好。

四、运维操作

（1）对制冷空调系统安装维修技术团队进行长期的技术培训；定期进行能效对比分析，要求供应商提供能效分析报告，包括详细的问题处理、性能状况、能效状况；

制定设备性能指标要求及性能维保计划，保证设备优良的运行状况。

（2）通过云平台，定期根据中央空调运行数据进行诊断，并出具诊断报告，从制冷设备、管路、使用方面提出合理建议，对系统进行持续改善。

附录

常用制冷剂压焓图和空气焓湿图

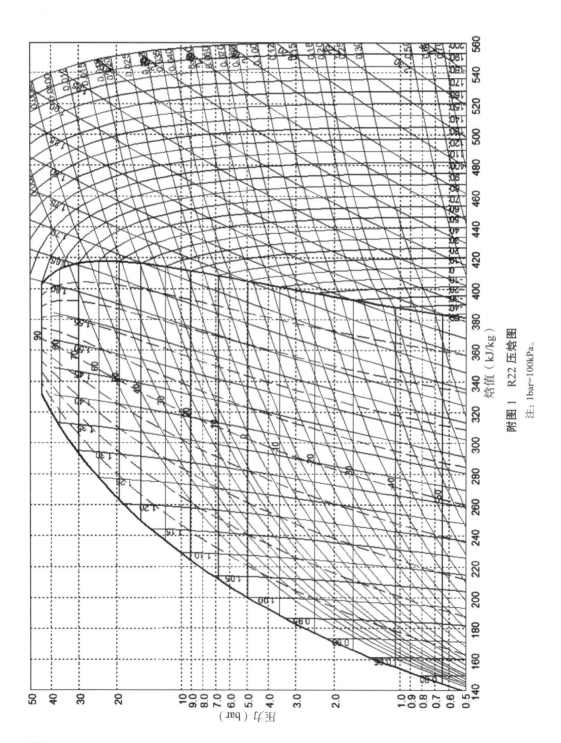

附图1　R22压焓图

注：1bar=100kPa。

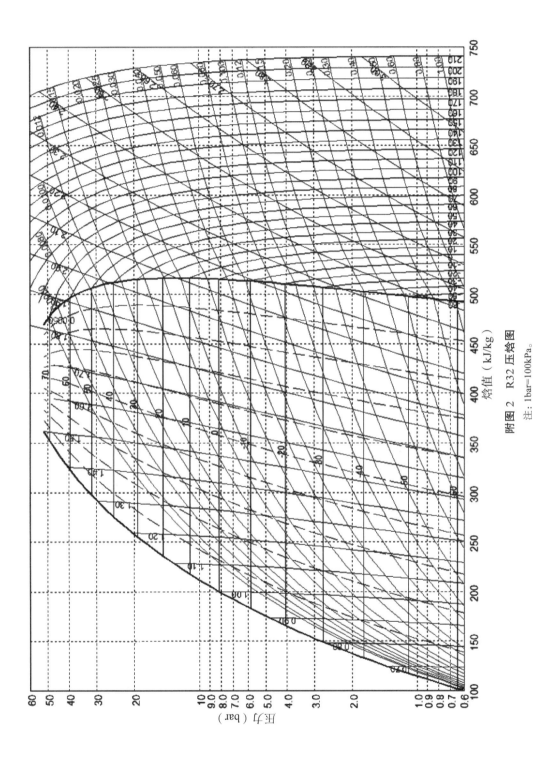

附图 2　R32 压焓图

注：1bar=100kPa。

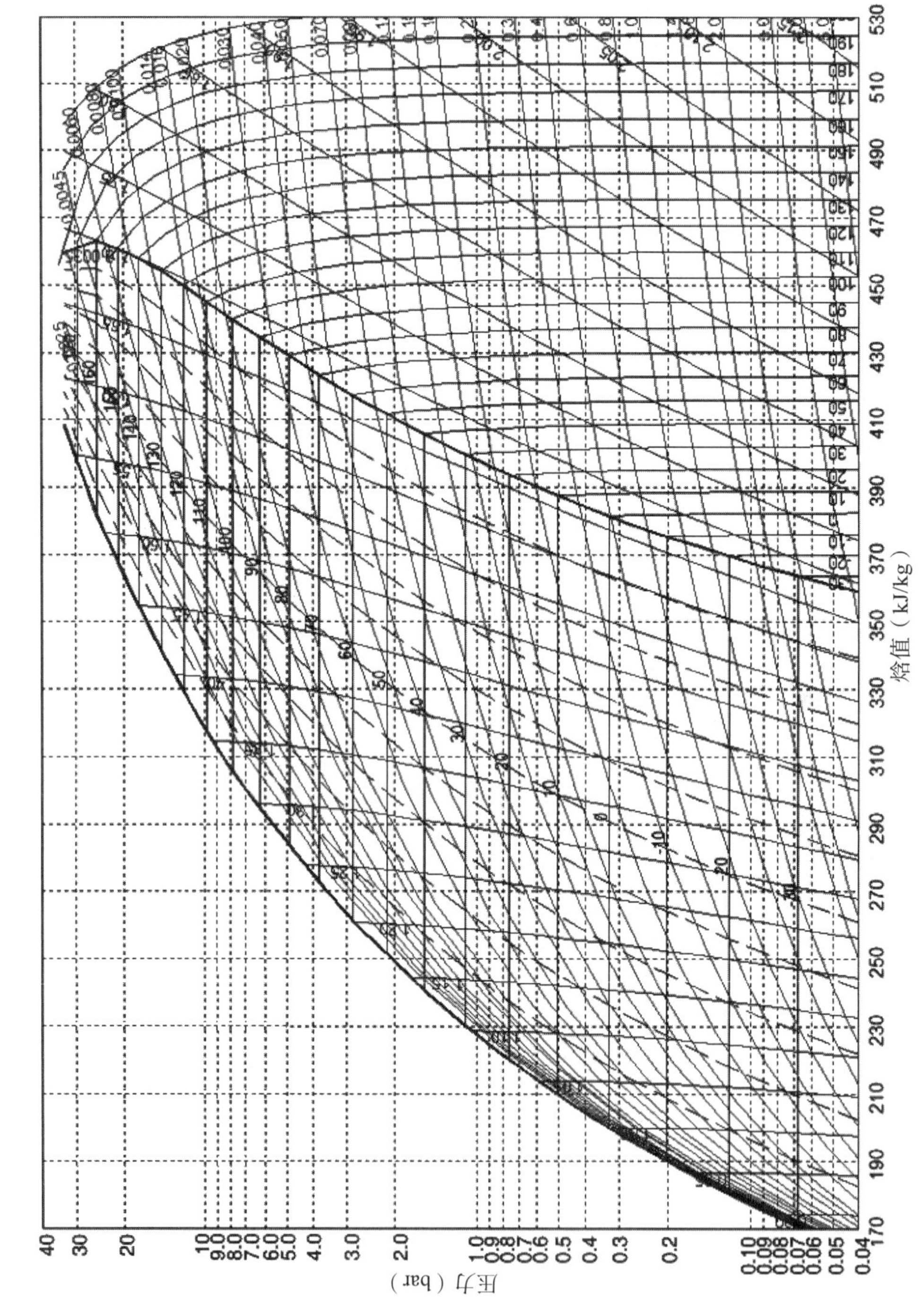

附图 3   R123 压焓图

注：1bar＝100kPa。

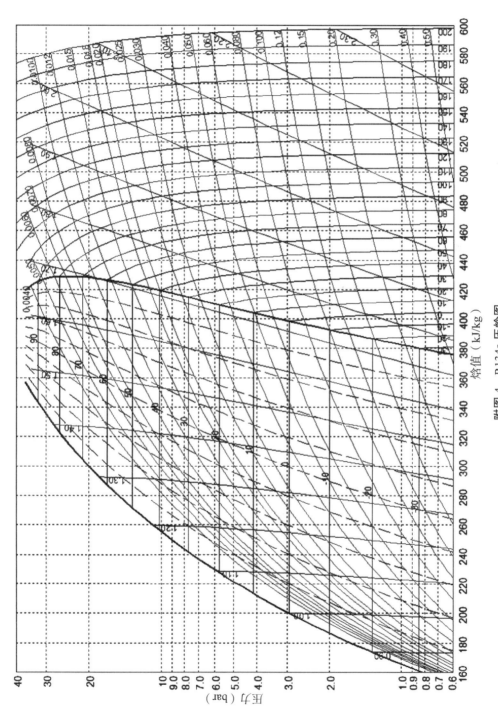

附图 4　R134a 压焓图

注：1bar=100kPa。

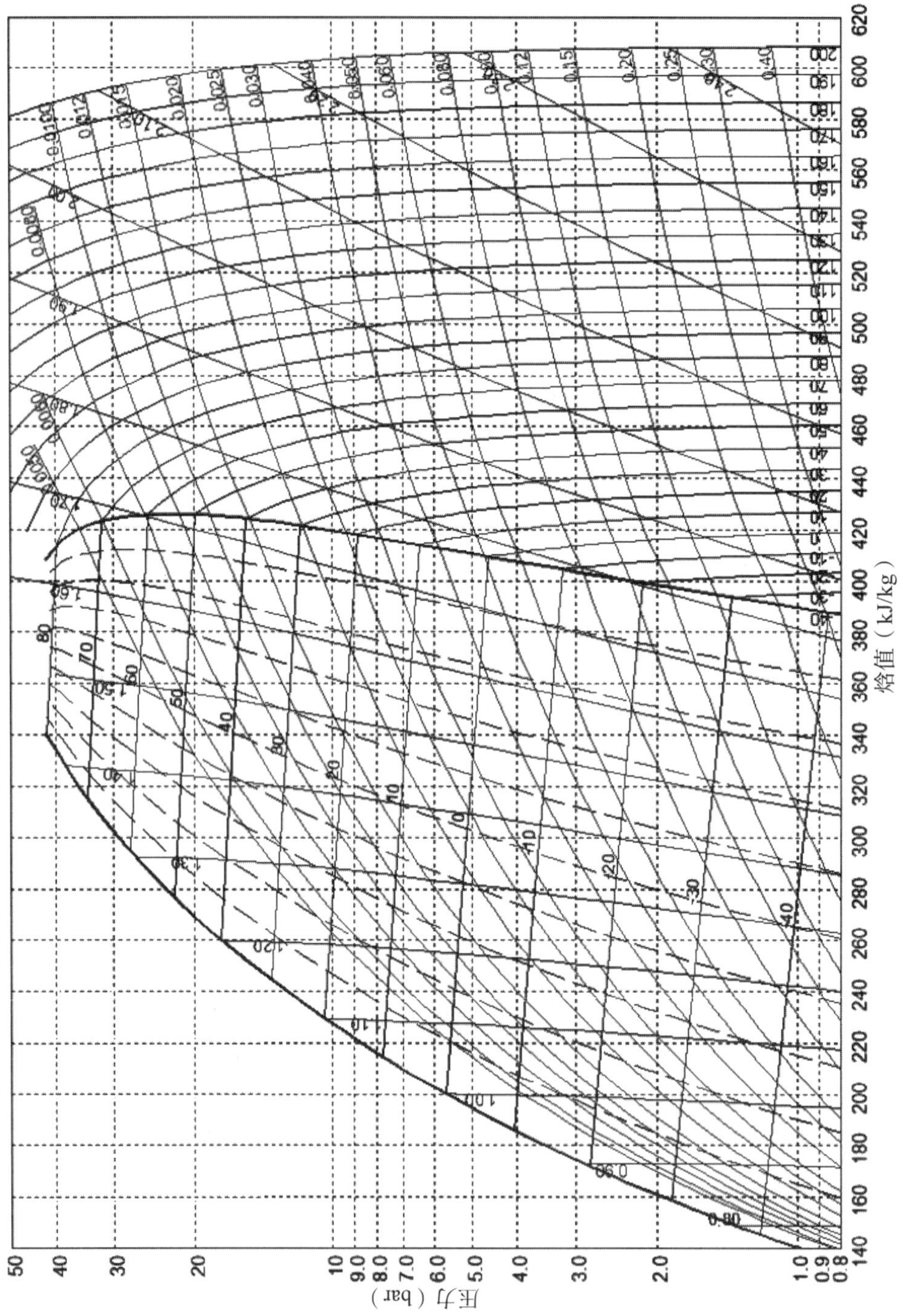

附图 5　R407c 压焓图

注：1bar=100kPa。

焓值（kJ/kg）

压力（bar）

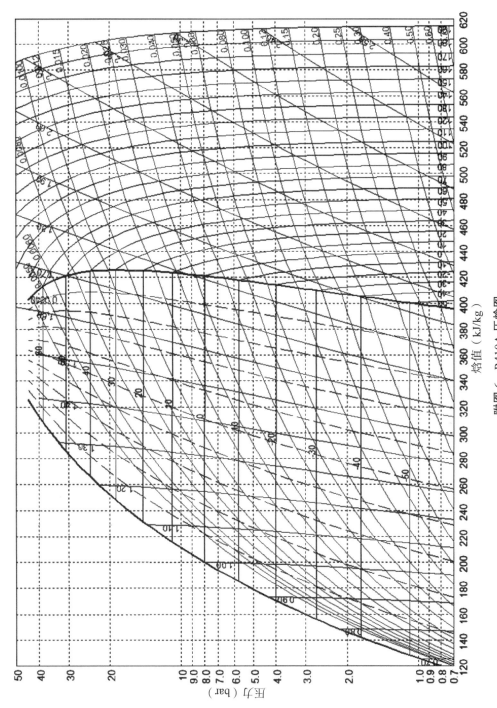

附图6　R410A压焓图

注：1bar=100kPa。

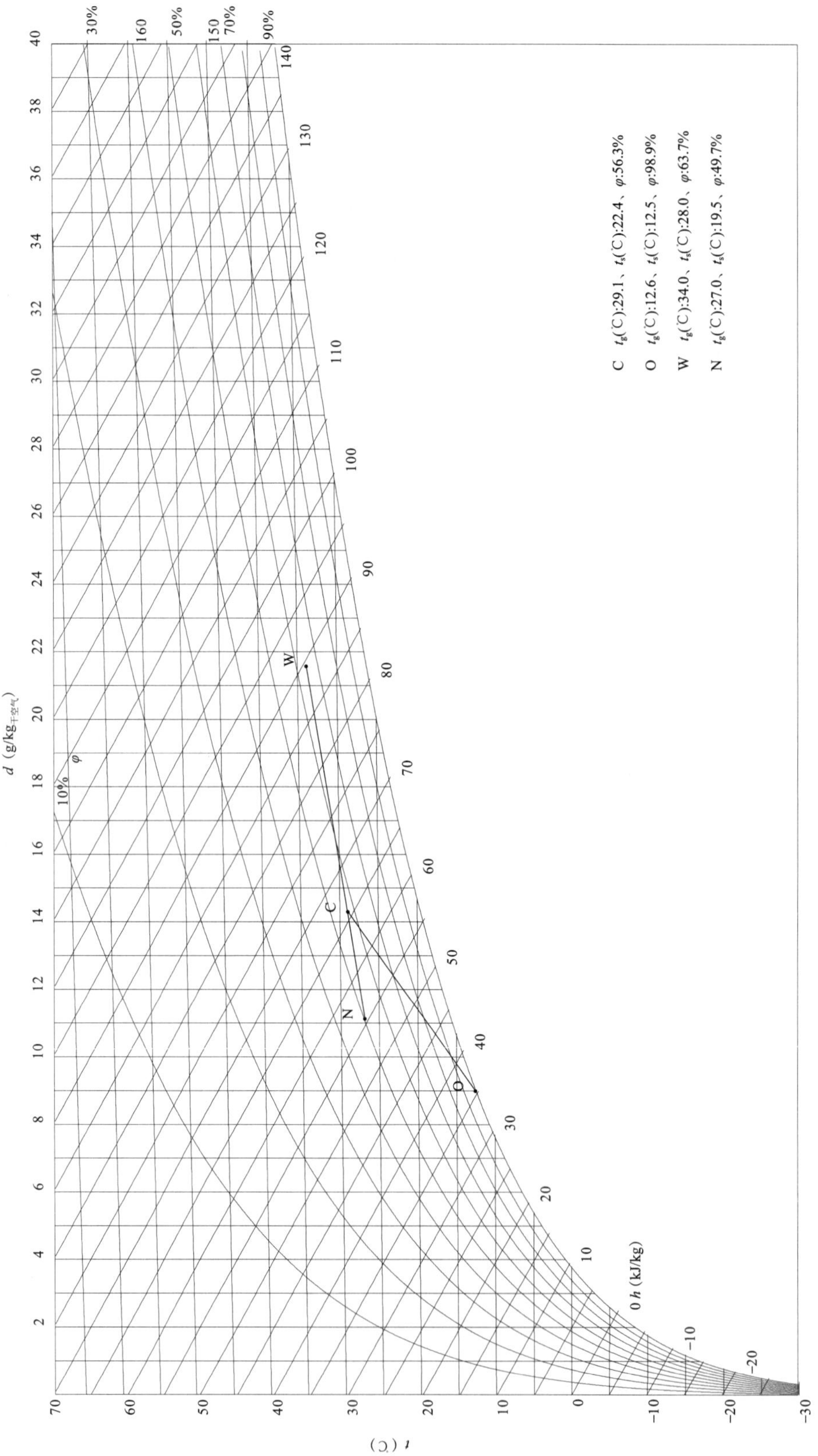

附图 7 空气焓湿图

C $t_g(℃):29.1,$ $t_s(℃):22.4,$ $φ:56.3\%$

O $t_g(℃):12.6,$ $t_s(℃):12.5,$ $φ:98.9\%$

W $t_g(℃):34.0,$ $t_s(℃):28.0,$ $φ:63.7\%$

N $t_g(℃):27.0,$ $t_s(℃):19.5,$ $φ:49.7\%$

编写单位简介

苏州市制冷协会

苏州市制冷协会成立于 2011 年 6 月，是苏州市范围内代表行业性、团体性的 4A 级行业组织，位于相城区安元路 318 号 1 号房 2 楼，办公总面积 580m²；曾获得政府江苏省"先进集体""四好商会"、苏州市"四好商会"等荣誉称号。苏州市制冷协会技能培训基地 2021 年 9 月被苏州市人力资源和社会保障局授权为苏州地区"制冷空调安装维修工"职业技能鉴定考核点。

苏州市制冷协会致力于宣传贯彻政府有关政策法规，加强制冷空调行业自律。在制冷空调领域内，组织参与制定行业经营、管理、服务和技术标准，搭建行业沟通、交流、合作平台，维护行业公平竞争及会员合法权益，规范市场秩序，协调行业、企业及会员间的专业技术问题，组织专委会参与服务暖通、环境工程项目的设计、项目技术评估、工程质量鉴定、工程质量验收、施工技能培训指导等服务。依据相关标准，组织企业对外合作与交流，举办学术研讨、成果展示等活动，组织行业职业培训、资质评估和技能竞赛，提高制冷空调行业从业人员素养和企业的经营管理水平，在组织与政府之间、组织与企业之间发挥好桥梁与纽带作用，承办政府部门交办的有关事项。

苏州大学

苏州大学是教育部与江苏省人民政府共建的国家"世界一流学科建设高校"，国家"211 工程""2011 计划"首批入选高校，国家国防科技工业局与江苏省人民政府共建高校，江苏省属重点综合性大学，入选国家"111 计划"、卓越法律人才教育培养计划、卓越工程师教育培养计划、卓越医生教育培养计划、国家建设高水平大学公派研究生项目、国家大学生创新性实验计划、国家创新人才培养示范基地、海外高层次人才创新创业基地、新工科研究与实践项目、全国深化创新创业教育改革示范高校、中国政府奖学金来华留学生接收院校等。

苏州大学的前身是 1900 年创办的东吴大学，是中国最早以现代大学学科体系举办的大学，在中国最先开展法学（英美法）专业教育、最早开展研究生教育并授予硕士学位，也是中国第一家创办学报的大学。1952 年院系调整，东吴大学的文理学院、苏南文化教育学院、江南大学的数理系合并组建苏南师范学院，同年更名为江苏师范学院。1982 年，学校更名为苏州大学。其后，苏州蚕桑专科学校（1995 年）、苏州丝绸工学院（1997 年）和苏州医学院（2000 年）等相继并入苏州大学。

苏州大学现有天赐庄、独墅湖、阳澄湖、未来共 4 个校区，占地面积 4586 亩，建筑面积 159 余万平方米；设有 30 个学院（部）；14 个学科进入 ESI 全球前 1%。

苏州百年冷气设备有限公司

苏州百年冷气设备有限公司坐落在风景秀丽、充满生机活力的苏州工业园区。公司前身为始建于 20 世纪 80 年代的"苏州吴文制冷设备厂"，是一家集研发、制造、销售、施工、服务、运维于一体的综合性集团企业。

公司主营业务：暖通工程、冷库工程、生产制造压缩空气预冷机、压缩空气冷冻干燥机、压缩空气吸附干燥机、天然气液化冰机、大温差冷水机组、全系列压缩冷凝机组等多规格产品。产品应用于国内外能源化工、生物制药、电子电器等行业企业。公司开发了"百年云管家"管理平台，可以实现产品、项目全生命周期 24 小时的监控，为用户精益生产、节约能源提供决策依据。

借助深厚的技术储备，公司于 2020 年投资成立子公司苏州博年流体设备科技有限公司，在苏州市相城区投资兴建智能制造工厂。公司不断增加研发投入，引进研发技术人员，增加研发测试设备，规范研发流程；引进校企合作，与高校建立博士后流动工作站。

麦克维尔中央空调苏州分公司

麦克维尔是专业制冷、通风、空调、供暖和空气净化解决方案供应商，起源于 1872 年美国明尼苏达州，为各界客户提供有竞争力的空气及温度解决方案、产品和服务，并致力于让建筑自由呼吸。1992 年在深圳建立中国第一家工厂，目前在我国有苏州、深圳、武汉三大制造基地。2006 年加入大金工业集团。

麦克维尔中央空调苏州分公司是麦克维尔驻苏州的分支机构，提供更节能环保的工业用、商业用、家用暖通空调、空气过滤器及冷冻冷藏用产品，如水冷冷水机组、风冷冷水热泵机组、热泵热水机组、末端空调机组、风冷多联机组、水源热泵机组、轻型商用空调机组、智能空调控制系统等。该公司业务包括各种大、中、小商用、家用空调销售、维修、保养服务，公司负责区域包括苏州、无锡、南通，下设销售部、服务部、技术部、财务行政部，及南通、无锡事务所。该公司具备专业化的服务队伍，服务范围包括：主机安装、调试、运行操作的指导、维修保养、主机值班及水泵、冷却塔和末端装置的维修保养、暖通系统增值服务。

青岛海信日立空调营销股份有限公司

青岛海信日立空调营销股份有限公司于 2003 年由海信集团与江森自控日立空调共同投资在青岛成立，是集商用与家用中央空调系统技术开发、产品制造、市场销售和用户服务为一体的大型合资企业，是日立空调在日本本土以外的大型变频多联式空调系统生产基地。

青岛海信日立空调营销股份有限公司拥有国际先进的生产设备和品质保证设施，在全面掌握世界领先核心技术的基础上，不断推出先驱性的新型空调产品。该公司本着高起点的方针，积极推行专业技术、专业制造、专业营销、专业设计、专业服务、专业管理的经营体系。

南京天加环境科技有限公司

南京天加创立于 1991 年，于 2017 年更名为南京天加环境科技有限公司（以下简称天加）。秉持智慧洁净，绿色健康，环境节能，低温发电的理念，走在行业的前端；研发中心和制造基地遍布国内外，荣获一系列国家级产品技术和质量的荣誉；为全球超过 2000 家电子半导体企业，5000 多家 GMP 认证药厂及 7000 多家二甲、三甲医院，提供恒温恒湿无菌环境解决方案；也是地铁中央空调供应商。其主动寻优技术，使得中央空调机房综合能效达到 6.7~7.0，荣获全球环保业含金量最高奖项保尔森可持续发展奖。

2015 年与美国联合技术公司建立全球战略合作，并购普惠公司 PureCycle 系列 ORC 低温发电系统。2018 年并购全球最大磁悬浮冷水机组加拿大公司 SMARDT。2019 年携金鹰收购第二大地热发电装备制造商意大利 EXERGY 和意大利生物质发电公司 SEBIGAS。天加还拥有行业单体建筑最大的制造基地和最高等级研发基地，30 多个 CNAS 实验室及 330 项专利。

在"一带一路"倡议下，天加拥抱新型全球化，坚持为全球用户提供最专业的洁净环境及热能利用的系统集成服务解决方案，助力碳中和。天加，向上而生，未来不止。

苏州新日升环境科技有限公司

苏州新日升环境科技有限公司主营中央空调维保、集中空调通风系统清洗消毒、二次供水设施清洗消毒、水处理、油烟管道清洗、节能环保产品、新能源科技的开发、销售。该公司的主要服务对象为酒店、超市、写字楼、商业广场、轨道交通等公共场所。

为更好地服务客户，该公司组织员工参加了各种相关培训，取得了相应的资格证书。经过专业机构评估，取得了中国设备维修安装企业能力等级证书、集中空调通风系统专业清洗消毒能力技术评估甲级资质证书、苏州市公共场所集中空调通风系统专业清洗机构技术能力评估 A 级证书。2021 年获高新企业证书。

苏州格瑞普泰环境科技有限公司

苏州格瑞普泰环境科技有限公司于 2007 年 2 月在中国新加坡苏州工业园区注册成立，是苏城首批品牌中央空调维保的专业服务公司。该公司提供多种类型 [集中式制冷空调、（家）商用空调、净化（洁净室）系统及精密空调系统、空调水处理、集控系统运行、能源站运维、空调改造升级的工程]、多品牌（日立、约克、开利、大金、东芝、天加、格力、美的、三菱、欧科、富士通将军、三星、顿汉布什、海信、海尔等）的中央空调大修、维修保养、检修、系统升级改造、智能化安装调试、日常运行托管服务、空调清洗等售后服务，并且成为日立空调、东芝空调、天加空调、美的空调等的苏州地区授权服务商。目前在职人员 100 余名，其中大专及以上学历占比超 50%，拥有中高级职称人员 6 名、具备二级建造师执业资格人员 3 名、制冷技工 10 名、专业空调维修人员（具备制冷与空调作业证、低压电工证、焊接与热切割作业证、高处作业证、水处理证、锅炉工证等）约 60 名。

该公司目前拥有建筑机电安装叁级证书、中国卫生监督协会环境卫生与健康专业委员会清洗消毒能力甲级证书、中国制冷空调设备维修安装企业资质 A I（集中式空调设备）/D I（户式 [商用] 制冷空调设备）证书、苏州市公共场所集中空调通风系统专业清洗 C 级证书。同时拥有空调实用技术专利 18 项、发明专利 1 项，于 2016 年通过了"江苏省高新技术企业"的认定。2019 年成为中国制冷空调工业协会会员，同时被聘为"中制冷协会秘书站江苏站点"。同年，参与了中国制冷空调维保行业、中国制冷空调清洗行业相关国家标准的编写工作。

苏州能旭暖通工程有限公司

苏州能旭暖通工程有限公司成立于 2019 年，是苏州及周边城市集商用／家用中央空调产品设计、销售与工程施工、售后服务于一体的专业服务公司。在苏州是多个知名品牌空调的授权服务商。该公司拥有技术人才、管理人才几十人，并且着力于暖通行业人才输出，截至 2023 年 10 月培养技术人才已达数百人。该公司秉承"为员工创造机会，为社会创造价值"的企业宗旨，努力为政府机关、办公、商场、酒店、医院、家庭等场所的空气环境和生活水平的提高服务而努力。

苏州市相城区元融职业技术培训学校

苏州市相城区元融职业技术培训学校大力发展职业技能培训，专注培育高水平技能稀缺人才，切实提升劳动者技能水平，坚持以就业创业为办学导向，服务地方经济发展。培养目标：培养与地方经济发展相匹配的企业稀缺工种及专业技能型人才，符合地方经济发展转型升级要求，掌握本专业必备的理论知识，具备实际操作能力及综合素质的实用技能、复合型高技能人才为学校发展目标。学校功能：苏州市人社系统的一个专业制冷与空调技术及电工的实训基地，大型中央空调设备及冷链实训设备、智能楼宇、低碳节能技术培训及家庭服务类型相关职业培训等；苏州应急管理局系统特种作业操作证培训（登高、制冷工、低压电工、焊工、有限空间操作证、安全管理员等）。集聚苏州及长三角专业师资专职、兼职团队力量 30 余名。该学校为苏州市制冷协会行业职业技能定点培训基地，江苏省制冷学会苏州制冷空调学术科普基地。

参考文献

[1] 傅秦生.工程热力学 [M].2 版.北京：机械工业出版社，2020.

[2] 白桦.流体力学泵与风机 [M].北京：中国建筑工业出版社，2016.

[3] 陈沛霖，岳孝方.空调与制冷技术手册 [M].上海.同济大学出版社.1990.

[4] 彦启森，石文星，田长青.空气调节用制冷技术 [M].4 版.北京：中国建筑工业出版社，2010.

[5] 戴永庆.溴化锂吸收制冷技术及应用 [M].北京：机械工业出版社，1999.

[6] 薛殿华.空气调节 [M].北京：清华大学出版社，1991.

[7] 张祉祐.制冷设备的安装与管理 [M].北京：机械工业出版社，1995.

[8] 杨世铭，陶文铨.传热学 [M].4 版.北京：高等教育出版社，2006.

[9] 邓志均.小型制冷装置维修 [M].北京：中国水利水电出版社，2020.

[10] 张国东.制冷设备维修工 [M].北京：化学工业出版社，2006.

[11] 韩雪涛.制冷维修综合技能从入门到精通（图解版）[M].北京：机械工业出版社，2017.

[12] 李志锋，等.空调器维修从入门到精通：定频空调＋变频空调维修合集 [M].北京：化学工业出版社，2021.

[13] 金听祥.制冷技术原理与应用基础 [M].北京：机械工业出版社，2020.

[14] 汪明添，蔡光祥.家用电器原理与维修 [M].北京：北京航空航天大学出版社，2009.

[15] 张玉梅，时晓玉.实用中央空调技术指南 [M].济南：山东科学技术出版社，2009.

[16] 陈正.土木工程材料 [M].北京：机械工业出版社，2020.

[17] 李景田，何耀东，段友蒝，等.纺织厂空调设备维修 [M].北京：纺织工业出版社，1986.

[18] 张青.机电工程施工技术 [M].徐州：中国矿业大学出版社，2013.

[19] 许富昌.暖通工程施工技术 [M].北京：中国建筑工业出版社，1997.

[20] 韩雪涛.9 天练会新型空调器维修 [M].北京：机械工业出版社，2013.

[21] 姚晶晶，赵艳杰.汽车安全与舒适系统检修 [M].重庆：重庆大学出版社，2016.

[22] 卢开国.家电制冷与维修 [M].北京：中国环境科学出版社，2006.

[23] 魏龙.冷库安装、运行与维修 [M].北京：化学工业出版社，2011.

[24] 夏云铧，袁银男 . 中央空调系统应用与维修 [M].2 版 . 北京：机械工业出版社，2009.

[25] 谈向东 . 制冷装置的安装运行与维护 [M]. 北京：中国轻工业出版社，2005.

[26] 张国东 . 中央空调系统运行维护与检修 [M]. 北京：化学工业出版社，2010.

[27] 陈维刚，罗伦 . 中央空调操作实训 [M]. 上海：上海交通大学出版社，2008.

[28] 李援瑛 . 中央空调运行与管理读本 [M]. 北京：机械工业出版社，2007.

[29] 刘立 . 流体力学泵与风机 [M]. 北京：中国电力出版社，2004.